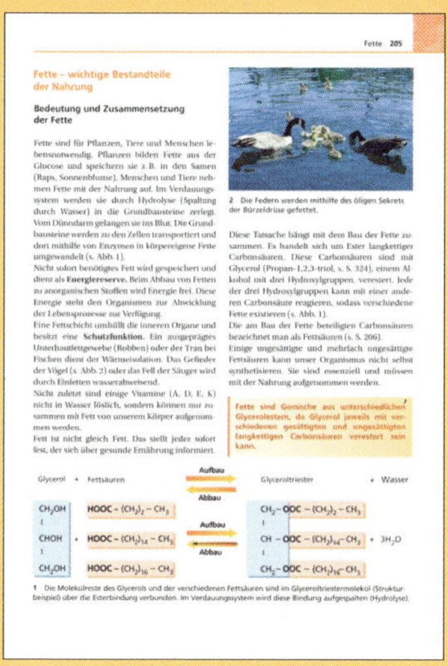

Inhaltsseiten

vermitteln dir – unterstützt durch **Merksätze,** Tabellen und Übersichten – chemisches Grundlagenwissen über wichtige Begriffe, Gesetze, Erscheinungen und Zusammenhänge.
Teste mithilfe der Aufgaben, ob du den Text verstanden hast.

Das Mosaik

enthält zusätzliche Informationen.

Steckbriefe

geben zusammengefasste Daten zu wichtigen Stoffen.

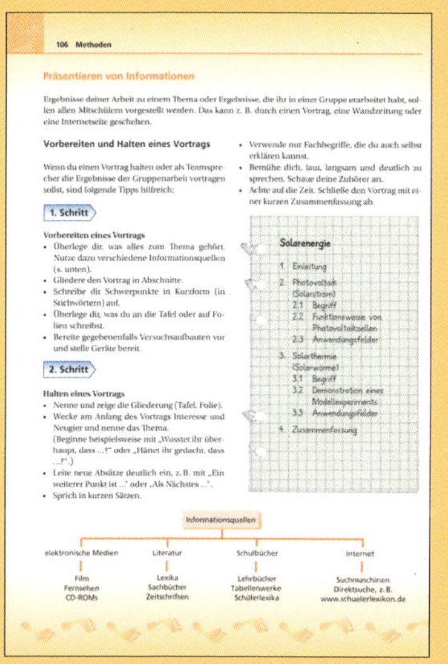

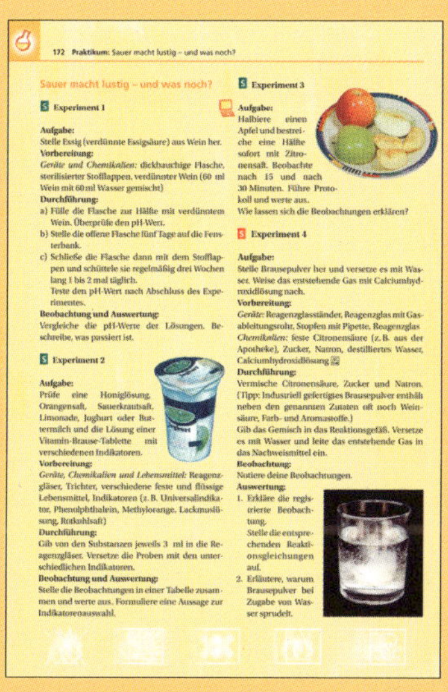

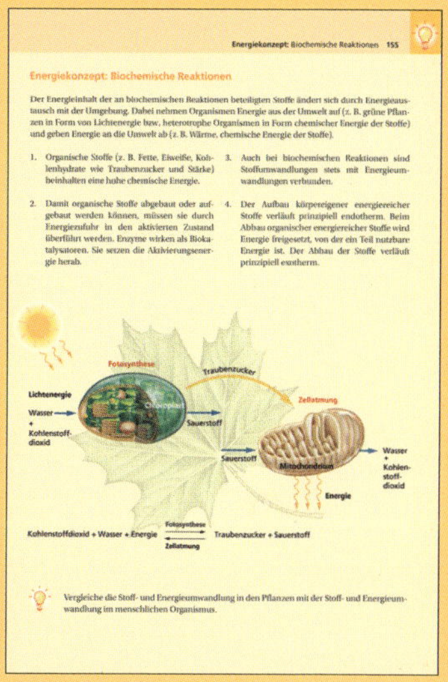

Methodenseiten

Für die Chemie charakteristische Denk- und Arbeitsweisen zeigen dir, wie du bei bestimmten Tätigkeiten vorgehen kannst.

Praktikum

S Schülerexperimente, bei denen keine Gefahrstoffe genutzt werden.

S Schülerexperimente, bei denen Gefahrstoffe verwendet werden oder entstehen. Du erkennst sie an den Piktogrammen.

L Lehrerexperimente

Basiskonzeptseiten

Diese Seiten veranschaulichen grundlegende chemische Konzepte, Prinzipien oder Zusammenhänge. Auf die Basiskonzepte lassen sich fast alle chemischen Fachinhalte zurückführen.

Inhaltsverzeichnis

1 Säuren und Laugen aus Erde, Feuer, Luft und Wasser

1.1 Säuren und saure Lösungen

Blaukohl oder Rotkohl?

Rotkohl ist eine beliebte Gemüsesorte. Wer den frischen Kohl zubereitet, wird feststellen, dass seine ursprüngliche Farbe gar nicht rot, sondern eher blauviolett ist. Erst beim Kochen, nach Zugabe von etwas Essig oder Zitronensaft, ändert sich diese Tönung plötzlich – die blaue Farbe verschwindet und der Kohl wird rot.
Wie kommt diese Farbänderung zustande?

Lebensnotwendig und lebensgefährlich zugleich

Zitrusfrüchte enthalten Citronensäure – eine Säure, die als Säuerungsmittel vielen Lebensmitteln zugesetzt wird.
Die Salzsäure in unserem Magen wirkt bei der Eiweißverdauung mit und tötet mit der Nahrung aufgenommene Mikroorganismen ab. Ein Schluck von der konzentrierten Salzsäure könnte jedoch zu schlimmen Verletzungen führen.
Warum können Säuren so unterschiedliche Wirkungen auf den menschlichen Organismus haben?

Der saure Regen und seine Folgen

Wegen seiner Bedeutung als Lebensraum wird die Beschaffenheit des Waldes jährlich untersucht. Viele Bäume des Waldes sind mehr oder weniger geschädigt. Neben Schädlingen und Trockenperioden scheint dabei insbesondere der saure Regen eine entscheidende Ursache für die Schädigungen zu sein.
Was ist saurer Regen? Wie entsteht er?

Vorsicht: Säuren?!

Säuren und saure Lösungen sind jedem aus dem Alltag bekannt. Viele Früchte schmecken säuerlich – sie enthalten **Fruchtsäuren** (Weinsäure, Apfelsäure, Citronensäure).
Kohlensäure wird Erfrischungsgetränken zugesetzt, spielt aber auch im Kohlenstoffkreislauf eine bedeutende Rolle.
Für ein Dressing benötigt man neben Öl auch Essig. Essig schmeckt aufgrund der **Essigsäure** sauer.
Die **Salzsäure** im Magen (Magensäure) ist Voraussetzung für die Wirksamkeit des Enzyms Pepsin.
Zu den technisch wichtigen Säuren gehört die **Schwefelsäure,** die z. B. an Ladungs- und Entladungsvorgängen in Autobatterien beteiligt ist.
Phosphor- und **Salpetersäure** werden zur Produktion von Düngemitteln genutzt. Außerdem verwendet man Salpetersäure in der Elektrotechnik zum Ätzen von Leiterplatten. Salzsäure (Chlorwasserstoffsäure) findet gleichfalls in der Technik vielseitigen Einsatz, z. B. bei der Beseitigung von Oxidschichten auf Metalloberflächen und von Mörtelresten auf Fliesen.

S Experiment

Prüfe es selbst

Aufgabe:
Untersuche die Wirkung von Salzsäure auf verschiedene Substanzen.

Vorbereitung:
Geräte: Reagenzgläser, Reagenzglasständer, Pipette, Schutzbrille
Chemikalien: Salzsäure (20%ig ☒), Magnesiumspan 🔥, Marmorstück, Eiweißlösung (ein Eiklar mit 150 ml 0,9%iger Kochsalzlösung verquirlt)

Durchführung:
Tropfe zu jeder Probe Salzsäure hinzu.
Achtung! Beachte die Sicherheitsregeln S. 10.

Beobachtung und Auswertung:
Notiere die Beobachtungen und formuliere jeweils, welche Wirkung die Säure auf die Materialien hat.

Die Säuren in Lebensmitteln sind für uns eigentlich nicht gefährlich, jedoch beim Essig kommt es schon auf die Konzentration des Essigs an. Essigessenz gehört zu den Gefahrstoffen. Sie besitzt einen hohen Anteil an Essigsäuremolekülen in einem bestimmten Volumen. Man bezeichnet sie als **konzentrierte Säure.** Ist der Anteil der Säuremoleküle in einem bestimmten Volumen geringer, handelt es sich um **verdünnte Säure.** Durch Verdünnen mit Wasser kann man aus der konzentrierten Säure die verdünnte Säure herstellen. Dabei muss immer die Säurelösung zum Wasser gegeben werden! Konzentrierte Säuren sind oft wasseranziehend (hygroskopisch).

So wie Säuren und ihre Lösungen im Labor nur mit Arbeitsschutzkleidung genutzt werden dürfen, müssen viele Haushaltschemikalien ebenfalls vorsichtig und unter Beachtung der Hinweise auf dem Etikett verwendet werden, weil sie oft saure Lösungen enthalten.

S Experiment

Prüfe es selbst

Aufgabe:
Miss die Temperaturveränderung beim Verdünnen von Säurelösungen.

Vorbereitung:
Geräte: hohes Becherglas, Reagenzglas, Glasstab, Thermometer, Schutzbrille
Chemikalien: 10 ml konzentrierte Salzsäure , 100 ml Wasser

Durchführung:
Gib zuerst das Wasser in ein hohes Becherglas und bestimme die Temperatur.
Gieße nun vorsichtig, langsam und unter ständigem Rühren die Säure in das Wasser. Miss die Temperatur erneut.

Beobachtung und Auswertung:
Welche Schlussfolgerung lässt sich aus der Beobachtung ziehen?

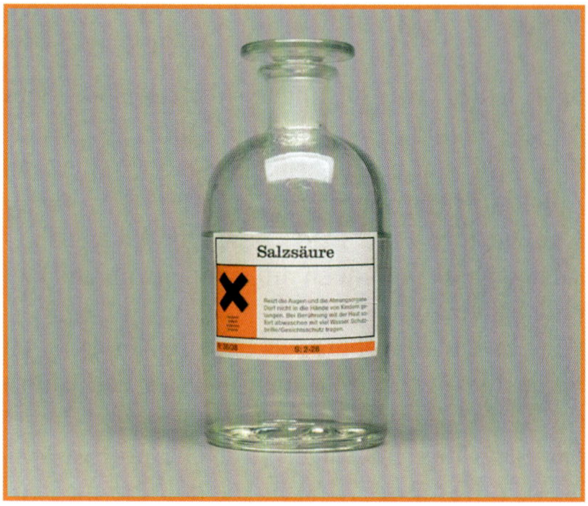

Säuren und ihre Lösungen sind ätzend und greifen Eiweiße an. Außerdem sind einige Säuren giftig. Daher dürfen sie im Haushalt, in der Technik und im Chemielabor nur unter Beachtung von Sicherheitsregeln verwendet werden (s. unten).

Säuren und ihre Lösungen sind ätzende und häufig auch giftige Substanzen.
Beim Umgang mit ihnen sind die Sicherheitsregeln einzuhalten.

Sicherheitsregeln für das Arbeiten mit Säuren und ihren Lösungen

1. Arbeitsschutzkleidung tragen! (Schutzbrille, Kittel)
2. Mit kleinsten Mengen arbeiten!
3. Nicht kosten!
4. Dämpfe nicht einatmen!
5. Vorsicht beim Um- und Abfüllen!
6. Verdünnungsregel: „Erst das Wasser, dann die Säure, sonst geschieht das Ungeheure."
7. Kurze, sichere Transportwege wählen!
8. Glasgefäße vorsichtig absetzen!
9. Erste Hilfe: ausreichend Wasser zum Abspülen und Verdünnen!
10. Bei Verätzungen der Haut zum Arzt!

STECKBRIEF: Salzsäure – echt ätzend

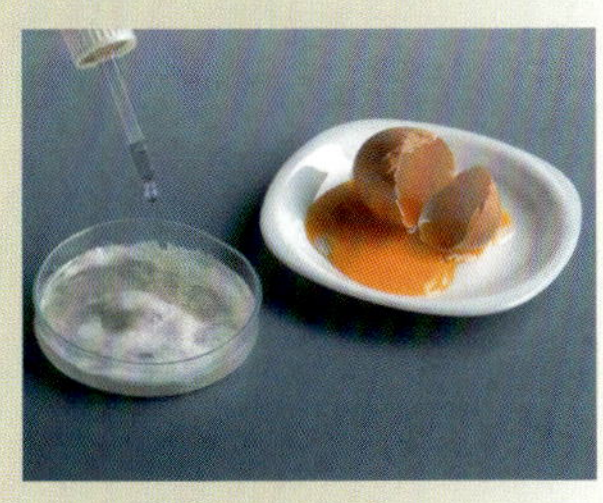

Salzsäure ist der Trivialname für die **Chlorwasserstoffsäure** mit der Formel **HCl.**

Handelsübliche Lösungen sind:
rauchende Salzsäure: 36%ig,
konzentrierte Salzsäure: 30%ig,
verdünnte Salzsäure: 7%ig.

Eigenschaften: ätzend wirkende, farblose Flüssigkeit; gut elektrisch leitfähig, stechend riechend, leicht flüchtig, verdampft ohne Rückstand, bildet mit zunehmender Konzentration an der Luft weiße Nebel
Dichte: abhängig von der Konzentration

ω (HCl)	7 %	8 %	10 %	30 %	36 %
ρ in $g \cdot cm^{-3}$	1,033	1,038	1,047	1,149	1,179

Vorkommen: Magensäure (wirkt bei der Eiweißverdauung mit und tötet Mikroorganismen ab)

Verwendung: wichtige technische Säure (Ätzen von Metallen, Entfernung von Kalkrückständen an Fliesen, Aufschluss von Erzen), Reagenz für Analysen, Lebensmittelzusatzstoff E 507 (dient u. a. der Zuckergewinnung aus Maisstärke)

Besonderheit: Salzsäure ist die wässrige Lösung des Gases Chlorwasserstoff. Im Labor wird dieses Gas durch die Reaktion von Kochsalz mit Schwefelsäure gewonnen. Auf diese Methode geht der Name „Salzsäure" zurück.

STECKBRIEF: Schwefelsäure – das Blut der Chemie

Schwefelsäure ist eine wichtige technische Säure mit der Formel H_2SO_4.

Konzentrierte Schwefelsäure (96 – 98 %):
Eigenschaften: ölige, stark ätzende Flüssigkeit, leitet den elektrischen Strom sehr schlecht, hygroskopisch, zersetzt organische Stoffe, oxidierende Wirkung
Dichte: $1{,}84\,g \cdot cm^{-3}$
Schmelztemperatur: 10 °C
Siedetemperatur: 338 °C (zersetzlich)

Verdünnte Schwefelsäure:
Eigenschaften: stark ätzende Flüssigkeit, leitet den elektrischen Strom, färbt Indikatoren charakteristisch, Salzbildungsreaktionen
Dichte: abhängig von der Konzentration

Verwendung: Batteriesäure, Trocknungsmittel, Herstellung von Düngemitteln, wichtiger Katalysator in der chemischen Industrie, Rohstoff zur Waschmittelherstellung (Sulfonate)

Besonderheit: Konzentrierte Schwefelsäure ist so stark hygroskopisch, dass sie organischen Stoffen wie Holz, Zucker und Papier sogar chemisch gebundenes Wasser entzieht. Übrig bleibt Kohlenstoff. So entsteht aus Zucker Zuckerkohle (s. Abb.).

Säuren als Stoffklasse

Säuren und Säurelösungen

Beim Verdünnen ist ein *starker Temperaturanstieg* messbar. Außerdem *ändert sich die elektrische Leitfähigkeit.* Beispielsweise ist hoch konzentrierte Schwefelsäure schlecht elektrisch leitfähig. Mit zunehmender Verdünnung steigt die Leitfähigkeit zunächst an. Erst wenn der Säureanteil zu gering wird, nimmt die Leitfähigkeit wieder ab.
Eine wesentliche Voraussetzung für die elektrische Leitfähigkeit sind **frei bewegliche Ladungsträger.** Die Messergebnisse weisen darauf hin, dass in der hoch konzentrierten Lösung kaum frei bewegliche Ladungsträger enthalten sind.

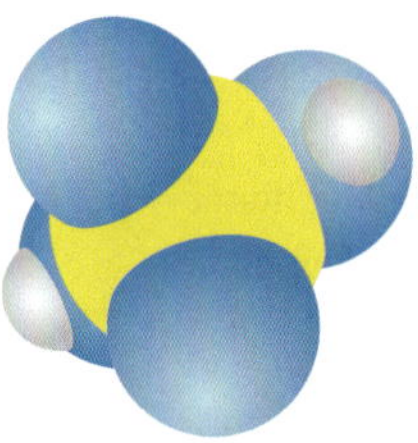

Schwefelsäure ist aus **Molekülen** aufgebaut. Die Ladungsträger bilden sich erst beim Verdünnen mit Wasser. Dabei entstehen positiv geladene Wasserstoff-Ionen und negativ geladene Säurerest-Ionen der Schwefelsäure.

Da Schwefelsäuremoleküle zwei Wasserstoffatome (s. Abb.) enthalten, verläuft der Prozess stufenweise.

$$H_2SO_4 \xrightarrow{(H_2O)} H^+ + HSO_4^-$$
(Hydrogensulfat-Ion)

$$HSO_4^- \xrightarrow{(H_2O)} H^+ + SO_4^{2-}$$
(Sulfat-Ion)

$$H_2SO_4 \xrightarrow{(H_2O)} 2\,H^+ + SO_4^{2-}$$

Alle Säuren reagieren in ähnlicher Weise mit Wasser.
Neben den Wasserstoff-Ionen bilden sich weitere Ionen, die als Säurerest-Ionen bezeichnet werden. Die Säurerest-Ionen sind für die jeweiligen Säuren charakteristisch (s. Tab.).

Säuren sind Stoffe, deren wässrige Lösungen Wasserstoff-Ionen und Säurerest-Ionen enthalten.

Namen und chemische Zeichen ausgewählter Säuren und ihrer Säurerest-Ionen

	Säure		Säurerest-Ionen		Wasserstoff-Ionen
	Name	Formel	Name	Formel	
Sauerstofffreie Säuren	Chlorwasserstoffsäure	HCl	Chlorid-Ionen	Cl^-	H^+
	Schwefelwasserstoffsäure	H_2S	Sulfid-Ionen Hydrogensulfid-Ionen	S^{2-} HS^-	$2\,H^+$ H^+
Sauerstoffhaltige Säuren	Salpetersäure	HNO_3	Nitrat-Ionen	NO_3^-	H^+
	Kohlensäure	H_2CO_3	Carbonat-Ionen Hydrogencarbonat-Ionen	CO_3^{2-} HCO_3^-	$2\,H^+$ H^+
	Schwefelsäure	H_2SO_4	Sulfat-Ionen Hydrogensulfat-Ionen	SO_4^{2-} HSO_4^-	$2\,H^+$ H^+
	schweflige Säure	H_2SO_3	Sulfit-Ionen Hydrogensulfit-Ionen	SO_3^{2-} HSO_3^-	$2\,H^+$ H^+
	Phosphorsäure	H_3PO_4	Phosphat-Ionen Hydrogenphosphat-Ionen Dihydrogenphosphat-Ionen	PO_4^{3-} HPO_4^{2-} $H_2PO_4^-$	$3\,H^+$ $2\,H^+$ H^+

Nachweis von sauren Lösungen

Lösungen von Säuren können einen sehr hohen Säureanteil in einem bestimmten Volumen aufweisen. Man bezeichnet sie dann als konzentrierte Lösungen. Diese Lösungen sind oft hygroskopisch (wasseranziehend). Ist der Säureanteil geringer, handelt es sich um verdünnte Lösungen.
Säurelösungen sind meist ätzend. Da Lösungen oft nicht auf den ersten Blick als Säurelösungen erkennbar sind, ist es wichtig zu prüfen, ob Säuren enthalten sind oder nicht. Dazu verwendet man Stoffe, die unter dem Einfluss von Säuren die Farbe wechseln.
Blauer Rotkohlsaft färbt sich bei Zugabe von Zitronensaft rot. Schwarzer Tee wird heller. Auch Auszüge aus Radieschenschalen verfärben sich. Ursache ist jeweils der Anteil an Citronensäure im Saft von Zitrusfrüchten. Bei Zugabe anderer Säurelösungen würde man ähnliche Beobachtungen registrieren. Rotkohlsaft und Tee enthalten **Indikatoren.** Diese Stoffe zeigen bei Zugabe saurer Lösungen **charakteristische Farbreaktionen.**
Ursache sind die in der Lösung enthaltenen einfach positiv geladenen **Wasserstoff-Ionen H^+**. Sie bewirken nicht nur die Farbreaktion von Indikatoren (s. S. 40), sondern alle gemeinsamen Eigenschaften von Säurelösungen (s. S. 12).

Indikatoren sind Stoffe, die durch Farbänderungen u. a. einen Überschuss an Wasserstoff-Ionen anzeigen.

Indikatoren für Säurelösungen

Handelsüblicher Indikator	Farbe bei saurer Lösung
Unitest (Universalindikator)	rot
Lackmus (blau)	rot
Phenolphthalein	farblos
Bromthymolblau	gelb

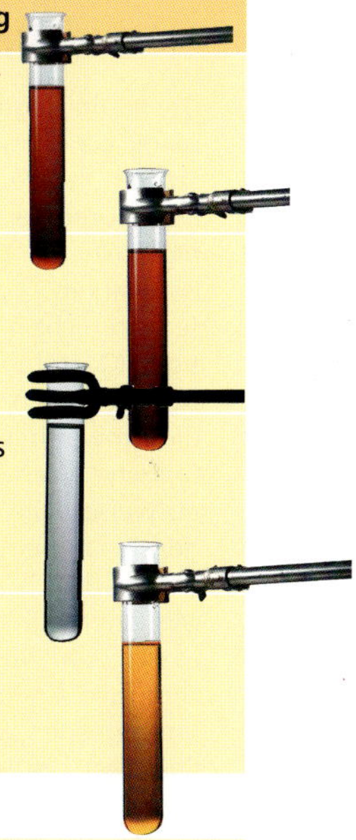

Aufgaben

1. Welche Färbung ist zu erwarten, wenn Unitestlösung zum Saft einer Zitrone gegeben wird? Begründe deine Vermutung.

2. Zu einer unbekannten Lösung wird Unitestlösung gegeben. Die Flüssigkeit färbt sich rot. Benenne die Ursache für diese charakteristische Farbreaktion.

S Experiment

Prüfe es selbst

Aufgabe:
Prüfe Haushaltsessig mit Unitestpapier.

Vorbereitung:
Notiere *Geräte* und *Chemikalien.*

Durchführung:
1. Teste verdünnte Salzsäure ☒ mit einem Teststreifen.
2. Halte einen Teststreifen in Haushaltsessig.

Beobachtung und Auswertung:
Vergleiche beide Beobachtungsergebnisse. Leite eine Aussage über die Zusammensetzung von Haushaltsessig ab.

Mosaik

Reaktionen von verdünnten Säurelösungen mit Metallen

Der saure Regen ist ein ernst zu nehmendes Problem, da saure Lösungen mit unterschiedlichen Stoffen reagieren. Viele Baustoffe werden durch den sauren Regen zersetzt und dadurch beschleunigt sich die Verwitterung von entsprechenden Bauwerken.
Jedoch nicht nur Marmorskulpturen und kalkhaltiger Mörtel werden angegriffen. Man hat auch beobachtet, dass in Industriegebieten, in denen die Umweltbelastung durch Abgase hoch ist, metallische Werkstoffe deutlich schneller Schäden aufweisen. Sie werden stärker zersetzt als in Gegenden mit einer geringeren Luftbelastung.
Offensichtlich besteht ein Zusammenhang. Die Metalle reagieren mit den Säuren. Dabei handelt es sich u. a. um Magnesium, Zink und Eisen.
Gibt man eine Salzsäurelösung zu einem Magnesiumspan oder zu einem Stückchen Zink, erfolgt eine Reaktion, bei der ein Gas entsteht. Untersucht man das Gas, erweist es sich als Wasserstoff (s. Abb. 1). Außerdem bildet sich Magnesiumchlorid bzw. Zinkchlorid.

$$Mg + 2\,H^+ + 2\,Cl^- \longrightarrow Mg^{2+} + 2\,Cl^- + H_2\uparrow$$

$$Zn + 2\,H^+ + 2\,Cl^- \longrightarrow Zn^{2+} + 2\,Cl^- + H_2\uparrow$$

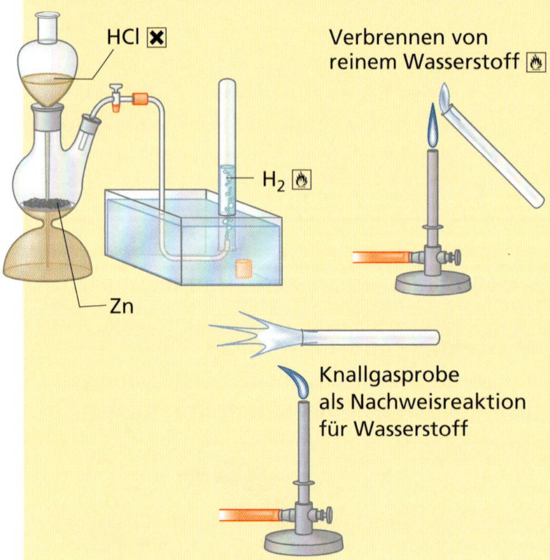

1 Das unedle Metall Zink reagiert mit Salzsäure unter Bildung von Wasserstoff und Zinkchlorid.

Bei diesen Metallen handelt es sich um unedle Metalle (s. Abb. 2).

Im Allgemeinen reagieren Säurelösungen mit unedlen Metallen, jedoch nicht mit Edelmetallen. Mischt man allerdings konzentrierte Salpetersäure und Salzsäure im Verhältnis von 1 : 3, bildet dieses Gemisch sogar mit Gold Salze, „löst" das Edelmetall also auf. Es wird daher auch als **Königswasser** bezeichnet.
Mithilfe dieser besonderen Lösung gelang es NELS BOHR (1885–1926), seine Nobelpreismedaille zu verstecken.
Er hatte 1922 den Nobelpreis für Physik für die Forschungen zur Struktur der Atome und der von ihnen ausgehenden Strahlung erhalten.
1943 musste er aus seinem besetzten Heimatland fliehen. Die Medaille konnte er nicht mitnehmen. So nutzte er seine chemischen Kenntnisse und löste sie mithilfe von Königswasser kurzerhand auf. Die Lösung blieb unbeachtet im Labor stehen.
Nach Beendigung des Krieges kehrte der Wissenschaftler nach Dänemark zurück. Aus der Lösung wurde durch chemische Reaktionen das Gold zurückgewonnen und die Medaille neu gepresst.

2 Metalle werden nach ihrer Fähigkeit, chemische Reaktionen einzugehen, eingeteilt.

Struktur-Eigenschafts-Konzept: Säuren

Die Eigenschaften eines Stoffes, z. B. einer Molekülsubstanz, werden von der Art, der Anordnung und den Wechselwirkungen zwischen den Teilchen des Stoffes bestimmt.

Art der Teilchen: Die Atome der Elemente unterscheiden sich in der Anzahl der Protonen im Kern. Säuremoleküle sind aus Atomen verschiedener Elemente aufgebaut. Sie enthalten immer Wasserstoffatome.

Anordnung der Teilchen: Innerhalb der Säuremoleküle sind die Atome durch polare Atombindungen verbunden. Aus der Anzahl der Atome pro Molekül sowie den gemeinsamen und freien Elektronenpaaren ergibt sich die räumliche Anordnung der Atome, die Molekülstruktur.

Wechselwirkungen zwischen den Teilchen: Aufgrund der polaren Bindungen bilden sich in Säuremolekülen Ladungsschwerpunkte aus. Daraus ergeben sich Wechselwirkungen der Säuremoleküle untereinander, aber auch mit Molekülen anderer Stoffe, z. B. mit Wassermolekülen. Dies beeinflusst die Eigenschaften der Säuren.

Struktur des Moleküls der Schwefelsäure

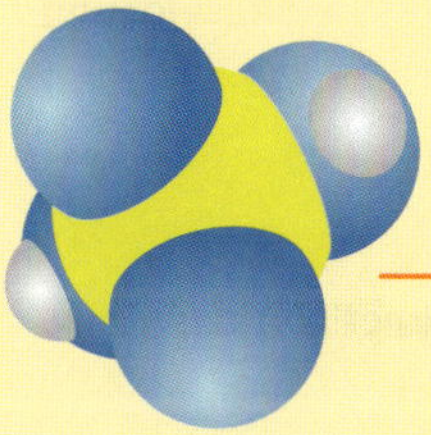

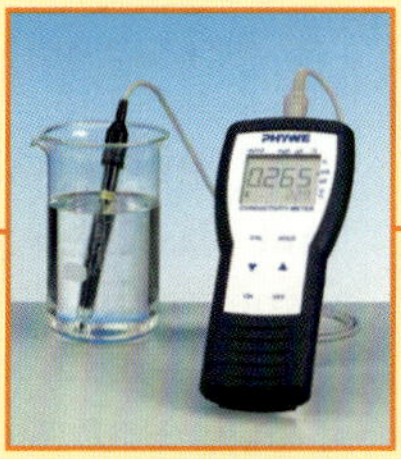

Durch die Wechselwirkungen der Säure- mit den Wassermolekülen werden in der wässrigen Lösung frei bewegliche Wasserstoff-Ionen und Säurerest-Ionen ausgebildet. Weil diese frei beweglichen Ladungsträger vorliegen, leiten Säurelösungen den elektrischen Strom.

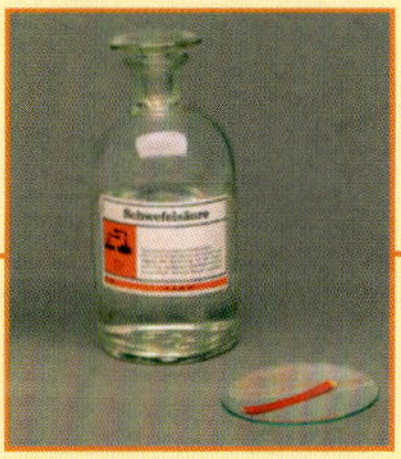

Wässrige Säurelösungen enthalten Wasserstoff-Ionen. Durch diese Ionen werden bei Indikatoren charakteristische Farbreaktionen ausgelöst.

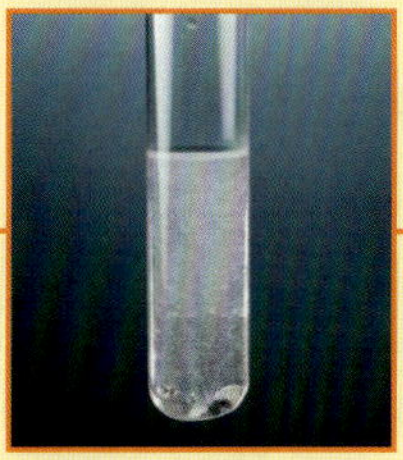

Wässrige Säurelösungen enthalten frei bewegliche Ionen. Sie reagieren sehr gut mit unedlen Metallen. Dabei entstehen Wasserstoff und die jeweiligen Salze.

Salzsäure ist die wässrige Lösung von Chlorwasserstoff (HCl). Beschreibe den Bau der Chlorwasserstoffmoleküle. Was passiert beim Einleiten von Chlorwasserstoff in Wasser?

Saurer Regen – saures Wasser – saurer Boden

In den letzten Jahren hat der saure Regen immer wieder für Schlagzeilen in den Medien gesorgt. Saurer Regen bildet sich durch die Reaktion von Nichtmetalloxiden aus den Abgasen mit der Luftfeuchtigkeit.
Schwefeldioxid entsteht beispielsweise bei der Verbrennung von Schwefel und schwefelhaltigen Brennstoffen.

$$S + O_2 \longrightarrow SO_2$$

Bei der Reaktion von Schwefeldioxid mit Wasser bildet sich die schweflige Säure (H_2SO_3).

$$SO_2 + H_2O \longrightarrow H_2SO_3$$

In der wässrigen Lösung liegen Ionen vor.

$$H_2SO_3 \longrightarrow 2\,H^+ + SO_3^{2-}$$

Bei der Verbrennung von Kohlenstoff (z. B. aus fossilen Brennstoffen) entsteht Kohlenstoffdioxid.

$$C + O_2 \longrightarrow CO_2$$

Kohlenstoffdioxid reagiert insbesondere unter höherem Druck ebenfalls mit Wasser. Es entsteht Kohlensäure.

$$CO_2 + H_2O \longrightarrow H_2CO_3$$

In der wässrigen Lösung liegen Wasserstoff-Ionen und Hydrogencarbonat-Ionen vor.

$$H_2CO_3 \longrightarrow H^+ + HCO_3^-$$

Stickstoff ist sehr reaktionsträge. Bei starker Energiezufuhr verbindet er sich jedoch mit Sauerstoff.

$$N_2 + O_2 \longrightarrow 2\,NO$$

$$2\,NO + O_2 \longrightarrow 2\,NO_2$$

Bei der Reaktion der Stickstoffoxide mit Wasser entsteht u. a. salpetrige Säure.

$$NO + NO_2 + H_2O \longrightarrow 2\,HNO_2$$

Diese Säure ist nicht beständig und zerfällt in Salpetersäure und Stickstoffmonooxid.

Im Allgemeinen reagieren Nichtmetalloxide mit Wasser zu Säurelösungen. Sowohl bei Laborexperimenten (s. Abb. 1) als auch in der Umwelt entstehen durch diese Prozesse die wässrigen Lösungen sauerstoffhaltiger Säuren.

Nichtmetalloxid + Wasser ⟶ Säurelösung

Aufgabe

Bei Gewitter kann saurer Regen entstehen. Erkläre, wie das möglich ist.

L Experiment

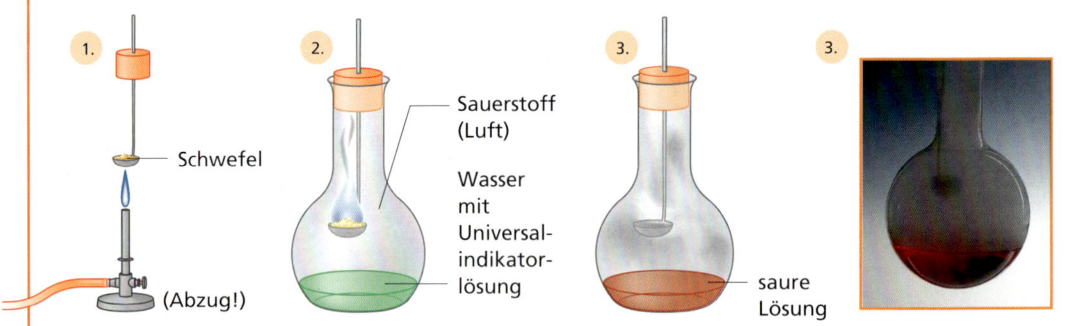

1 Darstellung einer sauren Lösung (wässrige Lösung der schwefligen Säure) im Laborexperiment.

Thema

Recherchiere z. B. unter www.schuelerlexikon.de.

Saurer Regen

Der saure Regen führt zur Versauerung des Bodens. Im Boden existieren aus dem Verwitterungsprozess stammende Metallverbindungen, die wegen ihrer Unlöslichkeit für das Bodenleben ohne Bedeutung waren. Durch Säuren werden diese nun in wasserlösliche Stoffe überführt und von den Pflanzen aufgenommen. Sie stören deren Stoffwechselprozesse.
Von besonderer Bedeutung sind die Schäden im Assimilationsgewebe, die die Fotosynthese beeinträchtigen. Es können aber auch Schäden an den Wurzeln auftreten, die dann zu Störungen in der Wasser- und Nährsalzaufnahme führen. Erkennbar sind die Wirkungen des sauren Regens an Wuchsstörungen der Pflanzen, am Abwerfen von Nadeln bzw. Blättern an der Wipfeldürre und Kronenverlichtung und schließlich am Tod der Pflanzen.
An den Bauwerken der Städte und Dörfer verursacht der saure Regen durch chemische Reaktionen Schäden. Carbonate in Baumaterialien werden durch die Säuren des sauren Regens in lösliche Verbindungen überführt und vom Regenwasser weggespült. Die Bauwerke bzw. Kunstwerke verlieren zunächst ihre Konturen und später ihre Stabilität.
Metallkonstruktionen korrodieren stärker durch den sauren Regen. Stabilität und Festigkeit werden beeinträchtigt.

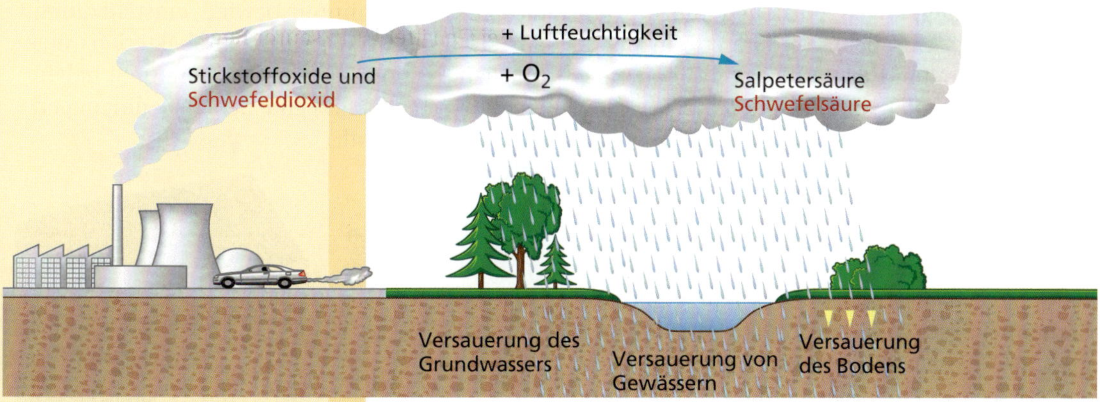

... und mehr

Informiere dich auch unter: *Schwefeldioxid-Emissionen und Abgasreinigung; Wie geht es dem deutschen Wald?; pH-Wert als abiotischer Umweltfaktor*

Chemie im Kontext

Von der Schwerkraft befreit?

Beim Verdünnen konzentrierter Säurelösung gilt: „Erst das Wasser, dann die Säure, sonst geschieht das Ungeheure!"
Nenne weitere Sicherheitsregeln, die beim Verdünnen eingehalten werden müssen. Beschreibe und begründe, wie man beim Verdünnen von Säuren vorgehen muss.

Beim Umgang mit Säuren und ihren Lösungen muss man geeignete Schutzkleidung tragen. Insbesondere beim Verdünnen von Säuren sind eine Schutzbrille, die auch seitlich geschlossen ist, und bei hoch konzentrierten Säuren Schutzhandschuhe zu tragen. Säuregefäße müssen immer sicher transportiert und vorsichtig abgestellt werden. Dämpfe darf man nicht einatmen. Die Mengen, mit denen man arbeitet, müssen so gering wie möglich sein, damit das Unfallrisiko vermindert wird.

Konzentrierte Säuren sind hygroskopisch. Will man sie verdünnen, füllt man zuerst in ein Gefäß Wasser. Beachtet man die Verdünnungsregel nicht, besteht Spritzgefahr. Zum Wasser gibt man langsam und unter ständigem Rühren die Säure in sehr geringen Portionen hinzu. Das ist notwendig, weil beim Verdünnen ein deutlicher Temperaturanstieg erfolgt. Gibt man eine zu große Menge der konzentrierten Säure in das Wasser, steigt die Temperatur zu schnell. Durch die Überhitzung könnte ebenfalls Flüssigkeit aus dem Gefäß spritzen.
Gelangen Spritzer auf die Haut, muss konzentrierte Säure erst mit einem Lappen abgetupft und dann mit viel Wasser abgespült werden. Spritzer verdünnter Säure werden sofort mit Wasser abgespült. Sind diese in das Auge gelangt, muss sofort mit Wasser von innen nach außen gespült werden.
Auf alle Fälle ist der Lehrer zu informieren! Bei Verätzungen muss so schnell wie möglich ein Arzt aufgesucht werden!

Erdbeeren mit Milch – nicht jedermanns Sache

Im Juni reifen bei uns die Erdbeeren. Diese Früchte kann man in vielen Varianten zubereiten. Man kann das Obst beispielsweise zuckern und anschließend mit Milch übergossen genießen. Dies ist jedoch nicht jedermanns Sache, da sich die Milch (besonders Frischmilch) häufig verändert, wenn sie mit den Erdbeeren vermischt wird.
Wie ist diese Veränderung zu erklären?

Milch ist ein Stoffgemisch. Unter anderem enthält dieses Stoffgemisch Eiweiße. 100 ml Kuhmilch beinhalten beispielsweise ungefähr 3,0 g Eiweiße (u. a. das sogenannte Kasein). Diese Eiweiße werden durch Säuren zur Gerinnung gebracht. Man bezeichnet das als Denaturierung.
In den Erdbeeren sind in unterschiedlichen Mengen Fruchtsäuren gespeichert. Auch diese organischen Säuren reagieren mit dem Milcheiweiß, sodass die Milch in Abhängigkeit vom Säuregehalt gerinnen kann. Für viele sieht das Dessert dadurch unappetitlich aus.

Ein ähnlicher Prozess läuft ab, wenn Frischmilch erst sauer und dann dick wird. Die Säure, die dabei die Gerinnung bewirkt, entsteht durch die Tätigkeit von Milchsäurebakterien aus Milchzucker. Bei warmen Temperaturen haben die Mikroorganismen gute Lebensbedingungen und die Milch wird schneller dick.

gewusst · gekonnt

1. Erweitere dein Glossar.

Glossar

Indikator
Molekülsubstanz
Salzsäure
Säure
Säurerest-Ionen
saure Lösungen

2. Gib Regeln zum Umgang mit Säuren bzw. sauren Lösungen an und begründe sie jeweils.

3. Notiere in einer Tabelle Namen und Formeln von Säuren und Namen und Formeln ihrer Säurerest-Ionen.

4. Fertige Steckbriefe für drei Säuren an.

5. S Verquirle ein rohes Eiklar mit 150 ml isotonischer Kochsalzlösung (ω_{NaCl} = 0,9 %). Filtriere diese Mischung über Glaswolle ab.
   a) Gib zu dieser Eiweißlösung verdünnte Salzsäure ☒.
   Notiere deine Beobachtung.
   b) Stelle einen Zusammenhang zu den Funktionen der Salzsäure im Magensaft her.

6. ✻ Nahrungsmittel verderben nicht so leicht, wenn man sie sauer einlegt oder einsäuert. Erkläre, warum sich derartig behandelte Lebensmittel länger halten.

7. ✻ Beim Einleiten in Wasser bilden Säuren frei bewegliche Ionen aus. Stelle diesen Prozess für Schwefelsäure in chemischer Zeichensprache dar.

8. Mäßig verdünnte Schwefelsäure ist ein guter elektrischer Leiter.
   Hoch konzentrierte Schwefelsäure und sehr stark verdünnte Säure sind schlecht leitfähig. Erkläre.

9. Gib für mindestens drei Indikatoren die Färbung an, die bei Zugabe zu einer sauren Lösung eintritt. Nenne die Ursache für die Indikatorfärbung.

10. S Ein Salatdressing enthält farblosen Tafelessig. Überprüfe Tafelessig mit Unitestlösung. Welche Schlussfolgerung lässt sich aus der Beobachtung ableiten? Begründe deine Antwort.

11. ✻ Überprüfe die Eigenschaften der Lösungen folgender Säuren (jeweils 5%ig): Chlorwasserstoffsäure ☒, Salpetersäure und Schwefelsäure ☒. Notiere die Beobachtungen.
   a) Teste die elektrische Leitfähigkeit.
   b) Gib jeweils einige Tropfen Unitestlösung zu Proben der Säurelösungen.
   c) Versetze Zink-, Eisen- bzw. Kupferproben mit den Säurelösungen.
   d) Versetze Kalkproben (Kalkstein oder Marmorstückchen) mit den Säurelösungen.
   e) Leite aus den Beobachtungen gemeinsame Eigenschaften der Säurelösungen ab.

12. S

Viele Menschen genießen schwarzen Tee mit Zitrone. Bei Zugabe des Zitronensafts ändert der Tee seine Farbe.

a) Überprüfe diese Aussage experimentell. Teste anschließend Zitronensaft mit Unitestlösung und werte aus.
b) Tropfe zu Teeproben jeweils verdünnte Salzsäure ☒ bzw. verdünnte Schwefelsäure ☒ und werte aus.
c) Formuliere eine Vermutung über die Ursache der Farbänderung des schwarzen Tees bei Zugabe von Zitrone.

13. S Der Lehrer übergibt dir drei Reagenzgläser, in denen sich destilliertes Wasser, verdünnte Salzsäure ☒ bzw. verdünnte Schwefelsäure ☒ befinden.
Ermittle experimentell, in welchen Reagenzgläsern Säuren enthalten sind.

14. Leitet man Chlorwasserstoffgas über trockenes Universalindikatorpapier, erfolgt keine Farbänderung.
Ist das Indikatorpapier angefeuchtet, färbt es sich rot.
Erkläre diese unterschiedlichen Beobachtungen.

15. ✱ Beim Verdünnen von konzentrierter Schwefelsäure mit Wasser sind eine Temperaturerhöhung und eine Änderung der elektrischen Leitfähigkeit zu registrieren.
Leite begründete Schlussfolgerungen ab.

16. ✱ Wird eine Flasche mit konzentrierter Salzsäure geöffnet, stellt man einen stechenden Geruch fest.
Kannst du diesen stechenden Geruch erklären? Was vermutest du?

17. In den Medien wird immer wieder auf die Schädigungen an Bäumen und Gebäuden in Abhängigkeit von der Belastung der Umwelt mit Luftschadstoffen hingewiesen. Besteht wirklich ein Zusammenhang? Stelle die zugrunde liegenden Prozesse dar.

18. Beschreibe die Arbeitsschritte zur Herstellung von schwefliger Säure im Experiment.
Übertrage diese Darstellungsmöglichkeit auf mindestens zwei weitere Beispiele.
Formuliere eine Verallgemeinerung.

19. Mit speziellen Indikatoren oder einem pH-Meter kann man testen, ob Regenwasser sauer ist oder nicht.

a) Erkläre, warum natürliches Regenwasser nicht neutral ist.
b) Ermittle experimentell, ob der Regen in deiner Region leicht oder stark sauer ist.

Hinweise für die Arbeit in Projekten

Bei der Bearbeitung eines Themas in Form eines Projektes geht es darum, dass ihr ein Thema weitgehend selbstständig bearbeitet. Konkret heißt das:

- Ideen zum Thema entwickeln,
- Aufgaben stellen, die in Gruppen möglichst selbstständig bearbeitet werden können,
- das Thema von unterschiedlichen Seiten betrachten.

Damit das Projekt auch ein Erfolg wird, geht man am besten schrittweise vor.

1. Schritt

Ideenmarkt
Alles, was zum Thema passt, wird „auf den Tisch gepackt". Aus der Fülle der Ideen werden die zu bearbeitenden Themenbereiche ausgewählt und der jeweiligen Gruppe zugeteilt.

2. Schritt

Arbeitsplan
Jede Gruppe stellt für sich einen Arbeitsplan auf. Dieser Arbeitsplan sollte folgende Punkte unbedingt enthalten:

- Welche Fragen sollen in der Gruppe zum ausgewählten Themenbereich beantwortet werden?
- Welche Materialien/Medien sollen genutzt werden?
- Welche Methoden sollen bei der Informationsbeschaffung angewendet werden?
- Welche Experimente möchte die Gruppe durchführen?
- Wer ist für welchen Bereich bzw. für welche Frage zuständig?
- Welcher zeitliche Rahmen steht zur Verfügung?
- Wie sollen die Ergebnisse dargestellt werden?

3. Schritt

Arbeit am Projekt
Setze den Arbeitsplan um. Wenn Fragen bei der Arbeit auftreten, versucht sie zunächst selbstständig zu lösen. Anderenfalls kann man sich an den Lehrer wenden.

4. Schritt

Ergebnispräsentation vor den Mitschülern
Hierbei muss man beachten, dass sich die Mitschüler mit anderen Fragestellungen beschäftigt haben.
Deshalb muss die Darstellung in kurzer und logischer Form erfolgen. Nur so können die anderen Mitschüler die Versuche und Ergebnisse verstehen und die gewonnenen Erkenntnisse nachvollziehen.

5. Schritt

Zum Abschluss des Projekts kann z. B. eine Wandzeitung angefertigt werden. Die anderen Schüler können dann sehen, womit sich die Klasse beschäftigt hat und zu welchen Ergebnissen sie gekommen ist.

Projektstruktur

Projektidee:
z. B.: Schwefelsäure und Sulfate

Projektplan:
z. B.: Schwefelsäure ist eine „Grundchemikalie". Warum eigentlich?

Projektdurchführung:
z. B.: Experimentieren, Expertenbefragung, Arbeit mit Nachschlagewerken, Surfen im Internet, Diskussion der Ergebnisse

Projektpräsentation:
z. B.: Anfertigen einer Anschauungstafel oder eines Posters; Halten eines Vortrags (auch als Power-Point-Präsentation möglich)

Wahlbereich: Schwefelsäure und Sulfate

Schwefelsäure – eine wichtige Grundchemikalie

Die Jahresproduktion von Schwefelsäure beträgt über 150 Mio Tonnen.

1. *Schwefelsäure ist eine Molekülsubstanz. Fertige Modelle der Moleküle an. Erkläre mithilfe dieser Modelle die Bildung von Ionen bei der Reaktion der Säure mit Wasser.*

2. *Trage Eigenschaften der Schwefelsäure zusammen und erläutere sie.*

Schwefelsäure findet in vielen Bereichen Verwendung (s. Abb. 1), beispielsweise bei der Herstellung von Farbpigmenten. Dazu findet man im Internet bei www.wikipedia.de u a. folgende Aussagen: „Dünnsäure ist die Bezeichnung für verdünnte Schwefelsäure. Sie entsteht unter anderem als Abfallprodukt bei der Titandioxid- und Farbstoffherstellung und kann neben maximal 25 % Schwefelsäure noch Schwermetalle und halogenierte Kohlenwasserstoffe enthalten. Der größte Teil der mehr als 5 Millionen Tonnen jährlich in Europa anfallenden Dünnsäure wurde früher in der Nordsee von Schiffen verklappt oder per Pipeline ins Meer geleitet. Nach Protesten von Umweltverbänden stellte Deutschland 1989 und Großbritannien 1993 die Verklappung ein."

2 Greenpaece-Aktivisten blockieren das Dünnsäure-Verklappungsschiff „Kronos" im Hafen von Nordenham.

3. *Kommentiere die im Zitat getroffenen Aussagen.*

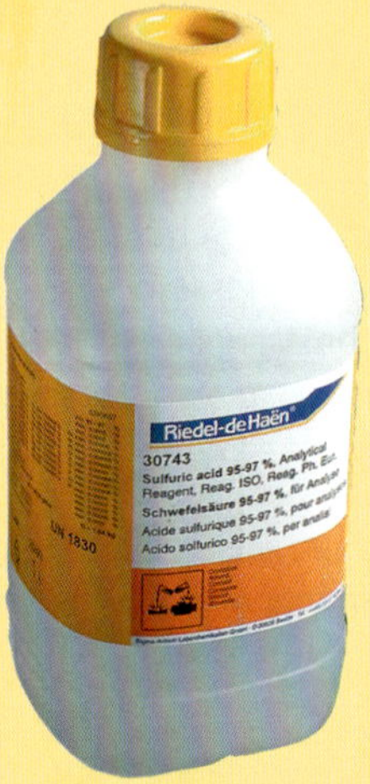

+ Wasser H_2O	verdünnte Schwefelsäure	Batteriesäure (Bleiakkumulator)
+ Calciumphosphat $Ca_3(PO_4)_2$	Superphosphat	Düngemittel
+ Ammoniak NH_3	Ammoniumsulfat	Düngemittel
+ $FeTiO_3$ (Ilmenit)	Titandioxid	Farbstoff (Weißpigment)
+ Aluminiumhydroxid, $Al(OH)_3$	Aluminiumsulfat	Gerbemittel (Lederindustrie)
+ R – ⌬ – H (spezielle Aromaten)	Sulfonate	Bestandteile von Waschmitteln
+ Alkohol R – OH	Alkylsulfat	Waschmittel- und Textilherstellung

1 Verwendung der Schwefelsäure

L Experiment 1
Konzentrierte Schwefelsäure im Test

Aufgabe:
Die Wirkung konzentrierter Schwefelsäure auf verschiedene Substanzen soll untersucht werden.

Vorbereitung:
Geräte und Chemikalien: hohe Bechergläser, Reagenzgläser, alter Tafellappen, Kristallzucker, Eiklar, Eisen, konzentrierte Schwefelsäure

Durchführung:
Die Proben werden jeweils mit einigen Tropfen konzentrierter Schwefelsäure versetzt.

Beobachtung und Auswertung:
Notiere deine Beobachtungen.
a) Stelle den Zusammenhang zu den Eigenschaften der konzentrierten Schwefelsäure her.
Informiere dich dazu auch über die elementare Zusammensetzung von Zucker (Saccharose) und anderer organischer Stoffe.
b) Leite aus den Ergebnissen des Experimentes Maßnahmen zum Umgang mit konzentrierter Schwefelsäure ab.

4. *Warum entsteht beim Einwirken der konzentrierten Schwefelsäure auf Kristallzucker Zuckerkohle? Erkläre die Beobachtung, die auf der Abbildung 1 dokumentiert wurde.*

S Experiment 2
Verdünnte Schwefelsäure im Test

Aufgabe:
Untersuche die Wirkung von verdünnter Schwefelsäurelösung auf verschiedene Substanzen.

Vorbereitung:
Geräte und Chemikalien: Reagenzgläser, Reagenzglashalter, Pipette, Magnesiumspäne, Eisenspäne, Zinkgranulat, Marmorstückchen, verdünnte Schwefelsäure

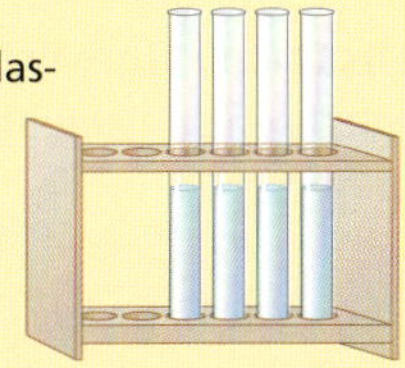

Durchführung:
a) Gib in je ein Reagenzglas eine kleine Stoffprobe Metall und versetze sie mit ca. 4 ml der Schwefelsäurelösung.
b) Versetze ein Marmorstück mit ca. 4 ml der Schwefelsäurelösung.

Beobachtung und Auswertung:
Notiere deine Beobachtungen.
a) Stelle die Reaktionsgleichungen für die Reaktionen mit den Metallen auf.
Begründe, warum konzentrierte Schwefelsäure nur sehr schlecht mit diesen Metallen reagiert.
b) Versuche, die Reaktion der Säure mit Marmor zu erklären.
Welche Reaktionsprodukte könnten entstanden sein? Wie kann die Vermutung experimentell überprüft werden?

1 Zucker wurde mit konzentrierter Schwefelsäure versetzt.

2 Saurer Regen wirkt auf Marmor und ähnliche Baustoffe zerstörerisch.

Die technische Herstellung von Schwefelsäure

Das erste wichtige Zwischenprodukt bei der technischen Herstellung der Schwefelsäure ist Schwefeldioxid. Dazu wird entweder elementarer Schwefel oder Schwefel in sulfidischen Erzen oxidiert. Der Schwefel kann aus entsprechenden Lagerstätten, der Erdölverarbeitung oder der Rauchgasentschwefelung der Kohlenkraftwerke stammen.

1. *Ermittle Beispiele für sulfidische Erze.*

2. *Notiere die Reaktionsgleichung für die Reaktion von Schwefel mit Sauerstoff zu Schwefeldioxid. Bestimme die Reaktionsart und die Teilreaktionen.*

3. *Wiederhole Bau und Bedeutung bzw. Nutzung von Schwefeldioxid. Übertrage den Steckbrief (unten) in deinen Hefter und ergänze ihn.*

Der zweite Schritt zur technischen Gewinnung der Schwefelsäure ist die Oxidation von Schwefeldioxid zu Schwefeltrioxid im Kontaktofen.

4. *Wiederhole, wie durch den Einsatz von Katalysatoren chemische Reaktionen beeinflusst werden. Erläutere das Prinzip.*

L Experiment 1
Modellexperiment zur Bildung von Schwefeltrioxid

Aufgabe:
Führe bei nachfolgendem Lehrerexperiment Protokoll.

Vorbereitung:
Geräte und Chemikalien: Abdampfschale, Dreifuß, Tiegelzange, schwarzes Blatt Papier, Eisenwolle, Schwefel

Durchführung:
Unter dem Abzug (!) wird in einer Abdampfschale Schwefel bis zur Entzündung erhitzt. Vor einem schwarzen Hintergrund hält man über den brennenden Schwefel mit der Tiegelzange die Stahlwolle, welche vorher stark erwärmt wurde.

Beobachtung:
Beobachte die Vorgänge über der Stahlwolle gegen einen dunklen Hintergrund.

Auswertung:
1. Bei diesem Experiment entstand über zwei Teilschritte aus Schwefel Schwefeltrioxid. Formuliere beide Reaktionsgleichungen.
2. Welche Funktion hat die Stahlwolle bei diesem Versuch? Stelle eine Vermutung auf.

STECKBRIEF: Schwefeldioxid (SO_2)

Eigenschaften:
farbloses, stechend riechendes Gas, sehr gut in Wasser löslich, giftig, wirkt bleichend

Dichte: 2,93 g · l^{-1}

Schmelztemperatur: −76 °C

Siedetemperatur: −10 °C

STECKBRIEF: Schwefeltrioxid (SO_3)

Eigenschaften:
farblose, stark ätzende Flüssigkeit, unter 17 °C eisartige Masse, giftig, in Wasser löslich, hygroskopisch, bildet an der Luft weiße Nebel

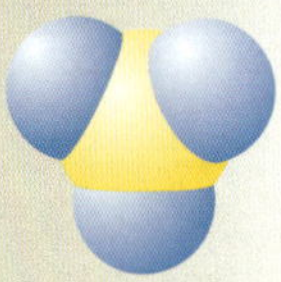

Dichte: 2,75 g · l^{-1}

Schmelztemperatur: 17 °C

Siedetemperatur: 45 °C

Die Kontaktöfen enthalten anstelle der im Experiment verwendeten Stahlwolle Vanadium(V)-oxid. Durch die Reaktion mit Wasser (dritter Schritt des chemisch technischen Verfahrens) wird Schwefelsäure hergestellt.

Der Katalysator ermöglicht die Reaktion bei relativ niedriger Temperatur mit angemessener Geschwindigkeit. Trotzdem darf eine Temperatur von 420 °C nicht unterschritten werden, da der Katalysator unterhalb dieser Temperatur unwirksam wird.

Die Kontaktöfen enthalten das Vanadium(V)-oxid fein verteilt auf mehreren Böden. Dadurch vergrößert sich die Oberfläche des Katalysators, das Gasgemisch aus Schwefeldioxid und Luft (O_2) kann so schneller zu Schwefeltrioxid reagieren. Die Verteilung des Katalysators auf mehreren Böden verhindert auch ein Aufheizen des Reaktionsapparates infolge der exotherm verlaufenden Oxidation des Schwefeldioxids. Das den Reaktionsapparat verlassende Gasgemisch muss gekühlt werden, damit das Reaktionsprodukt nicht in starkem Maße zerfällt. Dies erfolgt in Wärmeaustauschern (Gegenstromprinzip).

5. *Die Reaktion im Kontaktofen wird in der chemischen Zeichensprache folgendermaßen dargestellt:*

$$2\,SO_2 + O_2 \rightleftharpoons 2\,SO_3$$

Interpretiere diese Reaktionsgleichung.

L Experiment 2
Modellexperiment zum Kontaktverfahren

Aufgabe:
Führe bei nachfolgendem Lehrerexperiment Protokoll.

Vorbereitung:
Die Versuchsanordnung wird nach Abbildung 1 aufgebaut.

Durchführung:
Zuerst wird die Wasserstrahlpumpe in Betrieb genommen.
Jetzt wird das Pyrit kräftig erhitzt und nach ungefähr drei Minuten auch der Katalysator.

Beobachtung:
Notiere die Beobachtungen im Verbrennungsrohr und in der zweiten Waschflasche.

Auswertung:
1. Gib an, welche Reaktionen jeweils ablaufen.
2. Was vermutest du, warum befindet sich zwischen dem Verbrennungsrohr und der Gaswaschflasche mit Wasser eine leere Gaswaschflasche?

Tipp: Lies noch einmal den Text in der linken Spalte.

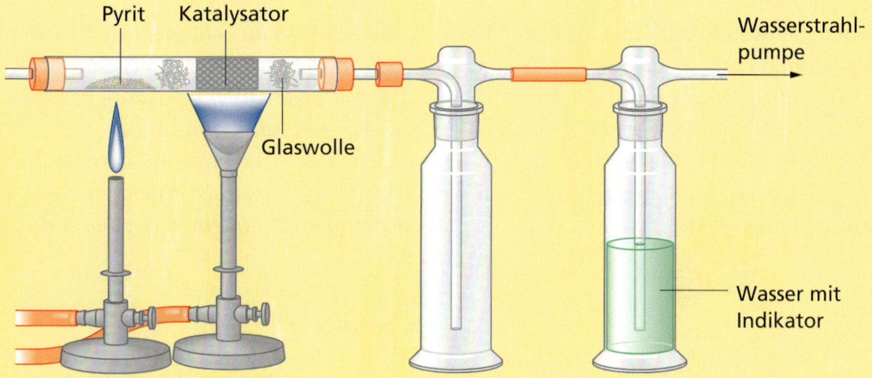

1 Versuchsanordnung für das Modellexperiment zum Kontaktverfahren

6. *Lies den folgenden Text zur Bildung der Schwefelsäure in der Technik und beschreibe das Doppel-Kontaktverfahren mit eigenen Worten:*

Schwefeltrioxid reagiert mit Wasser in einer sehr stark exothermen Reaktion.
Durch die hohe Wärmeentwicklung entweicht viel gasförmiges Schwefeltrioxid. Um Verluste zu vermeiden, wird konzentrierte Schwefelsäure als Lösemittel verwendet. Bei diesem Prozess steigt die Temperatur nicht so stark an. Die Schwefelsäure wird noch höher konzentriert und es entsteht Dischwefelsäure ($H_2S_2O_7$). Sie muss anschließend mit Wasser vorsichtig verdünnt werden.

$$SO_3 + H_2SO_4 \longrightarrow H_2S_2O_7$$

$$H_2S_2O_7 + H_2O \longrightarrow 2\ H_2SO_4$$

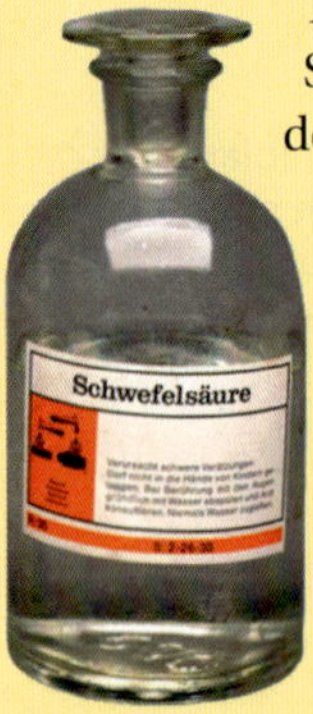

Technisch wird das entstandene Schwefeltrioxid nach dem Verlassen des ersten und zweiten Kontaktofens in Absorbern gelöst, in denen warme Schwefelsäure (70 °C) von oben nach unten rieselt.
Die ständige Konzentrationserhöhung der Schwefelsäure wird durch die Zufuhr von Frischwasser ausgeglichen, sodass eine konstante Säurekonzentration von 98 % realisiert werden kann.
Bei dem Doppel-Kontaktverfahren wird das nicht umgesetzte Schwefeldioxid aus dem ersten Kontaktofen nochmals erhitzt und dem zweiten Kontaktofen zugeführt. Durch diese Prozessführung ist ein Umsatz des Schwefeltrioxids von bis zu 99,5 % möglich. Gleichzeitig verringert sich die entweichende Menge an Schwefeltrioxid auf 0,02 % (Minderung um 80 %).

1 Modell des Schwefelsäuremoleküls

Die Bearbeitung des Textes kann mit der **Fünf-Schritt-Methode** erfolgen.

1. Schritt

Verschaffe dir einen Überblick.
Es geht um die technische Gewinnung von Schwefelsäure im Doppel-Kontaktverfahren.

2. Schritt

Stelle Fragen zu wesentlichen Inhalten.
- *Warum heißt das Verfahren Doppel-Kontaktverfahren?*
- *Wie entsteht Dischwefelsäure?*

3. Schritt

Lies gründlich. Markiere Kernaussagen und Schlüsselwörter. Schlage unklare Begriffe nach.
Kontaktofen: *ist ein chemisch-technisches Gerät, in dem ein Reaktionsgemisch durch den Kontakt mit einem Katalysator zur Reaktion gebracht wird.*
Absorber: *ist ein chemisch-technisches Gerät, in dem Bestandteile eines Gemisches selektiv entfernt werden.*

4. Schritt

Fasse die Kernaussagen in kurzer Form (Text oder Schema) mit eigenen Worten zusammen:
- *Schwefeltrioxid bildet sich im Kontaktofen aus Schwefeldioxid und Sauerstoff.*
- *Als Lösemittel für Schwefeltrioxid wird in den Absorbern konzentrierte Schwefelsäure verwendet.*
- *Die gebildete Dischwefelsäure wird mit Wasser zur Schwefelsäure umgesetzt.*
- *Um Verluste zu verringern, wird das Restgas aus dem ersten Absorber erneut in einen Kontaktofen und dann in einen zweiten Absorber geleitet.*

5. Schritt

Wiederhole. Gib dazu den Textinhalt mit eigenen Worten wieder.

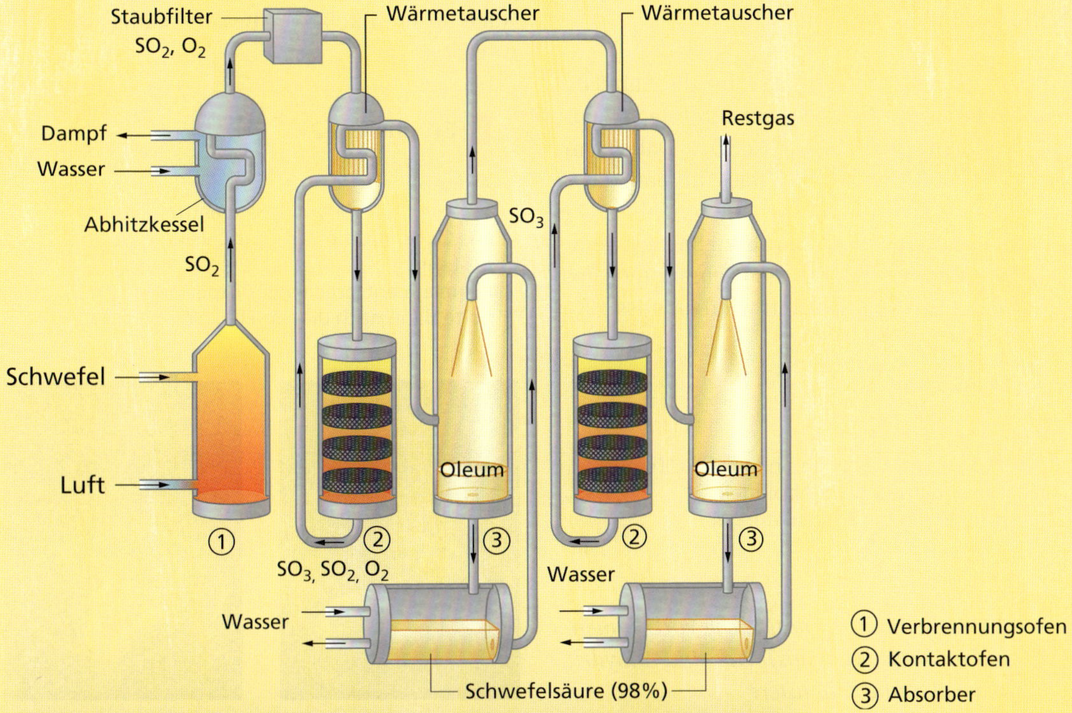

1 Schwefelsäureherstellung im Doppel-Kontaktverfahren

Chemisch-technisches Gerät	Verbrennungsofen ①	Kontaktofen ②	Absorber ③
Prozess	Bildung des Schwefeldioxids	Katalytische Oxidation zum Schwefeltrioxid	Reaktion zur Schwefelsäure
Reaktionsgleichung	$S + O_2 \longrightarrow SO_2$	$2\ SO_2 + O_2 \longrightarrow 2\ SO_3$	$H_2S_2O_7 + H_2O \longrightarrow 2\ H_2SO_4$

Sulfate

Sulfate und Hydrogensulfate sind die Salze der Schwefelsäure (s. Tab.). Das bekannteste Sulfat ist wohl Calciumsulfat (Gips – $CaSO_4$). Dabei handelt es sich um ein wasserhaltiges Mineral, das in der Natur vorkommt und Lagerstätten bildet. Das Mineral wird abgebaut und u. a. zu Baugips verarbeitet. Im Baumarkt erhält man gebrannten Gips, der erst mit Wasser angerührt werden muss.

S Experiment 1

Aufgabe:
Rühre Gips mit Wasser an und miss die Temperaturveränderung beim Abbinden.
Interpretiere deine Beobachtungen.

1. *Informiere dich über natürliche Vorkommen von Calciumsulfat (Gips). Was sind Anhydrit, Marienglas und Alabaster?*

Auch unsere Tafelkreide besteht häufig aus Calciumsulfat.

S Experiment 2

Aufgabe:
Teste, ob die verwendete Wandtafelkreide aus Calciumsulfat oder aus Calciumcarbonat besteht.
Plane ein entsprechendes Experiment und arbeite dann nach diesem Plan. Führe Protokoll.

Calciumsulfat (Gips) $CaSO_4 \cdot 2\,H_2O$	Baugewerbe, keramische Industrie (Gipsformen), Bildhauerei, Medizin, Tafelkreide
Bariumsulfat (Schwerspat) $BaSO_4$	Magenröntgen, Zusatzstoff im Beton für den Bau von Atomreaktoren, Herstellung weißer Malerfarbe, Kunstdruckpapiere
Natriumsulfat (Glaubersalz) $Na_2SO_4 \cdot 10\,H_2O$	Glasherstellung, Bestandteil einiger Waschmittel, Herstellung von Packpapier
Kaliumsulfat K_2SO_4	Düngemittel, Kochsalzersatz in diätischen Lebensmitteln
Kupfersulfat (Kupfervitriol) $CuSO_4 \cdot 5\,H_2O$	Bekämpfung von Schädlingen und Pilzkrankheiten, Herstellung galvanischer Kupferüberzüge
Aluminiumsulfat $Al_2(SO_4)_3$	Papierherstellung, macht Textilien wasserabstoßend, Gerben von Häuten, Beize in der Tuchfärberei, Reinigung von Abwasser
Eisen(II)-sulfat (Eisenvitriol) $FeSO_4 \cdot 7\,H_2O$	Unkrautbekämpfung, Färben
Magnesiumsulfat (Bittersalz) $MgSO_4 \cdot 7\,H_2O$	Abführmittel, Düngemittel

1 Verwendung von ausgewählten Sulfaten

1.2 Laugen – alkalische Lösungen

Ätzende Reinigungsmittel

In Haushalten werden verschiedene Reinigungsmittel eingesetzt. Rohrreiniger tragen häufig Gefahrstoffkennzeichnungen. Daraus geht hervor, dass die Stoffe ätzend sind. *Was für Stoffe sind in diesen Reinigungsmitteln enthalten? Worauf beruht die ätzende Wirkung? Welche Reaktionen laufen im Abwasserrohr ab?*

Laugengebäck

In vielen Kinos werden neben Popkorn, Tacos und anderen Snacks auch Laugenbrezeln angeboten. Sie weisen eine sehr schöne braune Färbung auf. *Wodurch kommt diese Färbung zustande?*

Basen liebende Pflanzen

Einige Pflanzen benötigen für das optimale Wachstum eine ganz bestimmte Bodenreaktion. Orchideen wie der Frauenschuh sind niemals auf saurem Boden zu finden. *Welche Bodenreaktion zeichnet den Standort solch seltener Pflanzen wie Ragwurz aus? Wie kann man diese Bodenreaktion ermitteln?*

Vom Natriumhydroxid und anderen Basen

Säuren kennt jeder aus dem Alltag, aber auch Basen spielen im täglichen Leben eine große Rolle. Calciumhydroxid ($Ca(OH)_2$) wird u. a. als Löschkalk bezeichnet und ist ein wichtiger Bestandteil von Kalkmörtel. Kalkwasser (Calciumhydroxidlösung) wird zur Gewinnung von Zucker verwendet. Die Lösung dient zum Ausfällen von Phosphaten aus der Rübenzuckerlösung. Im Labor nutzt man Kalkwasser als Nachweismittel für Kohlenstoffdioxid. Manchmal werden Baumstämme mit Kalkmilch (eine Aufschlämmung des Calciumhydroxids) eingestrichen, um sie vor Insektenbefall zu schützen.
Natriumhydroxid (NaOH) ist in Erzeugnissen zum Reinigen von verstopften Abflussrohren enthalten. Die konzentrierte Lösung (konzentrierte Natronlauge) zersetzt organische Substanzen. Große Mengen Natronlauge werden zur Seifenherstellung benötigt. Laugengebäck wird vor dem Backen in eine 3%ige Natronlauge getaucht. Durch diese Behandlung kommen die braune Färbung und der typische Geschmack zustande.
Eine wässrige Lösung von Kaliumhydroxid (KOH), die Kalilauge, bildet mit Fett wasserlösliche Verbindungen. Man setzt sie Industriereinigern zu, die z. B. zur Reinigung von Flaschen zum Einsatz kommen.
Der Überblick zeigt, systematischer und Trivialname können voneinander abweichen (s. Tab.). Dabei werden die wässrigen Lösungen von Hydroxiden oft als Laugen bezeichnet.

Natrium-, Kalium-, Calciumhydroxid und ähnlich gebaute Stoffe sind kristalline Substanzen mit ätzender Wirkung. Ihre Lösungen (Laugen) fühlen sich seifig an, da sie die oberen Hautschichten angreifen.
Arbeitet man mit ihnen, müssen dieselben Sicherheitsregeln wie beim Umgang mit Säuren beachtet werden.

Laugen sind wässrige Lösungen von Hydroxiden.

Systematische und Trivialnamen

	Systematischer Name	Trivialname
NaOH/fest	Natriumhydroxid	Ätznatron
Lösung	Natriumhydroxid-lösung	Natronlauge
KOH/fest	Kaliumhydroxid	Ätzkali
Lösung	Kaliumhydroxid-lösung	Kalilauge
$Ca(OH)_2$/fest	Calciumhydroxid	Kalkhydrat Löschkalk
Lösung	Calciumhydroxid-lösung	Kalkwasser
$Ba(OH)_2$/fest	Bariumhydroxid	
Lösung	Bariumhydroxid-lösung	Barytwasser

Löst man Natrium-, Kalium-, Calcium- und Bariumhydroxid in Wasser, färbt sich die Lösung bei Zugabe von Unitest blau. Eine alkalische (basische) Reaktion wird angezeigt. Die Ursache bilden die einfach negativ geladenen Hydroxid-Ionen (OH^-) in den Lösungen der Metallhydroxide. Außerdem befinden sich in der Lösung positiv geladene Metall-Ionen (s. Tab. unten). Die Lösungen leiten aufgrund der frei beweglichen Ladungsträger den elektrischen Strom.
Anders als bei Säurelösungen entstehen die Ionen in den Metallhydroxidlösungen nicht erst bei der Reaktion mit Wasser. Metallhydroxide sind aus Ionen aufgebaut (Ionensubstanzen). Die Ionen werden beim Lösen in Wasser nur frei beweglich.

$$NaOH \longrightarrow Na^+ + OH^-$$

Es gibt jedoch auch Stoffe (Molekülsubstanzen), die erst bei der Reaktion mit Wasser Hydroxid-Ionen bilden. Beide Gruppen von Stoffen sind Basen.

Basen sind Stoffe, deren wässrige Lösung Hydroxid-Ionen enthalten.

Aufgabe

Phenolphthalein färbt sich bei Zugabe zu einer unbekannten Lösung rot. Formuliere eine Schlussfolgerung.

Charakteristische Indikatorfärbung bei alkalischen Reaktionen (Überschuss von OH^--Ionen)

Indikatoren	Farbe bei alkalischer Lösung
Universalindikator	blau
Lackmus	blau
Phenolphthalein	rot
Bromthymolblau	blau

S Experiment

Prüfe es selbst

Aufgabe:
Teste die elekrische Leitfähigkeit von Natriumhydroxid und einer Natriumhydroxidlösung. Beschreibe die Vorgehensweise und werte die Ergebnisse aus.

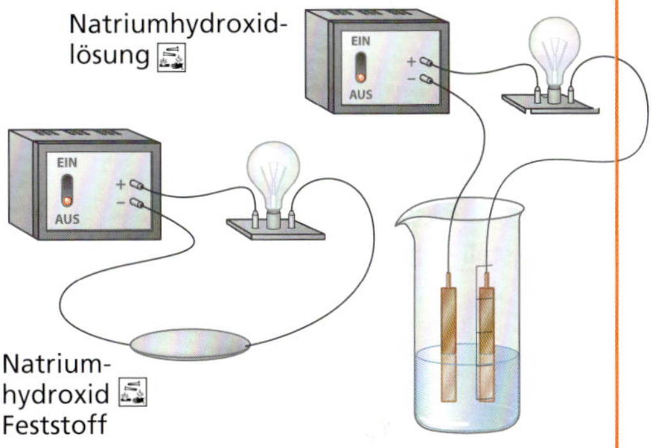

Namen und Formeln ausgewählter Metallhydroxide und ihrer Ionen

Metallhydroxid		In der Lösung (Lauge) enthaltene Ionen			
Name	**Formel**	**Name**	**Formel**	**Name**	**Formel**
Natriumhydroxid	$NaOH$	Natrium-Ionen	Na^+	Hydroxid-Ionen	OH^-
Kaliumhydroxid	KOH	Kalium-Ionen	K^+	Hydroxid-Ionen	OH^-
Calciumhydroxid	$Ca(OH)_2$	Calcium-Ionen	Ca^{2+}	Hydroxid-Ionen	OH^-
Magnesiumhydroxid	$Mg(OH)_2$	Magnesium-Ionen	Mg^{2+}	Hydroxid-Ionen	$2\ OH^-$
Bariumhydroxid	$Ba(OH)_2$	Barium-Ionen	Ba^{2+}	Hydroxid-Ionen	$2\ OH^-$

Struktur-Eigenschafts-Konzept: Metallhydroxide

Die typischen Eigenschaften von Metallhydroxiden ergeben sich aus der ähnlichen Art, der Anordnung und den ähnlichen Wechselwirkungen zwischen den Teilchen.

Art der Teilchen: Metallhydroxide bestehen aus positiv geladenen Metall-Ionen und negativ geladenen Hydroxid-Ionen.

Anordnung der Teilchen: Die unterschiedlichen Ionen sind regelmäßig in einem dreidimensionalen Ionengitter auf festen Gitterplätzen angeordnet. Das Verhältnis der Ionen im Kristall wird durch ihre Ladungen bestimmt. Die Ladungen der positiv und negativ geladenen Ionen heben sich gegenseitig auf.

Wechselwirkungen zwischen den Teilchen: Zwischen den entgegengesetzt geladenen Ionen wirken starke elektrostatische Anziehungskräfte im Gitter. Die Stärke der Wechselwirkungen hängt von der Größe und Ladung der Ionen ab.

Ionenkristall

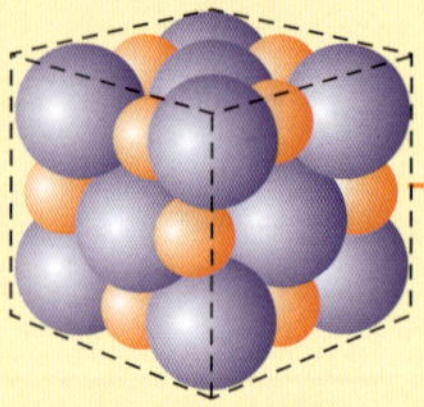

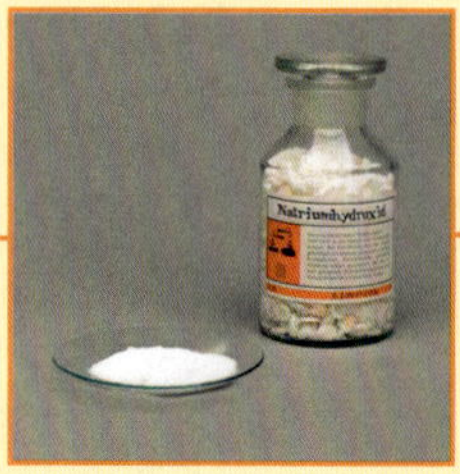

Metallhydroxide sind kristallin, weil zwischen den Ionen starke Anziehungskräfte wirken. Daher bilden Metallhydroxide stabile dreidimensionale Ionengitter.

Metallhydroxidlösungen enthalten Hydroxid-Ionen. Diese bewirken bei Indikatoren eine charakteristische Färbung.

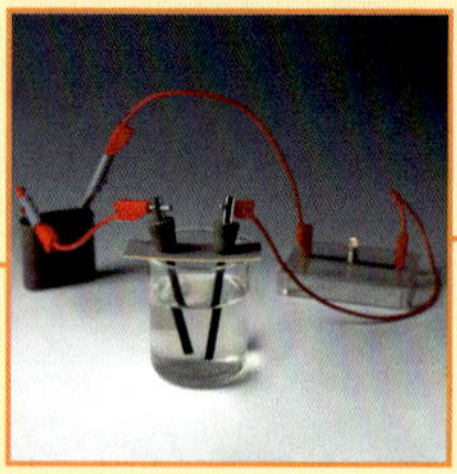

Lösungen und Schmelzen von Metallhydroxiden sind elektrisch leitfähig, weil in beiden Flüssigkeiten (anders als im Feststoff) frei bewegliche Ionen als Ladungsträger zur Verfügung stehen.

Finde weitere Eigenschaften von Metallhydroxiden, die anhand der Struktur der Ionensubstanzen zu erklären sind.

Bildung alkalischer Lösungen

Ohne Calciumoxid (Branntkalk) kommt die Bauindustrie nicht aus. Es müssen jedoch besondere Sicherheitsvorschriften beachtet werden. Übergießt man Calciumoxid mit Wasser, erfolgt eine starke Wärmeentwicklung. Die entstandene trübe, weiße Flüssigkeit ist ätzend. Universalindikatorlösung färbt sich blau. Das Metalloxid hat mit Wasser zum Metallhydroxid reagiert, welches im Wasser z. T. gelöst vorliegt (s. Abb. 1).

$$CaO + H_2O \longrightarrow Ca^{2+} + 2\,OH^-$$

Ähnlich reagieren auch andere Metalloxide. Verbrennt man einen Magnesiumspan, bildet sich Magnesiumoxid. Versetzt man das entstandene Magnesiumoxid mit Wasser, färbt das Reaktionsprodukt den Unitestindikator ebenfalls blau.

$$MgO + H_2O \longrightarrow Mg^{2+} + 2\,OH^-$$

Ein entsprechendes Reaktionsprodukt bildet sich auch, wenn Natriumoxid mit Wasser in Berührung kommt.

$$Na_2O + H_2O \longrightarrow 2\,Na^+ + 2\,OH^-$$

Metalloxid + Wasser ⟶ Metallhydroxid (Lösung)

Jedoch nicht nur die Metalloxide reagieren mit Wasser unter Bildung von Laugen, sondern auch die unedlen Metalle. Gibt man Natrium in ein Schälchen mit Wasser, verkleinert sich das Natriumstückchen sichtbar und scheint auf dem Wasser zu tanzen.

Ein zischendes Geräusch ist wahrzunehmen. Manchmal entzündet sich das Gas um das Stückchen Natrium mit einem mehr oder weniger starken Knall und verbrennt.
Phenolphthalein färbt sich rot. Nach kurzer Zeit hat sich das Natriumstückchen vollständig umgesetzt. Eine alkalische Lösung (Natronlauge) und Wasserstoff sind entstanden.

$$2\,Na + 2\,H_2O \longrightarrow 2\,Na^+ + 2\,OH^- + H_2\uparrow$$

Zu den unedlen Metallen gehört auch Calcium. Bringt man ein Stückchen metallisches Calcium in Wasser, entsteht unter Wärmeabgabe eine trübe weißliche Lösung. Das Aufsteigen von Gasblasen kann beobachtet werden. Die Knallgasprobe verläuft positiv. Calciumhydroxid und Wasserstoff sind entstanden.

$$Ca + 2\,H_2O \longrightarrow Ca^{2+} + 2\,OH^- + H_2\uparrow$$

unedles Metall + Wasser ⟶ Metallhydroxid (Lösung) + Wasserstoff

S Experiment

Prüfe es selbst

Aufgabe:
Stelle alkalische Lösungen her.

Vorbereitung:
Geräte: Abdampfschale, Reagenzglas, Reagenzglasständer, Pipette, Pinzette, Schutzbrille, Becherglas
Chemikalien: Calciumoxid, Calcium, destilliertes Wasser, Indikatorpapier (z. B. Unitest)

Durchführung:
1. Tropfe zu Calciumoxid Wasser hinzu. Teste die Flüssigkeit dann mit Indikatorpapier.
2. Gib ein Stückchen Calcium mithilfe einer Pinzette in ein Reagenzglas. Tropfe Wasser hinzu und teste die Flüssigkeit mit Indikatorpapier.

Beobachtung und Auswertung:
Notiere die Beobachtungen und erkläre sie.

Mosaik

Ansetzen und Mischen von Lösungen

Lösungen von Stoffen sind keine Erfindung der Chemie, sondern begegnen uns in der Natur und im Alltag auf Schritt und Tritt. So sind Leitungswasser, Tinte oder Hustensaft keine reinen Stoffe, sondern im chemischen Sinn Lösungen (s. Abb. 1). Man unterscheidet polare und unpolare Lösemittel. Zu den polaren Lösemitteln gehören u. a. Wasser und einige organische Lösemittel wie Ethanol, Methanol und Aceton. Alle fünf Stoffe sind Molekülsubstanzen. Ihnen ist gemeinsam, dass es im Molekül mindestens ein Sauerstoffatom gibt. Das Sauerstoffatom besitzt zwei freie Elektronenpaare. Außerdem zieht es die Bindungselektronenpaare an, sodass eine polare Atombindung vorliegt. Diese beiden Tatsachen erzeugen einen negativen Ladungsschwerpunkt im Molekül am Sauerstoffatom. Das Molekül ist ein Dipol und das Lösemittel dadurch polar.

Die Moleküle von unpolaren Lösemitteln bestehen meist nur aus Atomen der Elemente Kohlenstoff und Wasserstoff. Weder das Kohlenstoffatom noch das Wasserstoffatom besitzen in ihren Verbindungen freie Elektronenpaare. Die Bindungselektronenpaare werden von den Atomen gleichberechtigt benutzt. Die Moleküle weisen keine Ladungsschwerpunkte auf. Deshalb sind diese Substanzen unpolar.

Das bekannteste **Lösemittel** ist **Wasser.** Aufgrund seiner polaren Molekülstruktur löst Wasser viele Salze, Säuren und Basen. Auch Gase wie Sauerstoff oder Flüssigkeiten wie Alkohol lösen sich in bestimmtem Maße in Wasser.

Konzentrationsmaß	**Massenanteil** ω_i	**Stoffmengenkonzentration** c_i
Definition	Masse des gelösten Stoffes (m_i); bezogen auf die Gesamtmasse der Lösung $(m_{Lösung})$	Stoffmenge des gelösten Stoffes (n_i); bezogen auf das Volumen der Lösung $(V_{Lösung})$
Formel	$\omega_i = \frac{m_i}{m_{Lösung}}$	$c_i = \frac{n_i}{V_{Lösung}}$
Einheit	keine oder %	$mol \cdot l^{-1}$

1 Auf der Verpackung werden Lösemittel und gelöste Inhaltsstoffe geführt.

Die Eigenschaften von Lösungen hängen in erster Linie von der Art des Lösemittels und des gelösten Stoffes (z. B. einer Säure oder Base) ab. Aber auch die mengenmäßige **Zusammensetzung,** d. h. die Anteile der einzelnen Bestandteile beeinflussen die Eigenschaften und damit die Verwendung.

Die Anteile der einzelnen Bestandteile von Stoffgemischen werden durch verschiedene **Konzentrationsmaße** angegeben. Die gebräuchlichsten Konzentrationsmaße sind der **Massenanteil** und die **Stoffmengenkonzentration** des gelösten Stoffes.

Aufgabe:
Informiere dich über den unterschiedlichen Salzgehalt der Weltmeere und stelle die Ergebnisse in einer Tabelle zusammen.

Beispielrechnung zum Massenanteil

Physiologische Kochsalzlösung weist beispielsweise einen Massenanteil von 0,9 % auf. Die benötigte Masse Kochsalz zur Herstellung von 100 g dieser Lösung kann mithilfe folgender Formel berechnet werden:

$$m_{Kochsalz} = \frac{\omega_{Kochsalz}\,(\text{in }\%) \cdot m_{ges}}{100\ \%}$$

Es ergibt sich eine Masse von 0,9 g Kochsalz. Diese Masse muss in 99,1 g reinem Wasser gelöst werden.

Handelsübliche Lösungen haben häufig nicht die Konzentration, die man für Versuche benötigt, sondern sind meist relativ hoch konzentriert.
Um die gewünschte Konzentration einzustellen, müssen die Lösungen mit Wasser verdünnt oder gemischt werden. Das Massenverhältnis, in dem die Lösungen gemischt werden, kann man über das einfach zu handhabende **Mischungskreuz** (s. Abb. 1) ermitteln. Dabei ergibt sich aus dem Verhältnis der Differenzen der Massenanteile der Ausgangslösungen das Mischungsverhältnis.

Im dargestellten Beispiel wird ermittelt, wie man aus einer 30%igen handelsüblichen Natronlauge (ω_{NaOH} = 30%) und destilliertem Wasser (ω_{NaOH} = 0%) eine verdünnte 10%ige Natronlauge (ω_{NaOH} = 10%) herstellen kann. Aus dem Mischungskreuz ergeben sich die Massenverhältnisse von 10 Teilen Lauge und 20 Teilen Wasser bzw. nach Kürzen ein Mischungsverhältnis von 1 : 2 Masseteilen.
Dieses Massenverhältnis entspricht jedoch nicht dem Volumenverhältnis, da sich die Dichten von Wasser und 30%iger Natronlauge unterscheiden. Die Dichte von **Natronlauge** hängt vom Anteil des gelösten Natriumhydroxids ab (Abb. 2). Handelsüblich sind z. B. konzentrierte Natronlauge (ω = 30 bis 35 %) und NaOH-Maßlösung (c = 0,1 mol · l^{-1}) (s. Tab.).
Um die Volumina für die Mischung zu ermitteln, muss man die Massen durch die entsprechenden Dichten dividieren.

Massenanteil (ω) und Dichte (ϱ) unterschiedlicher Natriumhydroxidlösungen

ω_{NaOH} in %	0	10	20	30	40	50
ϱ in $g \cdot cm^{-3}$	1,00	1,11	1,22	1,33	1,43	1,52

Massenanteil (ω) und Dichte (ϱ) unterschiedlicher Chlorwasserstoffsäurelösungen (Salzsäure)

ω (HCl)	6	8	10	30	36
ϱ in $g \cdot cm^{-3}$	1,028	1,038	1,047	1,149	1,179

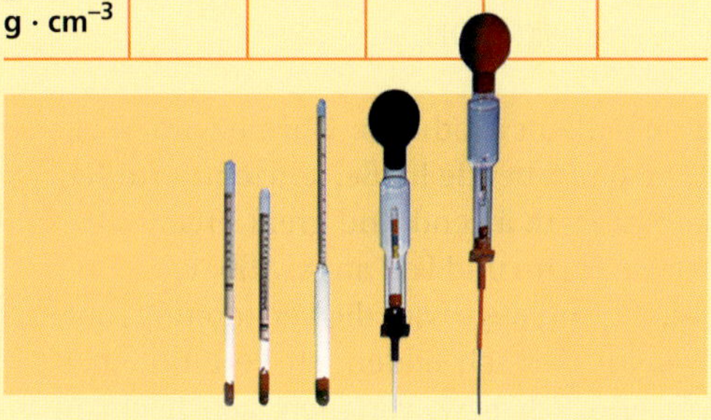

2 Die Dichten der Lösungen können mit geeigneten Aräometern (Senkspindel) ermittelt werden.

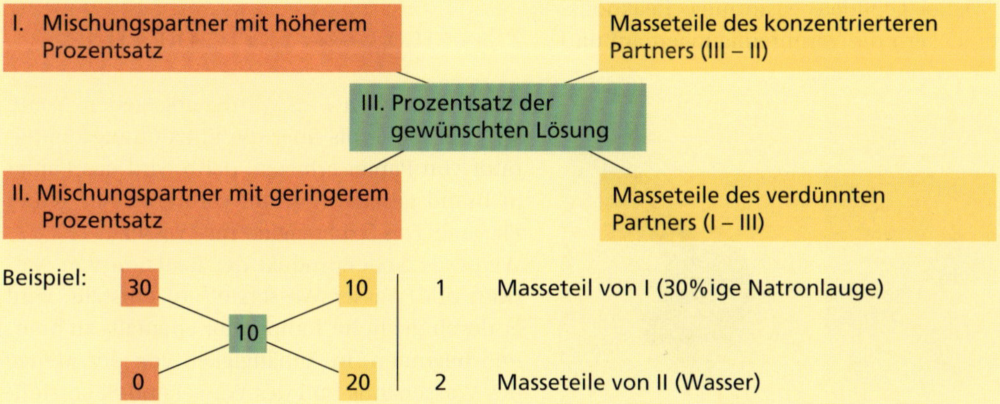

1 Interaktive Rechenbeispiele zum Mischungskreuz findest du unter www.tafelwerk.de.

Chemie im Kontext

Rohrreiniger – wirksam, aber nicht ungefährlich

Lassen sich Verstopfungen in sanitären Anlagen nicht mit einfachen Mitteln (Saugglocke) beseitigen, hilft die Chemie weiter. Vor Gebrauch solcher chemischer Reinigungsmittel muss man sich jedoch genau über die Anwendungshinweise informieren, denn in den Reinigern sind zumeist Natriumhydroxidplättchen enthalten.
Erkläre, wie der Rohrreiniger wirkt.

Natriumhydroxid liegt in fester Form vor. In Wasser wird der Stoff gelöst. Dabei werden die Ionen frei beweglich.

$$NaOH \longrightarrow Na^+ + OH^-$$

Das Lösen verläuft exotherm. Wärme wird abgegeben. Die entstehende heiße, konzentrierte Natronlauge ist stark ätzend und greift organisches Material wie Haare und Fett an (s. Abb. 1).
Durch die Natronlauge wird die Verstopfung „aufgelöst“, denn die sich bildenden Verbindungen sind wasserlöslich bzw. verteilen sich leicht in Wasser und können nach einer Weile fortgespült werden. Eventuell enthaltener Aluminiumgrieß reagiert mit dem Natriumhydroxid und anderen Stoffen. Dabei gebildete gasförmige Reaktionsprodukte lockern die Verunreinigungen auf und verstärken so die Wirkung.

1 Konzentrierte Natronlauge zersetzt organische Verunreinigungen, z. B. Haare.

Methode

Voraussagen

Voraussagen ist eine Tätigkeit, bei der auf der Grundlage von Gesetzen oder Modellen unter Berücksichtigung der gegebenen Bedingungen eine Prognose in Bezug auf ein Phänomen abgeleitet wird. Kennt man nicht alle zugrunde liegenden Gesetze und Bedingungen, kann der Wahrheitsgehalt der Prognose unterschiedlich sein. Oft wird anschließend die Voraussage im Experiment überprüft.
Gehe beim Voraussagen folgendermaßen vor:

- Beschreibe zuerst die wesentlichen Merkmale der vorherzusagenden Erscheinung.
- Beschreibe dazugehörige Gesetzmäßigkeiten oder Modelle.
- Leite Schlussfolgerungen aus den Gesetzmäßigkeiten ab. Formuliere die Voraussage mit „Wenn … , dann …“.

L Schiffe versenken

Aus Papier wird ein Schiffchen gefaltet. In dieses Schiffchen legt der Lehrer ein Stückchen Natrium und setzt es in eine Schale mit Wasser.
Sage die zu erwartenden Beobachtungen voraus.

Natrium (🔥) ist ein Alkalimetall, das heftig mit Wasser reagiert. Wenn das Papierschiffchen feucht wird, kommt Natrium mit Wasser in Berührung. Folgende Reaktion wird ablaufen:

$$2\,Na + 2\,H_2O \longrightarrow 2\,Na^+ + 2\,OH^- + H_2\uparrow$$

Bei der Reaktion wird Wärme abgegeben. Wenn sich die Stoffe bis über die Entzündungstemperatur von Papier erhitzen, dann wird das Papier in Brand gesetzt. Natrium verbrennt mit gelber Flamme. Das Oxid reagiert mit Wasser.
Wenn als Nebenprodukt der Reaktion von Natrium und Wasser Wasserstoff 🔥 entsteht, wird er durch die hohe Temperatur ebenfalls zu brennen beginnen. In Abhängigkeit von der Menge des Wasserstoffs und des Wasserstoff-Sauerstoff-Verhältnisses wird ein mehr oder weniger lauter Knall zu vernehmen sein. Durch ein Experiment können diese Voraussagen bestätigt werden.

gewusst · gekonnt

1. Ergänze dein Glossar:

Glossar

Base
alkalische Lösung
Lösemittel
Massenanteil
Metallhydroxid

2. Nenne mindestens drei Hydroxide mit Namen und Formeln. Gib jeweils ihre Verwendung an.

3. Stelle die Gleichungen für die Reaktion von Kaliumhydroxid, Natriumhydroxid, Bariumhydroxid und Calciumhydroxid mit Wasser auf.

4. Natrium darf nicht mit bloßen Händen angefasst werden. Dazu benutzt man immer eine Pinzette. Begründe.

5. Vergleiche die elektrische Leitfähigkeit von trockenem Natriumhydroxid, Natronlauge und der Schmelze von Natriumhydroxid. Benenne die Ursache für die unterschiedlichen Phänomene.

6. Festes Natriumhydroxid muss in geschlossenen Behältnissen aufbewahrt werden. Begründe.

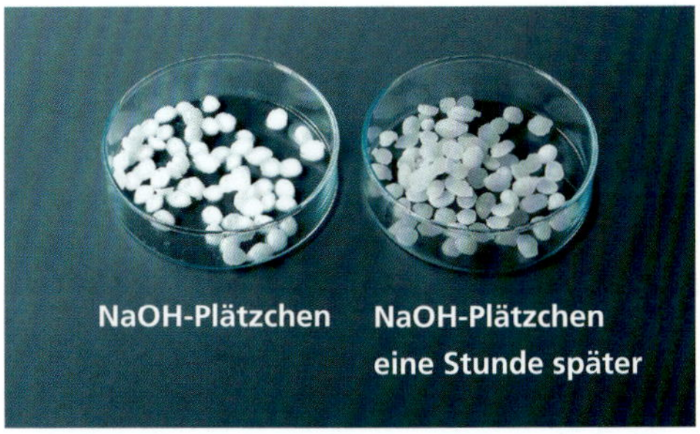

NaOH-Plätzchen — NaOH-Plätzchen eine Stunde später

7. Du erhältst vom Lehrer drei Reagenzgläser mit farbloser Flüssigkeit. Wie müsstest du vorgehen, um zu unterscheiden, in welchem der drei Gefäße sich
   a) verdünnte Salzsäure,
   b) Natriumhydroxidlösung bzw.
   c) destilliertes Wasser
   befindet. Entwickle einen Plan.

8. Berechne den Massenanteil an Hydroxid, wenn 112 g Kaliumhydroxid in 200 g Lösung enthalten sind. (Interaktives Beispiel unter www.tafelwerk.de)

9. Versuche, gleiche Mengen folgender Hydroxide in Wasser zu lösen: $NaOH$, $Ca(OH)_2$ und KOH. Was stellst du fest? Vergleiche die Stellung der entsprechenden Metalle im PSE und formuliere einen Zusammenhang.

10. Untersuche verschiedene Lösungen aus dem Haushalt mithilfe von Indikatoren. Führe ein Protokoll.

11. Calciumhydroxidlösung wird im Labor für Nachweisreaktionen benötigt. Gib Möglichkeiten an, wie dieses Nachweismittel hergestellt werden kann. Stelle für jede Möglichkeit die Reaktionsgleichung auf.

12. Interpretiere die Formeln: $Al(OH)_3$, $Sr(OH)_2$.

13. Alkalische Lösungen färben Universalindikator blau. Worauf beruht diese charakteristische Färbung?

14. **S** Stelle dir selbst einen Indikator her, indem du ein Rotkohlblatt fein zerschneidest, in Wasser ohne andere Zusätze kurz aufkochst und anschließend die Flüssigkeit – deinen Indikator – und das Rotkohlblatt voneinander trennst.

a) Überprüfe die Farbänderung bei Zugabe verdünnter Natriumhydroxidlösung.

b) Schabe von einer einfachen Handwaschseife einige Späne ab, löse sie in wenig Wasser auf und prüfe die Lösung mit wenigen Tropfen deines Indikators. Beschreibe die Beobachtungen. Welche Schlussfolgerung kannst du ableiten?

c) Informiere dich über die wirksamen Inhaltsstoffe des Rotkohlindikators.

15. Beim Löschen von Branntkalk (CaO) ist das Tragen von Schutzbrille und Handschuhen vorgeschrieben. Begründe.

16. Vor dir liegt ein pulverförmiger weißer Stoff. Ermittle, ob dieser in Wasser eine alkalische Lösung bildet. Stelle einen Plan auf. Welche Maßnahmen hinsichtlich des Arbeitsschutzes sind zu treffen?

17. **S** Verbrenne Buchenholzspäne. Vermische die Asche mit Wasser. (Vorsicht!) Filtriere die Lösung und teste sie mit einem Indikator.

a) Erkläre die beobachtete Erscheinung.

b) Ist diese Lösung als Reinigungsmittel für Objektträger (Biologieunterricht) geeignet? Begründe.

18. Im Handel erhältliche Rohrreiniger tragen Sicherheitshinweise. Notiere an einem Beispiel die Sicherheitshinweise, die beim Umgang mit dieser Haushaltschemikalie zu beachten sind und begründe ihre Notwendigkeit.

19. Erläutere die Abbildung (s. unten). Welche Reaktionen laufen ab? Stelle jeweils die Reaktionsgleichungen auf.

S Experiment

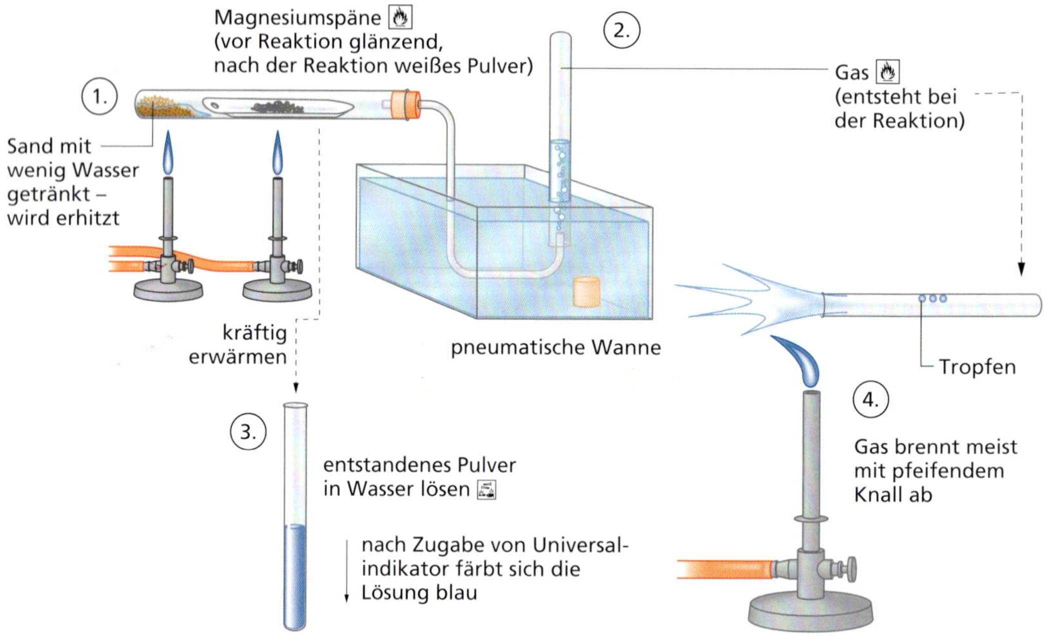

1.3 Neutralisation

Test von Lösungen

Lösungen, die in der Lebensmittelindustrie, in der Pharmazie, im Acker- oder Gartenboden, in der Technik oder im Haushalt vorliegen, sind selten völlig neutral. Oft müssen es sogar saure oder alkalische Lösungen sein, um wirksam zu werden. Allerdings benötigt man genaue Werte.
Wie kann man diese alkalische oder saure Reaktion mit einfachen Mitteln feststellen?

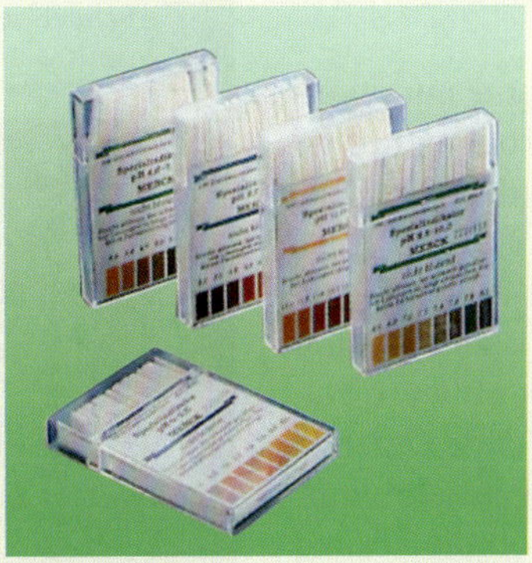

Hilfe für die Landwirtschaft

Manchmal wird sogenannter Mischkalk auf abgeerntete Felder gestreut.
Warum wird das Düngemittel nach der Vegetationsperiode aufgebracht? Was soll es bewirken?

Chemie im Klärwerk

Bei der Abwasserreinigung geht es nicht nur um die Beseitigung von Schmutzteilchen. Das Wasser muss auch wieder neutralisiert werden, um die Umwelt nicht zu belasten und die Organismen nicht zu schädigen.
Wie ist es möglich, eine neutrale Lösung zu erreichen, obwohl Abwasser viele saure und alkalische Stoffe enthält?

Der pH-Wert – ein wichtiger Messwert

Soll es nicht zu Missernten kommen, muss die saure, alkalische oder neutrale Reaktion des Ackerbodens beachtet werden. Kartoffeln benötigen einen leicht sauren Boden, Weizen wächst auf neutralem Boden am besten.

Bestimmte Pflanzen sind in der Natur nur an einigen Standorten zu finden. Sie vertragen nur einen bestimmten Böden. Daher werden sie oft als Zeigerpflanzen bezeichnet (s. Abb. 2).

Auch für den Hobbyaquarianer ist es wichtig zu wissen, ob das Wasser im Becken sauer, neutral oder alkalisch reagiert. Stimmt das Milieu nicht, sterben die Fische. Dabei reagieren diese Organismen schon auf geringe Abweichungen sehr empfindlich. Eine allgemeine Aussage, ob die Lösung sauer oder alkalisch ist, reicht oft nicht. Man benötigt genaue Messwerte. Der pH-Wert charakterisiert das Milieu exakt.

Eine neutrale Flüssigkeit, beispielsweise destilliertes Wasser, weist den pH-Wert von 7 auf. Wasserstoff-Ionen und Hydroxid-Ionen liegen in dieser Lösung jeweils nicht im Überschuss vor.

Ein pH-Wert unter 7 weist auf eine saure Lösung hin. Je mehr Wasserstoff-Ionen sich in der Lösung befinden, desto saurer ist die Lösung und desto niedriger ist der pH-Wert.

Ein pH-Wert über 7 weist auf eine alkalische Lösung hin. Je mehr Hydroxid-Ionen sich in der Lösung befinden, desto alkalischer ist die Lösung und desto höher ist der pH-Wert.

Der pH-Wert lässt sich mithilfe von Indikatoren durch einen Vergleich mit einer Farbskala bestimmen (s. Abb. 1), er kann aber auch mit einem pH-Meter ermittelt werden.

2 Zeigerpflanzen für verschiedene Böden

Der pH-Wert ist eine Maßzahl zur Charakterisierung einer sauren, alkalischen oder neutralen Reaktion einer Lösung. Er ist ein wichtiger Umweltfaktor für viele Organismen.

pH-Wert < 7:	**saure Lösung**
pH-Wert = 7:	**neutrale Lösung**
pH-Wert > 7:	**alkalische Lösung**

Aufgaben

1. Der pH-Wert einer Lösung beträgt 9. Charakterisiere diese Lösung.

2. Magensäure hat ungefähr einen pH-Wert von 2. Welche Aussage kannst du aus dieser Information ableiten?

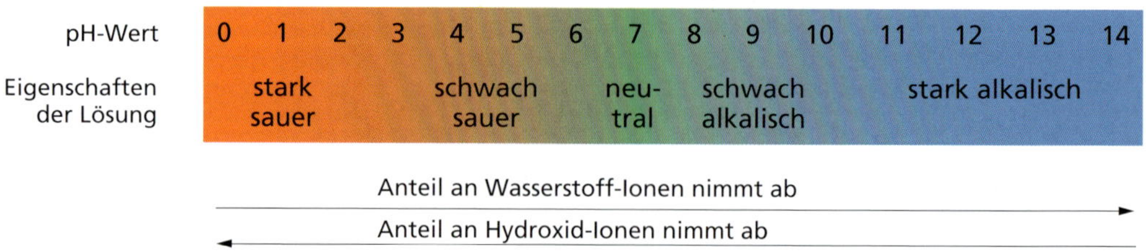

1 Die pH-Wert-Skala zeigt die Färbung der Universalindikatorlösung bei Zugabe zu alkalischen, sauren und neutralen Lösungen.

Der pH-Wert

S Experiment 1

Im Haushalt finden unterschiedliche Stoffe Verwendung. Oft sind auf der Verpackung spezielle Sicherheitshinweise angegeben, wenn es sich nicht um neutrale Lösungen handelt.

Aufgabe:
Ermittle den pH-Wert verschiedener Stoffe, die im Haushalt Verwendung finden.

Vorbereitung:
Geräte: Reagenzglasständer, Reagenzgläser, Pipette, Spatel, Schutzbrille, Trichter, Filterpapier
Chemikalien: Zitronensaft, WC-Reiniger, Rohrreiniger, Haushaltsessig, entfärbte Cola, Mineralwasser, Seifenlösung, Kochsalzlösung, Unitestindikator, Aktivkohle

Durchführung:
a) Filtriere Cola über Aktivkohle.
b) Teste die jeweiligen Lösungen mit Universalindikator. Vergleiche mit der pH-Wert-Skala.

Beobachtung und Auswertung:
Notiere deine Beobachtungen und die ermittelten pH-Werte in einer Tabelle.
Leite Schlussfolgerungen für den Umgang mit den jeweiligen Stoffen ab.

1 Welchen pH-Wert weist Essig auf?

S Experiment 2

Der saure Regen wird immer wieder als eine Ursache für die Schädigung von Bäumen genannt.

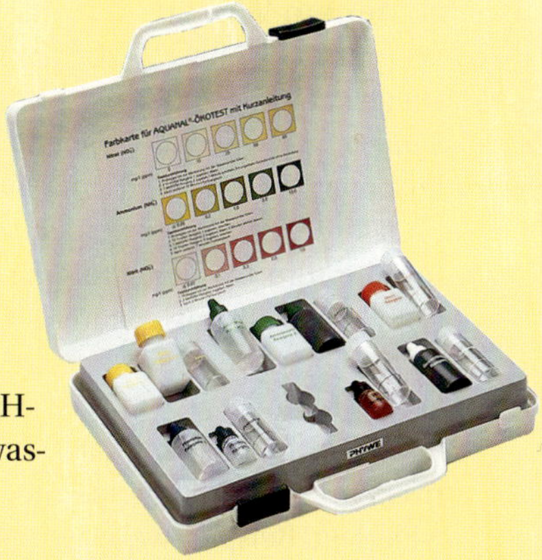

Aufgabe:
Überprüfe den pH-Wert des Regenwassers.

Vorbereitung:
Geräte: Bechergläser, Reagenzglasständer, Reagenzgläser, Pipette
Chemikalien: Regenwasserproben, Czensny-Indikator

Durchführung:
Teste den pH-Wert des Regenwassers über einen längeren Zeitraum (z. B. vier Wochen). Lege dazu mindestens zwei Standorte fest.
Fange das Regenwasser täglich auf. Versetze je 5 ml der Proben mit vier Tropfen Indikatorlösung. Lies den pH-Wert der Vergleichsskala ab.

Beobachtung:
Nimm die jeweiligen Messreihen auf.

Auswertung:
a) Stelle sie mithilfe eines geeigneten Kalkulationsprogramms grafisch dar. Überlege dazu, welche Art der Darstellung geeignet ist. Interpretiere deine Grafik. Versuche, voneinander abweichende Messwerte zu erklären.
b) Berechne für jede Messreihe den Mittelwert für den pH-Wert und vergleiche diese Werte mit den offiziellen Daten des Umweltbundesamtes (z. B. unter http://www.umweltbundesamt.de).
c) Verschaffe dir mithilfe unterschiedlicher Medien (Internet, populärwissenschaftliche Zeitschriften) Hintergrundinformationen zum Thema „saurer Regen", besonders zu seinen Ursachen und Folgen.

Mithilfe von Experimenten zu neuem Wissen

Heute kennen wir beispielsweise den Aufbau von Säuren und wissen, warum sie mit Wasser saure Lösungen bilden und Indikatoren charakteristisch färben. Das war nicht immer so.
Im Altertum bezeichnete man alle sauer schmeckenden Stoffe als Säuren, wusste aber noch nichts über ihren Bau.
Später nahm man an, dass Säuren immer Sauerstoff enthalten und daraus die saure Wirkung resultiert. Durch Experimente wurde diese These widerlegt. Beispielsweise ist die Chlorwasserstoffsäure eine Säure, die keinen Sauerstoff enthält.
Svante Arrhenius definierte Säuren schließlich als Stoffe, die in wässriger Lösung Wasserstoff-Ionen abgeben. Diese bewirken die charakteristische Färbung von Indikatoren und bilden ein Maß für den pH-Wert einer Lösung.

Durch richtiges Experimentieren kann man zu neuen Erkenntnissen gelangen. Heute bezeichnet man dieses Vorgehen als experimentelle Methode. Aus Beobachtungen ergeben sich wissenschaftliche Fragestellungen. Dazu wird eine Hypothese (eine wissenschaftliche Vermutung) formuliert und diese durch genau geplante Experimente überprüft. Ein Experiment ist immer eine „Frage an die Natur".

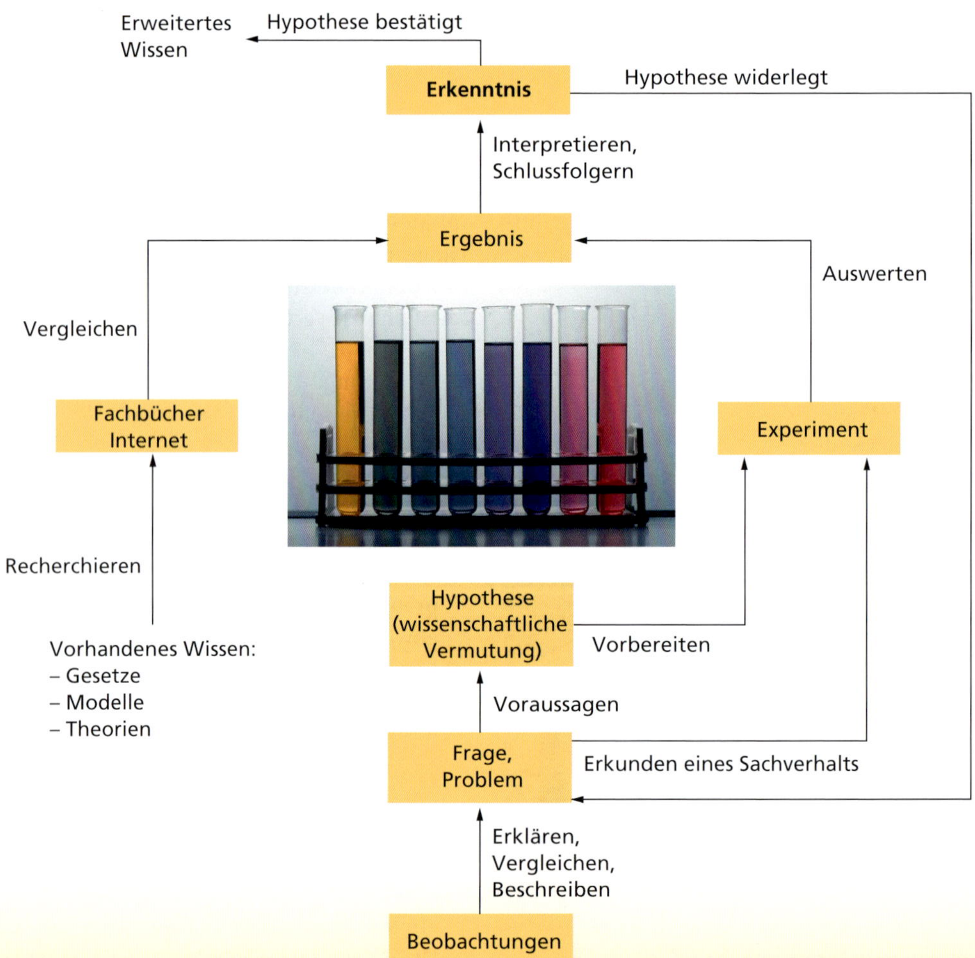

Damit ein Experiment erfolgreich durchgeführt werden kann, muss es gut durchdacht werden.

1. Schritt

Vorbereitung des Experiments
Folgende Fragen sind zu lösen:
- Was beinhaltet die Aufgabenstellung?
- Welche chemischen Grundlagen sind mir schon bekannt?
- Welche Experimentieranordnung ist geeignet?
- Welche Geräte und Chemikalien werden benötigt?
- Welche Gefahren können von den verwendeten Chemikalien ausgehen? Welche Sicherheitsregeln sind zu beachten?
- Welche Fehler können auftreten und wie sind sie zu vermeiden?

Beim Aufbau des Versuches ist zu beachten:
- Sind die Glasgeräte sauber?
- Enthalten die Chemikalien keine sichtbaren Verunreinigungen?
- Funktionieren die Geräte?
- Ist die Geräteanordnung standsicher?

2. Schritt

Durchführung des Experiments
Bei der schrittweisen Abarbeitung der Experimentieranleitung ist zu beachten:
- Welche wesentlichen Beobachtungen sind vor, während und nach Beendigung des Versuchs zu registrieren?
- Wie kann der Versuch beendet werden?
- Wie sind verwendete und entstandene Stoffe zu entsorgen?

3. Schritt

Auswertung des Experiments
- Wie sind die Beobachtungen zu interpretieren?
- Welche Antwort gibt das Experiment auf die ursprüngliche Fragestellung?

Alle wesentlichen Schritte und Erkenntnisse werden im **Protokoll** festgehalten.

Aus Rot und Blau wird Grün?

Einige Lösungen, die wir im Haushalt verwenden, enthalten Säuren. So entstehen beispielsweise saure Abwässer, wenn wir säurehaltige Sanitärreiniger benutzen. Andererseits bilden sich bei der Verwendung einiger Abflussreiniger stark alkalische Lösungen. Sowohl saure als auch alkalische Lösungen sind ätzend. Wird diese Wirkung nicht verstärkt, wenn die Lösungen im Klärwerk zusammentreffen?

Probiert man aus, was passiert, wenn man beispielsweise mit Unitestlösung versetzte Salzsäure und Natriumhydroxidlösung mischt, kann man verblüffende Beobachtungen registrieren:

1. Das Reagenzglas erwärmt sich.
2. Mischt man die Ausgangsstoffe im richtigen Verhältnis, färbt sich der Indikator grün.

In destilliertem Wasser zeigt Unitestlösung die gleiche grüne Färbung! Es ist also eine neutrale Lösung entstanden.

Dampft man die Lösung ein, bilden sich Salzkristalle. Es handelt sich um Natriumchlorid.

In der Lösung sind offensichtlich keine Wasserstoff-Ionen (aus der sauren Lösung) und Hydroxid-Ionen (aus der alkalischen Lösung) mehr enthalten. Sie haben zu Wassermolekülen reagiert (s. Abb. 1).

Bei dieser Reaktion wird chemische Energie in thermische Energie umgewandelt und abgegeben.

S Experiment

Prüfe es selbst

Aufgabe:
Versuche, eine neutrale Lösung herzustellen.

Vorbereitung:
Geräte und Chemikalien: Reagenzgläser, Pipette, 10%ige Salzsäure ☒, 10%ige Natriumhydroxidlösung, Unitestlösung

Durchführung:
Versetze beide Lösungen mit Unitestlösung. Gib dann unter ständigem Rühren tropfenweise die alkalische Lösung zur Salzsäure.

Beobachtung und Auswertung:
Beschreibe deine Beobachtungen und notiere die Ursache.

Im richtigen Verhältnis gemischt, reagieren saure Lösungen mit alkalischen Lösungen zu neutralen Lösungen.
Die Neutralisationsreaktion ist eine Reaktion, bei der Wasserstoff-Ionen und Hydroxid-Ionen zu Wassermolekülen reagieren.

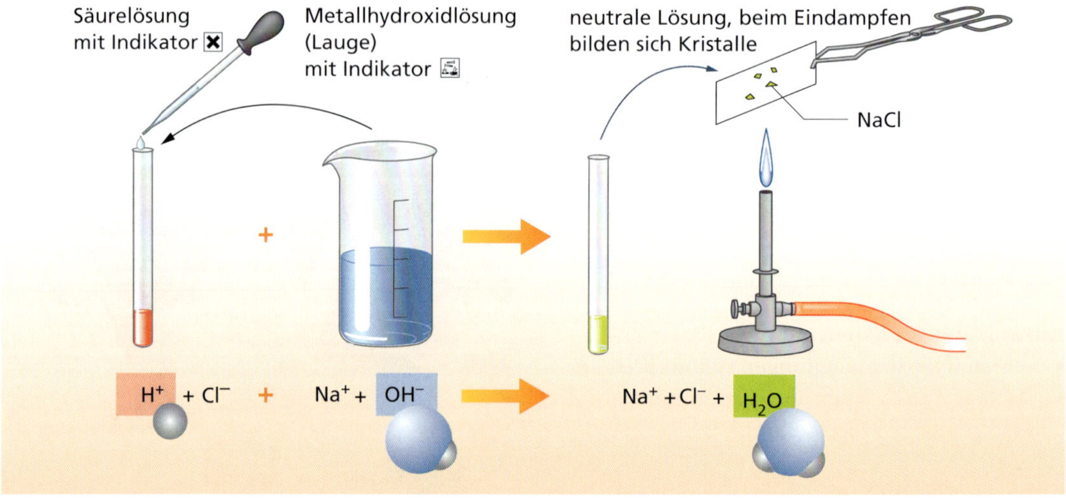

1 Neutralisation der Salzsäure durch Natriumhydroxidlösung

Konzept der chemischen Reaktion: Neutralisationsreaktionen

Bei einer chemischen Reaktion bilden sich aus den Ausgangsstoffen Reaktionsprodukte. Zu beobachten sind Änderungen der Eigenschaften der Stoffe (Stoffumwandlung) und energetische Erscheinungen (Energieumwandlung). Stoff- und Energieumwandlungen laufen immer gleichzeitig ab.

Ausgangsstoffe ⟶ Reaktionsprodukte

Die Ursache für Stoff- und Energieumwandlungen bilden Änderungen im Teilchenbereich. Aus den Teilchen der Ausgangsstoffe bilden sich Teilchen der Reaktionsprodukte. Da neue Teilchen vorliegen, ändern sich die Kräfte, die zwischen den Teilchen wirken.

Teilchen der Ausgangsstoffe ⟶ Teilchen der Reaktionsprodukte

Stoffebene (makroskopischer Bereich)

Stoffumwandlung

Salzsäure färbt Unitest rot (sauer)

+

Natriumhydroxidlösung färbt Unitest blau (alkalisch)

⟶

Natriumchloridlösung färbt Unitest grün (neutral)

Energieumwandlung

chemische Energie der Säurelösung und der Lauge ⟶ chemische Energie der Salzlösung + Wärme

– Umwandlung von chemischer Energie in thermische Energie und Abgabe in Form von Wärme (exotherme Reaktion)

Teilchenebene (submikroskopischer Bereich)

Änderung der Teilchen und der Kräfte zwischen ihnen

$H^+ + Cl^-$ + $Na^+ + OH^-$ ⟶ $Na^+ + Cl^- + H_2O$

Wasserstoff-Ionen

+

Hydroxid-Ionen

⟶

Wassermoleküle

Erhitzt man Wasser, geht es in den gasförmigen Zustand über. Begründe, dass es sich dabei nicht um eine chemische Reaktion handelt.

Bedeutung der Neutralisationsreaktionen in der Praxis

Neutralisationsreaktionen finden zwischen sauren und alkalischen Lösungen unter Bildung von Wasser und Salzen statt. Solche Neutralisationsreaktionen haben in der Praxis große Bedeutung. So benötigen beispielsweise die Mikroorganismen in der biologischen Reinigungsstufe von **Kläranlagen** ein ganz bestimmtes Milieu (s. Abb. 1). Durch saure oder alkalische Lösungen würden sie absterben. Daher wird das Abwasser überprüft, bevor es in die Becken eingeleitet wird, und durch Zugabe von Säuren oder Metallhydroxidlösungen neutralisiert.

Die Kenntnisse über Neutralisationsreaktionen finden auch in der **Landwirtschaft** und in der **Forstwirtschaft** Anwendung. Das Milieu des Bodens ist entscheidend für das Wachstum der Pflanzen. So beeinflusst der pH-Wert des Bodens die Verfügbarkeit von Nährsalz-Ionen für Pflanzen. Die Verhältnisse im Boden werden u. a. durch sauren Regen beeinflusst. Mithilfe geeigneter Zusätze kann man regulierend eingreifen (s. Abb. 3). So bringt man alkalisch wirkende Düngemittel nach der Vegetationsperiode auf die Felder auf, um die Pflanzen nicht zu schädigen. In der Forstwirtschaft und im Garten nutzt man langsam wirkende Dünger, die den pH-Wert nicht so drastisch verändern.

In unserem Körper spielen Neutralisationsreaktionen ebenfalls eine wichtige Rolle, z. B. wird die Magensäure im nächsten Verdauungsabschnitt neutralisiert, sodass keine Verätzungen auftreten können. Durch neutralisierende Medikamente, die z. B. Aluminium- und Magnesiumhydroxid enthalten, kann bei Sodbrennen geholfen werden.

Aufgaben

1. Wie werden alkalische Abwässer im Klärwerk behandelt? Warum ist eine Behandlung nötig?
2. Stelle die Reaktionsgleichung für die Reaktion von Salpetersäure mit Natriumhydroxidlösung auf.

1 In Belebungsbecken werden organische Verunreinigungen durch Mikroorganismen abgebaut.

2 Fische im Aquarium benötigen ein ganz bestimmtes Milieu, sonst sterben sie.

3 Wälder werden mit Kalk behandelt, um die Folgen des sauren Regens zu mindern.

Reaktionen von Säuren und Basen

S Experiment 1

Aus verdünnter Salzsäure und Natriumhydroxidlösung (beide 10%ig) lässt sich eine neutrale Lösung herstellen, wenn die Lösungen im richtigen Verhältnis miteinander reagieren (s. S. 44). Funktioniert dies auch mit anderen Säuren und Basen?

Aufgabe:
Versuche, neutrale Lösungen herzustellen. Lasse dabei Salzsäure und Schwefelsäure jeweils mit Kaliumhydroxidlösung reagieren.

Vorbereitung:
Geräte und Chemikalien: Messzylinder, Reagenzgläser, Pipette, 10%ige Salzsäure ☒, 10%ige Schwefelsäure ☒, 10%ige Kaliumhydroxidlösung ▧, Unitestlösung.

Durchführung:
Versetze jeweils 5 ml der Lösungen mit Unitestlösung. Gib dann tropfenweise die alkalische Lösung zur sauren Lösung. Schätze die verbrauchte Menge an alkalischer Lösung ab, wenn der Indikator eine neutrale Lösung anzeigt.

Beobachtung und Auswertung:
Beschreibe deine Beobachtungen.

1. Formuliere die Reaktionsgleichungen.
2. Vergleiche die Menge an alkalischer Lösung, die zur Neutralisation der Säuren jeweils benötigt wurde. Finde eine Erklärung.

S Experiment 2

Der Magen des Menschen enthält ungefähr einen halben Liter Magensäure. Der pH-Wert liegt bei 0,9 - 2,0. Steigt der Magensaft in die Speiseröhre, verspürt man ein unangenehmes Brennen, das im Volksmund „Sodbrennen" genannt wird.
Der Arzt verordnet dagegen Antazida, das sind alkalische Stoffe, die die Magensäure teilweise neutralisieren.

Magen des Menschen

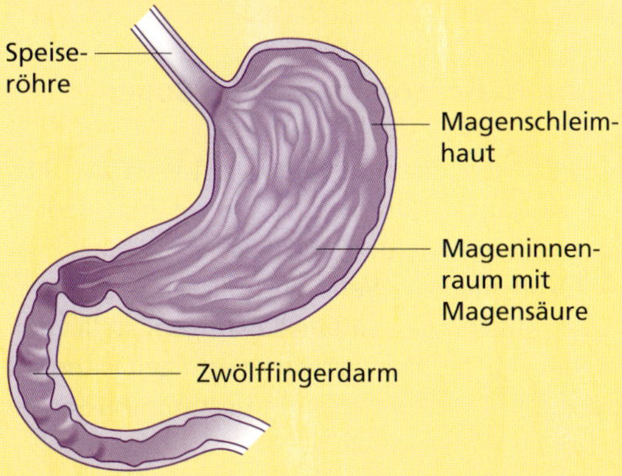

Aufgabe:
Zeige in einem Modellversuch die Wirkung dieser Medikamente.

Vorbereitung:
Vorüberlegung:
Informiere dich in der Apotheke über die Wirkstoffe verschiedener Antazida und bringe drei verschiedene Präparate als Proben zur Untersuchung mit.
Geräte: drei Erlenmeyerkolben, Mörser und Pistill
Chemikalien: Universalindikatorlösung, verdünnte Salzsäure ☒, drei verschiedene Antazida aus der Apotheke, z. B. Talcid, Rennie, Bullrich-Salz

Durchführung:
Pulverisiere je zwei Tabletten der Medikamente. Fülle in jeden Erlenmeyerkolben ca. 100 ml verdünnte Salzsäure ☒ und einige Tropfen Indikatorlösung.
Gib nun in den ersten Erlenmeyerkolben ein pulverisiertes Medikament und beobachte die Reaktion.
Wiederhole den Versuch mit den beiden anderen Arzneimitteln.

Beobachtung und Auswertung:
Notiere deine Beobachtungen.

a) Erläutere, nach welchem Prinzip Antazida im Magen wirken.
b) Begründe, warum Natriumhydroxid nicht als Medikament gegen Sodbrennen eingesetzt werden kann.

Chemie im Kontext

Neutralisationsreaktionen im Boden?

Saurer Regen beeinflusst den pH-Wert des Bodens. Da ist es interessant zu wissen, in welchem Maße dies geschieht.
Überprüft man die Veränderungen des pH-Wertes bei Zugabe von sauren Lösungen, stellt man fest, dass sie nicht wie erwartet erfolgen, sondern dass der pH-Wert bis zu einer bestimmten Säuremenge fast konstant bleibt.
Wie lässt sich dieses unerwartete Ergebnis erklären?

Zuerst einmal denkt man natürlich an eine einfache Neutralisationsreaktion, die im Boden abläuft. Dabei würden sich die Hydroxid-Ionen und die Wasserstoff-Ionen zu Wassermolekülen verbinden. Dann müsste sich der pH-Wert aber schneller ändern. Da das nicht geschieht, spricht man von der Pufferwirkung des Bodens. Diese Wirkung beruht im pH-Bereich von 6,2 bis 8,3 auf einem Carbonat-/Kohlensäure-Hydrogencarbonat-System. Im Boden ist Kohlensäure enthalten. Sie gelangt durch die Reaktion von Kohlenstoffdioxid mit Wasser in den Boden. In der wässrigen Lösung liegen u. a. Hydrogencarbonat-Ionen vor.

$$H_2CO_3 \longrightarrow H^+ + \underset{\text{Hydrogencarbonat-Ion}}{HCO_3^-}$$

In der Natur läuft dies ständig ab. Gleichzeitig bildet sich aber aus den entstandenen Ionen permanent wieder die Säure. So entsteht ein Gleichgewicht, in dem immer ein bestimmtes Verhältnis zwischen dem Ausgangsstoff (Kohlensäure) und den Reaktionsprodukten (Hydrogencarbonat-Ion und Wasserstoff-Ion) vorliegt.
Durch dieses Puffersystem werden neu hinzukommende Wasserstoff-Ionen, z. B. aus dem sauren Regen, praktisch „weggefangen". Die Hydrogencarbonat-Ionen reagieren mit den „neuen" Wasserstoff-Ionen zu Säuremolekülen. Da die Wasserstoff-Ionen nicht frei beweglich in der Lösung vorliegen, verändern sie den pH-Wert nicht. Kommen zu viele Wasserstoff-Ionen hinzu, funktioniert dieses Puffersystem nicht mehr. Dann fällt der pH-Wert zuerst einmal stark ab.
Auch die Zugabe von Hydroxid-Ionen kann im angegebenen Bereich abgepuffert werden.
Diese Ionen reagieren mit der Kohlensäure und bilden dabei Salze und Wasser. Dadurch wird der pH-Wert ebenfalls kaum beeinflusst.
Das Puffersystem aus Kohlensäure und Hydrogencarbonat-Ionen spielt bei natürlichen Vorgängen häufig eine große Rolle. Für biochemische Prozesse ist es oft wichtig, dass ein konstanter pH-Wert eingehalten wird. Dies ist u.a. in der Mundhöhle der Fall. Speichel enthält ebenfalls die genannten Ionen. Darum können durch eine gute Speichelproduktion Säuren in der Mundhöhle abgepuffert werden.
Auch im Blut wird der pH-Wert u. a. durch dieses Puffersystem konstant gehalten.

Hilfe für Kriminalisten

Im kriminalistischen Alltag ist es erforderlich, Geld durch Farbstoffe vor einem Diebstahl zu sichern. Dazu werden dünne Beschichtungen auf Geldscheine und Hartgeld aufgebracht. Diese sind zuerst unsichtbar und entlarven den Täter erst, wenn dieser mit dem Diebesgut in Berührung gekommen ist. Die aufgetragenen Stoffe erzeugen auf der Haut eine intensive Verfärbung, die sich nicht entfernen lässt.
Auf welchem Prinzip beruht diese Diebstahlsicherung?

Bei dieser Variante der Sicherung geht es besonders darum, Diebstähle aufzudecken. Daher soll das Identifikationsmittel möglichst nicht erkannt werden. Bei diesem Mittel handelt es sich um eine organische Base. Auch organische Basen reagieren mit Säuren.
Unsere Haut bildet einen Säureschutzmantel aus. Über die Drüsen der Haut werden Säuren an die Hautoberfläche abgegeben. Bei Berührung kommt es zu einer Reaktion zwischen der Rhodaminbase und den Säuren. Die dabei entstehende Substanz hat eine intensive rote Farbe und lässt sich nicht abwaschen. So stark rot gefärbte Finger sind ein auffälliges Merkmal.

gewusst · gekonnt

1. Erweitere dein Glossar.

Glossar

Neutralisationsreaktion
pH-Wert
Reaktion mit Protonenübergang
Titration

2. Gib Bereiche an, in denen die genaue Kenntnis des pH-Wertes wichtig ist, und begründe jeweils die Bedeutung. Recherchiere dazu z. B. im Internet.

3. a) Auf der Abbildung kannst du die pH-Werte einiger Stoffe ablesen. Gib die Ursache der sauren bzw. alkalischen Reaktionen der Lösungen an.

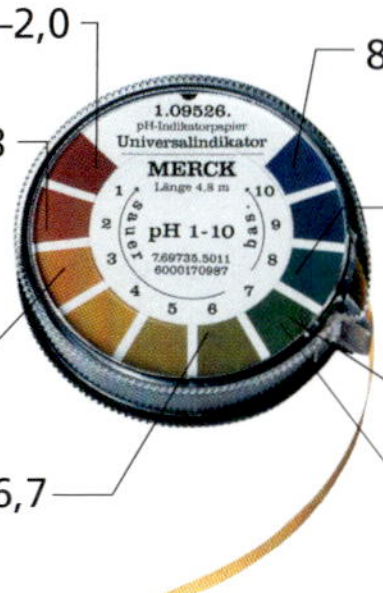

b) Ergänze weitere Beispiele.

4. Informiere dich über die Wirkung und enthaltende Inhaltsstoffe sogenannter Antazida. Stelle eine mögliche Reaktionsgleichung auf.

5. Salpetersäure kann Natriumhydroxidlösung, Kaliumhydroxidlösung oder Calciumhydroxidlösung neutralisieren.
Welche Ionen liegen jeweils bei diesen Reaktionen vor und nach der Neutralisationsreaktion in den betreffenden Lösungen vor?
Gib die betreffenden Namen und das chemische Zeichen an.

6. Bei einer Wasseranalyse hat sich ergeben, dass das Wasser in einem Gartenteich einen zu niedrigen pH-Wert aufweist.
Welche Maßnahmen würdest du vorschlagen, um den Zustand zu verbessern? Begründe deine Vorschläge.

7. Erläutere, warum das zu reinigende Abwasser nach entsprechender Analyse mit sauren oder alkalischen Lösungen behandelt wird.

8. Informiere dich, was mit dem „Kalken der Wälder“ bewirkt werden soll und welches Düngemittel Verwendung findet.

9. Hier stimmt etwas nicht! Gleiche die folgenden Reaktionsgleichungen aus:

a) $NaOH + H_2SO_4 \longrightarrow Na_2SO_4 + H_2O$

b) $Al(OH)_3 + HNO_3 \longrightarrow Al(NO_3)_3 + H_2O$

c) $(OH)_2 + H_3PO_4 \longrightarrow Ca_3(PO_4)_2 + H_2O$

Schreibe die Gleichungen noch einmal in Ionenschreibweise auf.

10. Zwischen der Konzentration der Säuren in wässriger Lösung und dem pH-Wert besteht ein Zusammenhang.
Versuche, einen derartigen Zusammenhang mithilfe von Ergebnissen aus dem Experiment zu formulieren.
Ermittle dazu den pH-Wert einer Säurelösung. Verdünne 1 ml dieser Lösung nacheinander auf 10 ml, 100 ml und 1 000 ml und bestimme jeweils erneut den pH-Wert.

Saure und alkalische Lösungen

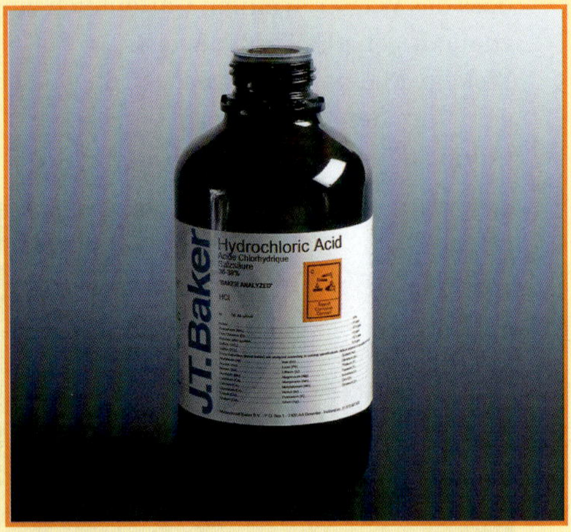

Säuren

sind Stoffe, deren wässrige Lösungen Wasserstoff-Ionen (H^+) enthalten.

Bildung von sauren Lösungen

Halogenwasserstoff + Wasser ⟶ saure Lösung

$HCl \xrightarrow{H_2O} H^+ + Cl^-$

Nichtmetalloxid + Wasser ⟶ saure Lösung

$SO_2 + H_2O \longrightarrow 2\,H^+ + SO_3^{2-}$

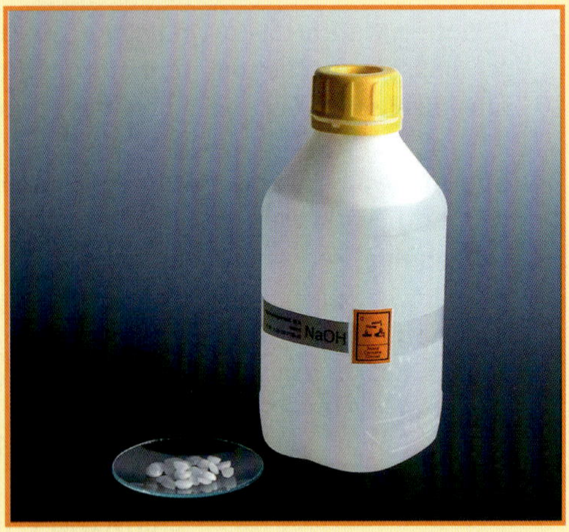

Basen

sind Stoffe, deren wässrige Lösungen Hydroxid-Ionen (OH^-) enthalten. Die wässrigen Lösungen bezeichnet man als **Laugen.**

Bildung von alkalischen Lösungen

unedles Metall + Wasser ⟶ Metall-Ionen + Hydroxid-Ionen + Wasserstoff

$2\,Na + 2\,H_2O \longrightarrow 2\,Na^+ + 2\,OH^- + H_2$

Metalloxid + Wasser ⟶ **Metall-Ionen + Hydroxid-Ionen**

$CaO + H_2O \longrightarrow Ca^{2+} + 2\,OH^-$

Der pH-Wert

Der pH-Wert ist eine Maßzahl zur Charakterisierung einer sauren, alkalischen oder neutralen Lösung.

Farbskala des Universalindikators	0	1	2	3	4	5	6	7	8	9	10	11	12	13	14
		stark sauer				schwach sauer		neutral			schwach alkalisch			stark alkalisch	
pH-Skala	0							7							14

saurer Bereich – Neutralpunkt – alkalischer Bereich

Die Neutralisationsreaktion

Die Neutralisationsreaktion ist eine Reaktion, bei der Wasserstoff-Ionen und Hydroxid-Ionen zu Wassermolekülen zusammentreten.

Beispiel: $H^+ + Cl^- + Na^+ + OH^- \longrightarrow H_2O + Na^+ + Cl^-$

2 Salze – Gegensätze ziehen sich an

2.1 Weißes Gold

Organismen brauchen Salz

Das gilt sowohl für Pflanzen als auch für Tiere und Menschen. Für Nutztiere gibt es daher Salzlecksteine, um ihre Versorgung zu sichern.

Warum haben Salze eine so große Bedeutung für Lebewesen?

Salzkristalle

Die elektronenmikroskopische Aufnahme zeigt Salzkristalle, die aus Meerwasser auskristallisierten.

Kann man Salze auch durch chemische Reaktionen herstellen?

Salze und elektrische Leitfähigkeit

Meerwasser ist eine Salzlösung und leitet den elektrischen Strom. Auch Salzschmelzen sind elektrisch leitfähig.

Was passiert mit den Stoffen, wenn eine Gleichspannung angelegt wird?

Das Salz in der Suppe

Kochsalz und andere Salze

In jedem Haushalt ist Speisesalz vorhanden. Es enthält mindestens 97 % **Kochsalz (Natriumchlorid, NaCl).** Natriumchlorid findet jedoch nicht nur als Würzmittel Verwendung, sondern wird im Winterdienst als Tausalz eingesetzt, dient in der Lederindustrie als Konservierungsmittel und spielt als Ausgangsstoff in der chemischen Industrie eine bedeutende Rolle.
Unvorstellbar große Mengen an Natriumchlorid befinden sich gelöst im Wasser der Ozeane. Der durchschnittliche Salzgehalt von Meereswasser beträgt 3,5 %. In wärmeren Ländern wird das Salz durch Verdunsten des Wassers gewonnen.
Weitere Vorkommen bilden unterirdische Lagerstätten. Diese sind in Europa vorwiegend in der Zechsteinzeit vor ca. 225 Mio. Jahren entstanden. Aus diesen Lagerstätten wird das Salz bergmännisch gefördert (Steinsalz) oder unter der Erde gelöst, als Sole an die Oberfläche gepumpt und dort durch Eindampfen gewonnen (Siedesalz).

Aufgabe

Erläutere, wie Salzlagerstätten entstanden sind.

STECKBRIEF: Natriumchlorid NaCl

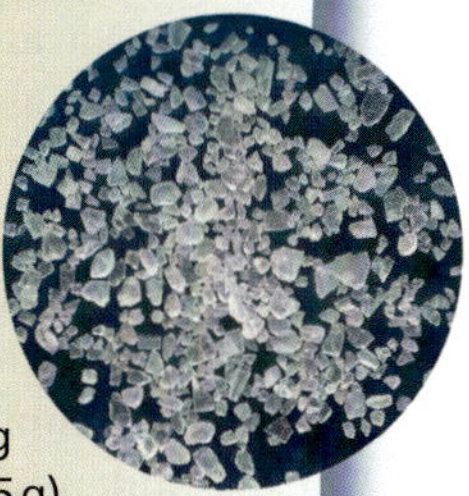

Eigenschaften:
fester, farbloser, kristalliner Stoff, Kristalle erscheinen aufgrund optischer Effekte meist weiß, charakteristischer Geschmack, geruchlos, sehr gut in Wasser löslich (in 100 g Wasser lösen sich bei 20 °C 35,85 g), Kristalle nicht elektrisch leitfähig, jedoch die Lösungen und die Schmelze
Dichte: 2,2 g · cm^{-3} (bei 25 °C)
Schmelztemperatur: 801 °C
Siedetemperatur: 1 465 °C

Vorkommen: Salzlagerstätten, im Meerwasser gelöst

Verwendung: Würzmittel und Konservierungsmittel (Fleischwaren, Gurken), isotonische (alter Begriff physiologische) Kochsalzlösung

Besonderheit: Für Menschen und Tiere ist Kochsalz lebensnotwendig. Zu viel Kochsalz ist jedoch schädlich. Mikroorganismen sterben bei zu hoher Salzkonzentration ab.

S Experiment

Prüfe es selbst

Aufgabe:
Untersuche die Eigenschaften von Natriumchlorid.

Vorbereitung:
Geräte und Chemikalien: Bechergläser, Pipette, Objektträger, Mikroskop, Reibschale mit Pistill, Geräte laut Abbildung, Waage, Kochsalzkristalle, Wasser

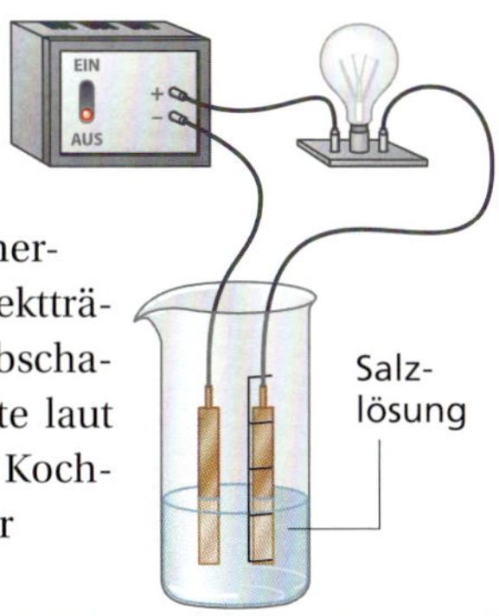

Durchführung:
1. Gib zwei bis drei Tropfen Kochsalzlösung auf einen Objektträger. Lass die Tropfen eindunsten und betrachte das Ergebnis unter dem Mikroskop.
2. Teste die Härte. Zerreibe einige Kristalle.
3. Überprüfe die elektrische Leitfähigkeit der trockenen Kristalle und einer Lösung.
4. Ermittle experimentell, wie viel Salz sich in 100 ml Wasser (25 °C) löst.

Auswertung:
Fasse das Ergebnis deiner Untersuchungen entsprechend der Aufgabenstellung zusammen.

Natriumchlorid gehört zu den **Chloriden** (Salze der Chlorwasserstoffsäure). Ebenso bedeutsam sind die **Phosphate** (Salze der Phosphorsäure) und die **Nitrate** (Salze der Salpetersäure). Sie spielen z. B. als Düngemittel eine große Rolle. Calciumcarbonat (ein Salz der Kohlensäure) ist als Baustoff bekannt.

Bei den Salzen handelt es sich um kristalline Substanzen, die ähnliche Eigenschaften aufweisen.
Insbesondere die Härte, die hohe Schmelztemperatur und Siedetemperatur sowie die unterschiedliche elektrische Leitfähigkeit der Kristalle, Schmelzen und Lösungen sind charakteristische Eigenschaften für Salze und ähnlich gebaute Stoffe. Es handelt sich um **Ionensubstanzen.**
Ihre Kristalle sind aus entgegengesetzt geladenen Ionen (einfache oder zusammengesetzte Ionen) aufgebaut (s. Abb.), zwischen denen in alle Richtungen des Raums starke Anziehungskräfte wirken.

Salze sind Ionensubstanzen, die aus positiv geladenen Ionen (oft Metall-Ionen) und aus negativ geladenen Säurerest-Ionen bestehen.

Aus dem Verhältnis der Ionen und ihrer Anordnung im Kristall ergeben sich die Kristallformen.

Durch **Ionenbindung** wird der Zusammenhalt im Kristall bewirkt.

Die chemische Bindung, die auf elektrostatischen Anziehungskräften zwischen entgegengesetzt geladenen Ionen beruht, bezeichnet man als Ionenbindung.

Dieser Bau der Ionensubstanzen bedingt u. a. die unterschiedliche elektrische Leitfähigkeit der Feststoffe bzw. ihrer Lösungen und Schmelzen. In Lösungen und Schmelzen sind die Ionen frei beweglich und können somit Ladungen transportieren. Sie sind daher elektrisch leitfähig.
In dem Feststoff befinden sich die Ionen auf festen Gitterplätzen. Die Kristalle leiten den elektrischen Strom deshalb nicht.

Aufgaben

1. Nenne verschiedene Ionensubstanzen und gib jeweils die positiv geladenen und negativ geladenen Ionen an, aus denen die Stoffe zusammengesetzt sind.
2. Erläutere den Bau des Natriumchloridkristalls.

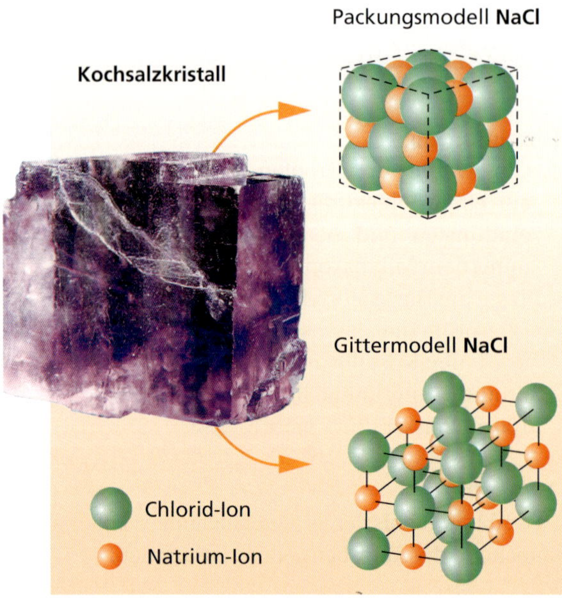

Mögliche Kristallformen von Ionensubstanzen

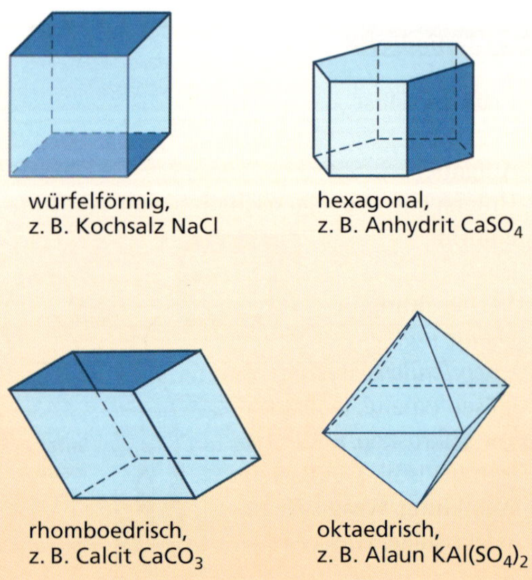

Struktur-Eigenschafts-Konzept: Salze

Die typischen Eigenschaften von Salzen ergeben sich aus der ähnlichen Art, Anordnung und den ähnlichen Wechselwirkungen zwischen den Teilchen.

Art der Teilchen: Salze bestehen aus positiv geladenen Ionen (Kationen) und negativ geladenen Ionen (Anionen).

Anordnung der Teilchen: Die unterschiedlichen Ionen sind regelmäßig in einem dreidimensionalen Ionengitter auf festen Gitterplätzen angeordnet. Das Verhältnis der Ionen im Kristall wird durch ihre Ladungen bestimmt. Die Ladungen der positiv und negativ geladenen Ionen heben sich gegenseitig auf.

Wechselwirkungen zwischen den Teilchen: Zwischen den entgegengesetzt geladenen Ionen wirken starke elektrostatische Anziehungskräfte im Gitter. Die Stärke der Wechselwirkungen hängt von der Größe und Ladung der Ionen ab.

Ionenkristall

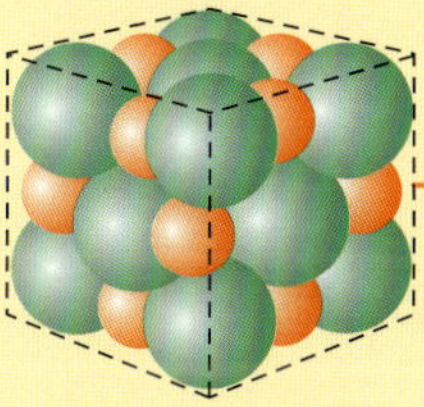

Salze sind fest und hart, weil zwischen den Ionen starke Anziehungskräfte wirken. Daher bilden Salze sehr stabile dreidimensionale Ionengitter.

Salze sind spröde und nicht verformbar, weil bei der Verschiebung der Ionenschichten gleichartige Ionen nebeneinander geraten, sich abstoßen und die Kristalle daher an diesen Stellen brechen.

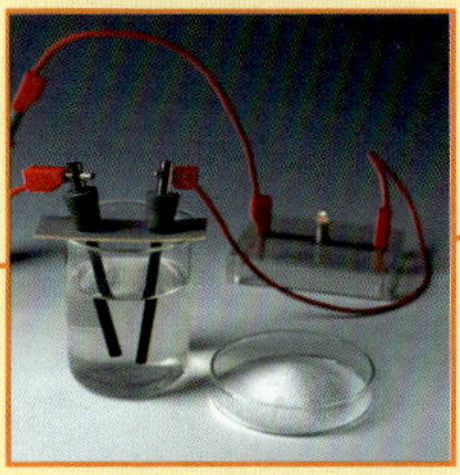

Lösungen und Schmelzen von Salzen sind elektrisch leitfähig, weil in beiden Flüssigkeiten (anders als im Feststoff) frei bewegliche Ionen als Ladungsträger zur Verfügung stehen.

Erläutere den Zusammenhang von Struktur und Eigenschaften eines Stoffes an einem weiteren Beispiel.

Salzbildungsreaktionen

Die meisten Salze sind in der Natur zu finden. Manchmal benötigt man aber hochreine oder besondere Salze.
Dann können diese Stoffe auch durch chemische Reaktionen hergestellt werden.
Eine Möglichkeit ist die **Reaktion der Elementsubstanzen,** beispielsweise bei der Reaktion von Natrium mit Chlor. Die dabei auftretenden Stoff- und Energieumwandlungen haben ihre Ursache in Veränderungen im Teilchenbereich. Aus den Atomen bzw. Molekülen der Ausgangsstoffe entstehen Ionen der Reaktionsprodukte. Alte Bindungen werden gespalten, neue Bindungen ausgebildet.
Aus den Natriumatomen bilden sich durch Elektronenabgabe Natrium-Ionen. Diese Elektronen werden von den Chloratomen aufgenommen, die dadurch zu Chlorid-Ionen werden.

Elektronenabgabe: $2\,Na \longrightarrow 2\,Na^+ + 2e^-$

Elektronenaufnahme: $Cl_2 + 2e^- \longrightarrow 2\,Cl^-$

Es erfolgt ein Elektronenübergang. Die Elektronenaufnahme und die Elektronenabgabe laufen gleichzeitig ab und bedingen einander.

Elektronenabgabe

$$2\,Na + Cl_2 \longrightarrow 2\,NaCl$$

Elektronenaufnahme

Bei der Reaktion der Elementsubstanzen zu Salzen handelt es sich um eine Reaktion mit Elektronenübergang. Durch Elektronenaufnahme bzw. -abgabe bilden sich Ionen aus Atomen.

Natürlich gibt es weitere Möglichkeiten der Darstellung von Salzen im Labor, die z. T. auch in der Natur Bedeutung haben (s. S. 57). So entstehen Salze

- bei der **Reaktionen von Säurelösungen mit Basen**
- bei der **Reaktionen von Säurelösungen mit Metalloxiden**
- bei der **Reaktionen von Säurelösungen mit unedlen Metallen.**

Aufgabe

Beschreibe bei der Reaktion der Elementsubstanzen zu Natriumchlorid die Stoff- und Energieumwandlung und die Änderung im Teilchenbereich.

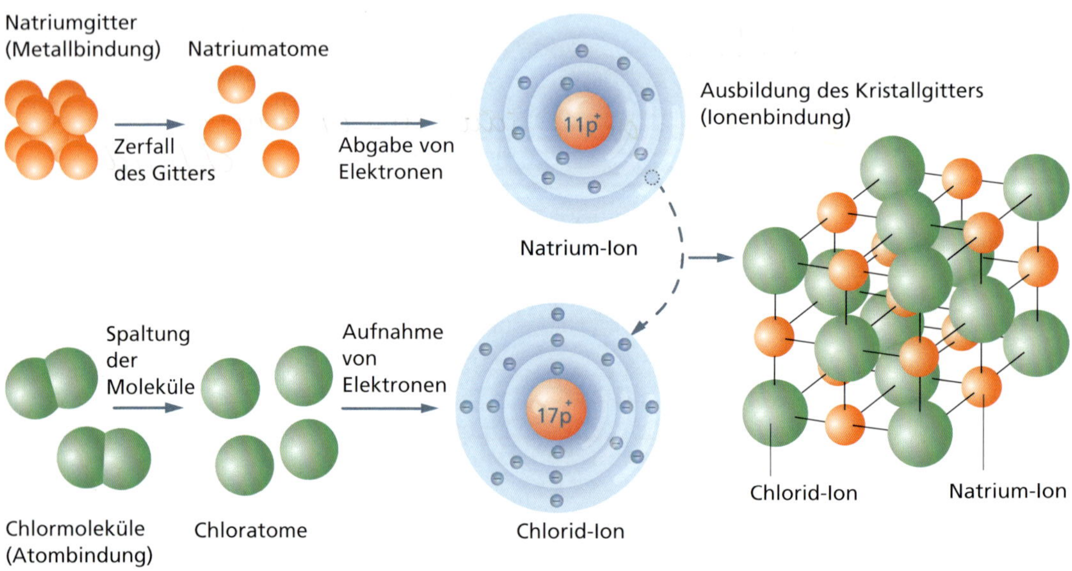

Mosaik

Reaktionen mit Elektronenübergang – eine neue Reaktionsart?

Reaktionen, bei denen Elektronenabgabe und Elektronenaufnahme gleichzeitig ablaufen, sind Reaktionen mit Elektronenübergang. Beispiele für solche Reaktionen sind die Reaktionen von Elementsubstanzen zu Salzen, wie beispielsweise die Reaktion von Natrium und Chlor zu Natriumchlorid (s. Abb. 1).
Um zu entscheiden, ob es sich bei dieser Reaktion um eine neue Reaktionsart handelt, soll die bisher bekannte Redoxreaktion betrachtet werden.
Aluminium reagiert mit Eisen(III)-oxid (aluminothermisches Schweißen) (s. Abb. 2). Dabei laufen Oxidation und Reduktion gleichzeitig ab.

Oxidation (2 Al → Al_2O_3)

$$2\,Al + Fe_2O_3 \longrightarrow Al_2O_3 + 2\,Fe$$

Reduktion (Fe_2O_3 → 2 Fe)

Während der Reaktion nimmt Aluminium Sauerstoff auf (Oxidation) und reagiert zum Aluminiumoxid. Gleichzeitig gibt Eisenoxid Sauerstoff ab und wird zum Eisen.
Um jedoch die Frage zu beantworten, ob der Sauerstoffübergang wirklich das entscheidende Merkmal dieser Reaktion ist, müssen die Änderungen der Teilchen betrachtet werden.
Aluminium ist aus Aluminiumatomen aufgebaut. In der Verbindung (Aluminiumoxid) sind Aluminium-Ionen enthalten. Da Aluminiumatome drei Außenelektronen besitzen, müssen jeweils diese drei Elektronen abgegeben werden, damit aus den Atomen die Ionen entstehen.

Elektronenabgabe: $2\,Al \longrightarrow 2\,Al^{3+} + 6e^-$

Die abgegebenen Elektronen werden von den dreifach positiv geladenen Eisen-Ionen (im Eisenoxid) aufgenommen. Diese werden dadurch zu Eisenatomen.

Elektronenaufnahme: $2\,Fe^{3+} + 6e^- \longrightarrow 2\,Fe$

Auch bei dieser Redoxreaktion erfolgen Elektronenübergänge. Demnach handelt es sich bei Reaktionen mit Elektronenübergang nicht um eine neue Reaktionsart, sondern der Begriff der Redoxreaktion muss erweitert werden. Das entscheidende Kriterium ist der Elektronenübergang.

Oxidation (Elektronenabgabe) (2 Na → $2\,Na^+$)

$$2\,Na + Cl_2 \longrightarrow 2\,Na^+ + 2\,Cl^-$$

2 Na: Reduktionsmittel; Cl_2: Oxidationsmittel

Reduktion (Elektronenaufnahme) (Cl_2 → $2\,Cl^-$)

Die Redoxreaktion ist eine Reaktion mit Elektronenübergang. Ist Sauerstoff an der Reaktion beteiligt, erfolgt ein Sauerstoffübergang.
Teilreaktion Oxidation: Elektronenabgabe
Teilreaktion Reduktion: Elektronenaufnahme

1 Reaktion von Natrium und Chlor unter Laborbedingungen.

2 Reaktion von Aluminium und Eisenoxid beim aluminothermischen Schweißen.

Verschiedene Reaktionen führen zum Salz

Reaktion von Basen und Säuren

Beispiel

$Na^+ + OH^- + H^+ + Cl^- \longrightarrow Na^+ + Cl^- + H_2O$

Base-lösung + Säure-lösung ⟶ Salz + Wasser (gelöst)

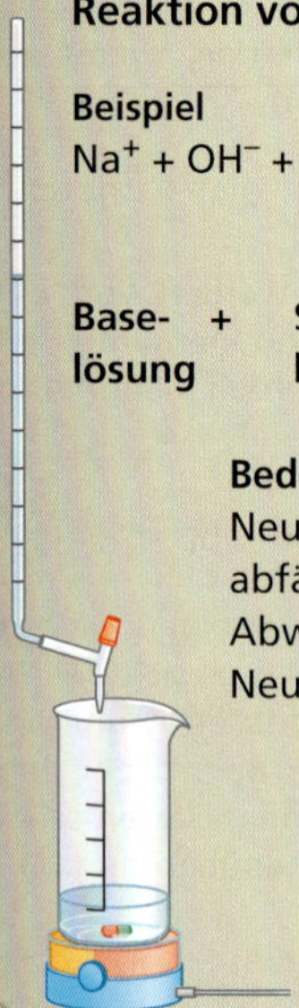

Bedeutung:
Neutralisation von Laborabfällen; Neutralisation von Abwässern in Klärwerken; Neutralisationsanalyse

Reaktion der Elementsubstanzen

Beispiel

$2\,Na + Cl_2 \longrightarrow 2\,NaCl$

unedles Metall + Nichtmetall ⟶ Salz

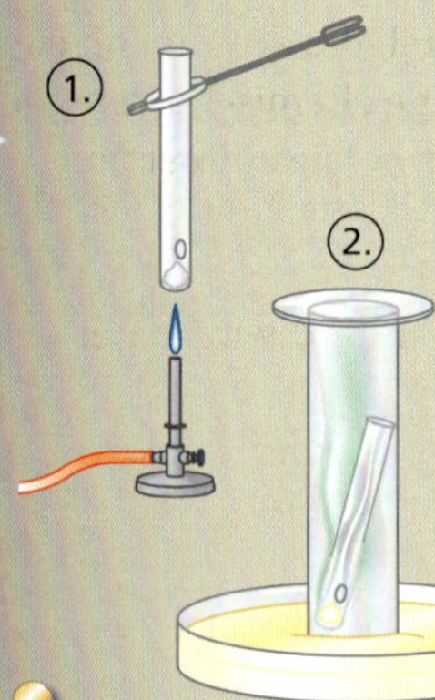

Bedeutung:
Herstellung von seltenen und besonders reinen Salzen

Reaktion von Metalloxiden mit Säurelösungen

Beispiel

$CaO + 2\,H^+ + 2\,Cl^- \longrightarrow Ca^{2+} + 2\,Cl^- + H_2O$

Metall-oxid + Säure-lösung ⟶ Salz (gelöst) + Wasser

Bedeutung:
Neutralisation im Boden durch stark alkalische Düngemittel (z. B. CaO); Wegätzen von Oxidschichten

Reaktion von unedlen Metallen mit Säurelösungen

Beispiel

$Zn + 2\,H^+ + 2\,Cl^- \longrightarrow Zn^{2+} + 2\,Cl^- + H_2\uparrow$

unedles Metall + Säure-lösung ⟶ Salz (gelöst) + Wasserstoff

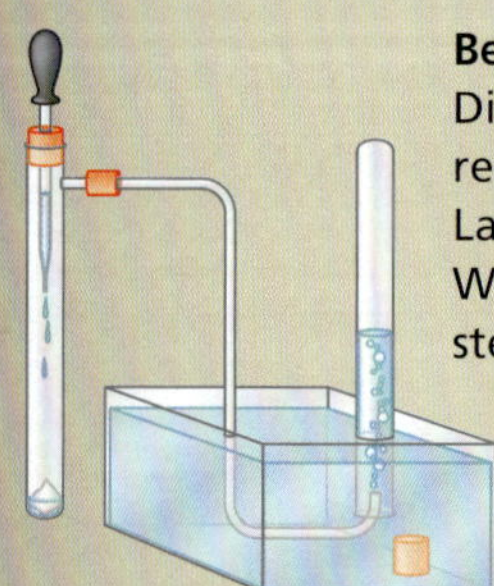

Bedeutung:
Diese Salzbildungsreaktion wird im Labor häufig zur Wasserstoffherstellung genutzt.

Die Elektrolyse

Salzlösungen und Salzschmelzen sind im Gegensatz zu den Salzkristallen elektrisch leitfähig, weil ihre Ionen frei beweglich sind. Beobachtet man, was passiert, wenn man beispielsweise an eine Zinksalzlösung eine Gleichspannung anlegt, kann man schon nach kurzer Zeit eine Veränderung an den Elektroden beobachten. An einer Elektrode scheidet sich Zink ab, an der anderen bilden sich Gasblasen (s. Abb. 1). Durch die Zufuhr von elektrischer Energie erfolgt eine chemische Reaktion. Das Zinksalz wird zersetzt. Diese Reaktion bezeichnet man als **Elektrolyse.**

Auch gelöstes Kupfer(II)-chlorid wird unter dem Einfluss von elektrischem Strom in Kupfer und Chlor umgewandelt. Die Erklärung für diese verblüffende Tatsache liegt im Teilchenbereich. Taucht man zwei Elektroden in die Lösung und legt eine Gleichspannung an, erfolgt innerhalb der Salzlösung ein gerichteter Ladungstransport. Die enthaltenen Kupfer-Ionen und Chlorid-Ionen bewegen sich auf die Elektroden zu.
Dabei wandern die negativ geladenen Chlorid-Ionen zur Anode (Pluspol). Dort herrscht ein Elektronenmangel. Die Chlorid-Ionen geben Elektronen ab und reagieren zu Chloratomen, die sich zu Chlormolekülen verbinden.

1 Zersetzung eines Zinksalzes unter dem Einfluss von Gleichstrom

Anode (Elektronenabgabe):
$2\,Cl^- \longrightarrow Cl_2\uparrow + 2e^-$

Gleichzeitig wandern die positiv geladenen Kupfer-Ionen zur Katode (Minuspol). Dort herrscht Elektronenüberschuss. Die Kupfer-Ionen nehmen Elektronen auf und reagieren zu Kupferatomen.

Katode (Elektronenaufnahme):
$Cu^{2+} + 2e^- \longrightarrow Cu$

Bei dieser Reaktion wird ein Teil der elektrischen Energie in chemische Energie umgewandelt. Die Elektrolyse ist eine elektrochemische Reaktion, die nur unter Energiezufuhr abläuft.

Die Elektrolyse ist eine elektrochemische Reaktion, bei der Stoffe durch Zufuhr von elektrischer Energie zersetzt werden.

Aufgaben

1. Beschreibe das Prinzip der Elektrolyse von Wasser.

2. An eine Zinkchloridschmelze wird eine Gleichspannung angelegt. Vermute, was passieren wird.

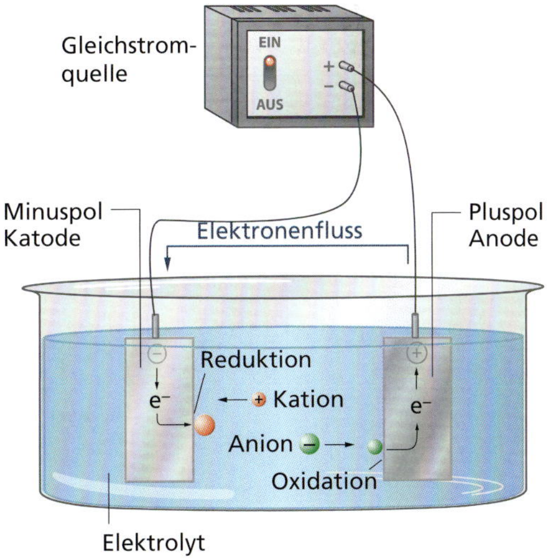

2 Aufbau einer Elektrolyseapparatur: Zersetzung durch Zufuhr elektrischer Energie

Die Chlor-Alkali-Elektrolyse

Einige Elektrolysen sind technisch bedeutsam. Bei der Chlor-Alkali-Elektrolyse wird eine 50 bis 90 °C warme Natriumchloridlösung einer Spannung von 3,3 bis 4,5 Volt und einer Stromstärke von 4 000 bis 40 000 Ampere ausgesetzt.
Chlorid-Ionen aus der Natriumchloridlösung wandern zur positiv geladenen **Anode** und geben dort Elektronen ab. Sie werden oxidiert. Die Chloratome bilden Chlormoleküle.

$$2\,Cl^- \longrightarrow Cl_2\uparrow + 2e^-$$

An der **Katode** werden nicht die Natrium-Ionen reduziert, sondern Wasserstoff-Ionen. Neben Wasserstoffmolekülen entstehen Hydroxid-Ionen.

$$2\,H_2O + 2e^- \longrightarrow H_2\uparrow + 2\,OH^-$$

Beim Membranverfahren trennt eine Membran Anoden- und Katodenraum (s. Abb. 1). Diese verhindert das Vermischen von Chlor und Wasserstoff. Die Natrium-Ionen aus der Natriumchloridlösung passieren die selektiv durchlässige Membran und verbleiben mit den Hydroxid-Ionen in der Lösung. Die entstehende Natronlauge wird weiter genutzt.

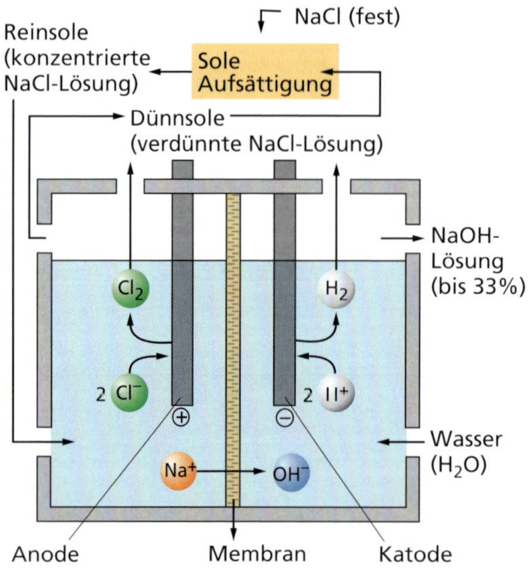

1 Chlor-Alkali-Elektrolyse mithilfe des Membranverfahrens

Die Schmelzflusselektrolyse

Aluminium wird durch Schmelzflusselektrolyse produziert. Aus dem Rohstoff Bauxit gewinnt man Aluminiumoxid. Dieses wird geschmolzen und durch elektrischen Strom zu Aluminium reduziert. Das Aluminium entsteht an der Katode. Aluminium-Ionen nehmen Elektronen von den im Aluminiumoxid enthaltenen Oxid-Ionen auf.

$$2\,Al^{3+} + 6e^- \longrightarrow 2\,Al$$

An der Anode entsteht Sauerstoff aus den vom Aluminiumoxid zurückbleibenden Oxid-Ionen. Dabei werden Elektronen abgegeben. Der gebildete Sauerstoff reagiert sofort weiter mit Kohlenstoff der Grafitelektrode. Die Reaktion an der Anode lässt sich wie folgt beschreiben:

$$3\,O^{2-} + 2\,C \longrightarrow CO_2 + CO + 6e^-$$

Gesamtreaktion:

$$Al_2O_3 + 2\,C \longrightarrow 2\,Al + CO_2 + CO$$

Bei der Aluminiumherstellung wird für die Elektrolyse sehr viel Energie benötigt, etwa 2 bis 3 % der in Deutschland erzeugten Elektroenergie.

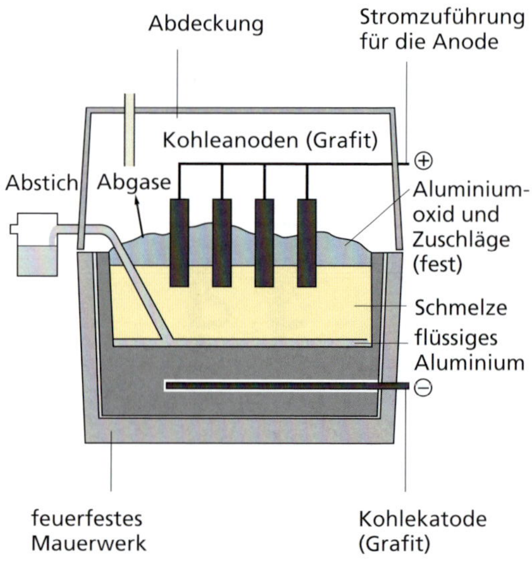

2 Aluminiumherstellung durch Schmelzflusselektrolyse

Mosaik

Elektrochemische Reaktionen

Nicht nur Salze können durch elektrischen Strom zersetzt werden. Wird Wasser im hofmannschen Wasserzersetzungsapparat vom Gleichstrom durchflossen, bilden sich die Elementsubstanzen Wasserstoff und Sauerstoff.
Bei jeder **Elektrolyse** handelt es sich um eine **elektrochemische Reaktion,** die nicht freiwillig abläuft. Die Zerlegung der Stoffe erfolgt nur unter Energiezufuhr **(erzwungene elektrochemische Reaktion).** Ein Teil der zugeführten Energie wird in chemische Energie umgewandelt. Daher ist der Energieinhalt der Reaktionsprodukte größer als der Energieinhalt der Ausgangsstoffe.

Im Gegensatz dazu existieren jedoch auch elektrochemische Reaktionen, die freiwillig verlaufen. Das bedeutet, dass die Reaktionsprodukte einen geringeren Energieinhalt als die Ausgangsstoffe aufweisen. Taucht man beispielsweise einen Eisennagel in eine Kupfer(II)-sulfatlösung, setzt sich mit der Zeit Kupfer auf dem Eisennagel ab. Die Lösung entfärbt sich und es ist ein leichter Temperaturanstieg messbar. Die Kupfer(II)-sulfatlösung hat mit dem Eisen zu Kupfer und Eisen(II)-sulfatlösung reagiert **(freiwillige elektrochemische Reaktion).** Dabei haben Kupfer-Ionen Elektronen aufgenommen, die von Eisenatomen abgegeben wurden.

Elektronenaufnahme: $Cu^{2+} + 2e^- \longrightarrow Cu$

Elektronenabgabe: $Fe \longrightarrow Fe^{2+} + 2e^-$

1 Zwischen Kupfer-Ionen und Eisenatomen erfolgt ein Elektronenübergang.

Dabei werden die Elektronen immer von den Atomen des unedleren Metalls abgegeben und von den Ionen des edleren Metalls aufgenommen.

$$Cu^{2+} + Fe \longrightarrow Cu + Fe^{2+}$$

Umgekehrt erfolgt kein Elektronenübergang und somit auch keine elektrochemische Reaktion.

$$Cu + Fe^{2+} \not\longrightarrow$$

Nach dem Bestreben ihrer Atome, bei einer chemischen Reaktion Elektronen abzugeben, kann man die Metalle ordnen.

Das Bestreben der Metallatome zur Elektronenabgabe nimmt ab.

K Ca Na Mg Al Zn Fe Pb | Cu Ag Hg Pt Au

unedle Metalle | edle Metalle

Das Bestreben der Metall-Ionen zur Elektronenaufnahme nimmt zu.

Dieser freiwillig verlaufende Elektronenübergang bildet u. a. die Grundlage für die Stromerzeugung in **Batterien und Akkumulatoren** (s. S. 65 ff).
Trennt man beispielsweise in einem **galvanischen Element** die Orte der Elektronenaufnahme und der Elektronenabgabe räumlich und schafft dann eine leitende Verbindung zwischen ihnen, fließt ein elektrischer Strom, der genutzt werden kann. Ein Teil der chemischen Energie wird in elektrische Energie umgewandelt.
Elektrochemische Reaktionen, die freiwillig ablaufen, haben allerdings nicht nur als Stromlieferanten große wirtschaftliche Bedeutung. Sie spielen auch bei Korrosionsprozessen eine Rolle und rufen so große wirtschaftliche Schäden hervor.

Ob es sich nun um freiwillig ablaufende oder erzwungene elektrochemische Reaktionen handelt, immer erfolgt ein Elektronenübergang. Somit handelt es sich bei diesen Reaktionen um spezielle Redoxreaktionen (s. S. 57).
Dabei ist die Elektronenabgabe als die Teilreaktion Oxidation definiert und die Elektronenaufnahme als die Teilreaktion Reduktion. Beide Teilreaktionen laufen gleichzeitig ab und bedingen einander.

Chemie im Kontext

Ein Griff in die elektrochemische Trickkiste

Silber ist ein Edelmetall und verhält sich den meisten Umwelteinflüssen gegenüber sehr reaktionsträge. Jeder kennt jedoch das Phänomen, dass Silberbesteck anläuft. Verursacht wird das Anlaufen durch Schwefelverbindungen, die zum Teil in der Luft, vor allem aber in Eiweißstoffen vorkommen.
Wie lässt sich angelaufenes Silberbesteck reinigen?

Bei der Reaktion von Silber mit Schwefel entsteht schwarzes Silbersulfid (Ag_2S).
Auf die mechanische Reinigung durch kräftiges Bürsten sollte man bei Silberbesteck verzichten, da die kostbare Silberschicht zerstört wird.
Eine Reinigung ist aber durch elektrochemische Reaktionen möglich, bei denen die Silber-Ionen aus dem Silbersulfid reduziert werden und auf der Oberfläche erhalten bleiben. Eine elegante und kostengünstige Reinigung ist möglich, wenn man das angelaufene Silberbesteck zusammen mit Aluminiumfolie in eine heiße Salzlösung (z. B. Kochsalz oder Soda) legt. An der Kontaktstelle zwischen dem Besteck und der Folie kommen in einer elektrisch leitfähigen Lösung (Elektrolyt) ein unedles und ein edles Metall direkt in Kontakt. Ein sogenanntes Lokalelement entsteht. Die unedlen Aluminiumatome geben Elektronen ab und gehen als Aluminium-Ionen in Lösung.

$$2\,Al \longrightarrow 2\,Al^{3+} + 6e^-$$

Die Elektronen wandern durch Folie und Besteck und reduzieren Silber-Ionen des Silbersulfids zu Atomen, die auf der Besteckoberfläche verbleiben.

$$6\,Ag^+ + 6e^- \longrightarrow 6\,Ag$$

Gesamtreaktion:

$$3\,Ag_2S + 2\,Al \longrightarrow 2\,Al^{3+} + 3\,S^{2-} + 6\,Ag$$

Die Sulfid-Ionen aus dem Silbersulfid und die Aluminium-Ionen reagieren mit Wasser zu Aluminiumhydroxid und Schwefelwasserstoff.

Aluminium – immer für eine Überraschung gut

Schokolade wird in Aluminiumfolie verpackt.
Hat man Amalgamfüllungen und beißt aus Versehen auf die Folie, entsteht ein unangenehmes Kribbeln oder Ziehen.
Erläutere die Ursache für diese Empfindung.

Die Amalgamfüllung besteht aus einer Silber-Quecksilber-Legierung. Damit handelt es sich um recht edle Metalle. Aluminium dagegen ist sehr unedel. Im Mund sind im Speichel gelöste Salze oder Säuren vorhanden. Speichel bildet einen Elektrolyten. Damit sind alle Bedingungen für eine elektrochemische Reaktion gegeben. Kurzzeitig entsteht ein Lokalelement.

Katode: $3\,O_2 + 12\,H^+ + 12\,e^- \longrightarrow 6\,H_2O$
Anode: $4\,Al \longrightarrow 4\,Al^{3+} + 12e^-$

Es baut sich eine Spannung auf und eine Potenzialschwankung entsteht. In den Nerven werden die Informationen als elektrische Impulse weitergeleitet. Auch in einem Zahn befinden sich Nerven. Der Elektronenfluss, der an der Füllung entstanden ist, löst in den Nerven elektrische Impulse aus. Im Gehirn wird die Veränderung registriert und wir nehmen sie als unangenehm wahr.

gewusst · gekonnt

1. Vervollständige dein Glossar:

Glossar

elektrochemische Reaktion
Elektrolyse
Ionenbindung
Ionenkristall
Ionensubstanz
Redoxreaktion
Salz
Salzbildungsreaktionen

2. Stelle dar, wie Salzlagerstätten entstanden sind. Nutze dazu auch das Internet, z. B. www.schuelerlexikon.de.

3. Informiere dich über verschiedene Verfahren zur Gewinnung von Kochsalz und beschreibe sie.

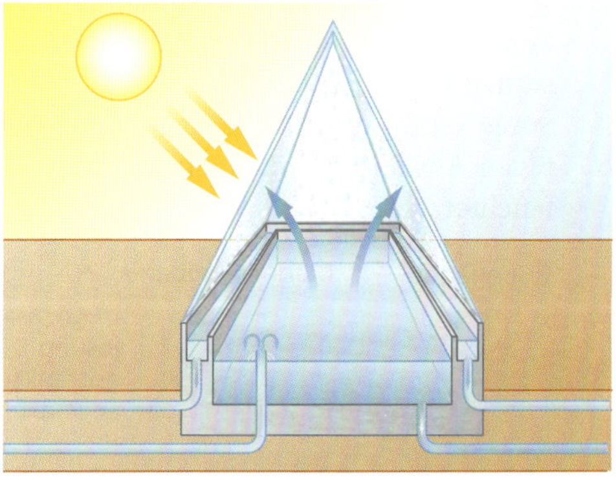

4. Trage Eigenschaften und Verwendungsmöglichkeiten von Kochsalz zusammen. Stelle an einem selbst gewählten Beispiel den Zusammenhang zwischen Eigenschaften und Verwendung dar.

5. Notiere fünf Salze mit Namen und Formeln und kennzeichne jeweils ihre Zusammensetzung.

6. Erläutere die Bildung von Calcium-Ionen aus Calciumatomen. Nutze dazu Modelle und die chemische Zeichensprache.

7. Erläutere die Bildung von Sulfid-Ionen (S^{2-}) aus Schwefelatomen.
Nutze dazu Modelle und die chemische Zeichensprache.

8. Natrium reagiert mit Chlor. Natriumhydroxid reagiert mit Salzsäure. In beiden Fällen bildet sich Natriumchlorid.
Stelle jeweils die Reaktionsgleichung auf. Vergleiche beide Reaktionen miteinander.

9. a) Calciumchlorid kann durch unterschiedliche chemische Reaktionen hergestellt werden. Gib drei Möglichkeiten mit Wort- und Reaktionsgleichung an.
b) Gib die Gleichungen in Ionenschreibweise an.

10. Die folgenden Experimente werden vom Lehrer gezeigt.

Aluminium + Brom

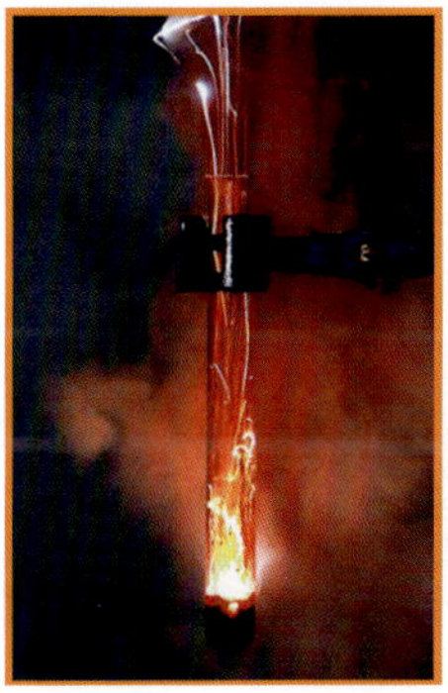

Eisen + Chlor

a) Kennzeichne diese Prozesse als chemische Reaktionen.
Gehe dazu auf Stoffumwandlungen, Energieumwandlungen und Änderungen im Teilchenbereich ein.
b) Stelle die Reaktionsgleichungen auf und gib die Teilgleichungen an. Benenne die Reaktionsart.

11. Natriumchlorid ist Ausgangsstoff für viele Produkte. Elektrolytische Prozesse spielen dabei eine Rolle.
Erläutere die Entstehung der unterschiedlichen Reaktionsprodukte bei der Elektrolyse einer wässrigen Natriumchloridlösung und einer Natriumchloridschmelze.

12. Kalium ist ein sehr unedles Metall. Es kann durch Schmelzflusselektrolyse hergestellt werden.
Beschreibe die Vorgänge an der Anode und der Katode bei der Elektrolyse einer Kaliumbromidschmelze.

13. In der Brennstoffzelle wird die Reaktion von Wasserstoff mit Sauerstoff genutzt, um chemische in elektrische Energie umzuwandeln.

a) Den „Brennstoff“ Wasserstoff kann man u. a. durch Elektrolyse herstellen.
Erläutere die Vorgänge im hofmannschen Wasserzersetzungsapparat.

b) Informiere dich über die Funktionsweise der Brennstoffzelle.

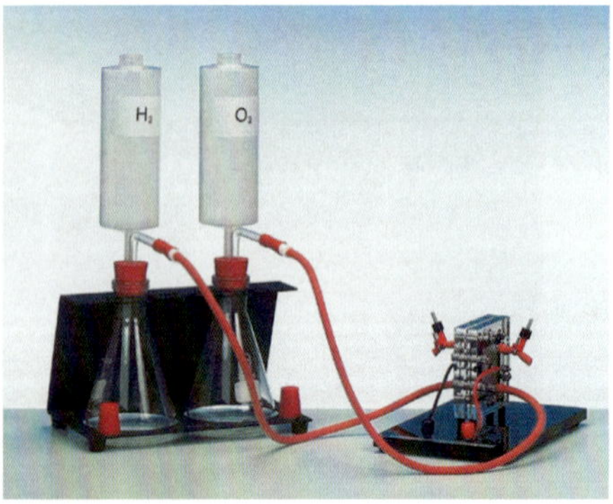

14. Erläutere unterschiedliche Möglichkeiten, elektrische Energie zu gewinnen.
Welche Energieform wird jeweils genutzt?

15. Elektrochemische Reaktionen sind Redoxreaktionen.
Definiere den Begriff Redoxreaktion und charakterisiere an einem selbst gewählten Beispiel das Wesen dieser Reaktionen.

16. Weise die Ionenwanderung nach.

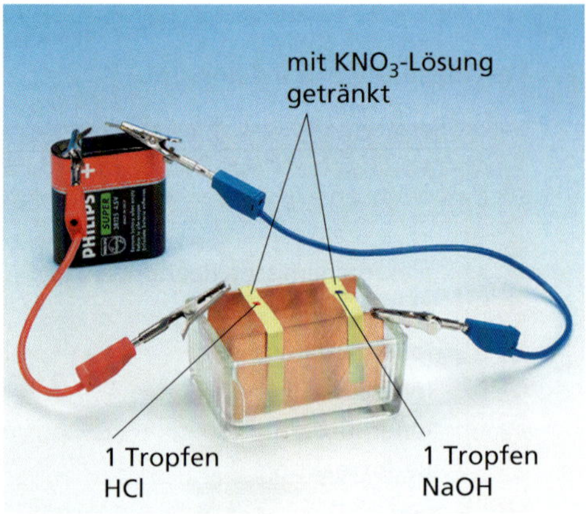

Führe Protokoll. Erkläre deine Beobachtungen.

17. Welche Masse an Zink entsteht bei der elektrolytischen Zersetzung von Zinkchlorid, wenn mit einer Stromstärke von 20 kA bei einer Stromausbeute von 90 % zwei Stunden lang gearbeitet wird?

18. Untersuche den Rostvorgang an blank geriebenen Eisennägeln bei Kontakt mit Magnesium und Kupfer.
Sorge dafür, dass der Zellstoff in regelmäßigen Abständen mit Kochsalzlösung angefeuchtet wird.

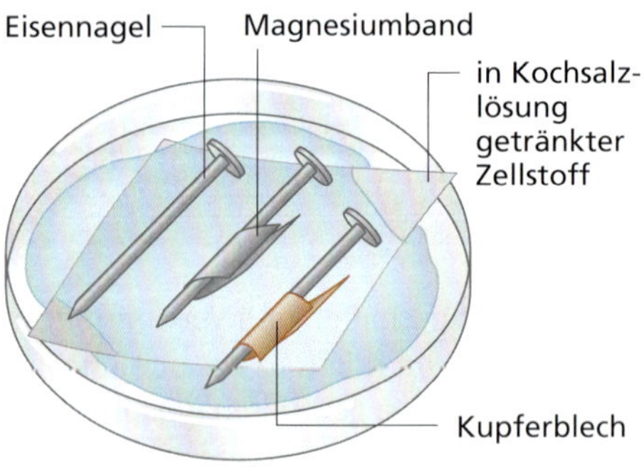

Notiere nach einer Woche deine Beobachtungen und erkläre sie.
Welche Art der elektrochemischen Reaktion liegt vor?

Wahlbereich: Batterien und Akkus – mobile Energieträger

Strom to go

Fotoapparate, Laptops, MP3-Player und viele andere technische Geräte sind aus unserem Alltag nicht mehr weg zu denken. Fast jeder 14-Jährige ist heute schon im Besitz eines eigenen Handys. Um sie unterwegs betreiben zu können, benötigen sie als mobile Energiequellen Batterien (s. Abb. 1). Für die unterschiedlichen technischen Geräte gibt es eine Vielzahl von Batterietypen, die sich in Form, Größe und Material unterscheiden. Trotzdem ist das Prinzip der Energiegewinnung bei allen gleich.

1. *Informiere dich im Internet über verschiedene Energieformen.*

In den Batterien laufen elektrochemische Reaktionen ab, bei denen ein Teil der chemischen Energie in elektrische Energie umgewandelt wird. Bei diesen chemischen Reaktionen handelt es sich um freiwillig ablaufende Elektronenübergänge (s. S. 61). Diese Prozesse kann man mit ganz einfachen Mitteln zur Stromerzeugung nutzen.

S Experiment 1

Aufgabe:
Baue eine Obst-Batterie. Fordere die notwendigen Geräte und Materialien beim Lehrer an.

Durchführung:

a) Stecke einen Eisennagel und einen Kupferdraht in einen Apfel bzw. eine Kartoffel und miss die Spannung. Ermittle den Plus- und den Minuspol.
b) Untersuche, ob der Versuch auch mit zwei gleichen Metallen gelingt.
c) Versuche, durch unterschiedliche Metallkombinationen die Spannung zu erhöhen.

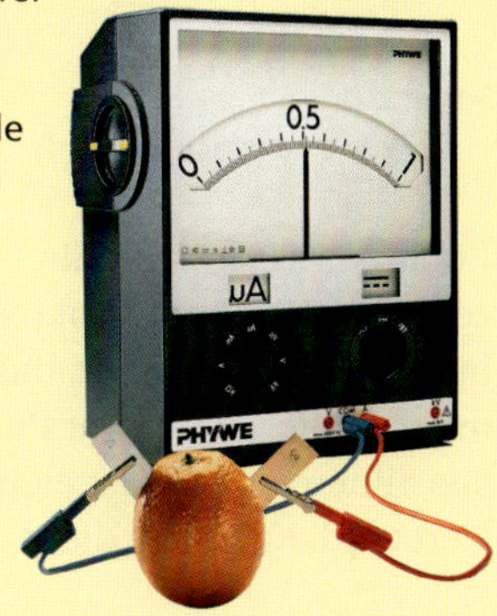

1 Mobile Energiequellen – chemische Reaktionen bringen die Taschenlampe zum Leuchten.

2. *Erkläre deine Beobachtungen aus Experiment 1 mithilfe der elektrochemischen Spannungsreihe. (Tipp: Nutze dazu die Lehrbuchseite 61).*

3. *Gib die Reaktionsgleichung für die Teilreaktion an, die am Minuspol der Obst-Batterie aus Experiment 1 abläuft. Bestimme die Art der Teilreaktion.*

Bei der Obstbatterie wandern die Elektronen vom unedleren Metall (Ort der Oxidation/Anode) zur Katode (Ort der Reduktion). Zwischen den beiden Elektroden befindet sich eine elektrisch leitende Flüssigkeit (Elektrolyt), in diesem Falle eine Säurelösung. Jedoch auch Salzlösungen oder Laugen können als **Elektrolyte** wirken.

S Experiment 2

Aufgabe:
Teste, ob sich die Spannung durch unterschiedliche Obstsorten erhöhen lässt. Prüfe jeweils auch den pH-Wert des Obstes.

Vorbereitung und Durchführung:
Orientiere dich an der Experimentieranordnung aus Experiment 1 und wandle diese entsprechend ab.

Beobachtung und Auswertung:
Notiere deine Beobachtungen in einer Tabelle. Erstelle ein Balkendiagramm, das die Abhängigkeit der Spannung von der Obstsorte zeigt.

Batterien im Alltag

Die Obstbatterie ist ein galvanisches Element (elektrochemische Spannungsquelle).
An der Metallelektrode entstehen Metall-Ionen, sodass sich das Metall langsam auflöst. Die edlere Metallelektrode dient lediglich der Sammlung von Elektronen. An ihr entsteht Wasserstoff (H_2) aus den Wasserstoff-Ionen (H^+) der Obstsäure.
Ein typisches galvanisches Element ist das Zink-Kohle-Element. Dabei steckt eine Kohleelektrode in einer Kupferchloridlösung und ein Zinkstab in einer Kaliumchloridlösung. Die beiden Lösungen sind durch eine poröse Tonwand getrennt. Die Elektroden sind leitend miteinander verbunden.

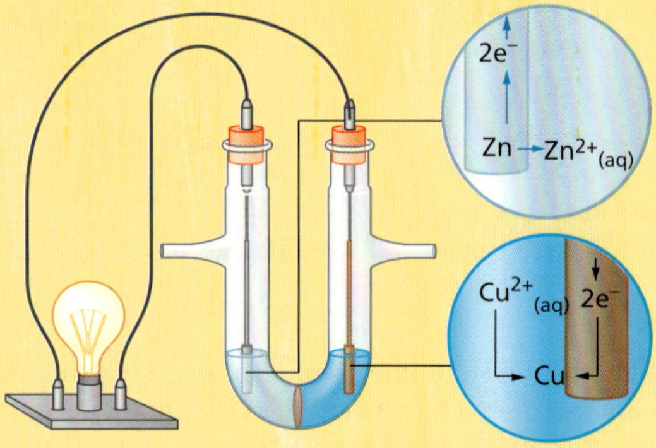

S Experiment 1

Aufgabe:
Baue das abgebildete galvanische Element nach und miss die Spannung. Führe Protokoll.

Bei der Zink-Kohle-Batterie steckt ein Kohlestift in einem Gemisch aus Ruß und Braunstein (Mangandioxid). Er bildet den Pluspol. Dieses Gemisch wird von einem Zinkbecher umgeben, er bildet den Minuspol.

1. *Zersäge eine Zink-Kohle-Batterie (s. Abb.) im Längsschnitt. Fertige eine Zeichnung an.*

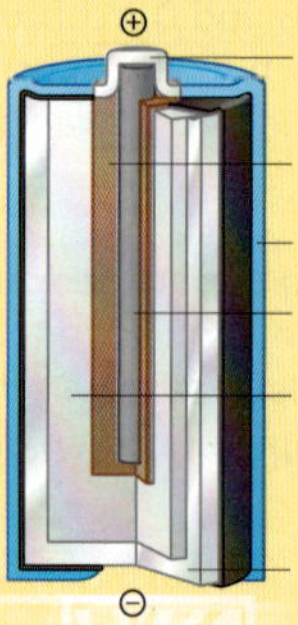

Eine weitere gängige Batterieart ist die Alkali-Mangan-Batterie (Alkaline). Die Katode (Reduktion) wird durch gepressten Braunstein gebildet, der sich im Inneren befindet. Die Anode (Oxidation) besteht aus einer Paste aus Zink und Kaliumhydroxid, die durch ein ionendurchlässiges Faserpapier geschützt ist. Diese Batterie zeichnet sich durch eine lange Lebensdauer und durch eine hohe Sicherheit (Auslaufschutz) aus.

S Experiment 2

Aufgabe:
Baue eine Alkaline-Batterie nach.
Lege dazu ein Stück Filterpapier auf den Boden eines Zinkbechers (bzw. eines Aluminiumbechers von einem Teelicht). Rühre einen Brei aus Mangandioxid, Kaliumhydroxid, Stärke und Wasser an und gib ihn in den Becher.
Stecke eine Grafitelektrode in den Brei und miss die Spannung zwischen dem Metall des Bechers und der Grafitelektrode.
Führe Protokoll.

In Armbanduhren, Hörgeräten und vielen Taschenrechnern kommen Knopfzellen (kleine Batterien in Form von Knöpfen) zum Einsatz. Die Typen von Knopfzellen unterscheiden sich in ihrem Elektrodenmaterial.

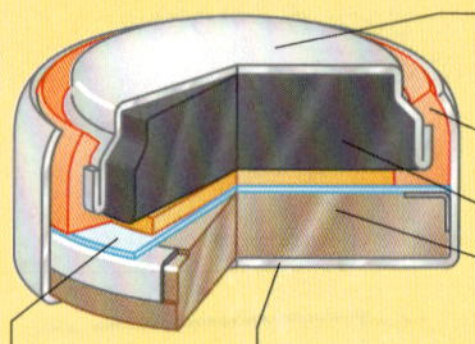

Einen Vertreter stellt die Zink-Silberoxid-Knopfzelle dar. Der Minuspol (Anode) dieser Batterie besteht aus Zinkpulver, das im Verlauf der Entladung oxidiert wird. Der Pluspol (Katode) besteht aus Silberoxid, das zu elementarem Silber reduziert wird. Kalilauge dient als Elektrolyt.

2. *Fasse die verschiedenen Batteriearten tabellarisch zusammen.*

Akkus – ein ständiges Hin und Her

Viele Autofahrer haben im Winter Probleme, ihren Wagen zu starten (s. Abb. 1). Der Startvorgang wird durch einen Akkumulator initiiert.
Im Gegensatz zu den auf der Seite 66 betrachteten Batterien, die nach dem Entladen unbrauchbar sind, können Akkumulatoren durch Umkehrung der elektrochemischen Reaktion wieder aufgeladen werden. Bei der Autobatterie handelt es sich um einen Bleiakkumulator.

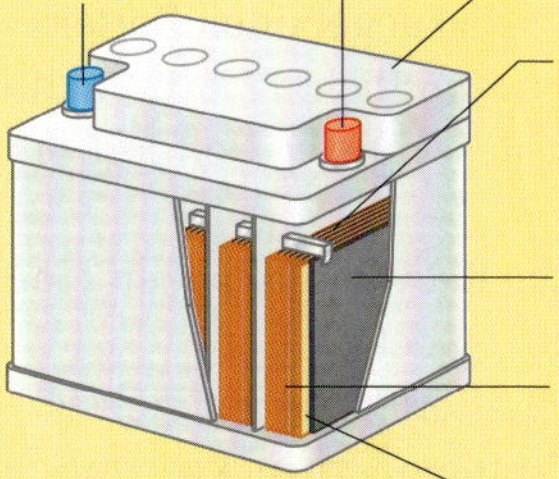

Autobatterien bestehen in der Regel aus sechs einzelnen galvanischen Elementen, die hintereinandergeschaltet sind und eine Spannung von 12 V erzeugen. Das jeweilige galvanische Element besteht aus einer Blei-Anode und einer Bleioxid-Katode. Als Elektrolyt dient 20 bis 40%ige Schwefelsäure.

S Experiment 1

Aufgabe:
Baue einen Modellakkumulator.

Vorbereitung:
Fordere notwendige Geräte und Chemikalien beim Lehrer an und informiere dich über mögliche Gefahrstoffe.

Durchführung:
a) Halte zwei Bleiplatten in ein Becherglas mit 20%iger Schwefelsäure und verbinde sie mit einer Gleichspannungsquelle von ca. 4 V (Laden des Akkus).
Beobachte die Veränderungen an den Bleiplatten.
b) Entferne die Spannungsquelle. Verbinde die Elektroden mit einer Glühlampe und beobachte wieder die Vorgänge an den Elektroden (Entladen des Akkus).

1 Der Startvorgang wird durch eine wiederaufladbare Batterie initiiert.

Beobachtung und Auswertung:
1. Notiere die beobachteten Veränderungen.
2. Stelle den Lade- und Entladevorgang grafisch dar. Informiere dich im Internet über die chemischen Prozesse an den Elektroden.
3. Recherchiere im Internet, warum es gerade im Winter zu Problemen beim Startvorgang von Fahrzeugen kommen kann.

Handys und viele neue Notebooks enthalten Lithium-Ionen-Akkumulatoren. Sie zeichnen sich durch eine lange Lebensdauer, geringes Gewicht und eine hohe Leistungsfähigkeit aus. So können sie bis zu 1 000-mal wieder aufgeladen werden.
Auch Akkumulatoren wie Nickel-Metall-Hydrid-Akkumulatoren (NiMH) finden für viele Rechner noch Verwendung. Nickel-Cadmium-Akkumulatoren werden auch in Haushaltsgeräten eingesetzt.

Marktentwicklung in Prozent bei Akkumulatoren in der Bundesrepublik Deutschland

	NiCd-Akku	NiMH-Akku	Pb-Akku	Li-Ionen-Akku	Sonstige
2000	41,2	37,7	10,8	9,5	0,8
2001	37,4	31,3	18,6	11,4	1,3
2002	36,4	31,9	10,0	20,5	1,2
2003	35,6	27,1	12,0	24,1	1,2
2004	32,3	23,5	15,4	27,6	1,2

1. *Erstelle ausgehend von der Tabelle ein Balkendiagramm und interpretiere deine Grafik.*

Leere Batterien – und dann?

Batterien und Akkus enthalten oft giftige Schwermetalle wie Blei, Quecksilber, Cadmium und Nickel sowie ätzende Säuren.

1. *Erstelle einen Steckbrief in Hinblick auf die Toxizität der oben genannten Metalle.*

2. *Suche im Alltag nach weiteren Verwendungszwecken der oben genannten Metalle. Gib gegebenenfalls an, durch welche Materialien diese Schwermetalle ersetzt werden können.*

Batterien dürfen aufgrund ihrer Umweltgefährdung nicht im normalen Hausmüll entsorgt werden.
Deshalb gibt es sicherlich auch an deiner Schule, wie auch in vielen Supermärkten, eine Batteriesammelbox (s. Abb. 1).
Jährlich werden in der Bundesrepublik Deutschland ca. 30 000 Tonnen (ca. 600 Mio. Stück) Batterien verkauft (s. Abb. 2).

3. *Informiere dich z. B. im Internet über die Gewinnung von Schwermetallen.*

Recycling – aus Alt mach Neu

Die Rücknahmequote der verkauften Batterien beträgt leider nur ca. 40 %. Der Rest wird nach wie vor falsch, also mit dem normalen Hausmüll, entsorgt.

1. *Entwirf einen Flyer mit dem Ziel, die Rücknahmequote von Altbatterien an deiner Schule zu erhöhen. Wie könnten die Schüler und Schülerinnen motiviert werden, die Altbatterien korrekt zu entsorgen?*

Von ordnungsgemäß zurückgegebenen Batterien werden jährlich durchschnittlich 77 % dem Recycling zugeführt. Der Rest muss gesondert entsorgt werden.
Ausschlaggebend für die Recyclingfähigkeit einer Batterie ist ihr Gehalt an Quecksilber.
Aus quecksilberfreien Batterien lassen sich 90 % der Rohstoffe ohne Probleme zurückgewinnen. Insbesondere handelt es sich dabei um Zink, Blei, Stahl Nickel und Cadmium. Die restlichen 10 % sind sogenannte Schlacken.
In den Recyclingbetrieben werden die Altbatterien in ihre Bestandteile zerlegt, sortiert und zerkleinert.

2. *Erläutere die Grafik zum Batterierecycling.*

2.2 Carbonate – eine Gruppe von Salzen

Zerstörerischer Regen
Bauwerke verwittern ebenso wie Gestein. Die Zerstörung wird durch sauren Regen beschleunigt. *Warum werden Baustoffe wie Kalkmörtel und Marmor besonders angegriffen?*

Ein moderner Baustoff?
Der Baustoff Beton ist keine Erfindung unserer heutigen Zeit. Schon zurzeit der Römer wurde er zum Bau von Wasserleitungen und von großen Kuppelbauten eingesetzt. *Was ist Beton?*

Baustoff der Natur
Die Kreidefelsen auf Rügen sind aus den Gehäusen kleiner Lebewesen (u. a. Foraminiferen) entstanden. *Welche chemische Verbindung bildete den Baustoff für die Gehäuse?*

Carbonate – Salze der Kohlensäure

Eigenschaften der Carbonate

Die Kohlensäure bildet zwei Gruppen von Salzen – die **Carbonate** und die Hydrogencarbonate. Das bekannteste Carbonat ist **Calciumcarbonat** ($CaCO_3$ – Kalk). Carbonate sind durch gemeinsame Eigenschaften gekennzeichnet. Von sauren Lösungen werden sie zersetzt. Dabei wird Kohlenstoffdioxid frei.

$$CaCO_3 + 2\,HCl \longrightarrow CaCl_2 + H_2O + CO_2$$

Auch gegenüber Hitze sind die meisten Carbonate unbeständig (s. S. 72). Wirtschaftlich bedeutsam ist die thermische Zersetzung von Calciumcarbonat.

$$CaCO_3 \longrightarrow CaO + CO_2\uparrow \qquad Q = +178{,}4\,kJ \cdot mol^{-1}$$

Die Zersetzung kann zum **indirekten Nachweis** von Carbonaten eingesetzt werden. Das freigesetzte Kohlenstoffdioxid bildet mit Kalk- oder Barytwasser einen weißen Niederschlag.

$$CO_2 + Ca^{2+} + 2\,OH^- \longrightarrow CaCO_3\downarrow + H_2O$$

Zu den unterschiedlichen Eigenschaften der Carbonate gehört die Löslichkeit in Wasser. Bariumcarbonat und Calciumcarbonat sind schwer wasserlöslich. Daher fallen die Verbindungen bei der Nachweisreaktion auch als Niederschlag aus. Im Gegensatz dazu sind Natriumcarbonat und Kaliumcarbonat sehr gut wasserlöslich.

$$Na_2CO_3 \longrightarrow 2\,Na^+ + CO_3^{2-}$$

Ausgewählte Carbonate

Carbonat	Formel	Verwendung
Calcium-carbonat	$CaCO_3$	Herstellung von Baustoffen wie Kalk- und Zementmörtel
Natrium-carbonat (Soda)	Na_2CO_3	Flussmittel und Ausgangsstoff bei der Glasherstellung
Kalium-carbonat (Pottasche)	K_2CO_3	Treibmittel beim Backen, Herstellung von Schmierseife

Carbonate werden durch saure Lösungen und durch Hitze zersetzt. Ihr Nachweis erfolgt indirekt über das gebildete Kohlenstoffdioxid.

Aufgabe

Was erwartest du, wenn du Naturkreide mit Säurelösung versetzt? Begründe.

S Experiment

Prüfe es selbst

Calciumcarbonat wird durch verdünnte Säuren und Hitze zersetzt. Dabei entsteht u. a. Kohlenstoffdioxid.

Aufgabe:
Zersetze Calciumcarbonat durch verdünnte Salzsäure und weise Kohlenstoffdioxid nach.

Vorbereitung:
Chemikalien: verdünnte Salzsäure ☒, Marmor, Bariumhydroxidlösung ☒
Geräte: entsprechend der Versuchsskizze

Durchführung:

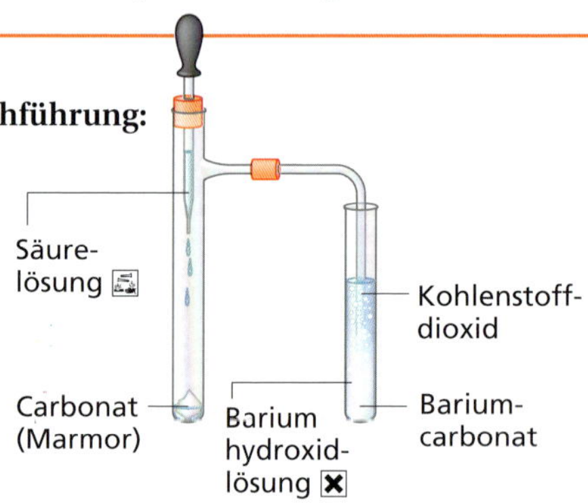

Beobachtung und Auswertung:
Beschreibe deine Beobachtungen. Warum kann Kohlenstoffdioxid entstehen? Wodurch wird Kohlenstoffdioxid nachgewiesen?

Mosaik

Kalk – ein Baustoff aus der Natur

Kalk kommt in der Natur recht häufig vor. In manchen Regionen existieren große Lagerstätten.
Als **Kalkstein** bezeichnet man ein Sedimentgestein, das zum großen Teil aus Calciumcarbonat besteht. Weitere Bestandteile sind u. a. Ton, Sand und Eisenoxide.
Eine besondere Form des Kalksteins ist **Kreide.** Kreide hat sich in der Kreidezeit aus den Schalen von Kleinstlebewesen, die im Meer lebten, gebildet und schließt daher oft zahlreiche Reste von Lebewesen ein. Im Laufe langer Zeiträume entstanden Ablagerungen, die schließlich von Sedimenten bedeckt wurden. Durch tektonische Bewegungen gelangten die Schichten schließlich an die Oberfläche. Die Kreidefelsen auf Rügen sind ein imposantes Beispiel.
Marmor enthält einen hohen Anteil an Calciumcarbonat. Er ist u. a. aus Kalkstein entstanden, der unter sehr hohem Druck stand. Marmor kann weiß oder gefärbt sein, wobei die Färbung einheitlich oder streifig ist.
In reiner Form kommt Calciumcarbonat als **Calcit (Kalkspat)** oder **Aragonit** (s. Abb.) vor. Beide sind kristallin, unterscheiden sich aber durch die Form der Kristalle.

Tropfsteine bestehen aus Calciumcarbonat (s. S. 73). Neben Tropfsteinhöhlen existieren weitere faszinierende „Bauwerke" aus diesem Baustoff der Natur.

Korallenriffe sind ganz besonders vielfältige und sensible Ökosysteme. Sie wurden von bestimmten Korallen, Organismen aus der Gruppe der Hohltiere, aufgebaut.
Diese leben in klarem, warmem und flachem Wasser. Daher können solche Riffe auch nicht in kalten Meeren entstehen, sondern kommen nur in tropischen Gewässern vor.
Die riffbildenden Korallen scheiden ein Außenskelett aus Kalk ab. Die zum Aufbau dieser Kalkskelette nötigen Ionen entnehmen die Korallen dem Meerwasser. Sterben die Tiere ab, bleiben die Kalkskelette erhalten. Viele Generationen von Korallen bilden mit der Zeit die großen Riffe. Diese stellen den Lebensraum für unterschiedliche Organismen dar (s. Abb. 1).
Die große Artenvielfalt macht Riffe für Wissenschaftler und Taucher interessant.
Leider sind diese sensiblen Ökosysteme durch Umweltverschmutzung, Klimaphänomene und Tauchtourismus stark bedroht.

Schneckengehäuse bestehen hauptsächlich aus Kalk. Dieses Kalkgehäuse schützte die Schnecke.
Ebenso bilden die Schalen der Muscheln einen Schutz vor Fressfeinden. **Muschelschalen** bestehen wie Schneckengehäuse zu einem großen Teil aus Calciumcarbonat.
Die Formenvielfalt der Schnecken und Muscheln ist gewaltig. Manche sind sehr filigran oder bizarr gestaltet. Einige Muscheln können sehr groß werden (s. Abb. 2).

1 Korallen scheiden eine Kalkschicht ab. Daraus entstehen mit der Zeit Riffe.

2 Die sogenannte Mördermuschel ist die größte Muschel und wird über einen Meter groß.

Der technische Kalkkreislauf

Schaut man sich um, entdeckt man überall eine rege Bautätigkeit. Kaum ein Bauwerk ließe sich ohne Kalkmörtel errichten. Er wird zum Verputzen von Innenräumen verwendet und ist Bestandteil des Binders, der zum Mauern eingesetzt wird.
Ausgangsstoff für die Herstellung des Mörtels stellt der in der Natur abgebaute Kalkstein (Calciumcarbonat - $CaCO_3$) dar.

Herstellung von Branntkalk: Beim Kalkbrennen nutzt man aus, dass Calciumcarbonat thermisch zersetzt werden kann. Der zerkleinerte Kalkstein wird im Drehrohrofen bei einer Temperatur von 1 000 °C gebrannt. Dabei bilden sich Branntkalk (CaO) und Kohlenstoffdioxid.

$$CaCO_3 \longrightarrow CaO + CO_2\uparrow \qquad Q = +178{,}4\ kJ \cdot mol^{-1}$$

Herstellung von Löschkalk: Branntkalk muss „gelöscht" werden. Dabei reagiert er mit Wasser zu Löschkalk - $Ca(OH)_2$.
Der Löschkalk wird getrocknet und gemahlen. Entweder kommt er in dieser Form in den Handel oder er wird schon mit Sand gemischt und als Fertigmörtel angeboten.

$$CaO + H_2O \longrightarrow Ca(OH)_2 \qquad Q = -62{,}8\ kJ \cdot mol^{-1}$$

1 Kalkbrennanlage Rüdersdorf. Als Rohstoff dient der Rüdersdorfer Muschelkalk.

Herstellung des Mörtels und Abbinden: Aus Löschkalk, Sand und Wasser wird Kalkmörtel gemischt. Er muss abbinden, damit das Gemisch fest und haltbar wird. Hauptsächlich reagiert der im Mörtel enthaltene Löschkalk mit dem Kohlenstoffdioxid der Luft zu Calciumcarbonat. Kalkmörtel wird auch als Luftmörtel bezeichnet, da er zum Abbinden das Kohlenstoffdioxid der Luft benötigt.

$$Ca(OH)_2 + CO_2 \longrightarrow CaCO_3 + H_2O; \qquad Q = -113\ kJ \cdot mol^{-1}$$

Der abgebundene Mörtel besteht demnach aus Calciumcarbonat. Auch Kalkstein - der Ausgangsstoff für diesen Baustoff - besteht aus Calciumcarbonat.

Den Prozess vom Kalkstein bis zum abgebundenen Mörtel bezeichnet man als technischen Kalkkreislauf, weil Ausgangsstoff und Endprodukt aus dem gleichen Stoff bestehen.

Aufgabe

Beschreibe unter Nutzung der Abbildung 2 den technischen Kalkkreislauf.
Notiere die Wortgleichungen für die einzelnen Teilprozesse.

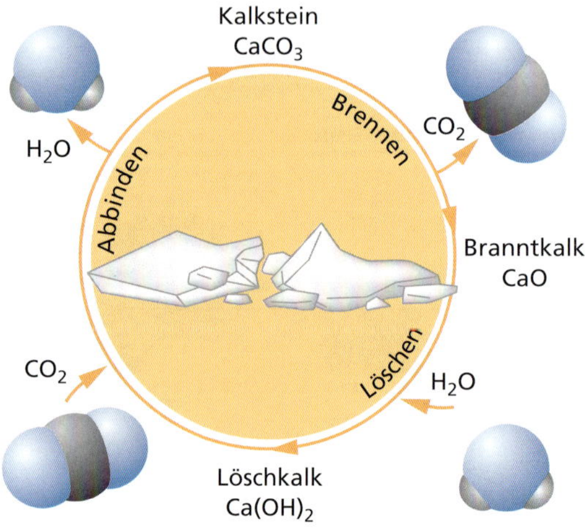

2 Ausgangsstoff und Endprodukt des Kreislaufs ist Calciumcarbonat.

Von Tropfsteinen und hartem Wasser

Betritt man eine Tropfsteinhöhle, ist man von der Formenvielfalt der Gebilde beeindruckt (s. Abb. 1). Sie bestehen zum großen Teil aus dem schwer löslichen **Calciumcarbonat ($CaCO_3$).** An der Entstehung der Tropfsteine sind Kohlenstoffdioxid und die Kohlensäure beteiligt.

Regenwasser verbindet sich mit dem Kohlenstoffdioxid der Luft. Trifft die saure Lösung auf kalkreiche Schichten, wird unter dem Einfluss der Säure Kalk herausgelöst. Dabei entsteht gut lösliches **Calciumhydrogencarbonat – $Ca(HCO_3)_2$.** Tritt die Lösung in Höhlen aus dem Felsen aus, verdunstet das Wasser. Schwer lösliches Calciumcarbonat scheidet sich durch folgenden Prozess ab.

$$Ca(HCO_3)_2 \longrightarrow CaCO_3 + H_2O + CO_2$$

Ähnliche Vorgänge spielen sich auch im Badezimmer und in der Küche ab. Aus dem Boden löst kohlensaures Sickerwasser Calcium- und Magnesiumsalze heraus. In unserem Trinkwasser sind diese Salze noch enthalten. Sie bedingen die sogenannte **Wasserhärte** und führen bei hartem Wasser zu hartnäckigen Kalkablagerungen auf den Armaturen und zu verkalkten Rohren und Geräten.

Die auf Carbonaten und Hydrogencarbonaten beruhende Wasserhärte wird als **Carbonathärte** oder **temporäre Härte** bezeichnet. Im Wasser befindet sich u. a. Calciumhydrogencarbonat in gelöster Form. Verdunstet das Wasser, bildet sich daraus Calciumcarbonat – ähnlich wie bei der Entstehung von Tropfsteinen. Dunsten Wassertropfen auf Armaturen ein, kann man Kalkflecken erkennen.

1 Tropfsteine entstehen in langen Zeiträumen aus Calciumcarbonat.

Die **permanente Härte** geht auf die im Wasser enthaltenen Sulfat-Ionen zurück.

Die **Gesamthärte** setzt sich aus permanenter und temporärer Härte zusammen. Sie wird in Grad deutscher Härte (°dH) angegeben. 1° dH bedeutet, dass der Gehalt in einem Liter Wasser 10 mg Calciumoxid entspricht (s. Tab.).

Zu hartes Wasser stellt ein erhebliches wirtschaftliches Problem dar. Beim Erhitzen setzen sich insbesondere die schwer löslichen Carbonate in Heizkesseln oder auch in Küchengeräten als Kesselstein bzw. Wasserstein ab.

Die Wasserhärte ist ein Maß für die im Wasser enthaltenen Calcium- und Magnesiumsalze. Sie wird in Grad deutscher Härte (°dH) angegeben.

Aufgabe

Erkundige dich im zuständigen Wasserwerk, welche Härte das Trinkwasser in eurer Region aufweist. Interpretiere den Wert.

Härtebereiche des Wassers

Härtebereich		$\frac{mmol}{l}$	°dH
weich	1	0–1,3	0– 7
mittelhart	2	1,3–2,5	7–14
hart	3	2,5–3,8	14–21
sehr hart	4	>3,8	>21

Kalk in Natur und Technik

S Experiment 1: Carbonatnachweis in verschiedenen Materialien

Aufgabe:
Teste, ob folgende Materialien Carbonate enthalten: Marmorstückchen, leeres Schneckenhaus, Wandtafelkreide, Putzstück, Pottasche, Eierschale.

Vorbereitung:
Notiere benötigte *Geräte* und *Chemikalien*. Fordere sie beim Lehrer an.

Durchführung:
Versetze jede Stoffprobe mit einigen Tropfen verdünnter Säure und halte gleichzeitig einen Glasstab mit etwas Calciumhydroxidlösung über die Stoffprobe.

Beobachtung und Auswertung:
Notiere die Beobachtungen und werte sie jeweils aus. Lege dazu eine Tabelle an.
Stelle die Reaktionsgleichungen für den positiv verlaufenden Nachweis auf. Erkunde, um welches Carbonat es sich jeweils handelt.

S Experiment 2: Mörtel als Baustoff

Aufgabe:
Führe ein Modellexperiment zum technisch bedingten Kalkkreislauf durch.

Vorbereitung:
Geräte: Tiegelzange, Porzellanschale, Brenner, Pipette, Becherglas, Schutzbrille
Chemikalien und *Materialien:* Sand, Marmorstückchen, Universalindikator, Calciumoxid, Wasser

Durchführung:
a) Glühe ein Marmorstückchen aus, indem du es in die heißeste Zone der Flamme hältst.
b) Lege das ausgeglühte, abgekühlte Marmorstück in ein Becherglas und gib etwas Wasser hinzu. Prüfe die Mischung mit dem Indikator.
c) Verrühre etwas Calciumoxid mit Wasser. Mische dann drei Teile Sand dazu und füge eventuell noch etwas Wasser hinzu, sodass ein dicker Brei entsteht.
d) Kontrolliere den Brei nach zwei Tagen.

Beobachtung und Auswertung:
Notiere die Beobachtungen und werte aus.
a) Überlege, welche Reaktion beim Ausglühen abläuft. Stelle eine entsprechende Reaktionsgleichung auf.
b) Gib eine Erklärung für die Farbänderung des Universalindikators. Stelle eine Reaktionsgleichung für den abgelaufenen Prozess auf.
c) Notiere, welches Reaktionsprodukt sich beim Verrühren des Calciumoxids mit Wasser bildet. Wie bezeichnet man das Stoffgemisch, welches bei Zugabe von Sand und Wasser entsteht?
d) Erläutere, warum man vom „Aushärten" der Masse spricht und was dabei chemisch passiert. Gib die chemische Gleichung an.

S Experiment 3: Kalkmörtel und saurer Regen

Aufgabe:
Stelle Kalkmörtel her und untersuche den Einfluss saurer Lösungen auf den Mörtel.

Vorbereitung:
Geräte und Chemikalien: Spatel, Porzellantiegel, leere Streichholzschachtel, Schutzbrille, Säurelösung, Wasser, Sand, Löschkalk (Calciumhydroxid)

Durchführung:
Mische ein Teil Löschkalk und drei Teile Sand so mit Wasser, dass ein dicker Brei entsteht.
Fülle die Masse in eine Streichholzschachtel und lasse sie zwei Tage lang aushärten.
Tropfe auf die ausgehärtete Mörtelprobe einige Tropfen verdünnte Säurelösung.

Beobachtung und Auswertung:
Notiere die Beobachtungen und werte aus. Stelle die entsprechende Reaktionsgleichung auf. Erläutere, warum saurer Regen Bauwerke schädigt. Führe Beispiele aus deiner Umgebung an.

Chemie im Kontext

Zement und Beton

Der Bau des Kolosseums in Rom begann 72 v. Chr. Zum Bau fand auch Beton Verwendung, der damals *opus caementum* hieß.
Obwohl eigentlich keine Erfindung der Neuzeit, sind Zement und Beton Baustoffe des 20. und sicher auch des 21. Jahrhunderts. Sie ermöglichen die Errichtung von Wolkenkratzern, riesigen Staudämmen und spielen auch im Brückenbau eine Rolle.
Erkläre, warum Zementmörtel und Beton härter werden als Kalkmörtel.

Ausgangsstoffe für die Herstellung von **Zement** sind Kalkstein und Ton. Das Gemisch wird zerkleinert und im Brennofen bei einer Temperatur von bis zu 1 500 °C gebrannt.
Das Produkt wird wiederum gemahlen und mit etwas Gips vermischt.

Um **Zementmörtel** herzustellen, wird Zement mit Sand und Wasser vermengt. Er kommt hauptsächlich in Feuchträumen und im Kellerbereich zum Einsatz.

Mischmörtel enthält als Binder Löschkalk und Zement. Er wird hauptsächlich zum Mauern verwendet.

Beton besteht aus den Komponenten Zement, Sand, Kies und Wasser. In Abhängigkeit vom Gehalt an Zement unterscheidet man unterschiedliche Betonarten. Für Wannenfundamente, die wasserundurchlässig sein müssen, verwendet man z. B. Sperrbeton mit einem hohen Gehalt an Zement.

Zementmörtel und Beton benötigen zum Abbinden kein Kohlenstoffdioxid, sondern Wasser.
Die im Zement enthaltenen Oxide reagieren mit den aus dem Ton stammenden Bestandteilen und bilden nadelförmige Silicatkristalle. Dadurch wird das Produkt stark verfestigt und erhält die Härte und Druckfestigkeit von Gestein.
Weil Beton auch unter Wasser abbindet, kann er für den Brückenbau und für den Bau von Wasserzisternen eingesetzt werden.

Beton ist zwar sehr hart, hat aber keine hohe Zug- und Biegefestigkeit. Daher verbindet man oft Stahlstäbe und Stahlgeflecht mit Beton zu **Stahlbeton.** Dadurch erreicht man eine hohe Belastbarkeit.

1 Der Bau solcher Staudämme ist ohne Beton nicht möglich.

2 Nutzung von Beton beim Eigenheimbau: mit Beton ausgegossene Schalung für ein Fundament.

gewusst · gekonnt

1. Ergänze dein Glossar:

Glossar

Abbinden
Beton
Kalk
Kalkbrennen
Kalklöschen
Kalkmörtel
Wasserhärte

2. Notiere fünf Kohlenstoffverbindungen mit Namen und Formeln.

3. Brausetabletten enthalten neben anderen Bestandteilen Natriumhydrogencarbonat und Citronensäure. Erkläre, warum es bei Zugabe von Wasser zur Gasentwicklung kommt.

4. Benutzt man Regenwasser zum Waschen der Wäsche, benötigt man weniger Waschmittel. Entspricht diese Aussage der Wahrheit? Begründe deine Entscheidung.

5. Informiere dich beim zuständigen Wasserwerk deines Heimatortes über die Härte des örtlichen Trinkwassers.
Leite Schlussfolgerungen für die Dosierung von Waschmitteln ab.

6. S Ermittle mithilfe von Teststäbchen die Wasserhärte von Leitungswasser. Erhitze das Wasser bis zum Sieden. Bestimme nach dem Abkühlen erneut die Wasserhärte. Erkläre deine Beobachtungen.

7. Die Bodenfruchtbarkeit hängt u. a. vom Kalkgehalt des Bodens ab. Daher ist es wichtig, diesen Wert zu bestimmen.
   a) Beschreibe, durch welchen Test man den Kalkgehalt einer Bodenprobe abschätzen kann.
   b) Gib an, welche Eigenschaften der Carbonate bei diesem Test ausgenutzt werden, und belege deine Aussage mit der entsprechenden Reaktionsgleichung.

8. S Mithilfe von Badreinigern lassen sich Kalkflecken an Armaturen leicht entfernen.
Teste den pH-Wert der Reiniger und erläutere ihre Wirkungsweise. Führe dazu Protokoll.

9. Erläutere, wie Tropfsteinhöhlen entstehen.

10. Wenn sich ein Flusskrebs häutet, ist der Panzer zunächst weich („Butterkrebs"). Er muss erst aushärten. Dazu wird Kalk in den Panzer eingelagert.
In kalkreichem, hartem Wasser kann man nach der Häutung ausgewürgte Magensteine (sie bestehen aus Calciumcarbonat) finden, in saurem, kalkarmem Wasser werden diese Magensteine nicht abgegeben.
Vermute, welche Funktion die Magensteine haben könnten.

11. Das folgende Schema kennzeichnet einen technisch bedingten Kreislauf. Erläutere das Schema.

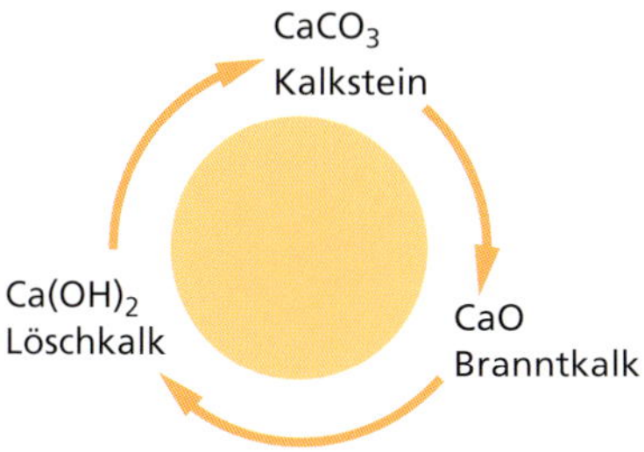

12. S Vergleiche Kalk- und Zementmörtel. Gib an, wie du deine Aussagen experimentell belegen könntest.

13. S Erhitze Calciumcarbonat. Versetze eine weitere Probe Calciumcarbonat mit verdünnter Säure. Was passiert?
Stelle einen Plan auf und lasse ihn vom Lehrer bestätigen.
Führe beim Experimentieren Protokoll.

14. S
a) Untersuche experimentell das Verhalten von Natron (Natriumhydrogencarbonat) beim Erhitzen und bei Zugabe von verdünnter Säure. Nutze den Plan aus Aufgabe 12.
b) Natron wird manchmal als Hausmittel bei Sodbrennen empfohlen. Bewerte diesen Rat unter Nutzung deiner Ergebnisse aus dem Experiment.
c) Zum Kuchenbacken verwendet man als Treibmittel Backpulver (enthält Natron). Beim Backprozess „geht“ der Teig. Worauf ist die Volumenvergrößerung zurückzuführen? Stelle eine Vermutung auf.

15. Bei hartem Wasser setzt sich in Heizkesseln und Wasserkochern schnell Kesselstein (Calciumcarbonat u. a. Salze) ab.
Dieser Kesselstein leitet die Wärme schlecht und verursacht deshalb einen höheren Energieverbrauch.
Wie lassen sich die Ablagerungen beseitigen? Erläutere deinen Vorschlag.

16. * Betrachte die Abbildung. Was wird passieren, wenn der Zitronensaft in das Reaktionsgefäß getropft wird?

17. Beton ist ein vielseitiger Baustoff. Dokumentiere die Einsatzmöglichkeiten durch entsprechende Fotos. Gestalte eine Präsentation.

18. S Die Kreidefelsen auf Rügen bestehen aus einem besonderen Kalkstein. In der Schule verwendet man Kreide, um an der Tafel zu schreiben.
Untersuche, ob es sich dabei wirklich um Calciumcarbonat handelt.

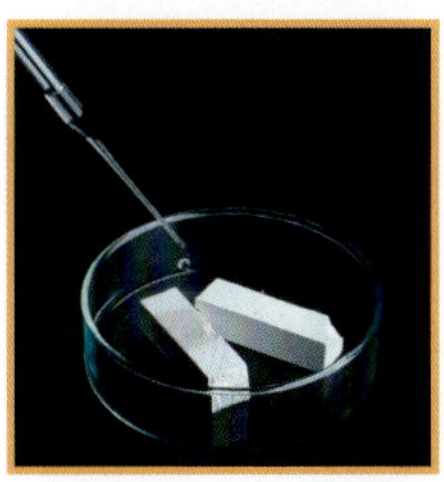

Salze – Gegensätze ziehen sich an

Salze sind Ionensubstanzen, die aus positiv geladenen Ionen (oft Metall-Ionen) und negativ geladenen Ionen (Säurerest-Ionen) zusammengesetzt sind.

Salzbildungsreaktionen

Baselösung + Säurelösung	$\longrightarrow$	Salz (gelöst) + Wasser
Metalloxid + Säurelösung	$\longrightarrow$	Salz (gelöst) + Wasser
unedles Metall + Säurelösung	$\longrightarrow$	Salz (gelöst) + Wasserstoff
unedles Metall + Nichtmetall	$\longrightarrow$	Salz

Elektrolyse

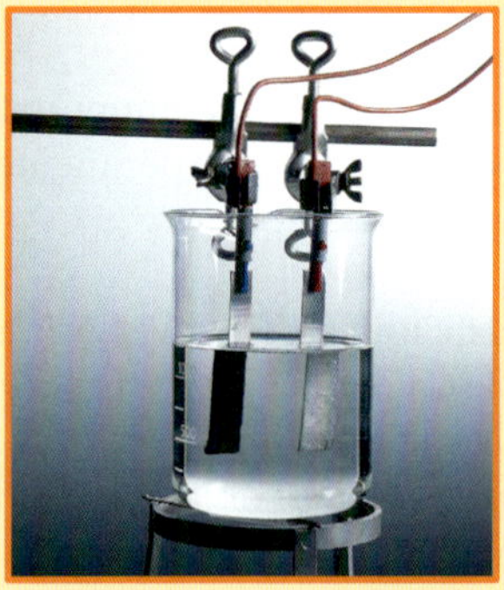

Die Elektrolyse ist eine elektrochemische Reaktion, bei der Stoffe durch Zufuhr elektrischer Energie zersetzt werden. Es handelt sich um eine spezielle Art der Redoxreaktion.

Carbonate – Salze der Kohlensäure

Carbonate sind Salze der Kohlensäure. Sie enthalten als Säurerest-Ionen Carbonat-Ionen (CO_3^{2-}).

Besondere Bedeutung hat Calciumcarbonat $CaCO_3$ als Baustoff.

Kalkbrennen	$CaCO_3$	$\longrightarrow$	$CaO + CO_2$
Kalklöschen	$CaO + H_2O$	$\longrightarrow$	$Ca(OH)_2$
Abbinden	$Ca(OH)_2 + CO_2$	$\longrightarrow$	$CaCO_3 + H_2O$

2.3 Wahlbereich: Vom Ammoniak zum Düngemittel

Ein historisches Experiment
Anfang des 17. Jh. pflegte JOHAN BAPTISTA VAN HELMONT fünf Jahre lang eine Weide. Nach Abschluss des Experiments war die Weide 74,5 kg schwerer geworden, die Masse der Erde hatte um 57 g abgenommen.
Wie lassen sich die Ergebnisse interpretieren?

Kranke Zimmerpflanzen
Manchmal weisen Zimmerpflanzen Blattschäden auf und entwickeln sich nicht richtig. Offensichtlich fehlt der Pflanze etwas. Stimmt der Standort, könnte beispielsweise Kaliummangel eine Ursache sein.
Wer hat die theoretische Grundlage für die Mineraldüngung gelegt?

Engpass Stickstoff
Der größte Teil der Luft besteht aus Stickstoff. Pflanzen können ihn aber nicht direkt verwerten. Ihren Stickstoffbedarf decken sie über stickstoffhaltige Ionen im Boden.
Welche Konsequenzen ergeben sich daraus für die Landwirtschaft?

Auch Pflanzen haben Hunger

Pflanzen benötigen für Wachstum und Entwicklung **Makroelemente** (C, O, H, N, S, P, K, Ca, Fe, Mg) in größeren Mengen und **Mikroelemente** (Mn, Cu, Mo, B, Zn) nur in Spuren. Kohlenstoff, Wasserstoff und Sauerstoff sind elementare Bestandteile von Kohlenstoffdioxid und Wasser. Alle anderen elementaren Bestandteile müssen die Pflanzen in Form von **Nährsalz-Ionen** über ihre Wurzeln aus dem Boden aufnehmen.

Fehlen diese Nährsalz-Ionen, kommt es zu Mangelerscheinungen. So bildet eine Pflanze mit Stickstoffmangel nur dünne Sprossachsen und wenig Blätter aus, die noch dazu eine blasse Farbe aufweisen.

Bei Magnesiummangel kommt es zu Chlorophyllschäden und bei Phosphormangel ist u. a. die Anzahl der Blüten geringer.

Nährsalz-Ionen, die dem Boden durch das Ernten der Pflanzen entzogen werden, müssen ihm durch Düngung wieder zugeführt werden. Auf diesen Zusammenhang machte Justus von Liebig (1803–1873) aufmerksam. Er empfahl die Düngung mit anorganischen Mineralsalzen. Mithilfe seiner Düngerversuche stellte er fest, dass jedoch nicht alle Mineralsalze gleich gut geeignet sind und schwer lösliche Salze kaum eine Wirkung auf das Wachstum der Pflanzen zeigen.

Besonders bedeutsam ist das von Liebig formulierte Gesetz vom Minimum.

Das Gesetz vom Minimum besagt, dass stets der im Boden am wenigsten vorhandene pflanzliche Nährstoff die Höhe des Ernteertrages bestimmt.

Diese Tatsache veranschaulichte er durch ein Fass mit unterschiedlich hohen Dauben. Genauso wie Wasser in diesem Fass nur bis zur Höhe der kürzesten Daube ansteigen kann, muss beim Düngen auf die richtige Menge und Zusammensetzung der Nährsalze geachtet werden.

Aufgabe

Interpretiere die Zeichnung von der „Minimumtonne".

S Experiment

Prüfe es selbst

Aufgabe:
Überprüfe die Wirkung von verschiedenen Mineraldüngern auf Pflanzen.

Vorbereitung:
Geräte und Chemikalien: Petrischalen, Watte oder Nullerde, Kressesamen, verschiedene Mineraldünger

Durchführung:
1. Säe in mehreren Petrischalen Kressesamen auf feuchter Watte bzw. Nullerde aus. Lass sie an einem warmen, hellen Standort keimen.
2. Befeuchte die Watte bzw. die Nullerde (s. Abb.) in einem Gefäß nur mit destilliertem Wasser, in den anderen Gefäßen jeweils mit unterschiedlichen Düngelösungen.

Beobachtung und Auswertung:
Notiere deine Beobachtungen und erkläre sie.

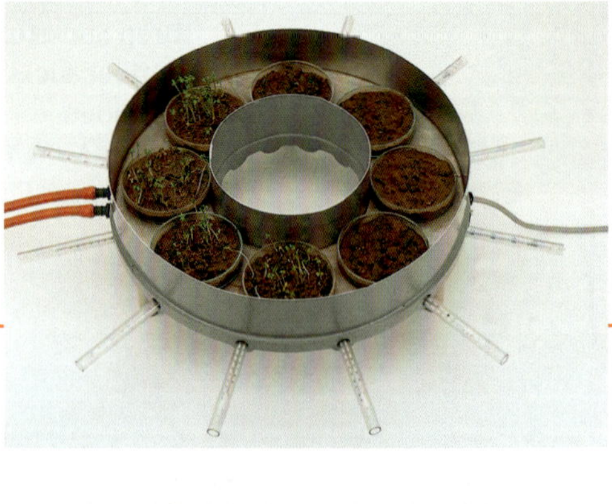

Thema

Kreislauf des Stickstoffs

1 Lupinen können aufgrund der Symbiose mit Knöllchenbakterien auf stickstoffarmen Böden wachsen.

Stickstoff ist zwar in der Atmosphäre in großen Mengen vorhanden, die wenigsten Lebewesen können jedoch den Luftstickstoff direkt verwerten. Schmetterlingsblütengewächse (Leguminosen) leben in Symbiose mit Knöllchenbakterien. Die Bakterien wandeln den Luftstickstoff direkt in den Wurzeln der Pflanzen in stickstoffhaltige Salze um, sodass die Pflanzen diese Ionen nicht mehr aus dem Boden aufnehmen müssen.

Bei Gewittern kommt es durch die Energie der elektrischen Entladungen zur Bildung von Stickstoffoxiden. Da in der Luft stets Wasserdampf enthalten ist, können die Oxide mit diesem Wasser reagieren, sodass salpetrige Säure oder Salpetersäure entstehen. Gelangen Niederschläge mit Spuren von Salpetersäure in den Erdboden, bilden sich die Salze der Salpetersäure, die Nitrate. Nitrate und Nitrite entstehen jedoch im Boden vor allem durch die Bodenbakterien, z. B. durch den Abbau toter organischer (eiweißhaltiger) Substanz. Die Eiweiße werden dabei zunächst in Ammoniumverbindungen und danach in Nitrite und Nitrate umgewandelt. Dabei kann Ammoniak freigesetzt werden. Nitrate werden in gelöster Form von den Pflanzen besonders gut aufgenommen und u. a. zum Aufbau von Eiweißen verwertet. Ein geringerer Teil der Nitrate wird weiter zu molekularem Stickstoff abgebaut (Denitrifikation), der in die Atmosphäre gelangt.

... und mehr

Informiere dich auch unter: *stickstoffbindende Bakterien, Justus Freiherr von Liebig, Mineralsalze als wichtige Nährstoffe der Pflanzen*

Mosaik

Die Väter der technischen Ammoniaksynthese

CARL BOSCH

Geboren am 27.8.1874 in Köln, gestorben am 26.4.1940 in Heidelberg. Von CARL BOSCH wurde die technisch-konstruktive Lösung der Ammoniaksynthese erarbeitet. Er leitete in der Badischen Anilin- und Sodafabrik Ludwigshafen die großtechnische Umsetzung der Arbeiten von FRITZ HABER. BOSCH erhielt 1931 den Nobelpreis für Chemie.

FRITZ HABER

Geboren am 9.12.1868 in Breslau, gestorben am 29.1.1934 in Basel. FRITZ HABER hat 1908 die chemischen und physikalischen Grundlagen zur Erzeugung von Ammoniak aus Wasserstoff und Stickstoff gefunden. Obwohl er das Verfahren für die Produktion von Schieß- und Sprengstoffen entwickelte, schuf er damit die Voraussetzung für die großtechnische Düngemittelproduktion. 1919 bekam er für diese Leistung den Nobelpreis für Chemie.

ALWIN MITTASCH

Geboren am 27. 12. 1869 in Großdehsa (bei Löbau), gestorben am 4. 6. 1953 in Heidelberg. Ab 1907 arbeitete ALWIN MITTASCH unter Bosch an der Konstruktion und Erprobung der großtechnischen Anlagen zur Ammoniaksynthese. Mittasch fand nach intensiven Forschungen einen geeigneten Katalysator für die Synthese, den billigeren Eisenoxid-Mischkatalysator.

Ammoniak – ein Kapitel deutscher Geschichte

Stickstoffhaltige Düngemittel sind nötig, um eine ertragreiche Ernte zu realisieren. Zu Beginn des 20. Jh. wurde die Versorgung mit natürlichen mineralischen Düngemitteln (z. B. Chilesalpeter) zu einem Problem. Lange Zeit war die Herstellung von künstlichen Stickstoffdüngemitteln mit großen Schwierigkeiten verbunden.
Heute ist Ammoniak ein wichtiges Synthesegas für die technische Herstellung von Düngemitteln. Allerdings war eine großtechnische Produktion von Ammoniak aus den Elementen lange nicht möglich.
Die Vorarbeit für ein technisch realisierbares Verfahren wurde von FRITZ HABER (1868–1934) geleistet. CARL BOSCH (1874–1940) entwickelte das Verfahren bis zur großtechnischen Umsetzung weiter. Nach diesen beiden Wissenschaftlern bezeichnet man die Art der technischen Ammoniaksynthese als Haber-Bosch-Verfahren.
Unter Leitung von ALWIN MITTASCH (1869–1953) wurde ein geeigneter Katalysator für die Synthese gefunden. 1913 nahm die erste Syntheseanlage die Produktion von Ammoniak mit einer Tagesleistung von 30 t Ammoniak auf. Die heutigen Hochdruckreaktoren können 50 t Ammoniak pro Stunde produzieren.

1. Gewinnung der Ausgangsstoffe

Der Wasserstoff wird durch Dampfspaltung aus Wasser und Erdgas gewonnen. Gleichzeitig ist Erdgas der Energielieferant für diesen Prozess. Der nötige Stickstoff stammt aus der Luft.

$$CH_4 + H_2O \longrightarrow CO + 3\,H_2$$

Überschüssiges Methan wird mit Luft umgesetzt.

$$2\,CH_4 + \underbrace{O_2 + 4\,N_2}_{\text{Luft}} \longrightarrow 2\,CO + 4\,H_2 + 4\,N_2$$

Das gebildete Kohlenstoffmonooxid reagiert mit Wasser zu Wasserstoff und Kohlenstoffdioxid.

$$CO + H_2O \longrightarrow H_2\uparrow + CO_2$$

2. Synthese im Kontaktofen

Das Gemisch aus Wasserstoff und Stickstoff wird im Kontaktofen über einen erhitzten Katalysator geleitet. Es erfolgt die eigentliche Ammoniaksynthese.

$$N_2 + 3\,H_2 \rightleftharpoons 2NH_3 \qquad Q = -92\ kJ \cdot mol^{-1}$$

Reaktionsbedingungen:
Temperatur: 450 °C - 500 °C
Druck: 20 MPa - 30 MPa
Katalysator: eisenoxidhaltiger Mischkatalysator
Arbeitsprinzipien:
- Wärmeaustausch durch Gegenstrom
- Kreislaufprinzip

Bei diesen Reaktionsbedingungen erreicht man eine Ausbeute von nur 17 bis 19 % Ammoniak. Der Stoffumsatz der Ausgangsstoffe erfolgt unvollständig. Das gebildete Ammoniak zerfällt z. T. wieder in die Ausgangsstoffe.
Die Prozessführung erfolgt bei relativ hohen Temperaturen von 450 °C bis 500 °C, um die volle Wirksamkeit des Katalysators zu ermöglichen. Durch den hohen Druck wird der Zerfall des gebildeten Ammoniaks vermindert.

STECKBRIEF: Ammoniak NH_3

Eigenschaften:
farbloses, stechend riechendes Gas, giftig, reizt die Schleimhäute, in Wasser löslich (518 l je 1 l Wasser bei 20 °C), kann schon bei 8–9 bar verflüssigt werden

Dichte:	0,77 g · l^{-1} (bei 25 °C)
Schmelztemperatur:	–78 °C
Siedetemperatur:	–33 °C

Bau:

Kalottenmodell

Strukturformel

H–N̄–H
|
H

Ammoniak als Ausgangsstoff

- Harnstoff
- Kunststoffe
- Ammoniumsalze
- Salpetersäure

Schema der Ammoniaksynthese (Haber-Bosch-Verfahren)

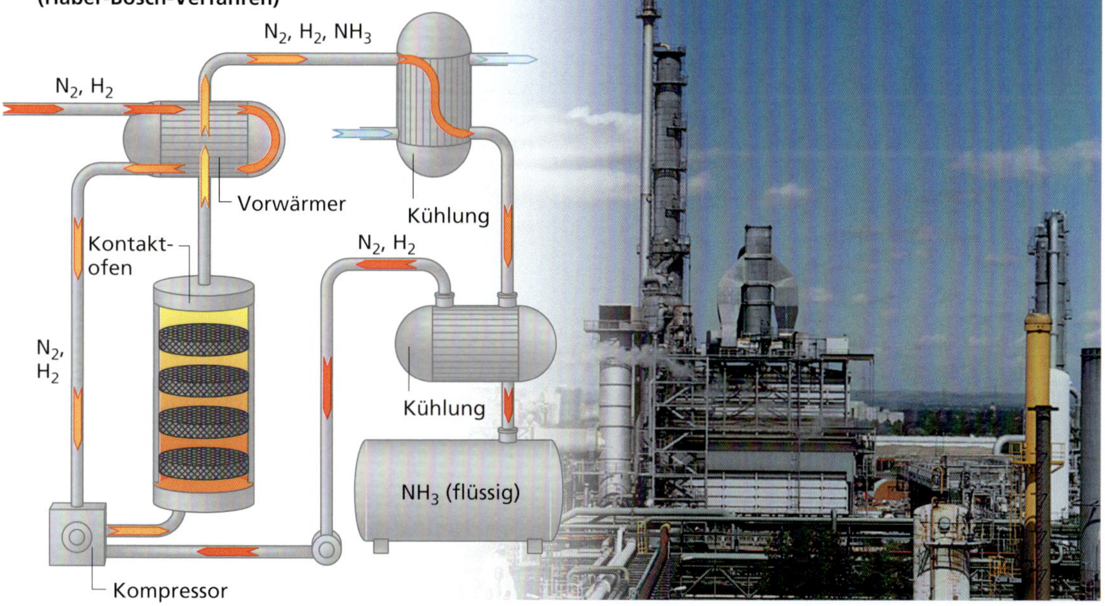

Ammoniumsalze

Ammoniak oder Ammoniaklösung können mit verdünnten Säuren oder auch mit Chlorwasserstoff reagieren. Dabei entstehen Ammoniumsalze (s. Tab.), die u. a. als Düngemittel dienen.
Bei der Reaktion von Ammoniak und Chlorwasserstoff bildet sich ein weißer Rauch aus Ammoniumchlorid (s. Abb. 1).
Diese Reaktion gilt als Nachweis von Ammoniak und Chlorwasserstoff.

$$NH_3 + HCl \longrightarrow NH_4Cl\downarrow$$

Chemische Reaktionen der Ammoniumsalze

1. Ammoniumsalze zerfallen in Wasser in Ammonium-Ionen und Säurerest-Ionen.

   $$NH_4Cl \longrightarrow NH_4^+ + Cl^-$$

   Dies spielt beim Einsatz von Ammoniumsalzen als Düngemittel eine Rolle, da die Pflanzen Nährsalze gelöst in Wasser aufnehmen.

2. Ammoniumsalze werden beim Erhitzen zersetzt.

   $$NH_4Cl \longrightarrow NH_3 + HCl$$

3. Bei Zugabe von 10%iger Natriumhydroxidlösung zu einer festen Stoffprobe eines Ammoniumsalzes wird das Salz zersetzt. Es entsteht Ammoniak. Dieses ist am stechenden Geruch erkennbar.

   $$NH_4Cl + Na^+ + OH^- \longrightarrow NH_3\uparrow + H_2O + Na^+ + Cl^-$$

   Angefeuchtetes Indikatorpapier färbt sich durch die aus der Reaktion von Ammoniak mit Wasser entstehenden Hydroxid-Ionen blau.

   $$NH_3 + H_2O \longrightarrow NH_4^+ + OH^-$$

   Sowohl der charakteristische Geruch als auch die Blaufärbung von Unitest gelten als **Nachweis der Ammonium-Ionen.**

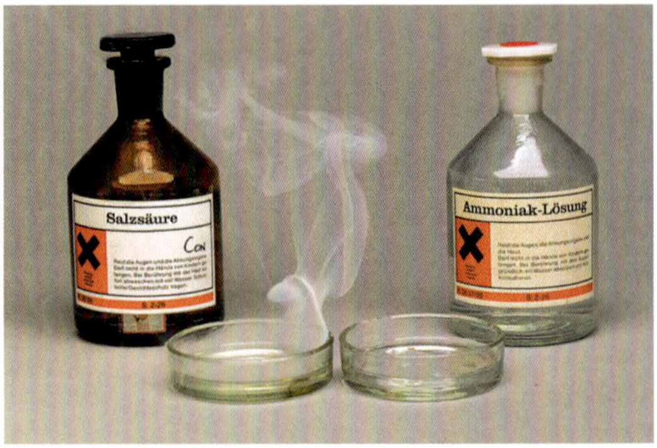

1 Ammoniak und Chlorwasserstoff (aufsteigende Gase) reagieren zu Ammoniumchlorid.

Verwendung von Ammoniumsalzen	
Ammonium-nitrat NH_4NO_3	Stickstoffdüngemittel, Sicherheitssprengstoff, Herstellung von Kältemischungen und Lachgas (N_2O)
Ammonium-chlorid NH_4Cl	Stickstoffdüngemittel, Herstellung von Kältemischungen, Lötstein
Ammonium-carbonat $(NH_4)_2CO_3$	Beize beim Textilfärben, Herstellung von Feuerlöschern
Ammonium-hydrogen-carbonat NH_4HCO_3	Zwischenprodukt bei der Soda-herstellung Bestandteil von Hirschhornsalz (Backtriebmittel)
Ammonium-sulfat $(NH_4)_2SO_4$	Stickstoffdüngemittel, Flammschutzmittel, Bestandteil in Kältemischungen
Ammonium-phosphat $(NH_4)_3PO_4$	Stickstoffdüngemittel, Flammschutzmittel

Aufgaben

1. Beschreibe, wie du herausfinden kannst, ob ein Düngemittel Ammonium-Ionen enthält.
2. ✱ Notiere die Ionengleichung für den Löseprozess von drei Ammoniumsalzen in Wasser.

Ammoniumnitrat – das Supersalz?

Salpetersäure

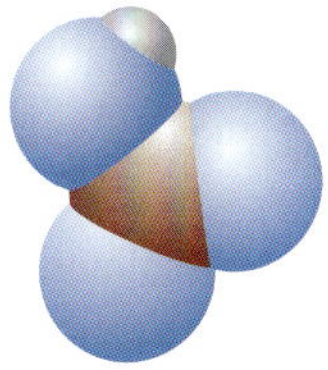

Salpetersäure (HNO_3) gehört zu den wichtigsten Säuren der chemischen Industrie. Der Name der Salpetersäure leitet sich von den natürlich vorkommenden Salzen wie Kalisalpeter oder Chilesalpeter ab. Aus ihnen wurde früher Salpetersäure hergestellt. Der größte Anteil (ca. 80 %) der hergestellten Salpetersäure wird heute als Ausgangsstoff für die Düngemittelproduktion genutzt.

Das wichtigste großtechnische Verfahren zur Herstellung von Salpetersäure beruht auf der katalytischen Oxidation von Ammoniak an erhitztem Platin ①.
Dabei wird bevorzugt Stickstoffmonooxid gebildet, das dann weiter zu Stickstoffdioxid ② und Salpetersäure ③ reagiert.
Die Reaktion wurde im Jahre 1901 von WILHELM OSTWALD (1853–1932) untersucht und schon 1908 produzierte die erste Anlage bei Bochum nach dem Ostwald-Verfahren (s. Abb. 1) drei Tonnen Salpetersäure pro Tag. Nach diesem Verfahren erfolgt die Gewinnung von Salpetersäure in drei Teilschritten.

STECKBRIEF: Salpetersäure HNO_3

Rauchende Salpetersäure (98 %)
Eigenschaften:
farblose, an feuchter Luft rauchende Flüssigkeit, zerfällt unter Lichteinwirkung (Freisetzung von NO_2)
starkes Oxidationsmittel,
reagiert mit Kupfer und Silber, Xanthoproteinreaktion mit Eiweißen
Dichte: 1,5 $g \cdot cm^{-3}$
Schmelztemperatur: –47 °C
Siedetemperatur: 86 °C

Verdünnte Salpetersäure
Eigenschaften:
farblose, stark ätzende Flüssigkeit, färbt Indikatoren charakteristisch, Salzbildungsreaktionen mit unedlen Metallen, Metalloxiden und Hydroxiden
Dichte: abhängig von der Konzentration

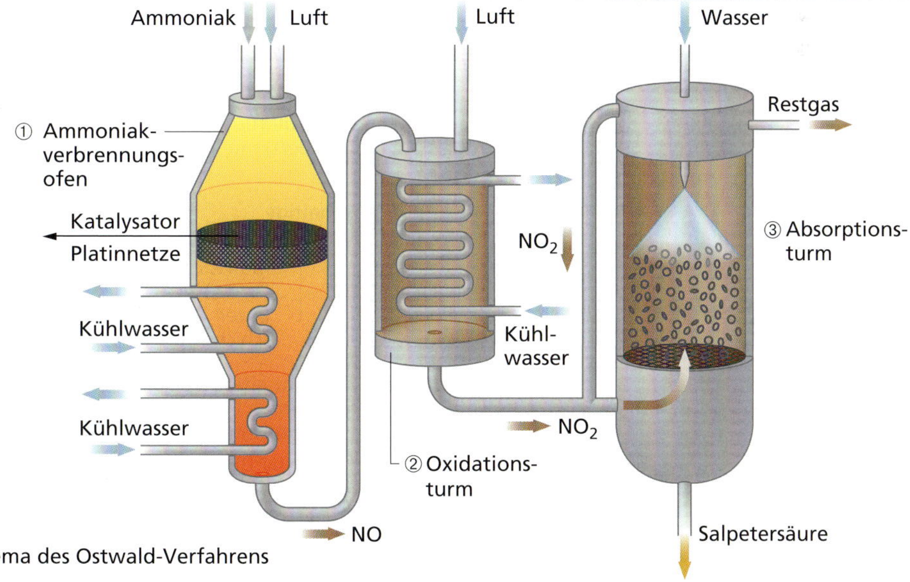

1 Schema des Ostwald-Verfahrens

Nitrate – Salze der Salpetersäure

Ammonium-Ionen können von den Pflanzen nicht direkt aufgenommen werden. Daher beeinflussen Ammoniumsalze die Stickstoffbilanz im Boden nur langsam. Nitrate wirken schneller.
Nitrate bilden sich bei der Reaktion von verdünnter Salpetersäure mit unedlen Metallen, Metalloxiden oder alkalischen Lösungen, u. a. auch bei der Reaktion mit Ammoniaklösung.

$$2\,Mg + 2\,H^+ + 2\,NO_3^- \longrightarrow Mg^{2+} + 2\,NO_3^- + H_2$$

$$ZnO + 2\,H^+ + 2\,NO_3^- \longrightarrow Zn^{2+} + 2\,NO_3^- + H_2O$$

$$NH_4^+ + OH^- + H^+ + NO_3^- \longrightarrow NH_4^+ + NO_3^- + H_2O$$

Nitrate werden thermisch zersetzt. Dabei wird Sauerstoff frei.

$$2\,KNO_3 \longrightarrow 2\,KNO_2 + O_2$$

Deshalb wirken die meisten Nitrate stark oxidierend. In der Nähe befindliche, leicht entzündliche Stoffe können in Brand geraten. Bei der Zündung von Feuerwerkskörpern spielt die thermische Zersetzung der Nitrate eine entscheidende Rolle (s. Tab.).

Verwendung einiger Nitrate

Nitrat	Verwendung
Ammonium-nitrat NH_4NO_3	Bestandteil eines Düngemittels (Kalkammonsalpeter), Bestandteil von Sprengstoffen
Natrium-nitrat $NaNO_3$	Düngemittel (Natronsalpeter), früher Ausgangsstoff der Salpetersäureproduktion, Bestandteil von Sprengstoffen
Kalium-nitrat KNO_3	Düngemittel (Kalisalpeter), Bestandteil von Schwarzpulver
Silbernitrat $AgNO_4$	Nachweismittel für Halogenid-Ionen

Nitrate sind sehr gut in Wasser löslich. In der Lösung liegen positiv geladene Ionen (Kationen) und negativ geladene Nitrat-Ionen NO_3^- vor.

$$NH_4NO_3 \longrightarrow NH_4^+ + NO_3^-$$

Daher besitzen sie gute Voraussetzungen, um von den Pflanzen über die Wurzeln aufgenommen zu werden.

Aufgrund der guten Löslichkeit von Nitraten kann man Nitrat-Ionen nicht durch Fällungsreaktionen nachweisen. Für den **qualitativen Nachweis** versetzt man eine Testlösung mit angesäuerter Eisen(II)-sulfatlösung und unterschichtet das Gemisch mit konzentrierter Schwefelsäure. Bei Anwesenheit von Nitrat-Ionen bildet sich an der Grenzfläche ein charakteristischer brauner Ring („Ringprobe" – s. Abb. 1).

Nitrate sind Salze der Salpetersäure. Viele dienen als stickstoffhaltige Düngemittel.

Aufgabe

Düngemittel, die Ammoniumnitrat enthalten, sind bei Stickstoffmangel im Boden besonders wirksam.
Erkläre diese Tatsache.

S Experiment

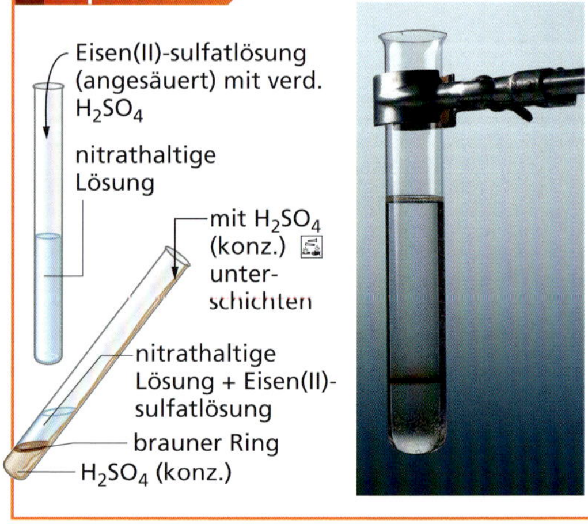

1 Nachweis für Nitrat-Ionen

Chemie im Kontext

Düngemittel und Wasserqualität

Überdüngung kann zur Verschlechterung der Wasserqualität führen, besonders dann, wenn es sich um stickstoff- und phosphorhaltige Düngemittel handelt. Oft wird in dem Zusammenhang von der Verminderung des Sauerstoffgehalts gesprochen.
Andererseits steigt durch den Düngereintrag das Wachstum der pflanzlichen Organismen. Diese wiederum geben Sauerstoff, der bei der Fotosynthese entsteht, an die Umgebung ab.
Erkläre, warum besonders phosphor- und stickstoffhaltige Einträge zu erhöhtem Pflanzenwachstum führen.
Stelle dar, warum ein erhöhtes Wachstum zu Sauerstoffmangel in dem Gewässer führen kann.

Stickstoff und Phosphor sind oft die Makroelemente, die in natürlichen Systemen nicht in ausreichendem Maße vorhanden sind und damit das Wachstum der Pflanzen begrenzen.
Nach dem Gesetz vom Minimum bestimmt der am wenigsten vorhandene Nährstoff das Wachstum der Pflanzen und Algen. Daher führt ein Eintrag an stickstoff- und phosphorhaltigen Mineralsalzen zu einem erhöhten Wachstum autotropher Organismen. Dabei vermehren sich die Algen besonders schnell. Schon diese Algenblüte führt zur Verschlechterung der Wasserqualität, denn die Sichttiefe in dem Gewässer nimmt ab.

Algen bilden die Nahrungsgrundlage für heterotrophe Organismen des Gewässers. Auch ihre Anzahl steigt durch das hohe Nahrungsangebot. Der Eintrag der Düngemittel führt demzufolge zur Erhöhung der Biomasse (Algen, Tiere).
Diese Biomasse sinkt, wenn sie abgestorben ist, zu Boden und wird von Mikroorganismen (Destruenten) abgebaut.
Normalerweise bilden diese unter Sauerstoffverbrauch aus dem organischen Material wieder anorganische Stoffe. Je mehr Biomasse anfällt, desto mehr Sauerstoff wird verbraucht.
Solange ein ständiger Austausch mit der Oberfläche erfolgt und der Sauerstoffvorrat ständig ergänzt werden kann, ist der Abbau auf diese Art und Weise möglich.
In tiefen Seen bilden sich jedoch Schichten heraus. Ursache dafür ist die Dichteanomalie des Wassers. Das Wasser am Gewässergrund kann sich nicht mehr mit dem Oberflächenwasser vermischen. Dadurch gelangt kein Sauerstoff mehr in die untere Wasserschicht (Abb.).
Fällt nun eine große Menge an abgestorbener organischer Substanz an, ist der Vorrat an Sauerstoff in der Tiefe bald aufgebraucht. Da dort infolge des Lichtmangels auch keine Fotosynthese stattfindet und kein Sauerstoff abgegeben werden kann, herrscht in dieser Schicht wirklich Sauerstoffmangel.
Unter Sauerstoffmangel wirken andere, sogenannte anaerobe Bakterien, am Abbau mit. Faulschlamm entsteht. Am Gewässergrund bilden sich giftige Stoffe wie Ammoniak, Schwefelwasserstoff und Methan. Durch Diffusion gelangen sie auch in obere Wasserschichten. Nimmt ihre Menge zu, kann sich die Wasserqualität so stark verschlechtern, dass die Organismen im Gewässer geschädigt werden oder das Gewässer „umkippt“ (keine Selbstreinigung mehr möglich ist).

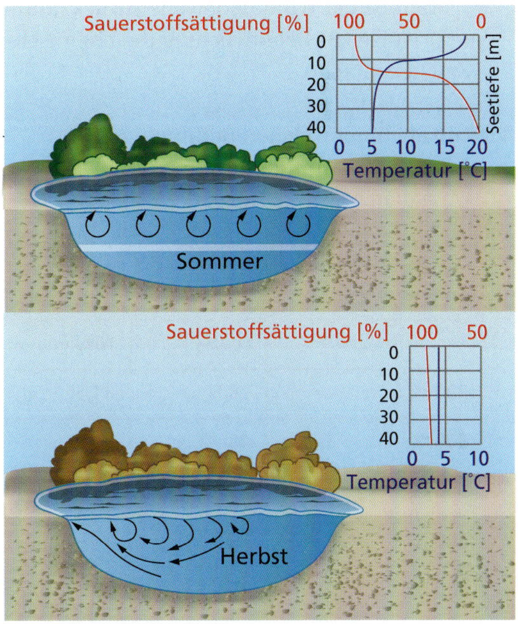

gewusst · gekonnt

1. Vervollständige dein Glossar.

Glossar

Ammoniaksynthese
Ammoniumsalze
Gesetz vom Minimum
Makroelemente
Mikroelemente
Nitrate
Stickstoff-Kreislauf

2. Vergleiche den Bau des Ammoniakmoleküls mit dem des Ammonium-Ions.

Ammoniak 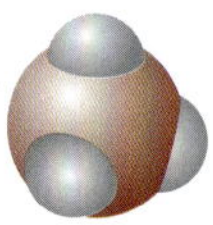 Ammonium-Ion 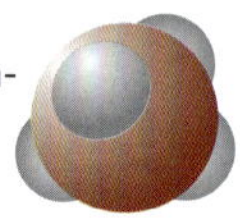

3. Beschreibe die Wirkung von Ammoniaklösung und Chlorwasserstofflösung auf Universalindikatorlösung.
Worauf ist die Wirkung jeweils zurückzuführen? Nutze zur Beantwortung die chemische Zeichensprache.

4. Gib an, unter welchen Bedingungen die Ausbeute an Ammoniak am größten ist (Angaben in Vol%). Nutze die Tabelle:

5. Erläutere die technische Ammoniaksynthese. Warum liegt die Ausbeute nur bei 17 bis 19 %? Gib Gründe für die Wahl der Reaktionsbedingungen an.

6. Beschäftige dich mit der Biografie von FRITZ HABER. Diskutiere die Verantwortlichkeit von Wissenschaftlern.

7. Welches Volumen Ammoniak entsteht, wenn 2 m^3 Stickstoff mit Wasserstoff reagieren (die Ausbeute liegt bei 19 %)?

8. Gib die Namen und Formeln für vier Ammoniumsalze an. Stelle gemeinsame Eigenschaften heraus.

9. Konzentrierte Salzsäure wird in die Nähe von konzentrierter Ammoniaklösung gebracht. Ein weißer Rauch entsteht.
Erläutere, wie dieser Rauch zustande kommt, und gib die Wort- und Reaktionsgleichung für die ablaufende chemische Reaktion an.

10. Erhitze Hirschhornsalz und überprüfe das aufsteigende Gas mit angefeuchteten Unitestpapier. Werte das Experiment aus.

11. Nenne mögliche Ausgangsstoffe für die Bildung folgender Salze und notiere jeweils eine entsprechende Reaktionsgleichung.
a) Ammoniumsulfat,
b) Ammoniumphosphat,
c) Ammoniumnitrat

Druck / Temperatur	100 bar		300 bar		600 bar	
	N_2/H_2	NH_3	N_2/H_2	NH_3	N_2/H_2	NH_3
200 °C	18,5	81,5	10	90	5	95
300 °C	48	52	29	71	16	84
400 °C	75	25	52	47	35	65
500 °C	89	11	73	27	58	42
600 °C	95	5	86	14	77	23

12. Ein Juwelier prüft Schmuckgegenstände, indem er diese mit Scheidewasser (konzentrierte Salpetersäure) benetzt.
Worauf kann der Juwelier durch seine Beobachtungen schließen?

13. Vergleiche die Reaktionen der konzentrierten und der verdünnten Salpetersäure mit Metallen.

14. S In einem Reagenzglas wird eine kleine Probe Kaliumnitrat erhitzt und mit einem glimmenden Holzspan geprüft.
Beschreibe deine Beobachtungen. Erkläre das Phänomen und stelle eine Reaktionsgleichung auf.

15. Erkläre, wie es bei Gewittern zur Bildung von Salpetersäure kommen kann.

16. Man kann manchmal die Meinung hören, dass Pflanzen nach einem Gewitter besonders gut wachsen. Besteht da wirklich ein Zusammenhang? Bewerte die Aussage.

17. Ammoniumnitrat wird am einfachsten durch Einleiten von Ammoniak in ca. 40%ige Salpetersäure hergestellt.
Stelle für diese Reaktion die chemische Gleichung auf. Erläutere diese Reaktion anhand von Teilgleichungen.

18. Silbernitratlösung ist als Nachweisreagenz für Halogenid-Ionen bekannt. Beschreibe diesen Nachweis. Entwickle und interpretiere die chemische Gleichung in Ionenschreibweise.

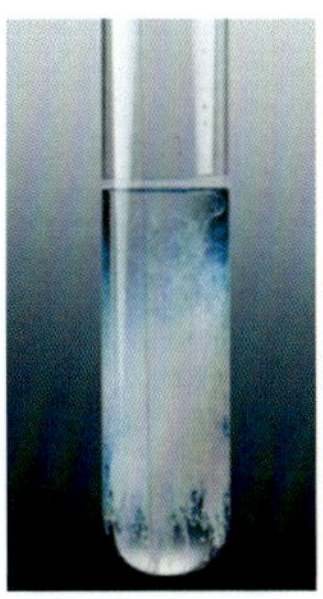

19. Informiere dich darüber, welche organischen Stoffe das Element Stickstoff enthalten. Ermittle einige Formelbeispiele.

20. Bereite einen Vortrag zum Stickstoffkreislauf in der Natur und unter Einfluss des Menschen vor. Diskutiere in diesem Zusammenhang den Einsatz mineralischer Düngemittel in der Landwirtschaft.

21. a) Stelle einige Stickstoffdünger zusammen. Welche stickstoffhaltigen Ionen sind in ihnen vorhanden?
b) S Untersuche Kalkammonsalpeter. Weise Ammonium-Ionen und Nitrat-Ionen nach. Erarbeite einen Plan für das Vorgehen. Erläutere die Nachweisreaktionen.

22. Erläutere, wie Nitrate in Gewässer gelangen und welche Folgen sich ergeben können.

23. Erläutere das folgende Schema und entwickle die Reaktionsgleichungen.

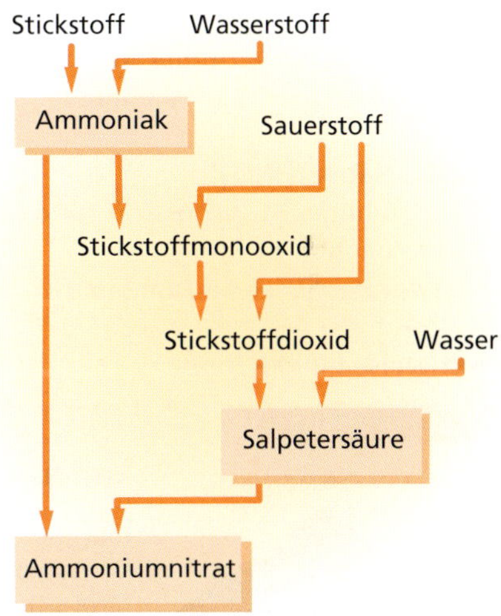

24. Häufig wird die Gründüngung zur Erhöhung der Bodenfruchtbarkeit angewendet. Dafür sät man z. B. Wicken aus. Die Pflanzen werden zu diesem Zweck nicht geerntet, sondern untergepflügt.
Erläutere, welchen Nutzen diese Verfahrensweise hat.

Düngemittel

Düngung

Die Nährsalz-Ionen, die dem Boden durch landwirtschaftliche Nutzung entzogen werden, müssen durch Düngung wieder zugeführt werden. Dazu nutzt man u. a. mineralische Dünger.

Das **Gesetz vom Minimum** besagt, dass stets der am wenigsten vorhandene Nährstoff die Höhe des Ernteertrags bestimmt.

Verbindungen des Stickstoffs

Ammoniak (NH_3)

Ist ein farbloses, stechend riechendes und giftiges Gas. Ammoniak und Wasser reagieren in einer chemischen Reaktion zu einfach positiv geladenen Ammonium-Ionen (NH_4^+) und einfach negativ geladenen Hydroxid-Ionen (OH^-).

$$NH_3 + H_2O \longrightarrow NH_4^+ + OH^-$$

Ammoniak wird nach dem Haber-Bosch-Verfahren aus Stickstoff und Wasserstoff gewonnen.

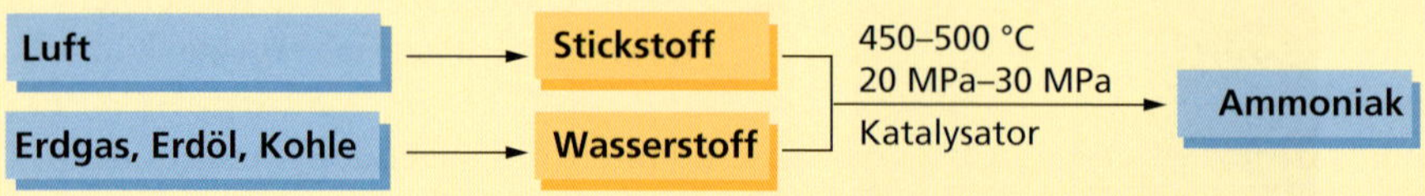

$$N_2 + 3\,H_2 \rightleftharpoons 2NH_3$$

Ammoniak ist ein wichtiger Ausgangsstoff für die Produktion von Ammoniumsalzen (z. B. Ammoniumchlorid NH_4Cl). Viele Ammoniumsalze dienen als Düngemittel.

Salpetersäure (HNO_3)

ist ein wichtiger Ausgangsstoff für die Produktion von stickstoffhaltigen Salzen, den Nitraten (z. B. Kaliumnitrat – KNO_3).
Viele Nitrate dienen als Düngemittel.

Nachweise einiger Ionen

S Experiment

NH_4^+-Nachweis

feuchtes Unitestpapier färbt sich blau

Ammoniumsalz mit Natriumhydroxidlösung versetzt

S Experiment

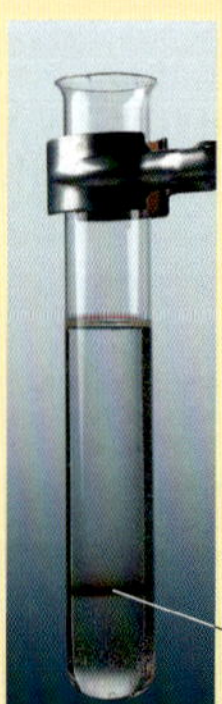

NO_3^--Nachweis

① auf NO_3^- zu prüfende Substanz, gelöst in verdünnter Schwefelsäure

② frisch bereitete Eisen(II)-sulfatlösung

③ „Unterschichten" mit konz. Schwefelsäure

brauner Ring (Ringprobe)

Wahlbereich: Katalysatoren – Unwahrscheinliches wird möglich

Katalysatoren und ihre Wirkung

Heute wissen wir, wie Katalysatoren wirken. Sie verändern die Geschwindigkeit, mit der chemische Reaktionen ablaufen. Durch die Ausbildung von reaktiven Zwischenprodukten wird die Aktivierungsenergie herabgesetzt. Nach der chemischen Reaktion liegen die Katalysatoren unverändert vor. Dabei wirken die Katalysatoren selektiv, das bedeutet, bestimmte Stoffe katalysieren immer nur bestimmte chemische Reaktionen.
Wichtige Erkenntnisse verdanken wir JÖNS JACOB BERZELIUS (1779 - 1848). Er stellte 1835 fest, dass manche chemische Reaktionen nur in Anwesenheit von ganz bestimmten Stoffen ablaufen bzw. sonst sehr langsam verlaufen. Er beobachtete auch, dass diese Stoffe nicht verbraucht werden.

1. *Erarbeite einen Vortrag über das Leben von JÖNS JACOB BERZELIUS. Gehe besonders auf seine wissenschaftlichen Leistungen ein.*

S Experiment 1

Aufgabe:
Untersuche die Wirkung von Pflanzenasche bei der Verbrennung von Zucker

Vorbereitung:
Geräte und Chemikalien: Glucose, Pflanzenasche, Abdampfschale, Brenner

Durchführung:
a) Versuche eine Probe Glucose mit der Brennerflamme zu entzünden.
b) Vermische eine weitere Glucoseprobe mit etwas Pflanzenasche und versuche erneut, dieses Gemisch zu entzünden.

Beobachtung und Auswertung:
Beschreibe deine Beobachtungen und erkläre sie.

S Experiment 2

Aufgabe:
Untersuche die Wirkung von Braunstein auf Wasserstoffperoxid.

Vorbereitung:
Geräte und Chemikalien: : 3 Bechergläser (50 ml), Messzylinder (25 ml), Pinzette, Fettstift, Braunsteintablette ☒, Wasserstoffperoxid (5 % – ☒)

Durchführung:
a) Nummeriere die drei Bechergläser und fülle je 15 ml Wasserstoffperoxid ein.
b) Gib anschließend eine Braunsteintablette mit der Pinzette in das Becherglas 2. Warte einige Minuten lang und beobachte die Reaktion in Becherglas 1 und 2.
c) Nimm mit einer Pinzette die Braunsteintablette wieder heraus, spüle sie unter dem Wasserhahn ab und betrachte sie. Tauche dieselbe Braunsteintablette in Becherglas 3. Nimm die Tablette nach einigen Minuten heraus, spüle sie ab und betrachte sie erneut.

Beobachtung und Auswertung:
Beschreibe deine Beobachtungen und erkläre sie.

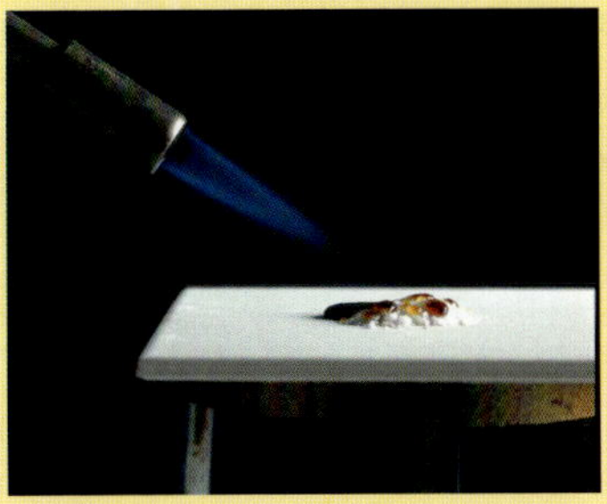

Reaktionen, auch wenn sie nach Aktivierung der Stoffe explosionsartig verlaufen, finden nicht generell statt. Ein Beispiel dafür ist die Reaktion von Wasserstoff und Sauerstoff.

Experiment 3

S Aufgabe 1:
Stelle Knallgas her und entzünde es.

Vorbereitung:
Geräte: Reagenzglas mit seitlichem Ansatz, Schlauchmaterial, Reagenzgläser, Reagenzglashalter, Stopfen, Span, Schutzbrille
Chemikalien: Zink, verdünnte Salzsäure (10 % –)

Durchführung:
a) Versetze Zinkstückchen mit verdünnter Salzsäure und fange das entstehende Gas durch Luftverdrängung auf.
Stelle die gefüllten Reagenzgläser in einen Reagenzglashalter
b) Öffne ein Gefäß und beoachte, was passiert.
c) Öffne ein weiteres Gefäß und halte sofort einen brennenden Span an die Öffnung.
d) Wiederhole Schritt b) und c) mit weiteren gefüllten Reagenzgläsern.

Beobachtung und Auswertung:
Beschreibe deine Beobachtungen. Erläutere, warum die Beobachtungen bei b) und c) verschieden sind, obwohl jeweils beide Ausgangsstoffe vorhanden sind.
Stelle die Reaktionsgleichung für die ablaufende Reaktion auf.

L Aufgabe 2:

Wasserstoff soll hergestellt werden. In den entstehenden Wasserstoffstrom wird ein Knäuel Platin auf Glaswolle gehalten. Es erfolgt keine zusätzliche Energiezufuhr.

Vermute, was passieren wird. Begründe deine Vermutung.
Beobachte dann das Lehrerexperiment und führe zu diesem Experiment Protokoll.
Stimmt das Ergebnis mit deiner Vermutung überein?
Vergleiche die Reaktionsbedingungen beim Lehrer- und Schülerexperiment. Welcher Aspekt der Wirkungsweise von Katalysatoren wird mit diesen Experimenten verdeutlicht? Erkläre.

2. *Fasse in Auswertung der Experimente 1 bis 3 die Wirkungsweise von Katalysatoren zusammen.*

Das im Lehrerexperiment beobachtete Prinzip der Beeinflussung der Reaktion von Sauerstoff und Wasserstoff wurde schon 1823 vom Jenaer Chemieprofessor JOHANN WOLFGANG DÖBEREINER (1780 – 1849) bei der Konstruktion seines Feuerzeugs genutzt.

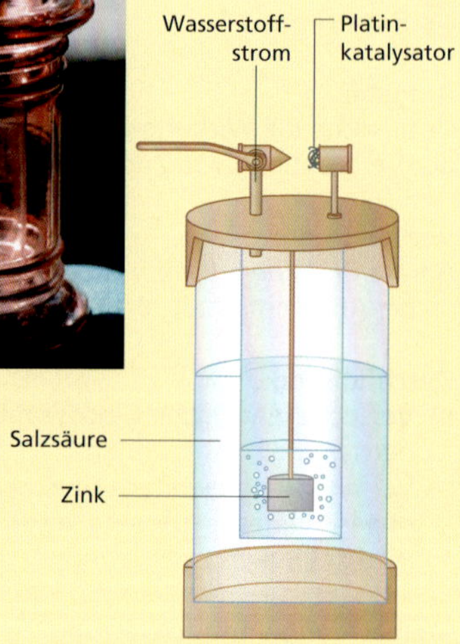

3. *Beschreibe das Funktionsprinzip dieses Feuerzeugs.*

4. *Erarbeite einen Vortrag über das Leben von DÖBEREINER. Gehe besonders auf seine wissenschaftlichen Leistungen ein.*

5. *Verdeutliche die Wirkung eines Katalysators mithilfe einer Zeichnung oder eines Comics.*

Enzyme als Biokatalysatoren

Bei Stoffwechselprozessen werden auch Stoffe gebildet, die die Organismen schädigen können (z. B. Wasserstoffperoxid). Diese müssen schnell abgebaut werden. Enzyme ermöglichen die Stoffwechselprozesse und somit auch den Abbau von Schadstoffen.

S Experiment 1

Aufgabe:
Untersuche den Einfluss von Kartoffelpresssaft auf den zeitlichen Verlauf der Zersetzung von Wasserstoffperoxid.

Vorbereitung:
Geräte: Reagenzgläser, Holzspan, Brenner, Schutzbrille, Spatel
Chemikalien: Kartoffelpresssaft, Wasserstoffperoxidlösung (5%ig ☒)

Durchführung:
a) Gib 5 ml Wasserstoffperoxidlösung in ein Reagenzglas und halte einen glühenden Holzstab über die Öffnung.
b) Gib 5 ml Wasserstoffperoxidlösung in ein Reagenzglas, füge Kartoffelpress-Saft hinzu und halte einen glühenden Holzstab über die Öffnung (s. Abb.).

Beobachtung und Auswertung:
Notiere deine Beobachtungen.
a) Erläutere, warum der glühende Holzstab jeweils über die Öffnungen der Reagenzgläser gehalten werden soll.
b) Leite eine begründete Schlussfolgerung aus den Beobachtungen ab.
Welche Funktion hat der Kartoffelpress-Saft?

1. a) *Informiere dich über die Wirkungsweise von Enzymen und interpretiere folgende Abbildung.*

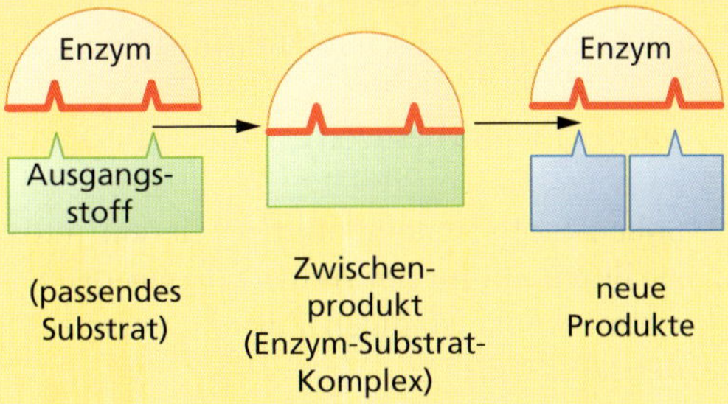

b) *Vergleiche Enzyme mit Katalysatoren, die in der chemischen Industrie genutzt werden.*
c) *Führe weitere Beispiele für Enzyme an und notiere jeweils die biochemische Reaktion, die katalysiert wird.*

2. *Schon lange nutzt der Mensch Organismen bzw. ihre Enzyme, um bestimmte Lebensmittel herzustellen. Ein bekanntes Beispiel ist die alkoholische Gärung. Durch die Enzyme bestimmter Hefen wird der Abbau von Zucker zu Ethanol katalysiert (s. S. 139). Recherchiere weitere Prozesse, bei denen Enzyme in der Nahrungsmittelindustrie genutzt werden und stelle sie in einer Übersicht dar.*

Energie-Konzept: Katalytische Reaktionen

Der Energiegehalt der an chemischen Reaktionen beteiligten Stoffe (Reaktionssystem) ändert sich durch Energieaustausch mit der Umgebung.

1. Ausgangsstoffe besitzen chemische Energie.

2. Sollen Stoffe miteinander reagieren, müssen sie durch Zufuhr der Aktivierungsenergie E_A in einen reaktionsfähigen Zustand versetzt werden ($E_A > 0$ kJ).

   a) Jeder chemische Prozess ist durch eine für ihn charakteristische Aktivierungsenergie gekennzeichnet.

   b) Ein Katalysator bildet mit den Ausgangsstoffen reaktive Zwischenprodukte. Dadurch wird die Aktivierungsenergie herabgesetzt und die Reaktionsgeschwindigkeit erhöht.

3. Die stattfindende Stoffumwandlung ist immer mit der Energieumwandlung gekoppelt.

4. Die Energiedifferenz zwischen den Reaktionsprodukten und den Ausgangsstoffen bezeichnet man als **Reaktionsenergie** ΔE bzw. **Reaktionswärme** Q. Sie wird durch Katalysatoren nicht beeinflusst.

Beispiel: Zerfall von Wasserstoffperoxid

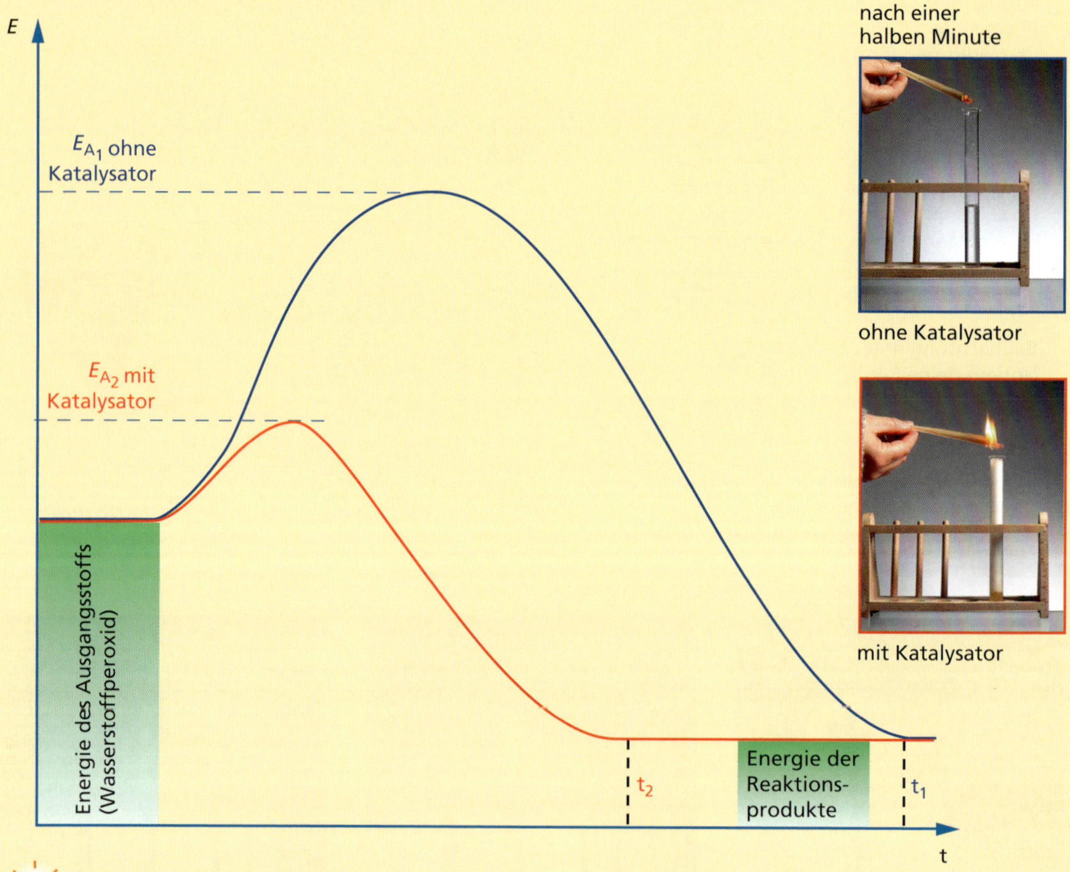

nach einer halben Minute

ohne Katalysator

mit Katalysator

Erläutere die prinzipielle Wirkungsweise von Enzymen, z. B. bei der Verdauung von Eiweißen.

3

Kohlenwasserstoffe – Brennstoffe und Rohstoffe

3.1 Erdöl und Erdgas

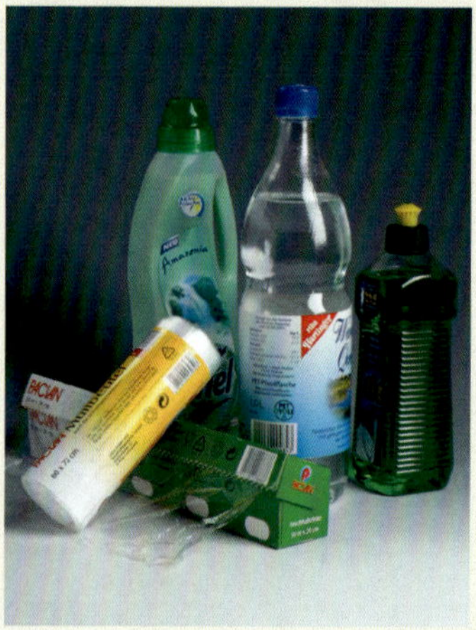

Vom Erdöl zum Kunststoff

Erdöl ist nicht nur Energieträger, sondern auch wertvoller Rohstoff. *Warum kann Erdöl für viele Produkte, u. a. auch für Verpackungskunststoffe, als Ausgangsstoff genutzt werden?*

Fossile Energieträger

Neben Kohle sind Erdöl und Erdgas wichtige Energielieferanten. In Deutschland gewinnt man fast ein Fünftel der Energie aus Erdgas. Noch ist es nicht möglich, auf die fossilen Energieträger zu verzichten. *Woher stammt die Energie, die wir bei der Verbrennung von Erdöl, Erdgas oder Kohle nutzen?*

Geht uns die Luft aus?

Die Nutzung fossiler Energieträger bringt Umweltprobleme mit sich. Dabei erweist sich das eigentlich ungiftige Reaktionsprodukt Kohlenstoffdioxid als Risiko für unser Klima. *Welche Maßnahmen zum Schutz der Umwelt sind notwendig?*

Fossile Energieträger

Kohle, Erdöl und Erdgas besitzen für die Industrie und Wirtschaft als Energie- und Rohstoffquellen eine große Bedeutung.
Erdgas ist immer ein Gemisch von Gasen. Die wichtigsten Bestandteile sind Kohlenwasserstoffe. Diese bestehen aus den Elementen Kohlenstoff und Wasserstoff. Es handelt sich um Molekülverbindungen. Daneben sind im Erdgas Stickstoff und Schwefelwasserstoff enthalten.
Meist hat sich Erdgas im Zusammenhang mit Erdöl gebildet. Auch Erdöl ist ein Gemisch, das viele verschiedene Kohlenwasserstoffe enthält.

Erdöl und Erdgas sind aus organischem Material entstanden. Kleinste Meeresbewohner (Mikroorganismen, Bakterien und Algen) sanken zu Boden und wurden dort mit Sedimenten bedeckt. Anaerobe Bakterien zersetzten dieses organische Material unter Luftabschluss. Im Laufe von mehr als 100 Millionen Jahren entwickelten sich unter dem Einfluss von hohem Druck und hohen Temperaturen Erdöl und Erdgas (s. Abb. 1).

Kohle entstand ebenfalls aus organischem Material, aus den riesigen Wäldern des Karbons und des Tertiärs.

L Experiment

Erdöl im Test

Aufgabe:
Es soll experimentell bewiesen werden, dass Erdöl ein Stoffgemisch ist. Dazu führt der Lehrer eine Destillation durch.
Notiere Geräte und Chemikalien und werte die Beobachtungsergebnisse entsprechend.

Erdöl, Erdgas und Kohle sind Stoffgemische. Sie entstanden in langen Zeiträumen und werden als fossile Brennstoffe bzw. fossile Energieträger bezeichnet.

Aufgabe

Beschreibe die Entstehung von Erdöl und Erdgas.

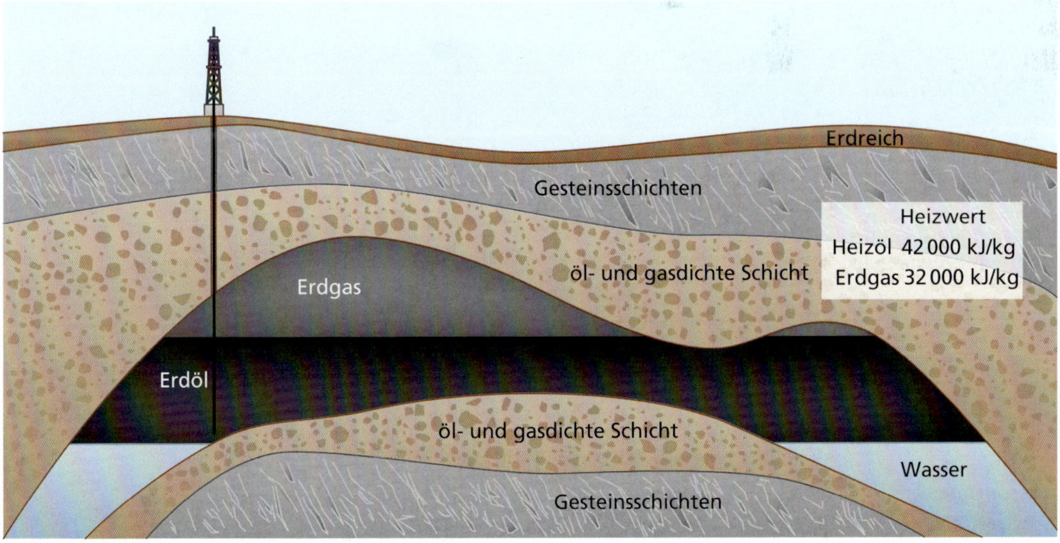

1 Erdöl- und Erdgaslagerstätten (schematischer Aufbau)

Vorkommen und Förderung von Erdöl und Erdgas

Die Vorkommen der natürlichen Ressourcen an Erdgas, Erdöl und Kohle sind begrenzt. Man schätzt, dass die Weltreserven bei gegenwärtigem Verbrauch an Erdöl in ca. 46 Jahren und an Erdgas in ca. 65 Jahren erschöpft sind.

Deutschland bezieht sein Rohöl nur zu einem geringen Anteil aus eigenen Lagerstätten (s. Grafik). Diese liegen sehr tief: Erdöllagerstätten in 1 000 bis 2 000 m, Erdgaslagerstätten in 3 000 bis 5 000 m. Der Erdgasbedarf wird zu ca. 20 % aus eigener Förderung gedeckt. Ansonsten wird Erdgas hauptsächlich aus norwegischen und russischen Quellen bezogen.

Zur Förderung wird das **Rohöl** an die Oberfläche gepumpt. Vor dem Transport wird es von Wasser, Sand und Bohrschlamm befreit. Die wichtigsten Transportmittel für Erdöl sind Pipelines und Großtanker. Der Transport in Tankern birgt ein Umweltrisiko. Bei Tankerunfällen kann es zur Verschmutzung des Meeres und von Küstenabschnitten kommen. Das Rohöl wird in Raffinerien aufbereitet.

Häufig wird bei der Förderung von Rohöl auch **Erdgas** freigesetzt. In anderen Lagerstätten sind Erdgase unter Druck in porösem Gestein enthalten. Oft reicht der Lagerstättendruck aus, um das Gas durch unterirdische Pipelines bis zum Verbraucher zu transportieren.
Vor dem Transport wird das Erdgas getrocknet und vom Schwefelwasserstoff befreit. Erdgas kann in unterirdischen Hohlräumen (Kavernen) oder in Stahltanks gelagert werden. In der Bundesrepublik Deutschland existieren 31 riesige Untergrundspeicher mit ca. 11,5 Mrd. m^3 Gas.

Aufgaben

1. Die Weltreserven an fossilen Energieträgern sind begrenzt. Leite eine Schlussfolgerung ab.

2. Diskutiere, welche Umweltprobleme durch Förderung, Transport und Nutzung von Erdöl auftreten können.

Rohölversorgung Deutschland 2002

	in Mio. t	in %
Naher Osten	11,197	10,3
Afrika	18,044	16,7
EU/Norwegen	36,006	33,3
GUS	38,502	35,6
sonstige Länder	978	0,9
Deutschland	3,508	3,2

Erdöl – schwarzes Gold

Jeder hat schon in irgendeiner Form Kohle in der Hand gehalten. Jedoch nur wenige können so etwas vom Erdöl behaupten. Die Farbe, die Zähigkeit und auch der Geruch können von Probe zu Probe ganz unterschiedlich sein.
Der Anteil der Bestandteile im Stoffgemisch schwankt zwischen den verschiedenen Erdölsorten ganz erheblich.

Für die Aufbereitung wird das Stoffgemisch durch **fraktionierte Destillation** in entsprechenden Raffinerien in einzelne Fraktionen (Stoffe mit ähnlichen Siedetemperaturen) zerlegt (s. Abb. 1). Dazu wird das Rohöl durch Erhitzen auf ca. 300 °C verdampft. Die entstehenden Dämpfe werden in die Fraktionierkolonne (bzw. Destillationskolonne) geleitet. Dort kondensieren die Kohlenwasserstoffe in verschiedenen Höhen (Etagen), aus denen sie flüssig abgezogen werden.
Wollte man die Bestandteile mit den höchsten Siedetemperaturen trennen, käme es leicht zu ihrer thermischen Zersetzung. Da bei niedrigerem Druck eine Erniedrigung der Siedetemperatur eintritt, führt man im Anschluss an die Destillation bei Normaldruck eine **Vakuumdestillation** durch. Hier lassen sich die hoch siedenden Anteile ohne chemische Zersetzung trennen.

Der größte Teil der Destillationsprodukte des Erdöls wird zu Kraftstoffen weiterverarbeitet. Leicht- und Schwerbenzin dienen als Vergaserkraftstoff (Benzin). Petroleum und Gasöl werden zu Dieselkraftstoff verarbeitet.
Höher siedende Fraktionen werden in der Industrie als Heizöle eingesetzt.
Besonders die Benzine, Gase und Bitumen dienen als Ausgangsstoffe für viele Produkte der chemischen Industrie.

Die Trennung der Bestandteile des Stoffgemischs Erdöl erfolgt durch fraktionierte Destillation in Raffinerien.

Aufgaben

Erdöl kann als Energieträger und Rohstoff dienen. Belege diese Aussage mit Beispielen.

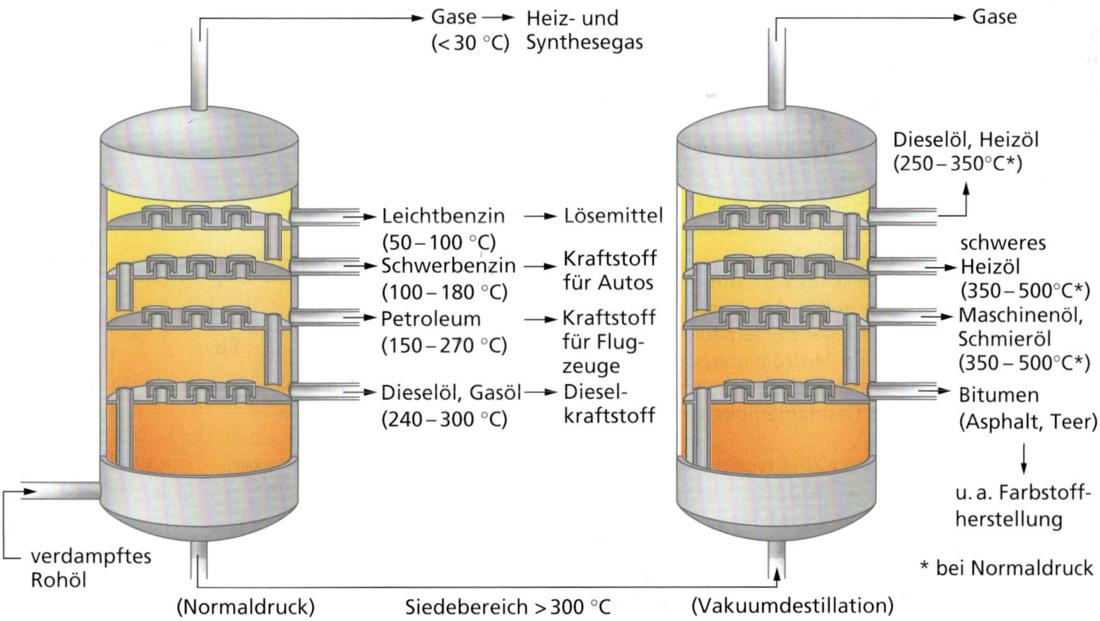

1 Erdölfraktionen und ihre Verwendung

Mosaik

Organische Stoffe

Die Kohlenstoffverbindungen, aus denen Erdöl und Erdgas bestehen, bezeichnet man häufig als **„organische Stoffe"**. Der Begriff wurde von JÖNS JACOB BERZELIUS geprägt. Es handelte sich zunächst um einen Sammelbegriff für Stoffe, die von Lebewesen produziert werden.

Man nahm damals an, dass eine Herstellung im Labor nicht möglich ist, da dafür eine geheimnisvolle Lebenskraft (vis vitalis) erforderlich wäre. So war es ein bedeutendes Ereignis, als FRIEDRICH WÖHLER 1828 Harnstoff aus anorganischen Stoffen synthetisierte.

Normalerweise entsteht dieser Stoff als Abfallprodukt des Eiweißstoffwechsels in einigen tierischen Organismen und wird beim Menschen über die Nieren mit dem Urin und über die Haut mit dem Schweiß ausgeschieden. WÖHLER stellte Harnstoff aus Cyansäure und Ammoniak her, ohne dass tierische Organe an der Synthese beteiligt waren. An seinen Erfolg konnte er zuerst selbst kaum glauben, weil das Ergebnis den geltenden Lehrsätzen völlig widersprach. Deshalb wiederholte er das Experiment mehrfach. Doch dann stand fest, dass organische Stoffe auch ohne die vis vitalis gebildet werden können. Durch WÖHLERS Experiment wurde deutlich, dass es eigentlich keine strenge Grenze zwischen organischen und anorganischen Stoffen gibt und sie ineinander umwandelbar sind.

Diese neue Erkenntnis führte zu einer stürmischen Entwicklung der organischen Chemie.

Heute sind Millionen organischer Verbindungen bekannt. Dazu gehören u.a. Fette, Kohlenhydrate, Eiweiße, Farbstoffe, Arzneimittel, Kunststoffe, Aromastoffe, auch die Essigsäure und die Alkohole (z.B. Ethanol).

Man versteht unter organischen Stoffen alle Kohlenstoffverbindungen außer den Oxiden des Kohlenstoffs, den Carbiden, der Kohlensäure und ihren Salzen (Carbonate und Hydrogencarbonate). Wie bei anorganischen Stoffen gelten auch bei organischen Stoffen die Gesetzmäßigkeiten der chemischen Reaktionen.

Einige Strukturmerkmale und typische Reaktionen sind jedoch für organische Stoffe besonders kennzeichnend. Sie bestehen im Allgemeinen aus Molekülen. Innerhalb der Moleküle sind die Atome durch Atombindungen verbunden. Die grundlegende Struktur wird durch die Anzahl und die Anordnung der Kohlenstoffatome in den Molekülen bestimmt. Meistens enthalten die Moleküle auch Wasserstoffatome.

JÖNS JACOB BERZELIUS (1779–1848)

FRIEDRICH WÖHLER (1800–1882)

Die beiden Elemente Kohlenstoff und Wasserstoff sind in organischen Stoffen nachweisbar. Beim Erhitzen verkohlen die Stoffe. Bei der vollständigen Verbrennung bilden sich immer Kohlenstoffdioxid (CO_2) und auch Wasser (H_2O).

Aufgabe:
Weise nach, dass Kerzenwachs die Elemente Kohlenstoff und Wasserstoff enthält.

S Experiment

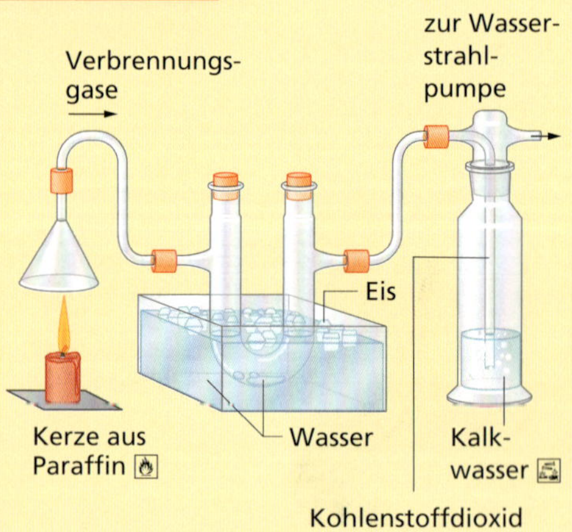

1 Nachweis von Kohlenstoff und Wasserstoff

Brennstoff Erdöl

Wir verbrennen Benzin, Diesel und Kerosin in entsprechenden Motoren und nutzen die dabei freigesetzte Wärme (thermische Energie), um unsere Fahrzeuge in Bewegung zu versetzen. Wir nutzen Heizöl oder Heizgas, um unsere Wohnungen und Häuser angenehm zu temperieren. Zu festlichen Stunden oder in der Weihnachtszeit fasziniert uns das Licht der vielen Kerzen, die angezündet werden.

Ob Diesel, Kerosin, Benzin oder das Paraffin, aus denen Kerzen bestehen, immer handelt es sich um Erdölprodukte.
Die freigesetzte thermische und Lichtenergie stammt aus den exothermen Reaktionen des enthaltenen Kohlenstoffs und Wasserstoffs mit Sauerstoff. Bei ausreichender Sauerstoffzufuhr bilden sich als Reaktionsprodukte der Nutzung dieser **fossilen Brennstoffe** daher immer Kohlenstoffdioxid und Wasser.
Kohlenstoffdioxid gehört zu den **Treibhausgasen.** Dabei handelt es sich um Gase in der Atmosphäre, die die Wärmeabstrahlung in den Weltraum vermindern (s. S. 132, 134).
Dieser **Treibhauseffekt** (s. Abb.) ist für das Leben auf der Erde von großer Bedeutung. Durch ihn herrscht auf unserem Planeten eine mittlere Temperatur von +15 °C. Ohne den Treibhauseffekt würden auf der Erde nur mittlere Temperaturen von –18 °C erreicht werden.
Allerdings wird dieses Phänomen durch die Erhöhung des Kohlenstoffdioxidanteils in der Atmosphäre künstlich verstärkt. Viele Wissenschaftler und Klimaforscher gehen davon aus, dass dies zu einer globalen Erwärmung führen wird. Bisher kann man die daraus resultierenden Folgen nur mithilfe von Computermodellen einschätzen. Danach kommt es zur Verschiebung der Klimazonen, zur Vergrößerung der Wüstengebiete, zum Ansteigen des Meeresspiegels u. v. a. m. Einige Messungen weisen darauf hin, dass heute schon Veränderungen erfolgen. Daher sind weltweite Maßnahmen zur Minderung des Kohlenstoffdioxidausstoßes erforderlich.

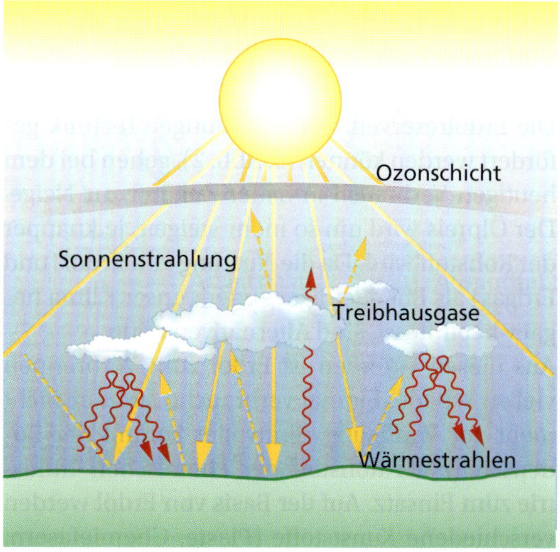

Aufgabe

Zähle Möglichkeiten auf, die Verstärkung des Treibhauseffekts zu verhindern.

Treibhausgas	Anteil am vom Menschen bedingten Treibhauseffekt in %	Quelle
Kohlenstoffdioxid	61	fossile Brennstoffe, Waldrodung, biologischer Abbau, Atmung
Methan	15	Großviehhaltung, Sümpfe, Reisanbau
FCKW	11	FCKW- Anwendung
Ozon	8	Eintrag aus Stratosphäre, Reaktionen von Gasen
Stickstoffoxide	4	Stickstoffdüngung, Brandrodung, Verbrennungsvorgänge
Übrige	1	

gewusst · gekonnt

1. Nimm die Begriffe in dein Glossar auf:

Glossar

Erdöl
Erdgas
fossile Energieträger
fraktionierte Destillation
Rohstoff

2. Beim Verbrennen fossiler Energieträger (Kohle, Erdöl, Erdgas) nutzt man die Reaktion von Kohlenstoff mit Sauerstoff.
   a) Erkläre, warum diese grundlegende Reaktion bei allen drei Brennstoffen auftritt, obwohl es sich um unterschiedliche Bodenschätze handelt.
   Stelle für die Reaktion die Reaktionsgleichung auf.
   b) Schreibe auf, warum man beim Verbrennen fossiler Energieträger für ausreichende Luftzufuhr sorgen muss.

3. Informiere dich über Erdöllagerstätten auf dem Gebiet der Bundesrepublik Deutschland und die Eigenschaften dieses Erdöls. Bereite dich auf ein Rollenspiel zum Thema „Pro und Kontra zur Förderung von Erdöl aus eigenen Lagerstätten“ vor.

4. Informiere dich über die Nutzung von Erdöl in der Antike. Überlege geeignete Präsentationsmöglichkeiten für deine Ergebnisse.

5. Erdgas und Produkte der Erdölaufbereitung werden als Brennstoffe genutzt. Befrage Mitschüler, Nachbarn und Verwandte, wie ihre Wohnung geheizt wird. Stelle die Ergebnisse der Befragung in einem Diagramm dar.

6. Erläutere, warum an Tankstellen grundsätzlich Rauchverbot besteht.

7. Erläutere am Beispiel der Aufbereitung von Rohöl das Prinzip der fraktionierten Destillation.

8. Welche der Aussagen ist richtig?
   Benzin ist ein technisches Produkt, welches
   a) aus Erdöl gewonnen werden kann.
   b) aus einem Gemisch verschiedener Kohlenwasserstoffe besteht.
   c) ein reiner Stoff ist.
   d) mithilfe von Bohrtürmen aus Lagerstätten gefördert wird.

9. Stelle unterschiedliche alternative Energieträger zusammen. Führe jeweils Gründe auf, die für ihren Einsatz sprechen. Gib an, welche Nachteile zu erwarten sind.

10. Erläutere, woher letztendlich die Energie stammt, die wir beim Heizen mit fossilen Brennstoffen freisetzen. Stelle den Weg der Energie am Beispiel der Kohle dar. Erstelle ein Schema.

11. Weder Erdöl noch Erdgas haben eine einheitliche chemische Formel. Begründe diesen Sachverhalt.

12. Gib an, welche Fraktionen aus dem Erdöl abgetrennt werden und welche Verwendung sie jeweils finden.

13. Vergleiche die Heizwerte der fossilen Energieträger. Leite eine Schlussfolgerung ab.

Brennstoff	Heizwert
Braunkohle	20 000 kJ/kg
Braunkohlekoks	29 900 kJ/kg
Steinkohle	32 000 kJ/kg
Anthrazit	35 000 kJ/kg
Heizöl	42 000 kJ/kg
Diesel	43 000 kJ/kg
Benzin	43 500 kJ/kg
Erdgas	32 000 kJ/kg

Wahlbereich: Die Brennstoffzelle – Autoantrieb der Zukunft

Primär-, Sekundär- und Nutzenergie

Der Energiebedarf der Menschheit ist in den letzten Jahrzehnten sprunghaft angestiegen und hat inzwischen einen Wert von über $4 \cdot 10^{20}$ J pro Jahr erreicht (Abb. 1). Nach allen Prognosen wird er weiter ansteigen.
Der Gesamtverbrauch an Energie in Deutschland beträgt etwa $1{,}45 \cdot 10^{19}$ J, wobei fossile Brennstoffe einen erheblichen Anteil an den Energieträgern stellen. Holz, Kohle, Erdöl, Erdgas, Uranerz, Wind, Wasser, Biomasse und Sonnenstrahlung sind **Primärenergieträger,** die in der Natur vorkommen.

1. *Der größte Teil der auf der Erde verbrauchten Energie stammt von der Sonne. Sie ist eine riesige Gaskugel, in deren Innerem gewaltige Energien freigesetzt und in den Weltraum abgestrahlt werden.*
   a) Steht diese Aussage nicht im Widerspruch zum obigen Text?
   b) Recherchiere, wie wichtig der Energielieferant Sonne für das Leben auf der Erde ist.

Brikett, Koks, Benzin, Heizöl, Wasserstoff und elektrischer Strom gehören zu den **Sekundärenergieträgern.**

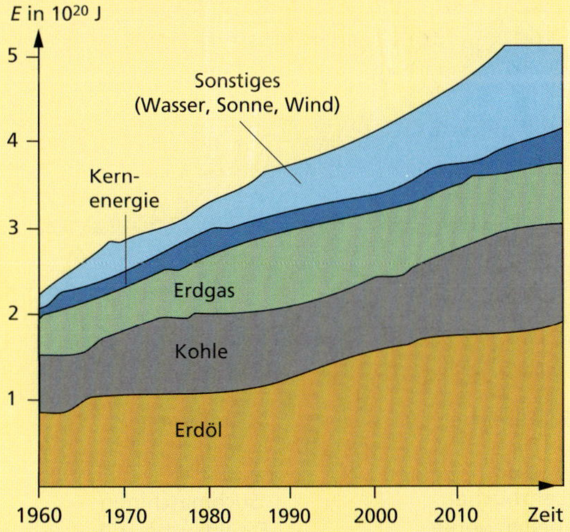

1 Entwicklung des Energiebedarfs der Menschheit

Energieverbrauch Deutschland 2003	
Energieträger	**E in 10^{18} J**
Mineralöl	5,58
Erdgas	3,12
Steinkohle	1,90
Kernenergie	1,87
Braunkohle	1,62
Wasser- und Windkraft	0,12
Sonstiges	0,29

Die **Primärenergie** wird heute nur in begrenztem Umfang unmittelbar genutzt.
Häufig wird sie in vielfältigen Umwandlungsprozessen in andere Energieformen umgewandelt, die sich besser transportieren, verteilen und für den Nutzer bereitstellen lassen, wobei die elektrische Energie die wichtigste **Sekundärenergie** ist.

2. *Nenne Beispiele für die unmittelbare Nutzung von Primärenergie.*

Der Anteil verschiedener Energieträger an der Deckung des gesamten Energiebedarfs ist in einzelnen Ländern, aber auch von Region zu Region verschieden.

3. *a) Berechne den prozentualen Anteil der einzelnen Energieträger beim Primärenergieverbrauch (s. Tabelle oben) am Gesamtverbrauch in Deutschland. Erstelle mit dem grafikfähigen Taschenrechner ein Säulendiagramm und interpretiere dieses Diagramm.*
   b) Informiere dich über die Verteilung der Energieträger beim Primärenergieverbrauch in anderen Ländern. Wähle zweckmäßige Veranschaulichungen, die einen Vergleich ermöglichen.

4. *Begründe, warum die elektrische Energie die wichtigste Form der Sekundärenergie ist.*

Präsentieren von Informationen

Ergebnisse deiner Arbeit zu einem Thema oder Ergebnisse, die ihr in einer Gruppe erarbeitet habt, sollen allen Mitschülern vorgestellt werden. Das kann z. B. durch einen Vortrag, eine Wandzeitung oder eine Internetseite geschehen.

Vorbereiten und Halten eines Vortrags

Wenn du einen Vortrag halten oder als Teamsprecher die Ergebnisse der Gruppenarbeit vortragen sollst, sind folgende Tipps hilfreich:

1. Schritt

Vorbereiten eines Vortrags

- Überlege dir, was alles zum Thema gehört. Nutze dazu verschiedene Informationsquellen (s. unten).
- Gliedere den Vortrag in Abschnitte.
- Schreibe dir Schwerpunkte in Kurzform (in Stichwörtern) auf.
- Überlege dir, was du an die Tafel oder auf Folien schreibst.
- Bereite gegebenenfalls Versuchsaufbauten vor und stelle Geräte bereit.

2. Schritt

Halten eines Vortrags

- Nenne und zeige die Gliederung (Tafel, Folie).
- Wecke am Anfang des Vortrags Interesse und Neugier und nenne das Thema. (Beginne beispielsweise mit „Wusstet ihr überhaupt, dass …?“ oder „Hättet ihr gedacht, dass …?“.)
- Leite neue Absätze deutlich ein, z. B. mit „Ein weiterer Punkt ist …“ oder „Als Nächstes …“.
- Sprich in kurzen Sätzen.
- Verwende nur Fachbegriffe, die du auch selbst erklären kannst.
- Bemühe dich, laut, langsam und deutlich zu sprechen. Schaue deine Zuhörer an.
- Achte auf die Zeit. Schließe den Vortrag mit einer kurzen Zusammenfassung ab.

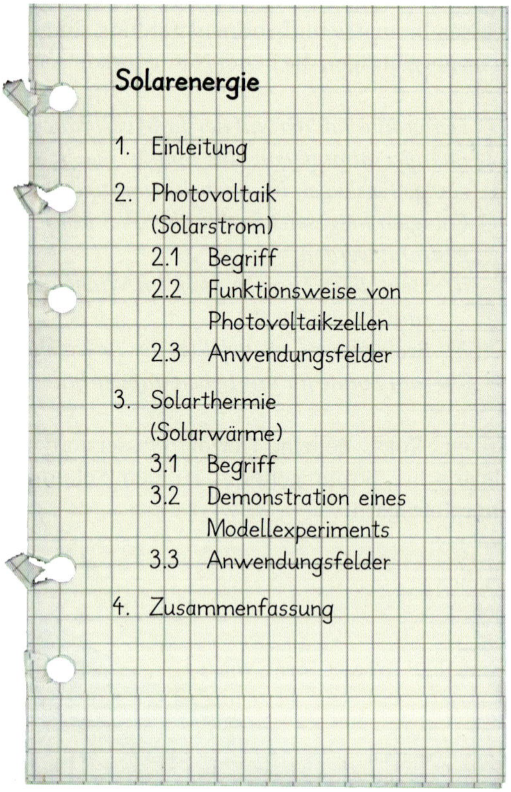

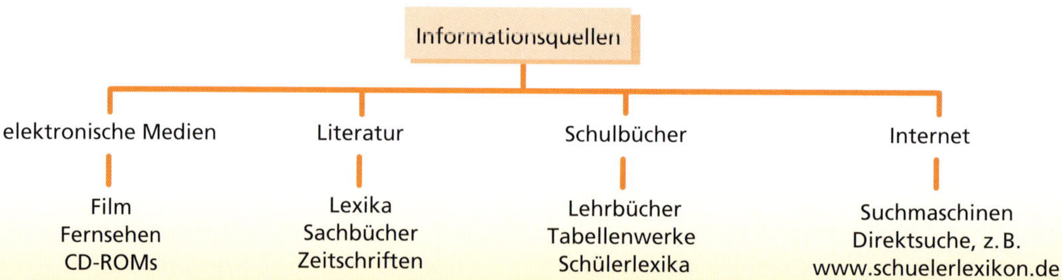

Anfertigen eines Posters

Wandzeitungen oder Poster fallen auf. Sie sind geeignet, um sachliche Informationen, Versuchsergebnisse oder den Verlauf und die Ergebnisse eines Projekts darzustellen. Meist wählt man dafür den Fachraum oder den Schulflur. Damit man sofort erkennt, worum es geht, hier ein paar Tipps:

- Jedes Poster hat eine Überschrift, die sofort über den Inhalt informieren und Neugier beim Betrachter wecken soll.
- Verwende viele Abbildungen, einfache grafische Darstellungen und Skizzen, aber nur so viel Text wie nötig.
- Ordne die Inhalte übersichtlich an.
- Kennzeichne, was inhaltlich zusammengehört, mit gleichen Schriftarten, Farben und Formen.
- Achte darauf, dass das Poster nicht überladen wirkt.
- Nenne deine Informationsquellen.
- Teste die Lesbarkeit aus einer größeren Entfernung.

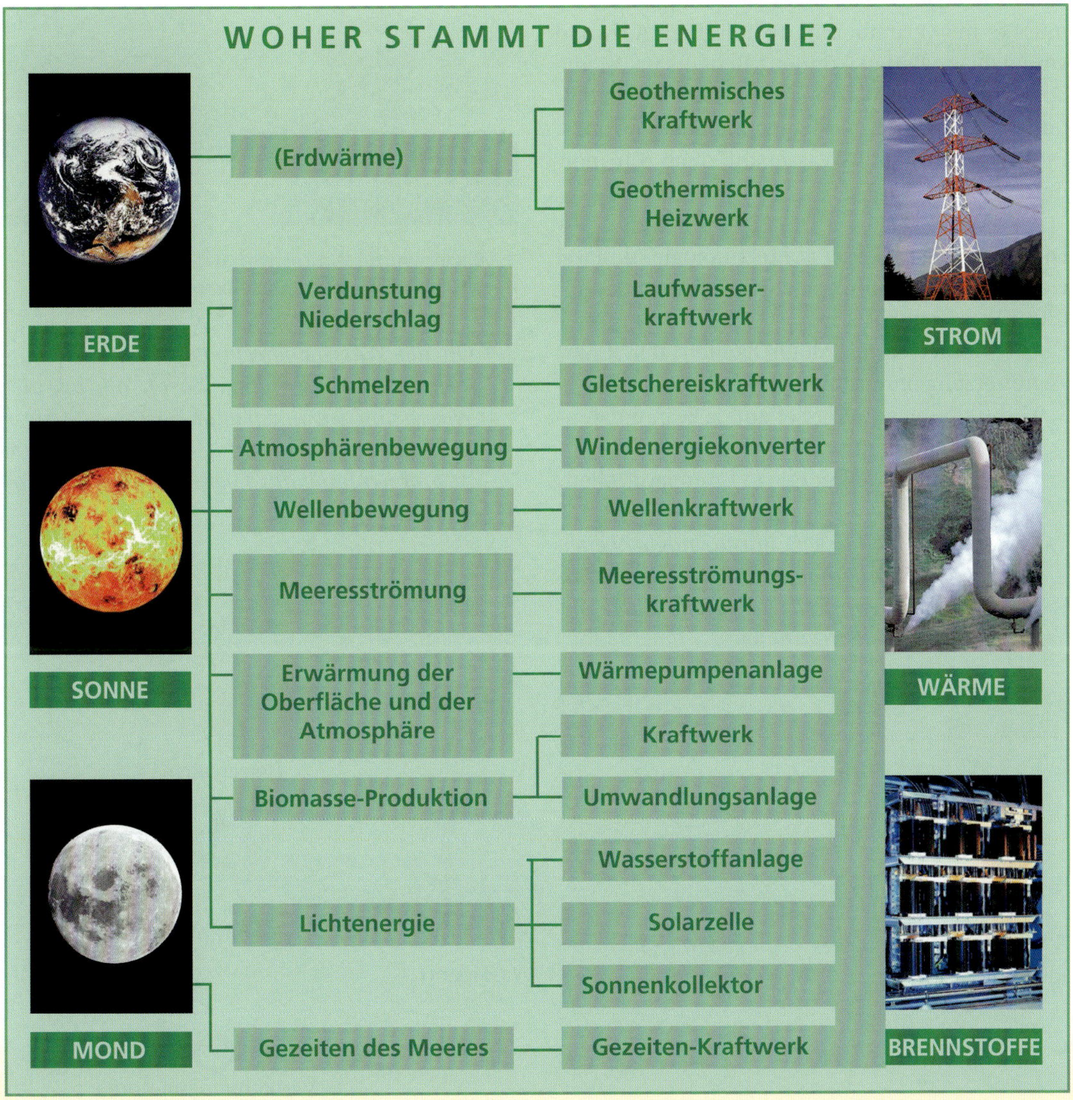

Wasserstoff – die „Kohle" von morgen?

Die Verbrennung von Kohle, Erdöl und Erdgas verstärkt den Treibhauseffekt. Alternativen werden gesucht. Als ein Energieträger der Zukunft ist Wasserstoff im Gespräch.

1. *Stelle verschiedene mögliche alternative Energieträger zusammen. Erarbeite jeweils Vorteile und Nachteile. Gehe dabei besonders auf den Energieträger Wasserstoff ein.*

Soll ein Stoff als Energieträger genutzt werden, muss er mit vertretbarem technischem Aufwand gespeichert werden können. Bedeutsam ist die Speicherung von Wasserstoff in Druckgasbehältern oder als Flüssiggas in entsprechenden Tanks. In dieser Form kann Wasserstoff auch transportiert werden.

Die zukünftige Wasserstofftechnologie umfasst vielfältigere Anwendungsgebiete für den Energieträger Wasserstoff.
Dabei werden zwei Möglichkeiten der Energiefreisetzung unterschieden:
- Verbrennung von Wasserstoff z. B. in entsprechenden Verbrennungsmotoren,
- Umwandlung von Energie in Brennstoffzellen.

2. *Informiere dich über Einsatzmöglichkeiten von Verbrennungsmotoren auf Wasserstoffbasis und von Brennstoffzellen. Stelle einige Anwendungsgebiete zusammen.*

1 Bisher wurde Wasserstoff als Energieträger hauptsächlich als Raketentreibstoff verwendet.

3. *Ob die Wasserstofftechnologie wirklich umweltschonend ist, hängt davon ab, wie der Wasserstoff gewonnen wird.*
   Erläutere die Aussage. Interpretiere in diesem Zusammenhang das Fließschema zum Solar-Wasserstoff-Konzept.

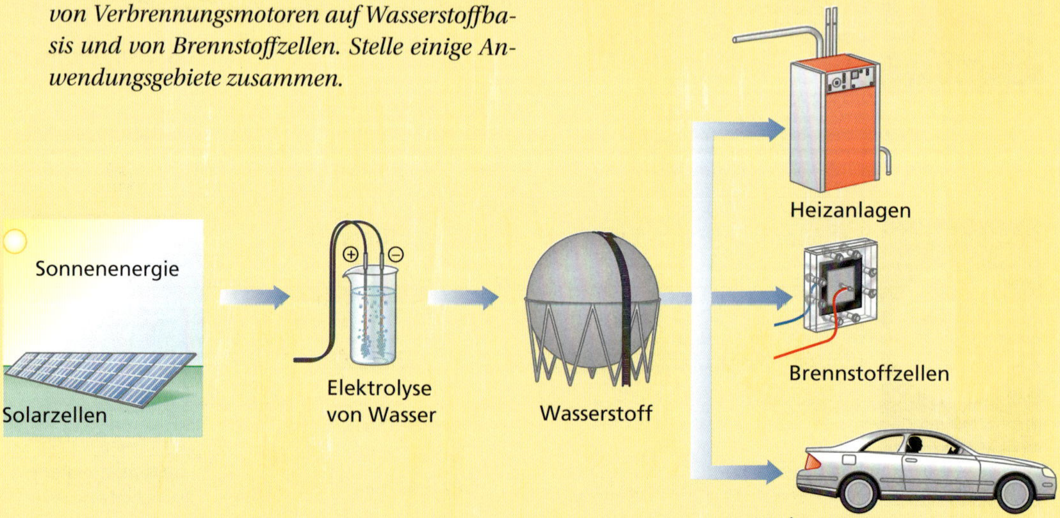

Brennstoffzellen

Bereits 1839 demonstrierte der englische Astronom und Physiker WILLIAM GROVE (1811 - 1896) im Labor die prinzipielle Wirkungsweise eine Brennstoffzelle: Elektrolytisch erzeugter Wasserstoff und Sauerstoff wurden Elektroden aus Platin zugeführt. Dabei bildete sich zum einen Wasser, zum anderen entstand zwischen den Elektroden eine Spannung, die zu einem Strom führte.

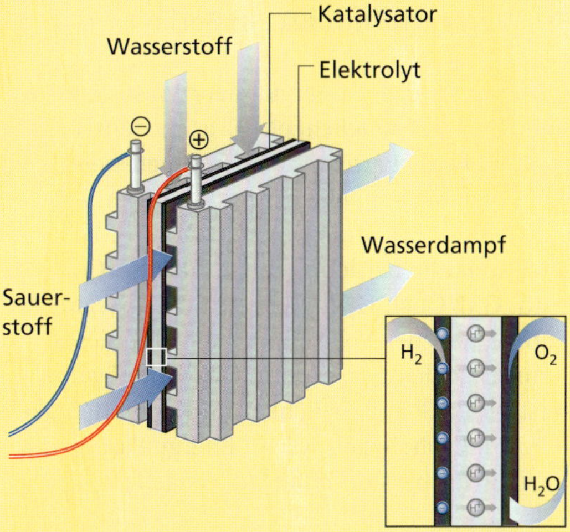

Viele Brennstoffzellen arbeiten noch heute nach ähnlichem Prinzip. Allerdings verlaufen in der Brennstoffzelle die Teilreaktionen räumlich getrennt voneinander. Dadurch wird chemische Energie in elektrische Energie umgewandelt. Die Anode wird mit dem Brennstoff Wasserstoff und die Katode mit Sauerstoff versorgt.

An der Anode (Minuspol) gibt Wasserstoff Elektronen ab. (Die Betriebstemperatur kann in Abhängigkeit vom Brennstoffzellentyp 80 °C bis 1 000 °C betragen).

$$2\,H_2 \longrightarrow 4\,H^+ + 4e^-$$

Die frei gewordenen Elektronen fließen über einen Verbraucher zur Katode und können dabei Arbeit verrichten.

An der Katode (Pluspol) nimmt Sauerstoff Elektronen auf. Sauerstoff-Ionen vereinigen sich mit Wasserstoff-Ionen zu Wasser.

$$O_2 + 4\,H^+ + 4e^- \longrightarrow 2\,H_2O$$

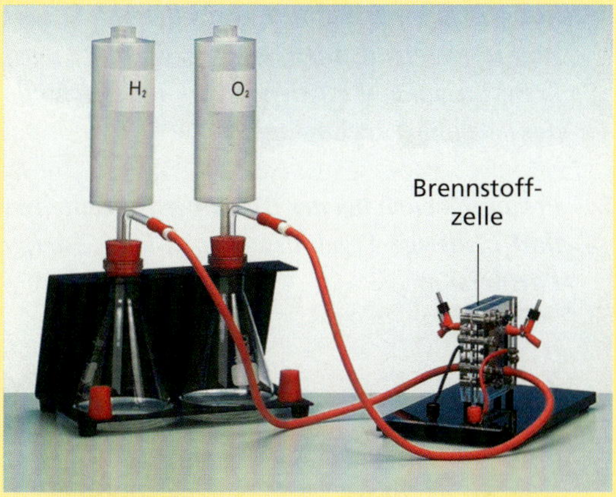

1 In Brennstoffzellen wird chemische Energie in elektrische Energie umgewandelt.

S Experiment

Aufgabe:
Baue eine Modellanlage, bei der die Energie durch eine Brennstoffzelle geliefert wird. Weise das gebildete Wasser nach. Überlege, welches Nachweismittel du einsetzen kannst.

2 Brennstoffzellen in einer industriellen Anlage

1. ✱ *Stelle Gemeinsamkeiten und Unterschiede der chemischen Reaktionen bei der Knallgasreaktion und in der Brennstoffzelle in einer Tabelle zusammen.*

Ein Wasserstoffprojekt in Berlin

In Berlin wird der Energieträger Wasserstoff auf seine Zukunftstauglichkeit u. a. in dem Projekt „Clean Energy Partnership (CEP)“ getestet. Dabei handelt es sich um einen internationalen Zusammenschluss der Unternehmen Aral, BMW, Berliner Verkehrsbetriebe (BVG), DaimlerChrysler, Ford, GM/Opel, Hydro, Linde, TOTAL, Vattenfall Europe und der Volkswagen AG. Ziel dieses Zusammenschlusses ist es, den Energieträger Wasserstoff auf Alltagstauglichkeit und Systemfähigkeit hin zu erproben. Die „Clean Energy Partnership“ ist zunächst bis Dezember 2007 angelegt.

1. *Wasserstoff kann in Verbrennungsmotoren genutzt, aber auch in Brennstoffzellen mit Sauerstoff umgesetzt werden. Welche Variante wird in Berlin getestet? Wo liegen Vor- und Nachteile der jeweiligen Technologie?*

2. *Erkundigt euch bei der BVG über Einzelheiten und bisherige Ergebnisse der „Clean Energy Partnership“.*
   - *Wie haben die Berliner Verkehrsbetriebe zum Gelingen des Projektes beigetragen?*
   - *Wird es eine Weiterführung des Projekts geben?*
   - *Ist Wasserstoff als Energieträger alltagstauglich?*

   Erarbeitet weitere Fragestellungen.

3. *Ermittelt, auf welchen Strecken mit Wasserstoff betriebene Busse eingesetzt werden. Kennzeichnet diese Strecken auf einem Verkehrsplan der BVG.*

30. 04. 2004
Die Berliner Verkehrsbetriebe (BVG) haben jetzt den ersten mit Wasserstoff betriebenen Bus in Betrieb genommen.

30. 04. 2004
Bis zum Juni 2004 können die Fahrgäste den neuen Bus mit Wasserstoffverbrennungsmotor zum Null-Tarif benutzen, für die Mitfahrt wird kein Fahrgeld erhoben. So wird der Test-Charakter für alle erfahrbar gemacht.

12. 11. 2004
Am Berliner Messedamm hat die erste kommerzielle Straßentankstelle für Wasserstoff in Deutschland den Betrieb aufgenommen. Mit der Übergabe durch Bundesverkehrsminister Stolpe startete zugleich das Demonstrationsprojekt Clean Energy Partnership in seine Praxisphase.

17. 03. 2006
Neue Tankstelle stärkt Wasserstoff-Metropole Berlin
Total-Station als Basis für umweltfreundlichen öffentlichen Nahverkehr

3.2 Methan und seine Verwandten

Ungeheure Vielfalt
Die Moleküle der Kohlenwasserstoffe bestehen nur aus Atomen der Elemente Kohlenstoff und Wasserstoff. Trotzdem ist die Zahl der Kohlenwasserstoffe ungeheuer groß. *Wie ist es möglich, dass so unterschiedliche Verbindungen existieren? Wie sind deren Moleküle aufgebaut?*

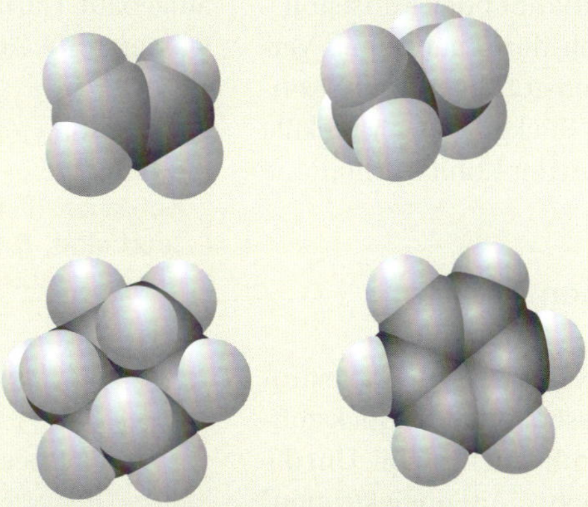

Das liebe Rindvieh
Rinder gehören zu unseren ältesten Nutztieren. Allerdings gibt es immer wieder Diskussionen um die Art ihrer Haltung. Dabei soll Massentierhaltung nicht nur ein ethisches Problem sein, sondern auch Auswirkungen auf unser Klima haben.
Was hat die Rinderhaltung mit dem Klima zu tun?

Reifen Tomaten im Dunkeln?
Die Tomaten bleiben bei zu wenig Sonne grün. Bei schlechtem Wetter nimmt man die gelblich gefärbten Früchte ab, legt sie in einen Tontopf und bewahrt sie an einer dunklen Stelle zusammen mit einem reifen Apfel auf. Nach wenigen Tagen haben sich die Tomaten rot gefärbt. *Wodurch wird der Reifungsprozess beschleunigt?*

Kohlenstoff – Grundlage der Vielfalt

Ob Eiweiß, Essigsäure, Ethanol oder Kunststoff – das Geheimnis der Vielfalt der organischen Verbindungen liegt im Kohlenstoff begründet. Kohlenstoffatome bilden „das Rückgrat" der Moleküle organischer Stoffe. Der Bau der Kohlenstoffatome ist dafür entscheidend.

Zusammenhalt zwischen Atomen

Kohlenstoffatome besitzen vier Außenelektronen. Ähnlich wie freie Wasserstoff- oder Stickstoffatome sind Kohlenstoffatome nicht stabil. Um die Edelgaskonfiguration (acht Außenelektronen) zu erreichen, werden vier **Atombindungen,** also vier gemeinsame Elektronenpaare, mit anderen Atomen ausgebildet.
Dabei können Kohlenstoffatome Bindungen mit anderen Kohlenstoffatomen oder mit Atomen anderer Elemente (Wasserstoff, Sauerstoff, Schwefel, Stickstoff, Phosphor u. a.) eingehen.
So können ganz verschiedene Moleküle gebildet werden: kettenförmige, ringförmige und verzweigte, noch dazu mit einer unterschiedlichen Anzahl von Atomen.
Das Grundgerüst der verschiedenen Strukturen bilden jedoch immer Kohlenstoffatome. Weil die Zahl der möglichen Kombinationen so groß ist, existieren so viele organische Stoffe.

Die einfachsten organischen Stoffe sind nur aus Atomen der Elemente Kohlenstoff und Wasserstoff aufgebaut. Darum bezeichnet man sie als **Kohlenwasserstoffe.** Auch ihre Vielzahl ist enorm.

Kohlenwasserstoffe sind organische Verbindungen, die nur aus Atomen der Elemente Kohlenstoff und Wasserstoff zusammengesetzt sind. Die Atome in den Molekülen sind über Atombindungen verbunden.

Aufgaben

1. Was besagt die Oktettregel. Wiederhole.
2. Definiere den Begriff „Atombindung".
3. Das Wasserstoffatom, Sauerstoffatom, Stickstoffatom und das Chloratom weisen keine Edelgaskonfiguration aus.
   Welche Anzahl von gemeinsamen Elektronenpaaren müssten diese Atome ausbilden, um den stabilen Zustand zu erreichen?
   Nutze zur Beantwortung der Frage das Periodensystem der Elemente.
4. Ethanol hat die Formel C_2H_5OH. Handelt es sich um einen Kohlenwasserstoff? Begründe deine Antwort.

S Experiment

Prüfe es selbst

Aufgabe:
Konstruiere mithilfe des Molekülbaukastens mindestens drei verschiedene Kohlenwasserstoffe.

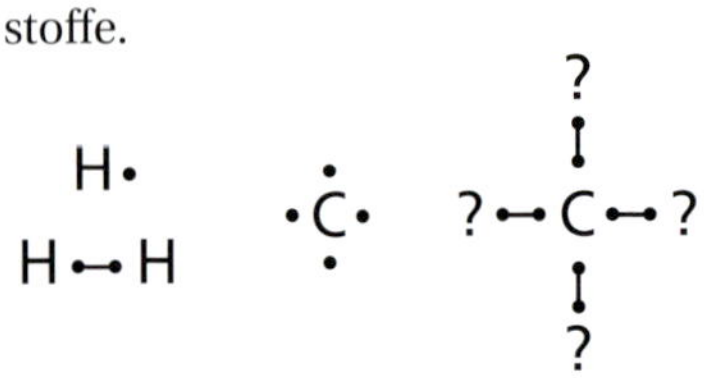

Auswertung:
Erläutere, wie die Vielfalt der Kohlenwasserstoffe möglich ist.

Die Expertenmethode

Chemische Themen kann man sich mit unterschiedlichen Lernmethoden erschließen. Besonders die Expertenmethode ist gut geeignet, um selbstständig Probleme und Aufgabenstellungen zu lösen. Erarbeitet man sich ein Thema selber, bleiben die Ergebnisse lange im Gedächtnis.

Experten sind immer Spezialisten für ein konkretes Sachgebiet. Mit diesem Thema haben sie sich ausgiebig beschäftigt und können anderen ihre Erfahrungen weitergeben. Bei der Expertenmethode wird dies ausgenutzt und so die Arbeit auf viele Schultern verteilt.
Macht euch also selbst zu Experten und helft den anderen dabei, euer Spezialgebiet zu verstehen. Lasst euch dann von anderen Experten helfen, sodass am Ende alle den gleichen Wissensstand haben. Das ist echte Teamarbeit.

1. Schritt

Vorbereitung
Findet zum vorgegebenen Hauptthema sinnvolle Teilthemen.
Zum Hauptthema „Kohlenwasserstoffe" könnten z. B. die Teilthemen „Ethan", „Methan", „Ethen" und „Ethin" bearbeitet werden.
Teilt nun die Klasse in vier bis fünf Basisgruppen.

2. Schritt

Arbeit in Basisgruppen
Erarbeitet in der Basisgruppe alle Teilthemen. Dabei ist jedes Mitglied der Gruppe für ein anderes Thema verantwortlich und wird zum Experten für dieses Thema.

Basisgruppen

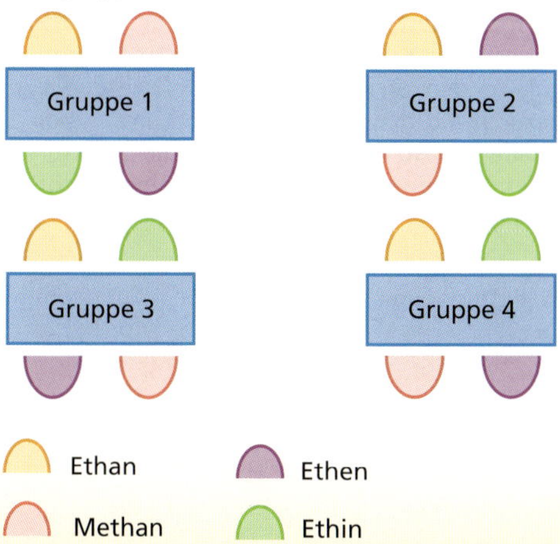

3. Schritt

Arbeit in Expertengruppen
Bildet neue Gruppen, die sich aus den jeweiligen Experten für die gleichen Teilthemen zusammensetzen. Tauscht eure Arbeitsergebnisse aus und klärt offene Fragen. Dabei kommt jeder Experte zu Wort. Erarbeitet eine Zusammenfassung.

Expertengruppen

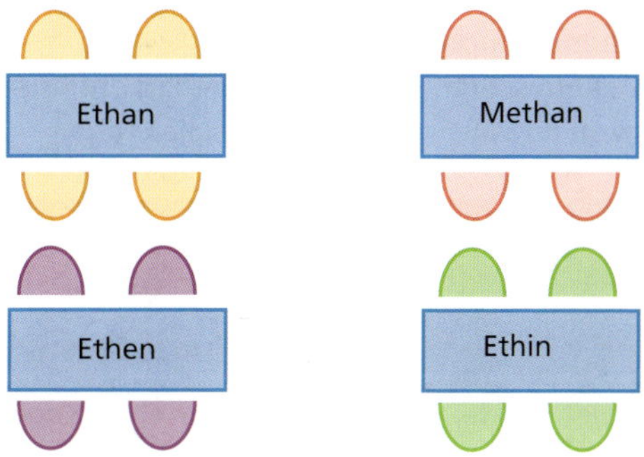

4. Schritt

Präsentation der Lernergebnisse
Findet euch wieder mit den Mitgliedern eurer Basisgruppe zusammen. Jeder Experte stellt seine Arbeitsergebnisse zu dem Teilthema vor, für das er verantwortlich war. Im Ergebnis sind alle Mitglieder der Gruppe über alle Teilthemen informiert.

(Tipp: In einer anderen Variante der Methode bearbeiten in der Basisgruppe alle das gleiche Thema. In den Expertengruppen erfolgt dann der Austausch über die unterschiedlichen Teilthemen.)

Vom Methan und anderen Alkanen

Methan ist der einfachste Kohlenwasserstoff, da die Moleküle nur ein Atom Kohlenstoff und vier Atome Wasserstoff enthalten. Im Methanmolekül sind die Wasserstoffatome durch je ein gemeinsames Elektronenpaar mit dem Kohlenstoffatom verbunden (Atombindung). Kohlenstoffatom und Wasserstoffatome sind räumlich gleichmäßig ausgerichtet (s. u.).
Methan ist Hauptbestandteil des Erdgases. Wird es als Brennstoff eingesetzt, nutzt man die Reaktion des Methans mit Sauerstoff aus, bei der Energie in Form von Wärme abgegeben wird. Diese kann im Haushalt zum Heizen oder Kochen genutzt werden und dient der Strom- und Fernwärmeerzeugung.

$$CH_4 + 2\,O_2 \longrightarrow CO_2 + 2\,H_2O; \quad Q = -888\,kJ \cdot mol^{-1}$$

Dabei dürfen keine explosiven Methan-Sauerstoff-Gemische entstehen. Im Bergbau haben solche Gemische als „schlagende Wetter“ immer wieder zu Grubenunglücken geführt.
In der chemischen Industrie ist Methan ein Ausgangsstoff für viele weitere organische Stoffe.

STECKBRIEF: Methan CH_4

Eigenschaften:
farbloses, geruchloses Gas, schwer wasserlöslich, gut löslich in organischen Lösemitteln, brennbar (blaue Flamme), bildet mit Luft explosive Gemische
Dichte: $0{,}72\ g \cdot l^{-1}$
(bei 25 °C und 101,3 kPa)
Schmelztemperatur: −182,5 °C
Siedetemperatur: −161,5 °C

Vorkommen: Hauptbestandteil des Erdgases, Grubengases und Sumpfgases; Bestandteil von Biogas; entsteht u. a. durch Mikroorganismen auf Reisfeldern und im Pansen von Wiederkäuern; am Meeresboden als Methanhydrat

Methan ist die einfachste organische Verbindung und gehört zu den Kohlenwasserstoffen. Das Gas wird als Energielieferant und Ausgangsstoff für chemische Produkte genutzt.

Mosaik

Modelle und Formeln des Methanmoleküls

Die vier Punkte, die auf dem Mantel einer Kugel am weitesten voneinander entfernt sind, bilden die Ecken eines **Tetraeders** (a).
Verbindet man jetzt den Kugelmittelpunkt (Kohlenstoffatom) mit diesen vier Eckpunkten (vier Wasserstoffatomen), erhält man die Richtung der Bindungsachsen zwischen Kohlenstoff- und Wasserstoffatomen. Das Methanmolekül hat die Form eines Tetraeders, das in Form eines **Kalottenmodells** (b) dargestellt werden kann. Hält man das dreidimensionale **Kugelstabmodell** (c) des Methanmoleküls in den Strahlengang einer Lichtquelle, zeichnet sich auf der Projektionswand das zweidimensionale Bild ab (d), aus dem sich die Strukturformel (e) ableiten und die Summenformel (f) formulieren lässt.

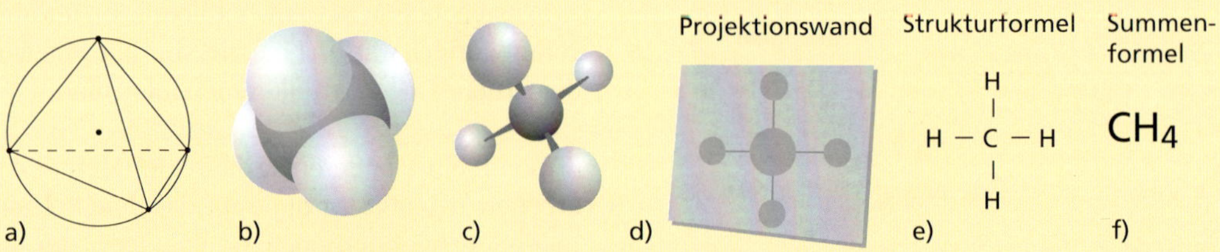

Kohlenwasserstoffe mit einer dem Methan verwandten Struktur gibt es sehr viele. So ist neben Methan noch **Ethan (C_2H_6)** im Erdgas enthalten. **Propan (C_3H_8)** und **Butan (C_4H_{10})** sind als Energieträger für Gaskocher bekannt. Langkettige Kohlenwasserstoffe wie **Heptadecan ($C_{17}H_{36}$)** haben eine feste wachsartige Konsistenz und dienen u. a. zur Herstellung von Kerzen.

Bei allen diesen Kohlenwasserstoffen sind mehrere Kohlenstoffatome jeweils durch ein gemeinsames Elektronenpaar kettenförmig miteinander verknüpft und alle restlichen Bindungsmöglichkeiten mit Wasserstoffatomen „abgesättigt“. Man bezeichnet sie als **gesättigte Kohlenwasserstoffe.**

Methan, Ethan, Propan, Butan und viele weitere gesättigte Kohlenwasserstoffe sind kettenförmig. Man nennt sie **Alkane.**

Sind in einem Molekül zwei Kohlenstoffatome durch ein gemeinsames Elektronenpaar verbunden, nennt man dies Einfachbindung. Liegen im Molekül nur Einfachbindungen vor, bezeichnet man den Stoff als gesättigte Verbindung.

Die Anzahl der Kohlenstoffatome im Molekül wird durch einen Wortstamm angegeben. Die Namen der Alkane setzen sich aus diesen Wortstämmen und der **Endung -an** zusammen.

Bedeutung der Wortstämme:

Meth	Eth	Prop	But	Pent	Hex	Hept	Oct	Non	Dec
1	2	3	4	5	6	7	8	9	10

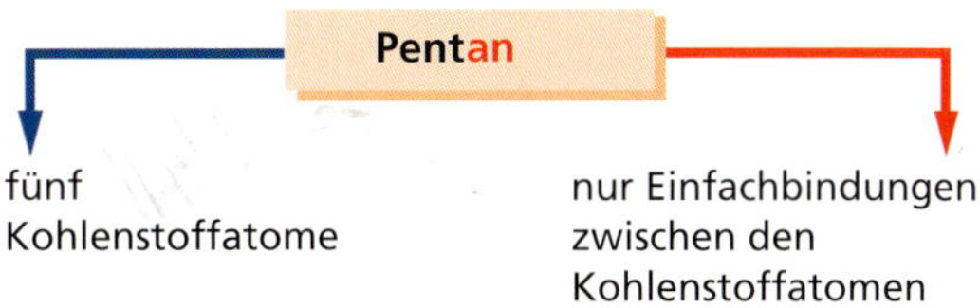

Alkane (C_nH_{2n+2}) sind kettenförmige Kohlenwasserstoffe, die zwischen den Kohlenstoffatomen der Moleküle nur Einfachbindungen aufweisen.

Aufgabe

Welche Alkane kennst du aus dem Alltag? Zähle Beispiele auf.

Ausgewählte Alkane

Name	Strukturformel des Alkans	verkürzte Strukturformel	Summenformel	Schmelztemperatur	Siedetemperatur
Methan	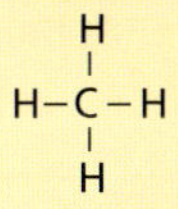	CH_4	CH_4	−182,5 °C	−161,5 °C
Ethan	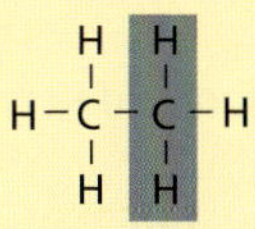	$CH_3 - CH_3$	C_2H_6	−183,3 °C	− 88,6 °C
Propan	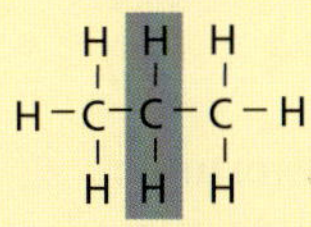	$CH_3 - CH_2 - CH_3$	C_3H_8	−187,7 °C	− 42,1 °C
Butan	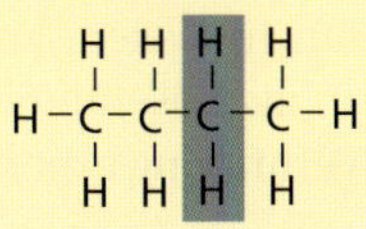	$CH_3 - CH_2 - CH_2 - CH_3$	C_4H_{10}	−138,4 °C	− 0,5 °C

Homologe Reihe der Alkane

Unterschiede und Gemeinsamkeiten

Die gemeinsamen Strukturmerkmale der Alkane bewirken Übereinstimmungen in bestimmten Eigenschaften. So verbrennen Alkane bei ausreichend Sauerstoffzufuhr vollständig:

$$C_3H_8 + 5\,O_2 \longrightarrow 3\,CO_2 + 4\,H_2O \qquad Q = -2\,245\,kJ \cdot mol^{-1}$$

Die frei werdende Energie wird u. a. in Verbrennungsmotoren und zum Heizen genutzt. Bei Sauerstoffmangel verbrennen Alkane unvollständig. Es entstehen das giftige Kohlenstoffmonooxid und/oder reiner Kohlenstoff (Ruß) und Wasser.
Die physikalischen Eigenschaften ähneln sich aufgrund der ähnlichen Strukturmerkmale ebenfalls. Alkane mischen sich nicht mit Wasser und leiten den elektrischen Strom nicht. Sie lösen jedoch organische Stoffe gut. Daher werden beispielsweise Hexan und Heptan als Lösemittel eingesetzt.
Wegen dieser ähnlichen Eigenschaften bezeichnet man die Reihe der kettenförmigen, unverzweigten Alkane auch als **homologe Reihe.**
Die -CH_2-Differenz zwischen den einzelnen Gliedern bewirkt jedoch graduelle Unterschiede. So sind nur die ersten vier Alkane bei Normbedingungen gasförmig. Pentan ist das erste flüssige Alkan. Mit zunehmender Kettenlänge wird die Beschaffenheit ölig, ab $C_{17}H_{36}$ sind die Alkane fest.

Eigenschaften der Alkane

Übereinstimmungen (ähnlicher Molekülbau)	Unterschiede (unterschiedliche Kettenlänge)
– in speziellen chemischen Reaktionen – brennbar – wasserunlöslich – gute Lösemittel für Öle, Fette – leiten elektrischen Strom nicht	– molare Masse – Dichte – Schmelztemperatur – Siedetemperatur – Aggregatzustand

Alkane bilden eine homologe Reihe. Aufeinander folgende Glieder der homologen Reihe unterscheiden sich durch eine -CH_2-Gruppe. Gleiche Strukturmerkmale führen zu ähnlichen Eigenschaften.
Aus der Zunahme der Molekülmasse resultieren aber auch graduelle Unterschiede der Eigenschaften.

Aufgaben

1. Vergleiche die Anzahl der Kohlenstoff- und Wasserstoffatome von Methan mit Ethan, von Ethan mit Propan, von Propan mit Butan. Was stellst du fest?

2. Vergleiche die Siedetemperaturen der vier Alkane (s. Tab. S. 69). Kannst du einen Zusammenhang zum Bau der Stoffe formulieren?

S Experiment

Prüfe es selbst

Aufgabe:
Überprüfe die Löslichkeit einiger Alkane in Wasser und organischen Lösemitteln.

Vorbereitung:
Geräte: Reagenzgläser, Reagenzglashalter, Pipette
Chemikalien: Heptan, , , Kerzenwachsgranulat, Wasser, Aceton, Waschbenzin

Durchführung:
Versetze Proben von Heptan und Kerzenwachs jeweils mit den Lösemitteln.
Schüttle die Mischungen und lass sie dann eine Weile stehen.

Beobachtung und Auswertung:
Notiere die Beobachtungen und stelle eine Vermutung darüber auf, für welche Stoffe Heptan und Waschbenzin als Lösemittel geeignet sind. Überprüfe die Vermutung experimentell.

Physikalische Eigenschaften – auch ein „Strukturproblem"

Versucht man, Alkane mit Wasser zu mischen, erhält man keine einheitliche Lösung, sondern zwei getrennte Schichten (Abb. 1).

Wie bei allen Eigenschaften liegt auch die Ursache für die schlechte Wasserlöslichkeit der Alkane in der Struktur ihrer Moleküle. Als Beispiel soll hier das **Methanmolekül** betrachtet werden (Abb. 2).
Die gemeinsamen Elektronenpaare werden von den Kohlenstoffatomen und Wasserstoffatomen fast gleich stark angezogen, sodass ein **unpolares** Molekül entsteht ist. Es weist die Form eines Tetraeders auf. Diese Anordnung der Atome ist ein immer wiederkehrendes, charakteristisches Strukturelement aller Alkane. Auch die langkettigen Moleküle sind unpolar, sodass zwischen ihnen nur schwache **zwischenmolekulare Kräfte** herrschen.
Im **Wassermolekül** ist das Sauerstoffatom ebenfalls von vier Elektronenpaaren umgeben, davon sind jedoch nur zwei bindend, die anderen beiden nicht bindend. Aus dieser Tatsache ergibt sich die gewinkelte Struktur des Moleküls. Der Atomkern des Sauerstoffatoms zieht die gemeinsamen Elektronenpaare stärker an als die Kerne der Wasserstoffatome (**polare Atombindung**). Dadurch entsteht am Sauerstoffatom ein negativer Ladungsschwerpunkt, der durch die nicht bindenden Elektronenpaare noch verstärkt wird. Zwischen den Wasserstoffatomen entsteht dagegen ein positiver Ladungsschwerpunkt. Wassermoleküle sind daher **Dipole.**
Zwischen den polaren Wassermolekülen besteht eine deutlich stärkere Anziehung als zwischen den unpolaren Alkanmolekülen. Zudem werden Wasserstoffbrückenbindungen ausgebildet. Diese unterschiedlichen Kräfte bedingen die schlechte **Löslichkeit** der Alkane im Wasser.
Die zwischenmolekularen Kräfte, die zwischen unpolaren Alkanmolekülen und polaren Wassermolekülen in einer Mischung wirken, sind extrem schwach. Deshalb ist es aus energetischer Sicht günstiger, wenn sich beide Molekülarten in getrennten Schichten befinden, wo sie von gleichartigen Molekülen umgeben sind. Deshalb gilt für Lösungen die Faustregel: **Ähnliches löst sich in Ähnlichem.**
Zudem beobachtet man, dass Benzin und Heizöl, genauso wie Heptan (Abb. 1) auf dem Wasser schwimmen, also die obere Schicht bilden. Da zwischen Alkanmolekülen nur schwache zwischenmolekulare Anziehungskräfte wirken, sind die Abstände zwischen den Molekülen relativ groß und die Dichte dieser Alkane ist geringer als die des Wassers. Die größere Dichte des Wassers resultiert u. a. aus den geringeren Abständen zwischen den Wassermolekülen. Ursache dafür sind die stärkeren zwischenmolekularen Kräfte und die Wasserstoffbrückenbindungen.

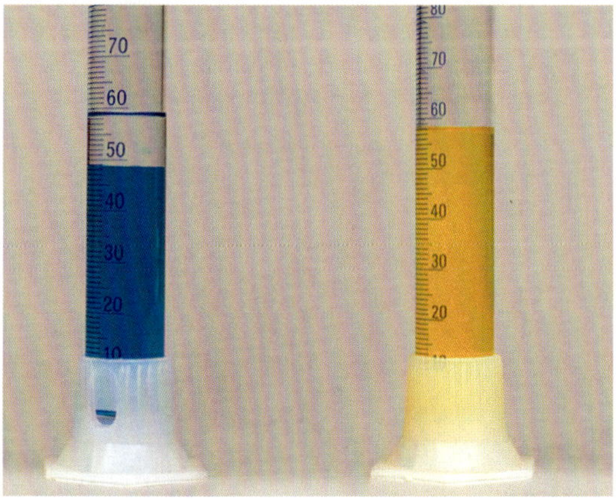

1 Heptan löst sich nicht in Wasser (links – Wasser blau angefärbt), aber gut in Öl (rechts).

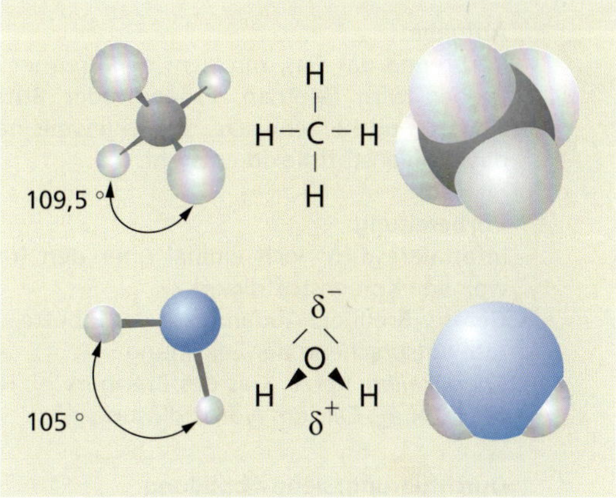

2 Vergleich der Modelle des Methanmoleküls und des Wassermoleküls

Mosaik

Volumenberechnung bei der Verbrennung von Alkanen

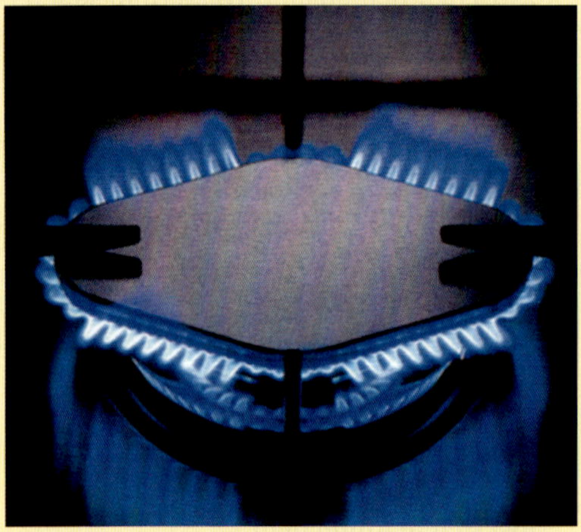

Erdöl und Erdgas sind fossile Energieträger. Es handelt sich um Stoffgemische, die zu einem großen Teil aus Kohlenwasserstoffen bestehen.
Erdgas enthält hauptsächlich Methan, zu einem geringeren Anteil auch Ethan. Da es sich aus kurzkettigen Kohlenwasserstoffen zusammensetzt, handelt es sich um ein Gasgemisch.
Das Stoffgemisch Erdöl enthält sehr viele verschiedene Kohlenwasserstoffe mit unterschiedlicher Konsistenz.

Sowohl kurzkettige Kohlenwasserstoffe aus dem Erdgas als auch Kohlenwasserstoffe mit längeren Ketten, die aus dem Erdöl stammen, werden als Energieträger genutzt.
Dazu werden die jeweiligen Kohlenwasserstoffe verbrannt. Bei ausreichender Sauerstoffzufuhr verbrennen sie vollständig. Bei der vollständigen Verbrennung entstehen immer Kohlenstoffdioxid (s. Experiment) und Wasser.

$$CH_4 + 2\,O_2 \longrightarrow CO_2 + 2\,H_2O$$

$$2\,C_8H_{18} + 25\,O_2 \longrightarrow 16\,CO_2 + 18\,H_2O$$

Reicht der Sauerstoff nicht aus, erfolgt eine unvollständige Verbrennung. Dabei bilden sich auch Kohlenstoffmonooxid (CO) und Ruß (C).

$$C_8H_{18} + 8\,O_2 \longrightarrow 2\,CO_2 + 3\,CO + 3\,C + 9\,H_2O$$

Kohlenstoffmonooxid ist giftig. Wird das Gas eingeatmet, erstickt der Mensch. Um die Bildung dieses giftigen Gases zu verhindern, ist es u. a. wichtig zu wissen, wie viel Sauerstoff für die vollständige Verbrennung benötigt wird.
Bildet sich als Reaktionsprodukt Kohlenstoffdioxid, ist das Gas zwar nicht giftig, es handelt sich aber um ein Treibhausgas.

S Experiment

Prüfe es selbst

Aufgabe:
Verbrenne das Gas, mit dem der Brenner betrieben wird (Methan, Propan oder Butan), Heptan und Kerzenwachs. Weise jeweils nach, dass Kohlenstoffdioxid entsteht.

Vorbereitung:
Informiere dich noch einmal über den Nachweis von Kohlenstoffdioxid.
Geräte: Brenner, Abdampfschale, Pipette, Geräte entsprechend der Zeichnung
Chemikalien: Kerze, Gas des Brenners, Heptan, Calciumhydroxidlösung

Durchführung: siehe Abbildung

Beobachtung und Auswertung:
1. Notiere die Beobachtungen und werte aus.
2. Wie müsste das Experiment abgewandelt werden, um eine quantitative Messung des gebildeten Kohlenstoffdioxids zu ermöglichen?

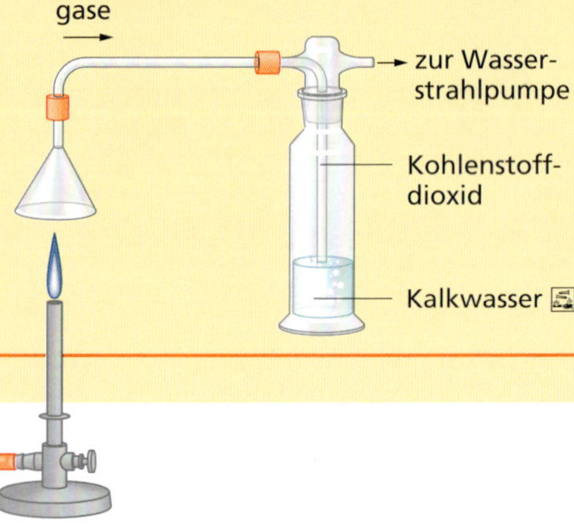

Daher interessiert die Menge an freigesetztem Kohlenstoffdioxid. Eine besondere Rolle spielt diese Information, um abzuschätzen, wie viel Kohlenstoffdioxid beispielsweise von einem Heizkraftwerk pro Jahr in die Atmosphäre abgegeben wird.
Da sich Deutschland verpflichtet hat, die Abgabe von Kohlenstoffdioxid an die Umwelt insgesamt zu senken, sind solche Volumenberechnungen von besonderer Bedeutung.

Untersucht man, ob sich zwischen den Massen und den Volumina der Stoffportionen beim Verbrennen der Kerze Zusammenhänge feststellen lassen, kommt man zu folgendem Ergebnis (s. Tab. und Grafik): Es liegt Proportionalität vor.

Die Massen und die Volumina bei einer chemischen Reaktion stehen in festen Verhältnissen zueinander.
Auch die Masse des Kohlenwasserstoffs (Beispiel Octadecan) und das Volumen des Kohlenstoffdioxids bzw. des Sauerstoffs sind proportional zueinander. Der Quotient aus beiden Werten ist konstant.

$$m_{C_{18}H_{38}} \sim V_{CO_2} \qquad \frac{m_{C_{18}H_{38}}}{V_{CO_2}} = \text{konstant}$$

$$m_{C_{18}H_{38}} \sim V_{O_2} \qquad \frac{m_{C_{18}H_{38}}}{V_{O_2}} = \text{konstant}$$

Bei chemischen Reaktionen reagieren die Stoffe in festen Massen- und Volumenverhältnissen miteinander.

$$m_1 \sim V_2 \quad \text{bzw.} \quad \frac{m_1}{V_2} = \text{konstant}$$

Ebenso wie für die Berechnung von Massen kann man diese Tatsache für Volumenberechnungen nutzen.

$$\frac{m_1}{V_2} = \frac{M_1 \cdot n_1}{V_m \cdot n_2} \quad \text{oder} \quad \frac{V_1}{m_2} = \frac{V_m \cdot n_1}{M_2 \cdot n_2}$$

Die erforderlichen Größen werden für die Berechnung aus der Reaktionsgleichung bzw. aus Tabellen entnommen.

$$2\ C_{18}H_{38} + 55\ O_2 \longrightarrow 36\ CO_2 + 38\ H_2O$$

$m_{C_{18}H_{38}}$	V_{CO_2}	$\frac{m_{C_{18}H_{38}}}{V_{CO_2}} = \left(\frac{m_1}{V_2}\right)$
25,4 g	40,32 l	0,63 g/l
10,4 g	15,9 l	0,63 g/l
5,0 g	7,95 l	0,63 g/l
1,0 g	1,59 l	0,63 g/l

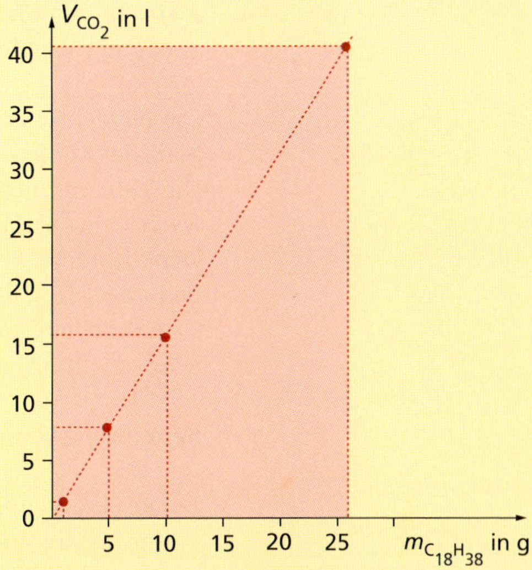

Aus der Größengleichung ergibt sich, dass die Volumenverhältnisse bei Reaktionen von Gasen den Stoffmengenverhältnissen entsprechen.

$$\frac{V_1}{V_2} = \frac{(V_m) \cdot n_1}{(V_m) \cdot n_2} = \frac{n_1}{n_2}$$

Aufgaben

1. *Welches Volumen wird von 3 mol O_2 bzw. von 1,5 mol CH_4 eingenommen?*

2. *Gib das Volumenverhältnis von Sauerstoff und Kohlenstoffdioxid bei der vollständigen Verbrennung von Octadecan an.*

Thema

C_4H_{10} n-Butan

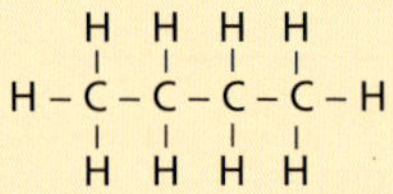

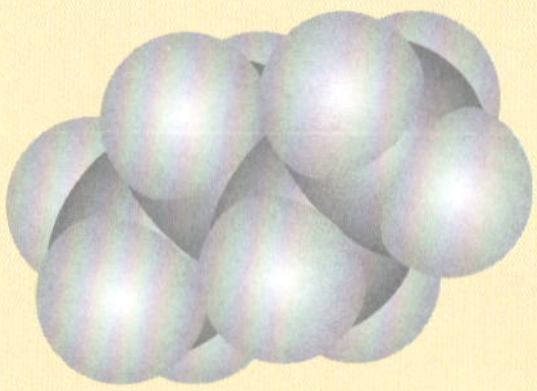

Siedetemperatur 0,5 °C

C_4H_{10} i-Butan

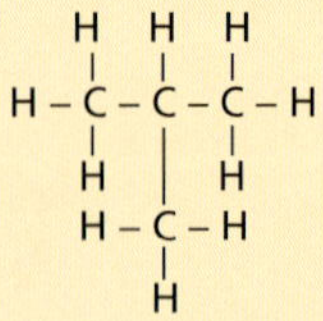

2-Monomethylpropan

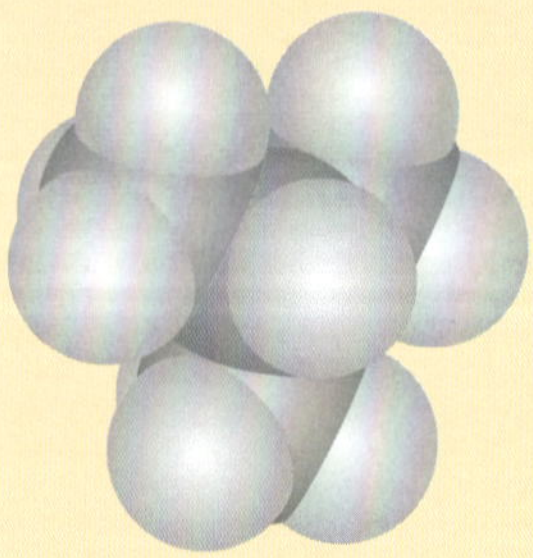

Siedetemperatur –12 °C

Recherchiere im Internet, was Isomerie bedeutet.

Isomerie

Der Chemiker spricht von Isomerie, wenn die Moleküle der Verbindungen aus der gleichen Anzahl der gleichen Atome bestehen. Die Anordnung dieser Atome innerhalb der Moleküle ist jedoch unterschiedlich.
Dadurch ergeben sich unterschiedliche Eigenschaften der Verbindungen (z B. Geruch, Siede- und Schmelztemperaturen, chemische Reaktionsfähigkeit). Solche Verbindungen bezeichnet man als Isomere. In der Chemie haben Isomere die gleiche Summenformel, aber unterschiedliche Strukturformeln.

Die einfachste Form ist die Bildung von Isomeren durch Verzweigung der Kohlenstoffketten (Struktur- bzw. Konstitutionsisomerie). Die Zahl der möglichen Isomere mit der gleichen Summenformel wächst mit der Zahl der Atome: Methan, Ethan und Propan besitzen keine Isomere, Butan (C_4H_{10}) hat zwei mögliche Isomere (s. Abb.). Pentan (C_5H_{12}) besitzt drei Isomere, Hexan (C_6H_{14}) fünf.
Grundsätzlich gilt, dass verzweigte Verbindungen niedrigere Schmelz- und Siedetemperaturen haben als unverzweigte.

Benennung von verzweigten Verbindungen:

1. Die längste durchlaufende Kette (**Hauptkette**) wird gesucht. Aus der Anzahl ihrer Kohlenstoffatome ergibt sich der Grundname. Die Kohlenstoffatome werden von dem Ende aus nummeriert, dem eine Verzweigung am nächsten ist.

2. Vor dem Grundnamen steht der Name der Seitenkette (Alkylrest). Die **Alkylreste** werden alphabetisch sortiert (Ethyl-, Methyl-). Gleichartige **Alkylreste** werden zusammengefasst und durch **Zahlwörter** (mono-, di-, tri-, tetra-, penta-, ...) als Vorsilbe gekennzeichnet.

3. **Arabische Ziffern** (Nummerierung der Kohlenstoffatome in der Hauptkette) mit Bindestrich geben die Stellung der Alkylreste an der Hauptkette an.

... und mehr

Informiere dich auch unter: *Formeln und Bedeutung organischer Stoffe mit C- und H-Atomen*

Substitution – eine typische Reaktion der Alkane

Alkane reagieren besonders gut mit Sauerstoff (s. S. 116) oder mit einigen Halogenen. Damit die Reaktion stattfinden kann, muss den Ausgangsstoffen zuerst Energie zugeführt werden (Aktivierungsenergie E_A).
Bei der Reaktion mit Halogenen werden Wasserstoffatome der Kohlenwasserstoffmoleküle durch Halogenatome ersetzt. Aus zwei Ausgangsstoffen entstehen zwei Reaktionsprodukte. Der Bindungsgrad der an der Reaktion beteiligten Bindung bleibt erhalten.

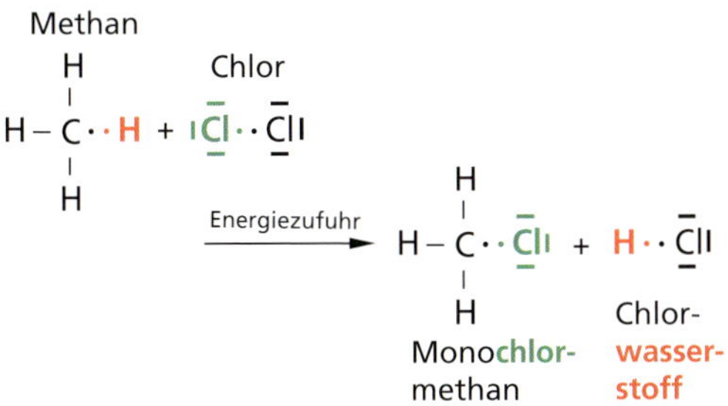

Diese chemische Reaktion nennt man **Substitution** (lat.: substituere = ersetzen). Sie ist die typische Reaktion der Alkane. Dabei entstehen **Derivate** (Abkömmlinge) der Kohlenwasserstoffe, die man als Halogenalkane bezeichnet. Als zweites Reaktionsprodukt erhält man immer einen Halogenwasserstoff.

Die Substitution ist eine chemische Reaktion, bei der Atome oder Atomgruppen in Molekülen organischer Verbindungen wechselseitig ausgetauscht werden.

1 Reaktion von Heptan mit Brom

Der Verlauf der Substitution lässt sich an einem einfachen Lehrerexperiment gut verfolgen (s. Abb. 1). Dazu gibt man in eine dreigeteilte verschließbare Glasschale folgende Chemikalien:

erstes Drittel: Heptan mit Brom
zweites Drittel: Universalindikatorlösung
drittes Drittel: Sibernitratlösung

Wird das Reaktionsgefäß stark belichtet, läuft eine fotochemische Reaktion ab. Das Stoffgemisch aus dem ersten Drittel entfärbt sich und eine Gasentwicklung ist zu beobachten. Unitest verändert seine Farbe von Grün nach Rot und im Segment mit der Silbernitratlösung fällt ein hellgelber Niederschlag aus.
Die Entfärbung des ersten Drittels zeigt, dass Brom und Heptan reagiert haben. Im Ergebnis der Substitution entstehen farbloses Monobromheptan und Bromwasserstoff.

$$C_7H_{16} + Br_2 \longrightarrow C_7H_{15}Br + HBr$$

Bromwasserstoff ist gasförmig und gelangt deshalb in das zweite und dritte Segment. In Wasser reagiert Bromwasserstoff ähnlich wie Chlorwasserstoff und bildet eine saure Lösung. Die dabei entstandenen Wasserstoff-Ionen färben die Unitestlösung rot.

$$HBr \longrightarrow H^+ + Br^-$$

Im dritten Segment reagieren die Silber-Ionen mit den Bromid-Ionen, die bei der Reaktion von Bromwasserstoff mit Wasser gebildet wurden. Dabei fällt hellgelbes Silberbromid als schwer löslicher Niederschlag aus.

$$Ag^+ + Br^- \longrightarrow AgBr\downarrow$$

Aufgabe

Stelle die Wortgleichung und die chemische Gleichung für die Reaktionen von Monochlormethan mit Chlor und für die weitere schrittweise Substitution von Chlor auf. Benenne jeweils das Reaktionsprodukt.

Mosaik

Wahlbereich: Halogenkohlenwasserstoffe – Wundermittel oder Ozonkiller

Kohlenwasserstoffe, bei denen Wasserstoffatome durch ein oder mehrere Halogenatome substituiert wurden, bezeichnet man als Halogenkohlenwasserstoffe (s. Abb. 2, S. 123). Dabei unterscheidet man zwischen Chlorkohlenwasserstoffen – CKW (besitzen Chloratome in den Molekülen), Fluorchlorkohlenwasserstoffen – FCKW (besitzen Chlor- und Fluoratome in den Molekülen) oder Halonen (besitzen Bromatome in den Molekülen).

Die Eigenschaften dieser sehr umfangreichen chemischen Gruppe niedermolekularer organischer Verbindungen sind ausgesprochen vielfältig.

So können einige Vertreter der Halogenkohlenwasserstoffe in der Kältetechnik oder als Feuerlöschmittel eingesetzt werden, während andere als Treibgas, Lösemittel oder sogar als Insektizide Verwendung finden (s. Tabelle).

Früher wurden ungiftige FCKW in großem Umfang hergestellt und eingesetzt, da man sie für unschädlich hielt.

Ausgewählte Halogenalkane

Bezeichnung/Formel	Frühere Verwendung
Trichlormethan (Chloroform) $CHCl_3$	Lösemittel, früher Narkosemittel
Tetrachlormethan (Tetra) CCl_4	Lösemittel, chemische Reinigung von Textilien
Monochlorethan (Chlorethyl) C_2H_5Cl	Kältespray für örtliche Betäubung („Vereisung")
Difluordichlormethan (Freon-12) CF_2Cl_2	Kältetechnik, Treibgas für Spraydosen
Trifluortrichlorethan (Frigen 113) $C_2F_3Cl_3$	Kältetechnik
Trifluorbrommethan (Halon) CF_3Br	Feuerlöschmittel
Dichlordiphenyltrichlorethan (DDT)	Insektizid

Allerdings wurde 1985 von Atmosphärenforschern eine alarmierende Entdeckung veröffentlicht. Von 1977 bis 1984 hatte die Ozonschicht über der Antarktis um 40 % abgenommen. Ursache sind CKW und FCKW. Durch Lichteinstrahlung bilden sich in der Ozonschicht Chlorradikale (Radikale = reaktive Atome oder Atomgruppen), die wiederum mit Ozon reagieren und zur Zerstörung der Ozonschicht führen.

Im Gegensatz zum schädlichen bodennahen Ozon („Sommersmog") ist die Ozonschicht in der Stratosphäre für das Leben auf der Erde essenziell, denn sie absorbiert die harte UV-Strahlung – Ozon: oben hui, unten pfui!

Nachdem das die Ozonschicht schädigende Potenzial der FCKW entdeckt wurde, begann die Suche nach möglichen Ersatzstoffen. Teilhalogenierte und vor allem chlorfreie Kohlenwasserstoffe sollten dabei Abhilfe schaffen. Doch auch diese Ersatzstoffe weisen ein – zwar geringeres – Ozonabbaupotenzial und ein Treibhauspotenzial auf. Darüber hinaus sind sie vielfach technisch weniger gut geeignet und sind durch erhöhte Toxizität und Brennbarkeit gekennzeichnet.

Aufgrund der schädigenden Wirkung der FCKW wurde in Deutschland 1991 die FCKW- und Halon-Verbotsordnung beschlossen, die den schrittweisen Ausstieg aus der Verwendung dieser Stoffe regelt.

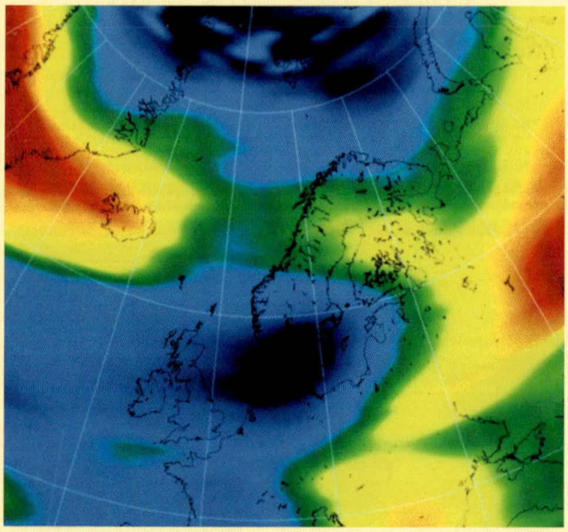

1 Ozonloch über Europa – eine Auswirkung der Reaktion von FCKW mit dem Ozon

Auch das 1997 in Kyoto verabschiedete Protokoll (2005 in Kraft getreten) und Vereinbarungen der Montrealer Klimakonferenz (2005) sollen für eine weltweite Reduzierung der Emissionen von ozonschädigenden Substanzen und Treibhausgasen sorgen.

Obwohl sich mittlerweile in vielen Bereichen halogenfreie Alternativen für Industrie und Haushalt durchgesetzt haben, ist das Gefährdungspotenzial für die Ozonschicht durch FCKW nicht deutlich gemindert. Dies liegt zum einen daran, dass einige CKW unverzichtbar sind und daher weiter produziert werden (DDT zur Bekämpfung der Malariamücke). Zum anderen sind viele der früher verwendeten CKW gefährliche Umweltgifte mit langer Verweildauer im Boden. Hier liegen sie zwar vorerst in gebundener oder inaktivierter Form vor, können aber jederzeit durch mikrobiologische Prozesse wieder freigesetzt werden. Zum Aufstieg in die Stratosphäre benötigen sie 20 bis 30 Jahre. Sie stellen damit ein schwer einschätzbares Risiko dar. War der Ozonabbau in der Vergangenheit ein fernes Problem über der Antarktis, so ist das Auftreten von Ozonlöchern heute auch im Norden Europas zu einer hautnahen Schwierigkeit geworden (Abb. 1).

Im November 2006 fand erneut eine Weltklimakonferenz in Nairobi statt.

1 Ohne Sonnenschutz kann die UV-Strahlung zu Sonnenbrand und Hautkrebs führen.

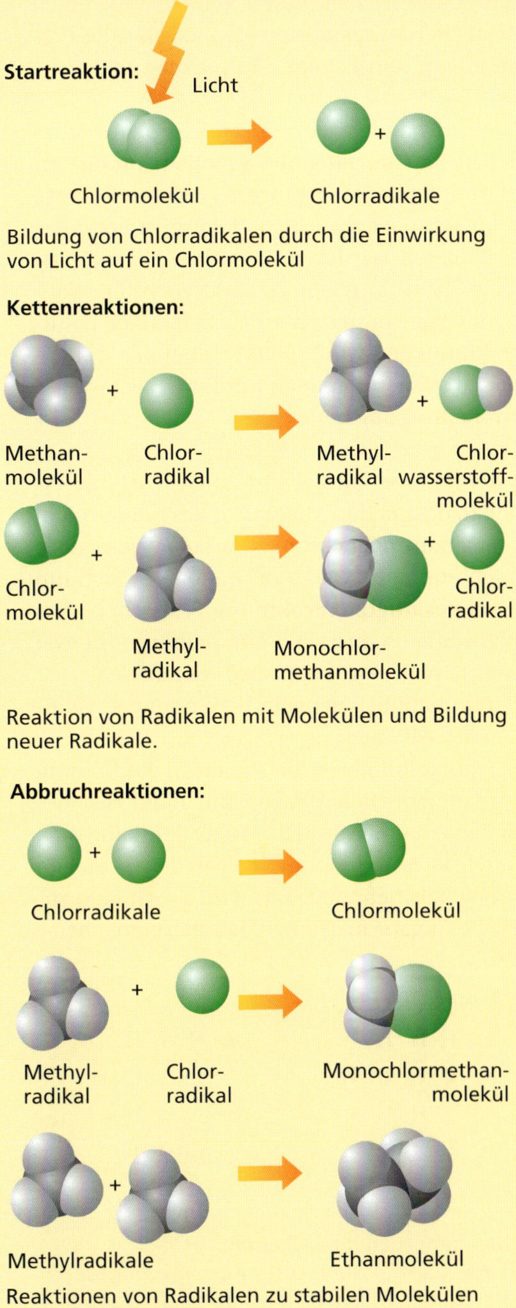

2 Mechanismus der Reaktion von Alkanen mit Halogenen zu CKW

Ethen – ein wichtiges Alken

Ethen (Ethylen) stellt in der Petrolchemie einen wesentlichen Ausgangsstoff dar, u.a. für die Produktion von Kunststoffen (Polyethylen und Polyester).
Außerdem handelt es sich um ein pflanzliches Hormon, das in reifenden Früchten produziert wird und den Reifungsprozess beeinflusst. Diese Erkenntnis nutzt man beim Transport von Obst aus. Bananen werden z.B. in ihrem Herkunftsland noch in unreifem Zustand geerntet. Während des Transportes unterdrückt man die natürliche Produktion von Ethen. Erst bei uns werden die noch grünen Bananen mit Ethen begast und so zur Reifung angeregt.

Aus der Summenformel von Ethen (C_2H_4) ist erkennbar, dass in den Molekülen des Ethens nicht die maximal mögliche Anzahl von Wasserstoffatomen enthalten ist. Somit handelt es sich um eine **ungesättigte Verbindung.** Zwischen den Kohlenstoffatomen ist eine **Doppelbindung** (zwei gemeinsame Elektronenpaare) ausgebildet.
Ethen und ähnlich gebaute Verbindungen gehören zu den **Alkenen.**
Die Doppelbindung ist im Namen an der **Endung -en** erkennbar. Bei Alkenen mit mehr als drei Kohlenstoffatomen in den Molekülen kann sich die Mehrfachbindung an verschiedenen Stellen des Moleküls befinden. Das wird durch eine zusätzliche Angabe im Namen deutlich gemacht.

Beispiel:

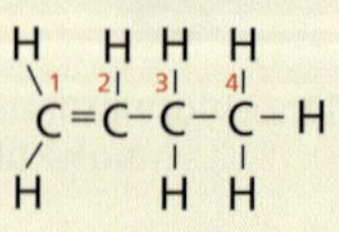

But-1-en

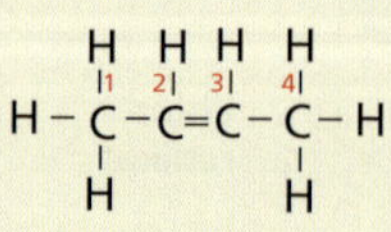

But-2-en

Ethen gehört zu den Alkenen.
Alkene (C_nH_{2n}) sind kettenförmige ungesättigte Kohlenwasserstoffe mit einer Doppelbindung zwischen zwei benachbarten Kohlenstoffatomen und Einfachbindungen zwischen den übrigen Kohlenstoffatomen im Molekül.

STECKBRIEF: Ethen C_2H_4

Eigenschaften:
farbloses, süßlich riechendes Gas, brennt mit leuchtender Flamme, sehr reaktionsfähig, bildet mit Sauerstoff explosive Gemische
Dichte: 1,260 $g \cdot l^{-1}$
Schmelztemperatur: −160,2 °C
Siedetemperatur: −103,7 °C

Struktur:

Kugelstabmodell

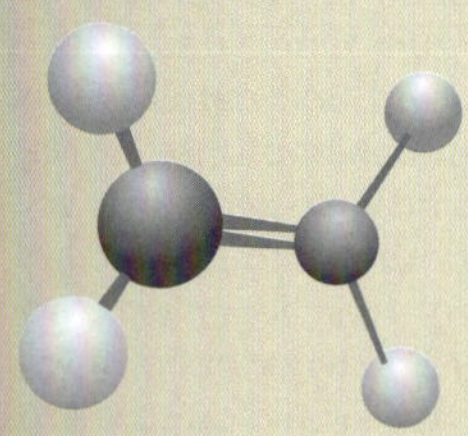

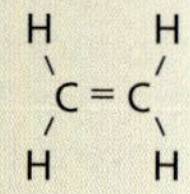

Strukturformel

$CH_2 = CH_2$
verkürzte Strukturformel

Kalottenmodell

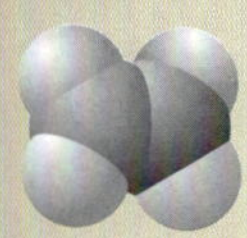

C_2H_4
Summenformel

Aufgaben

1. Baue das Ethenmolekül und das Propenmolekül mit dem Molekülbaukasten nach.

2. Warum reifen Tomaten nach, wenn sie in einem Topf mit reifen Äpfeln aufbewahrt werden?

3. Notiere die Strukturformeln für Ethen, Propen, But-1-en und Pent-1-en. Leite die Summenformeln ab.

4. Notiere alle möglichen Strukturformeln für einen kettenförmigen Kohlenwasserstoff mit der Summenformel C_5H_{10}.

Addition und Eliminierung

Man könnte annehmen, dass Mehrfachbindungen zwischen Kohlenstoffatomen im Molekül des Ethens eine hohe Stabilität der Verbindungen bewirken, diese also reaktionsträge sind.
Im Experiment wird jedoch sichtbar, dass das nicht der Fall ist (s. Abb. 1). Bromwasser wird bei der Reaktion mit Ethen und Ethin (s. S. 127) entfärbt. Die Reaktion erfolgt sehr leicht und ohne zusätzliche Energiezufuhr, denn die Mehrfachbindungen sind energiereicher als eine Einfachbindung und können dadurch leichter gelöst werden.
Die **Entfärbung von Bromwasser** (ohne zusätzliche Energiezufuhr) dient auch als **Nachweis der Mehrfachbindung** im Molekül eines Stoffes.
Reagiert z. B. Ethen mit Brom, wird die Doppelbindung gelöst und jeweils eine Bindung zu je einem Bromatom ausgebildet. Zwischen den Kohlenstoffatomen verbleibt eine Einfachbindung. Diese Reaktion bezeichnet man als **Additionsreaktion bzw. Addition.** Man sagt: Brom wird an die Doppelbindung im Alken addiert.
Neben Brom kann auch Wasserstoff addiert werden (Hydrierung – s. u.). Diese Reaktion spielt beispielsweise bei der Fetthärtung eine Rolle.
In der chemischen Industrie ist oft die umgekehrte Reaktion von Bedeutung. Unter der Wirkung von Katalysatoren und Energiezufuhr wird z. B. Wasserstoff aus Alkanen abgespalten (eliminiert). Damit entstehen z. B. Alkene. Die Abspaltung von Wasserstoff wird als Dehydrierung (s. u.) bezeichnet.

L Experiment

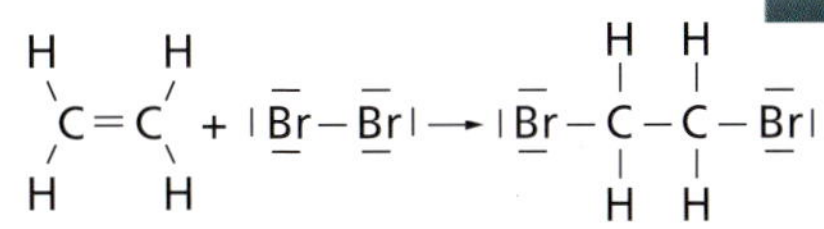

$$CH_2 = CH_2 \; + \; Br_2 \; \rightarrow \; CH_2Br - CH_2Br$$

$$C_2H_4 \; + \; Br_2 \; \rightarrow \; C_2H_4Br_2$$

1,2-Dibromethan

1 Ethen reagiert mit Brom.

Die Addition ist eine chemische Reaktion, bei der Atome oder Atomgruppen an Mehrfachbindungen in Molekülen ungesättigter Verbindungen angelagert werden.

Die Eliminierung ist eine chemische Reaktion, bei der aus Molekülen des Ausgangsstoffes Atome oder Atomgruppen unter Ausbildung von Mehrfachbindungen abgespalten werden.

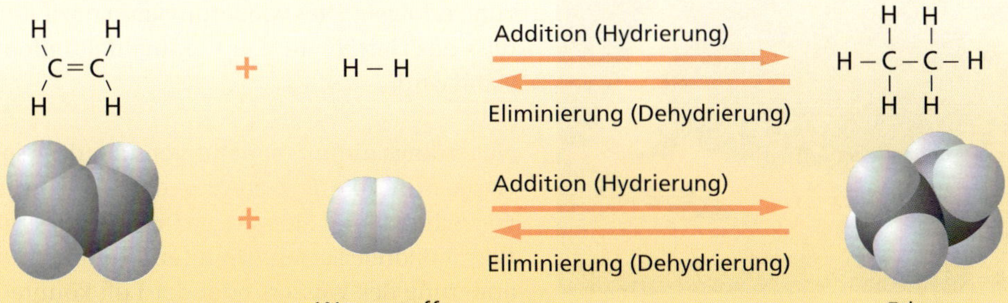

Chemie im Kontext

Methan – ein Gas voller Überraschungen

Methan ist als relativ umweltschonender Energieträger im Gespräch, weil bei seiner Verbrennung weniger Kohlenstoffdioxid freigesetzt wird als bei anderen fossilen Brennstoffen. In dem Zusammenhang ist neuerdings von großen Lagerstätten mit Methanhydrat die Rede.
Recherchiere, was Methanhydrat ist, und notiere Argumente, die für und gegen den Einsatz von Methanhydrat als Energiequelle sprechen.

Gibt man bei der Informationssuche im Internet das Suchwort „Methanhydrat" ein, erhält man vielfältige Informationen.
Methanhydrat wird auch als brennbares Eis bezeichnet (s. Abb. 1). Es besteht aus Methan, welches in gefrorenem Wasser eingelagert ist. Die Wassermoleküle umschließen das Methan vollständig. Es bildet sich bei tiefen Temperaturen und hohem Druck – Bedingungen, die am Boden der Ozeane herrschen. Besonders an den Kontinentalrändern, wo der Meeresboden zur Tiefsee abfällt, lagern große Mengen dieses Stoffes (schätzungsweise zwölf Trillionen Tonnen). Das würde bedeuten, dass die gebundene Kohlenstoffmenge in ihm mindestens doppelt so hoch ist wie die Menge an Kohlenstoff in Erdöl-, Erdgas- und Kohlevorkommen zusammen. In Anbetracht der sinkenden Vorräte an Erdöl und Erdgas

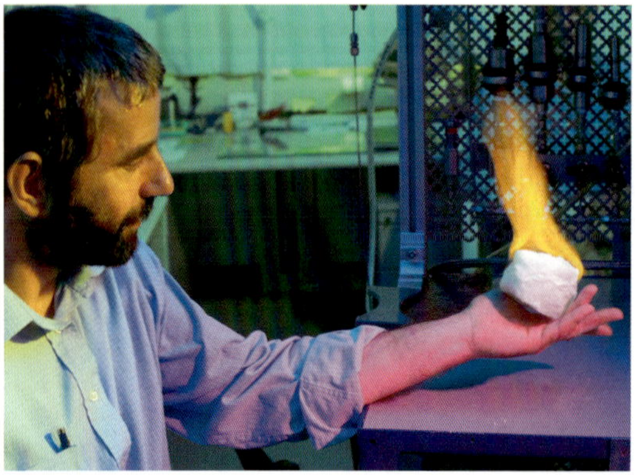

1 Brennendes Methanhydrat

könnte Methanhydrat eine Energiequelle der Zukunft sein.
Allerdings gibt es beim Abbau Probleme. Bei steigender Temperatur und sinkendem Druck entweicht Methan. Der Zerfall erfolgt schon, während das Methanhydrat zur Meeresoberfläche transportiert wird. Abgesehen von den technischen Problemen sind die Folgen des Abbaus und der Nutzung des Methanhydrats noch nicht abzuschätzen.

Methan ist ein Treibhausgas, das wesentlichen Einfluss auf das Klima hat. Der Effekt ist 20 mal so stark wie der von Kohlenstoffdioxid. Wird beim Abbau des Methanhydrats ungenutztes Methan freigesetzt und gelangt es in die Atmosphäre, so kann dies weitreichende Folgen haben.
Ein weiterer Fakt muss ebenso in Betracht gezogen werden: auch wenn weniger CO_2 als bei der Verbrennung anderer fossiler Brennstoffe frei wird, entsteht das Gas ebenso bei der Verbrennung von Methan. Somit wird ein weiteres Treibhausgas freigesetzt. Die riesige Menge an gebundenem Kohlenstoff würde bei der Verbrennung erheblichen Einfluss auf den Kohlenstoffdioxidgehalt der Atmosphäre haben und somit zur Verstärkung des Treibhauseffektes führen.
Einige Klimaforscher gehen davon aus, dass es durch die globale Erwärmung zu einer Fließänderung des Golfstromes kommt und sich so gerade die Gebiete am Meeresboden erwärmen könnten, in denen sich die Lagerstätten des Methanhydrats befinden. So könnte es zur Instabilität und Freisetzung von Methan mit weiteren Folgen für das Klima kommen.
Durch unterseeische Beben an den Kontinentalrändern kann ebenfalls eine spontane Gasfreisetzung erfolgen. Dies wiederum kann dazu führen, dass das Gestein an den Kontinentalrändern instabil wird.

Neuerdings nimmt man übrigens an, dass solche Gasaustritte die Ursache für das Verschwinden von Schiffen und Flugzeugen im geheimnisvollen Bermudadreieck sein könnten. Die Dichteveränderung des Wassers oder der Luft könnte zum Sinken bzw. zum Absturz geführt haben.

Ethin – brennbarer „Geist" der Lampe

Anfang des 19. Jh. erfand Sir HUMPHRY DAVY (1778 - 1829) die nach ihm benannte Sicherheitslampe für Bergleute. Sie enthielt Calciumcarbid und Wasser und verhinderte die Explosion sowohl des entstehenden Gases als auch der Gase im Bergwerk.

a) Informiere dich über den Kohlenwasserstoff Ethin.

b) Erkläre die Funktionsweise der Carbidlampe.

STECKBRIEF: Ethin C_2H_2

Eigenschaften:
farbloses, fast geruchloses Gas; brennt an der Luft mit leuchtender, stark rußender Flamme; sehr reaktionsfähig, bildet hochexplosive Gemische mit Luft oder Sauerstoff
Dichte: $1{,}170\ g \cdot l^{-1}$
Schmelztemperatur: −80,8 °C
Siedetemperatur: −84,0 °C

Struktur:

Kugelstabmodell

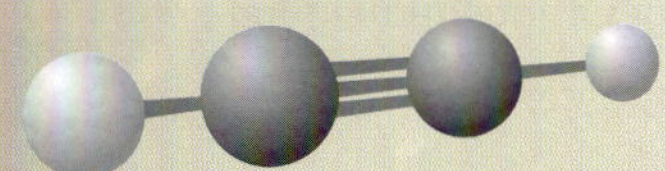

$H-C\equiv C-H$
Strukturformel

Kalottenmodell

$CH\equiv CH$
verkürzte Strukturformel

C_2H_2
Summenformel

Ethin (Acetylen – C_2H_2) stellt, genauso wie Ethen, einen wesentlichen Ausgangsstoff für die Herstellung vielfältiger organischer Substanzen dar. Es findet als Schweißgas und als Gas im Schneidbrenner Verwendung.

Zum Schweißen wird das Gasgemisch so reguliert, dass mit einem Überschuss an Ethin gearbeitet werden kann. Dabei entsteht eine Flamme mit reduzierender Wirkung, damit das geschmolzene Metall nicht oxidiert wird.

Das Prinzip des Schneidbrenners basiert hingegen auf seiner oxidierenden Flamme, mit der das Metall an der zu trennenden Stelle im reinen Sauerstoffstrom „verbrannt" wird.

Ethinmoleküle bestehen aus je zwei Kohlenstoffatomen und zwei Wasserstoffatomen. Es handelt sich wie beim Ethen um eine **ungesättigte Verbindung.** Zwischen den Kohlenstoffatomen existieren jedoch drei Atombindungen – **Dreifachbindung.** Ethin ist der einfachste Vertreter der **Alkine.**

Die Carbidlampe enthält einen Behälter mit Calciumcarbid (unterer Teil) und einen Behälter mit Wasser. Lässt man Wasser auf das Calciumcarbid tropfen, erfolgt eine chemische Reaktion, bei der Ethin entsteht.

$$CaC_2 + 2\,H_2O \longrightarrow C_2H_2 + Ca(OH)_2$$

Die Reaktion von Ethin mit Sauerstoff verläuft exotherm. Sie setzt neben der Wärmeenergie auch die erforderliche Lichtenergie frei.

$$2\,C_2H_2 + 5\,O_2 \longrightarrow 4\,CO_2 + 2\,H_2O$$

Bei der Lampe umhüllt ein Drahtgitter die offene Flamme. Das Metall besitzt eine sehr gute Wärmeleitfähigkeit. Ein Teil der abgegebenen thermischen Energie wird von den Gasen weggeleitet. Dadurch reicht die verbleibende Energie nicht aus, um eine Explosion auszulösen.

Kohlenwasserstoffe – organische Kohlenstoffverbindungen

Kohlenwasserstoffe (Elemente: C, H)

- kettenförmig
  - gesättigt (nur Einfachbindungen zwischen C-Atomen)
    - **Alkane** (Einfachbindung)
  - ungesättigt (mindestens eine Mehrfachbindung zwischen C-Atomen)
    - **Alkene** (Doppelbindung)
    - **Alkine** (Dreifachbindung)
    - ...
- ringförmig
  - Cycloalkane
  - Aromaten

Kohlenwasserstoffe sind Molekülverbindungen. Die Struktur der Moleküle bestimmt die chemischen und physikalischen Eigenschaften der Stoffe.

Kettenförmige Kohlenwasserstoffe

Stoffgruppe	**Alkane**	**Alkene**	**Alkine**
Strukturmerkmal	nur Einfachbindungen	eine Doppelbindung	eine Dreifachbindung
typische Reaktion	Oxidation, Substitution, Eliminierung	Oxidation, Addition, Eliminierung	Oxidation, Addition
Beispiel	Ethan C_2H_6 	Ethen C_2H_4 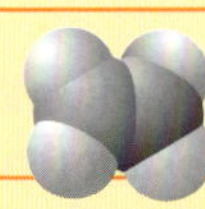	Ethin C_2H_2 

Benennung von Alkanen, Alkenen und Alkinen										
Stoff	Meth	Eth	Prop	But	Pent	Hex	Hept	Oct	Non	Dec
C-Atome im Molekül	1	2	3	4	5	6	7	8	9	10

Endungen:
-an: nur Einfachbindungen zwischen benachbarten C-Atomen
-en: eine Doppelbindung zwischen benachbarten C-Atomen
-in: eine Dreifachbindung zwischen benachbarten C-Atomen

Reaktionsarten organischer Verbindungen

Die **Substitution** ist eine chemische Reaktion, bei der Atome oder Atomgruppen in Molekülen durch andere Atome oder Atomgruppen ausgetauscht werden.

Die **Addition** ist eine chemische Reaktion, bei der Atome oder Atomgruppen an Moleküle mit Mehrfachbindungen angelagert werden.

Die **Eliminierung** ist eine chemische Reaktion, bei der aus Molekülen der Ausgangsstoffe Atome oder Atomgruppen unter Ausbildung von Mehrfachbindungen abgespalten werden.

Wahlbereich: Treibhausgase – Methan, Kohlenstoffdioxid und Wasser

Fossile Brennstoffe

Zu den fossilen Brennstoffen gehören die Kohlearten, Erdöl und Erdgas, aber auch Brennstoffe, die aus ihnen hergestellt worden sind, wie z.B. Benzin, Diesel, Heizöl und Heizgas.

Auftrag:
Informiere dich über die Entstehung von Kohle und Erdöl.
Stelle in einer Übersicht die fossilen Brennstoffe und ihre Herkunft zusammen.

Alle fossilen Brennstoffe enthalten einen hohen Kohlenstoffanteil. Bei der vollständigen Oxidation entsteht daher Kohlenstoffdioxid.

S Experiment 1

Aufgabe:
Verbrenne ein Stück Kohle, eine Petroleumprobe und etwas Kerzenwachs. Weise jeweils Kohlenstoffdioxid nach.

Vorbereitung und Durchführung:
Entwickle eine Experimentieranordnung und fordere die nötigen Geräte und Chemikalien beim Lehrer an. Arbeite nach deinem Plan.

Beobachtung und Auswertung:
Führe Protokoll.

Experimente, bei denen Stoffe verbrannt wurden, haben viele Chemiker in der Vergangenheit vorgenommen.
Beispielsweise ist im Protokoll von JOHAN BAPTISTA VAN HELMONT (1579 - 1644) zu lesen:

„Kohle und ganz allgemein Körper, welche sich nicht unmittelbar in Wasser verwandeln (schmelzen?), stoßen einen ‚wilden Geist' ... aus. Aus 62 Pfund Eichenholzkohlen wird ein Pfund Asche erhalten. Also sind die verbliebenen 61 Pfund jener ‚wilde Geist'."

(Zitiert nach ENGELS, NOVAK: Auf der Spur der Elemente, S. 69.)

Bei dem erwähnten „wilden Geist" muss es sich um Kohlenstoffdioxid handeln.

Aufträge:
1. Berechne den Kohlenstoffanteil der Eichenholzkohle.
2. Bei der Verbrennung von Kohle entstand Asche. Ermittle, was Asche ist.

Zur quantitativen Bestimmung der Masse des entstandenen Kohlenstoffdioxids wird die Analysenprobe oxidiert und das Kohlenstoffdioxid von Natronkalk (Gemisch aus Natrium- und Calciumhydroxid) absorbiert.
Aus der Massendifferenz des Natronkalks vor und nach der Reaktion kann die Masse des Kohlenstoffdioxids und somit der Kohlenstoffanteil berechnet werden.

S Experiment 2

Aufgabe:
Bestimme den Kohlenstoffanteil in Petroleum. Gehe dabei von einem Gramm Analysenprobe aus.

Vorbereitung:
Baue die Apparatur nach unten stehender Abbildung auf.

Durchführung:
Bestimme die Masse des Natronkalks und der Analysenprobe.
Führe die Oxidation durch und bestimme die Masse des Natronkalks erneut.

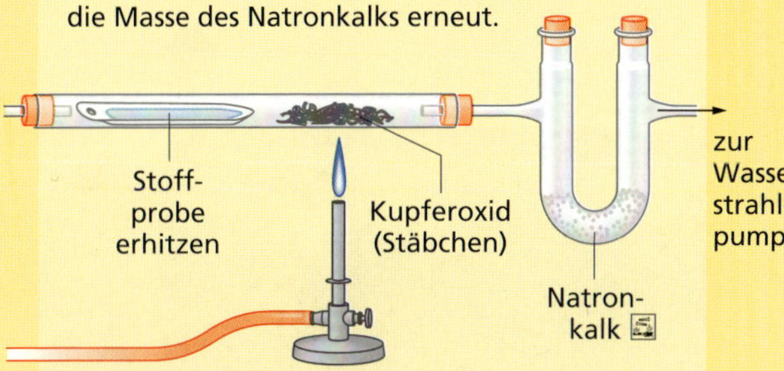

Beobachtung und Auswertung:
Notiere die Ergebnisse und führe die Berechnungen durch.

Kohlenstoffdioxid heizt uns ein

Beim Treibhauseffekt in der Atmosphäre muss man zwischen dem natürlichen und dem anthropogenen Treibhauseffekt unterscheiden.

Auftrag:
Erläutere, wie der natürliche Treibhauseffekt zustande kommt, und belege seine Bedeutung für das Leben auf der Erde.

Zur Abschätzung der Folgen des anthropogenen Treibhauseffekts existieren verschiedene Modelle. Zudem gibt es kontroverse Diskussionen darüber, ob schon heute erste Folgen spürbar werden.

Auftrag:
Stelle eine Materialsammlung zu diesem Thema zusammen.
Sammle u. a. entsprechende Zeitungsausschnitte.

Aufgabe:
Einige Messungen deuten darauf hin, dass heute schon Veränderungen feststellbar sind. Der Kohlenstoffdioxidausstoß muss also weltweit reduziert werden.

a) Informiere dich über internationale Bestrebungen, diesem Ziel näher zu kommen. Welche Vereinbarungen wurden bisher getroffen?
b) Welche Möglichkeiten existieren, um die Abgabe von Kohlenstoffdioxid an die Atmosphäre zu mindern? Erläutere verschiedene Strategien.

1 Im Sommer 1997 kam es zu einer Flutkatastrophe im Oderbruch. 2002 trat u. a. die Elbe über die Ufer und richtete großen Schaden an.

S Experiment

Aufgabe:
Weise in einem Modellexperiment die Wirkung von Kohlenstoffdioxid als Treibhausgas nach.

Vorbereitung und Durchführung:
Baue die Apparatur auf. Befülle einen der Behälter mit Kohlenstoffdioxid (z. B. aus einer Druckflasche).

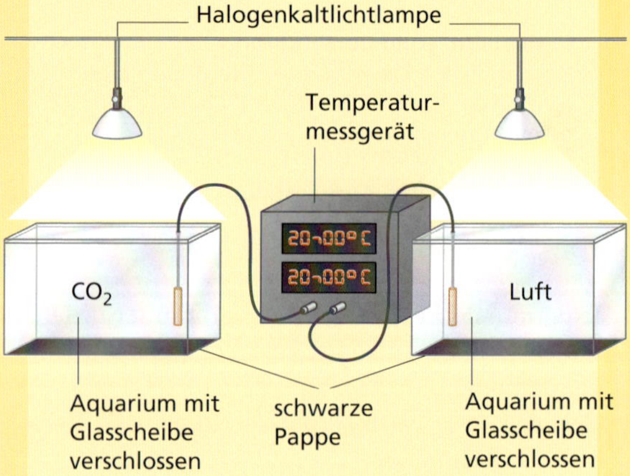

(Hinweis: Wird keine Halogenkaltlichtlampe verwendet, muss zum Absorbieren der Wärmestrahlung jeweils ein Glasgefäß mit etwas Wasser unter die Lampen gestellt werden.)

Beobachtung und Auswertung:
Lies die Temperaturen in beiden Behältern alle fünf Minuten ab. Stelle die Messwerte in einer Grafik dar.

Mosaik

Wohin mit dem Kohlenstoffdioxid?

Große Mengen an Kohlenstoffdioxid werden bei der Nutzung fossiler Energieträger freigesetzt. Mit ihrer Verbrennung greifen wir in den Kohlenstoffkreislauf (s. Abb. 1) ein. Vor Millionen von Jahren wurde der Atmosphäre durch die damaligen Pflanzen Kohlenstoffdioxid entzogen und in organischem Material festgelegt. Dieses Material bildete letztendlich die Grundlage für die Entstehung fossiler Brennstoffe. Heute kehren wir den Prozess um.

Neuerdings gibt es Überlegungen, ob es möglich ist, ein Kraftwerk zu entwickeln, das kaum Kohlenstoffdioxid abgibt.
Um dies zu erreichen, müssen drei Probleme gelöst werden: Das Gas muss aus dem Abgas abgetrennt werden, danach muss eine Verwertung bzw. ein Transport erfolgen und eine risikoarme Entsorgung oder Lagerung ist zu realisieren.

Für die Abscheidung von Kohlenstoffdioxid sind mehrere Verfahren im Gespräch. So wird eine Verbrennung von Kohle in reinem Sauerstoff und die nachfolgende Absorption des entstehenden Gases mithilfe flüssiger Chemikalien oder die Abtrennung mithilfe von Spezialmembranen diskutiert. Denkbar, allerdings sehr energieaufwendig, ist auch eine Trennung der Abgase durch Kondensation des Kohlenstoffdioxids. Die Verfahren befinden sich z. T. noch in der Erprobung.
Damit das Kohlenstoffdioxid wirklich dauerhaft dem Kohlenstoffkreislauf entzogen wird, darf das Treibhausgas nicht mehr aus der Lagerstätte entweichen. Als eine Möglichkeit wird die Speicherung in Erdöl- und Erdgasfeldern angenommen, da diese Lagerstätten auch über einen erdgeschichtlich langen Zeitraum durch gasdichte Schichten gesichert waren. Jedoch existieren hier noch keine langfristigen Erfahrungen, sodass bei der Lagerung bzw. Speicherung von Kohlenstoffdioxid noch Forschungsbedarf besteht.

Ein Pilotprojekt für ein „Null-Emissions-Kraftwerk" auf Kohlebasis wird vom Vattenfall-Konzern im Industriepark Schwarze Pumpe errichtet. Der erste Spatenstich erfolgte am 29. 5. 2006; die Anlage soll ab 2008 in Betrieb gehen. Hier soll Kohlenstaub in reinem Sauerstoff verbrannt werden.
Geplant ist, das verflüssigte Kohlenstoffdioxid über eine Pipeline in eine Erdgaslagerstätte bei Potsdam zu pumpen. Der Konzern geht davon aus, dass ein wirtschaftlicher Einsatz der Technologie frühestens ab 2020 möglich sein wird.

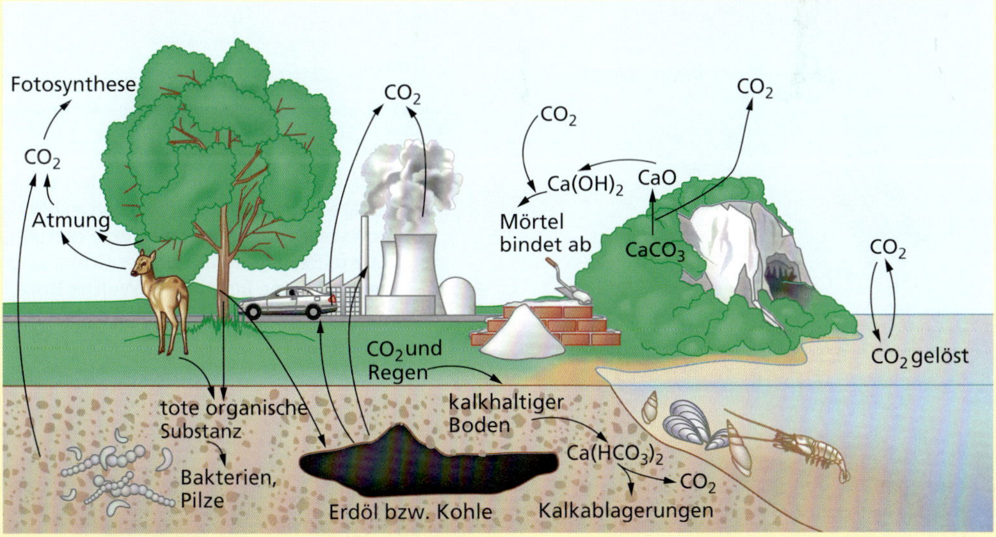

1 Kohlenstoff und seine Verbindungen sind in viele Teilkreisläufe eingebunden.

Was haben Wasserdampf und Methan mit unserem Klima zu tun?

Außer Kohlenstoffdioxid wirken noch andere Gase in unserer Atmosphäre als Treibhausgase. Allerdings gehören Sauerstoff und Stickstoff nicht dazu. Treibhausgase weisen kleine Moleküle auf, die meist aus unterschiedlichen Atomen aufgebaut sind. Durch ihre Struktur bedingt, können diese Moleküle Energie absorbieren. Ihre Atome werden durch die aufgenommene Energie zum Schwingen angeregt. Dies trifft auf Sauerstoff- und Stickstoffmoleküle nicht zu, jedoch auf die Moleküle von Kohlenstoffdioxid, Wasser (Dampf), Methan, verschiedene FCKW, Distickstoffmonooxid u. a.
Erstaunlicherweise trägt der **Wasserdampf** in der Atmosphäre (Luftfeuchtigkeit) schätzungsweise 50 bis 60 % zum natürlichen Treibhauseffekt bei, Kohlenstoffdioxid ca. 20 %.
Nicht zuletzt beeinflusst Wasser als Energiespeicher und Energietransportsystem in entscheidendem Maße die Klimabildung auf unserem Planeten.

Aufgaben:

1. Interpretiere folgendes Schema unter energetischen Gesichtspunkten. Stelle einen Zusammenhang zu der obigen Aussage her.

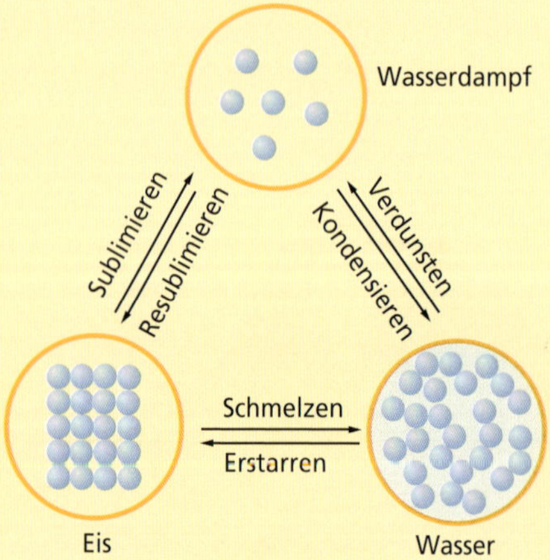

2. Recherchiere, ob Wasser auch eine Rolle bei der anthropogen bedingten Verstärkung des Treibhauseffektes spielt und stelle deine Resultate zusammen.

Die jährliche Kohlenwasserstoffemission beträgt ca. $10 \cdot 10^8$ Tonnen. 95 % davon sind Methanemissionen. Nur ca. ein Drittel dieser Methanemissionen stammt aus natürlichen Quellen. Zwei Drittel dieser Emissionen sind mittelbar oder unmittelbar vom Menschen verursacht. Der Beitrag des Methans am anthropogenen Treibhauseffekt beträgt schätzungsweise 15 %.

Aufgabe:

3. a) Stelle folgende Daten in einer Grafik dar und interpretiere sie:

Globale Methanemission 2003 (außer fossile Brennstoffe)

Quelle	Emission in Mio. Tonnen
natürliche Feuchtgebiete	115
Wiederkäuer	80
Reisfelder	60
Deponien	30
Gülle	25
Kläranlagen	25
Termiten	20
Ozeane	10
Süßwasser	5

(Quelle: Geo-Max 06: Schornsteine für Methan – Wie Reisanbau das Klima killt.)

b) „Die Methankonzentration in der Atmosphäre hat mit der Bevölkerungsexplosion stark zugenommen." Setze diesen Satz in Beziehung mit deiner Grafik und bewerte seine Richtigkeit. Welche Konsequenzen ergeben sich daraus deiner Meinung nach?

1 Eine Milchkuh setzt im Jahr ca. 100 kg und ein Jungrind 50 kg CH_4 beim Wiederkäuen frei.

Alternative Energien

Die Nutzung fossiler Brennstoffe zur Energiegewinnung erhöht den Kohlenstoffdioxidanteil in der Lufthülle. Dies kann langfristig das Klima auf der Erde beeinflussen. Daher muss die freigesetzte Energie effektiver genutzt werden. Zur Senkung des Kohlenstoffdioxidausstoßes wird sich in Zukunft jedoch auch der Einsatz alternativer Energien erhöhen müssen.

Aufgabe:
Stelle mögliche alternative Energien zusammen.

Solarenergie

Die Sonnenenergie ist die natürliche Energiequelle der Erde. Während der Fotosynthese wandeln die Pflanzen diese Energie in chemische Energie um. Letztendlich nutzen wir demnach beim Verbrennen von Kohle, Erdöl und Erdgas umgewandelte Sonnenenergie. Sinnvoller erscheint es jedoch, diese Energie direkt zu verwenden. Dafür gibt es heute zwei Möglichkeiten. Im Rahmen der Fotovoltaik wandeln die Kollektoren die Sonnenenergie in elektrische Energie um. Diese elektrische Energie kann ins Stromnetz eingespeist werden. In einer anderen Variante dienen die Sonnenkollektoren zur Gewinnung von thermischer Energie.

Auftrag:
Stelle in einer Präsentation verschiedene Möglichkeiten der Nutzung von Solarenergie vor.

S Experiment 1:
Erläutere anhand eines Modellexperimentes die Funktionsweise von Solarkollektoren.
Fülle dazu zwei Bechergläser (250 ml) mit Wasser, umwickle eines mit schwarzem Papier und stelle die Gefäße in die Sonne bzw. vor eine Halogenkaltlichtlampe. Miss die Wassertemperaturen jeweils alle 15 Minuten.

Energieträger Wasserstoff

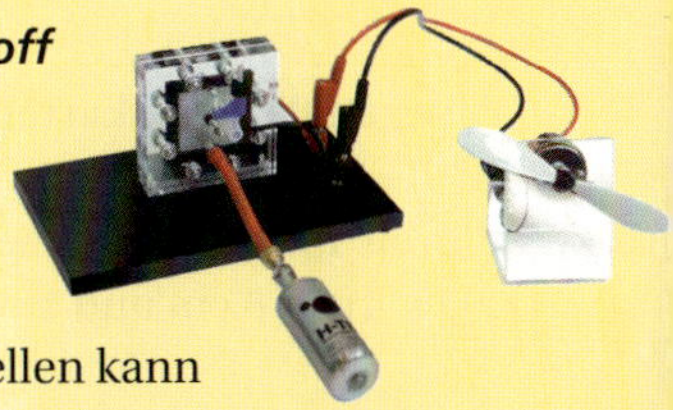

Wasserstoff ist als Energieträger der Zukunft im Gespräch.
Mithilfe von Brennstoffzellen kann man elektrische Energie gewinnen.

Auftrag:
Fertige eine Übersicht zu Vorteilen und Nachteilen des Energieträgers Wasserstoff an.
Baue eine Modellanlage, die der Herstellung von Wasserstoff und seiner anschließenden Verwertung in einer Brennstoffzelle dient. Der Wasserstoff soll unter Ausschluss fossiler Brennstoffe gewonnen werden.

Biogas

Biogas entsteht, wenn organische Stoffe durch Fäulnisprozesse abgebaut werden. Man gewinnt es u.a. aus Klärschlamm und tierischen Exkrementen.

S Experiment 2:
Stelle Biogas her und überprüfe die Brennbarkeit.

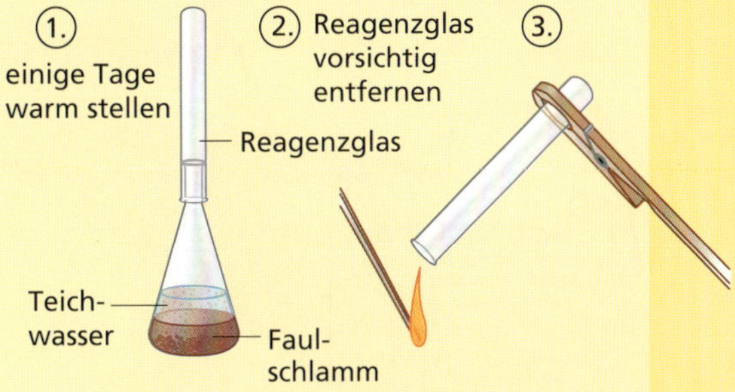

Vergleiche die Entstehung von fossilen Brennstoffen und von Biogas. Ordne die Energieträger in den Kohlenstoffkreislauf ein.

Lernen mit der Lernkartei

Manchmal ist es scheinbar schwierig, sich Lernstoff einzuprägen. Dabei kann man sein Gehirn mit entsprechenden Techniken, sogenannten Mnemotechniken trainieren. Man kann also das Lernen lernen! Eine geeignete Technik ist das Lernen mit einer Lernkartei. Für die Bewältigung schwieriger Stoffgebiete oder zur Vorbereitung von langfristig angekündigten Arbeiten kannst du diese Technik einsetzen.

1. Schritt

Anlegen der Lernkartei

Kaufe oder fertige einen Kasten oder eine Schachtel mit fünf Fächern, welche jeweils etwa 1 cm, 2 cm, 4 cm, 8 cm und 16 cm breit sind (s. Abb. 1).

2. Schritt

Erstellen der Lernkarten

Zerlege den Lernstoff in kleine, sinnvolle Einheiten und formuliere Fragen dazu.
Notiere jeweils eine Frage oder einen Begriff auf der Vorderseite einer Karteikarte und schreibe die richtige Lösung auf die Rückseite.
Beispielsweise könnte auf der Vorderseite der Karteikarten der Begriff Treibhausgase und auf der Rückseite entsprechende Beispiele und die Begriffserklärung stehen (s. Beispiel rechts).

Diese neuen Lernkarten werden in Fach 1 der Lernkartei einsortiert.

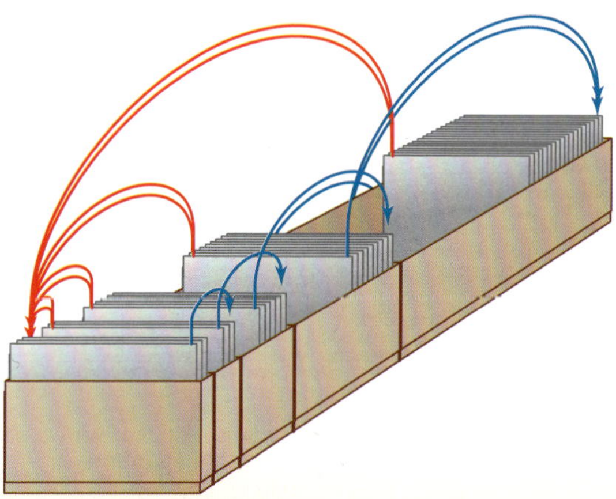

1 Lernkarten im Kasten

3. Schritt

Üben mit der Lernkartei

Mit den Karten aus Fach 1 prüfst du *jeden Tag* dein Wissen. War die Antwort richtig, kommt die Karte in Fach 2, war sie falsch, muss sie in Fach 1 verbleiben. Ist das Fach fast leer, kannst du neue Karten erstellen. Alle anderen Fächer werden stets bearbeitet, wenn sie fast voll sind, sodass die Zeitabstände immer größer werden. Richtig beantwortete Karten werden jeweils in das nächsthöhere Fach einsortiert, falsch beantwortete Lernkarten wandern *immer* in das Fach 1.

2 Beispiel Lernkarte/Vorderseite

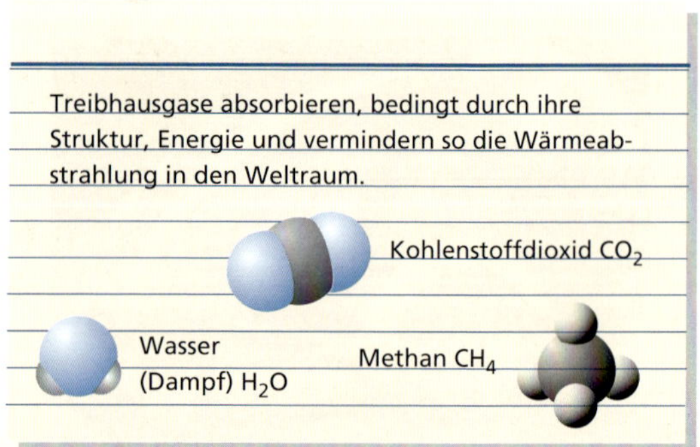

3 Beispiel Lernkarte/Rückseite

4

Alkohole – Lust und Last

Vorsicht mit Spirituosen!

Wenn man den Begriff Alkohol hört, dann denkt man an alkoholische Getränke in den Regalen von Einkaufsläden und Supermärkten.
Warum dürfen diese Produkte nicht oder nur sehr eingeschränkt an Jugendliche abgegeben werden?
Welche Bedeutung haben die alkoholischen Getränke für den Menschen?

Ist Hopfen und Malz verloren?

Das geflügelte Wort hängt eng mit der Herstellung von Bier zusammen.
Wie wird Bier hergestellt? Welche Funktion hat Hopfen und was ist eigentlich Malz?

Ein Alkohol als Frostschutzmittel

Im Winter setzt man Flüssigkeiten z. B. Glycol zu, das ein Gefrieren verhindert. Diesen Effekt nutzt man u. a. in Scheibenwaschanlagen und Motorkühlkreisläufen von Autos.
Was ist Glycol für ein Stoff? Welcher Zusammenhang besteht zum „Trinkalkohol"?

Ethanol – ein berauschender Alkohol

Produkt der alkoholischen Gärung

Den Begriff „Alkohol" verwendet man im Alltag häufig. Oft ist **Ethanol (C_2H_5OH)** gemeint, der Stoff, der die berauschende Wirkung von alkoholischen Getränken hervorruft.
Ethanol ist ein Produkt der alkoholischen Gärung. Bei der Gärung handelt es sich um einen Stoffwechselprozess von bestimmten Mikroorganismen (Hefen). Bei uns ist gesetzlich geregelt, dass Alkohol (Ethanol), der zu Genusszwecken, zur Herstellung von Arzneimitteln sowie von Kosmetik und zur Herstellung von Speiseessig verwendet wird, aus landwirtschaftlichen Rohstoffen hergestellt sein muss.
Während der alkoholischen Gärung wird eine Zuckerlösung (meist Traubenzucker) durch Einwirkung der Enzyme von Hefen unter Luftabschluss zu Ethanol und Kohlenstoffdioxid umgesetzt (vergoren).

$$C_6H_{12}O_6 \xrightarrow{\text{Hefe}} 2\,C_2H_5OH + 2\,CO_2$$

Diese Gärung erfolgt immer dann, wenn die entsprechenden Mikroorganismen geeignete Bedingungen vorfinden (z. B. eine Temperatur von 20 bis 30 °C).
Leitet man das entstehende Kohlenstoffdioxid in Kalkwasser, zeigt sich eine Trübung, die auf die Bildung von schwer löslichem Calciumcarbonat zurückzuführen ist (Kohlenstoffdioxidnachweis).

$$CO_2 + Ca^{2+} + 2\,OH^- \longrightarrow CaCO_3\downarrow + H_2O$$

Durch die alkoholische Gärung ist es nicht möglich, hoch konzentrierten Alkohol (Ethanol) zu produzieren, da die notwendigen Mikroorganismen spätestens bei einem Ethanolanteil von 15 % absterben und damit die Gärung beendet ist.
Höhere Konzentrationen können nur durch die Destillation erreicht werden.

Ethanol bildet sich, wenn Traubenzuckerlösung unter Luftabschluss durch Hefen vergoren wird.

Aufgabe

Die Enzyme der Hefen dienen bei der alkoholischen Gärung als Biokatalysatoren. Erkläre ihre Funktionsweise.

S Experiment

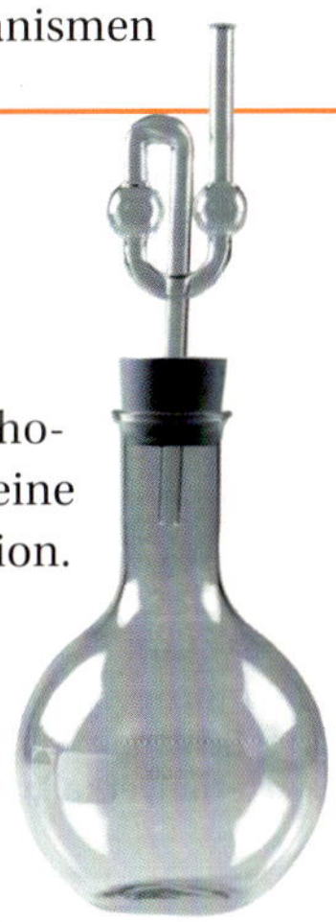

Prüfe es selbst

Aufgabe:
Stelle Ethanol durch alkoholische Gärung her. Erhöhe seine Konzentration durch Destillation.

Vorbereitung:
Geräte: Erlenmeyerkolben, durchbohrter Stopfen, Gärröhrchen, Destillationskolben, Heizhaube, Thermometer, Liebigkühler bzw. langes Glasrohr mit feuchtem Tuch, Vorlage
Chemikalien: Traubenzuckerlösung, Gärhefe, verdünnte Calciumhydroxidlösung

Durchführung:
a) Mische den Göransatz. Fülle in das Gärröhrchen Kalkwasser und verschließe den Ansatz. Stelle ihn ein paar Tage an einen warmen Ort.
b) Destilliere die Lösung. Bestimme die Siedetemperatur des Gemischs und prüfe die Brennbarkeit des Destillats.

Beobachtung und Auswertung:
a) Überprüfe den Geruch des Gäransatzes zu Beginn des Experiments und nach dessen Beendigung.
b) Welche Veränderungen im Gärröhrchen konntest du registrieren? Leite eine Schlussfolgerung ab.

Ethanol als chemische Verbindung

Ethanol wird aufgrund seiner Eigenschaften u.a. als Lösemittel eingesetzt, z.B. zum Lösen von fetthaltigen Gemischen, Farben, Lacken und Aromen. Letzteres nutzt man bei der Herstellung von kosmetischen Präparaten (Parfüm) oder von Arzneimitteltinkturen. Die kühlende Wirkung von äußerlich anzuwendenden ethanolhaltigen Präparaten beruht auf der relativ niedrigen Siedetemperatur und der Tatsache, dass der Stoff auch schon bei wesentlich geringeren Temperaturen leicht verdunstet. Bei der Verdunstung wird der Haut Wärme entzogen. Ethanol wirkt in hoher Konzentration zerstörend auf Eiweiße und daher auch auf Mikroorganismen. Deshalb kann es als Desinfektionsmittel verwendet werden.

Die farblose Flüssigkeit ist stark wasseranziehend (hygroskopisch), sodass es schwierig ist, wasserfreies Ethanol zu erhalten. Der handelsübliche „reine Alkohol" ist daher 95,6 Vol.-%ig.

Die Eigenschaften des Ethanols beruhen auf seinem chemischen Bau. Die Moleküle bestehen aus den Elementen Kohlenstoff, Wasserstoff und Sauerstoff. Als strukturelle Besonderheit fällt die **Hydroxylgruppe (Hydroxygruppe)** auf.

Sie darf nicht mit dem Hydroxid-Ion der Metallhydroxide verwechselt werden, denn die Ethanollösung ist weder elektrisch leitfähig noch reagiert sie alkalisch. Da die Hydroxylgruppe maßgeblich die Eigenschaften des Stoffes mitbestimmt (s. auch S. 144/145), bezeichnet man sie als **funktionelle Gruppe.** Im Namen erkennt man die Hydroxylgruppe an der **Endung -ol,** die an den Wortstamm angefügt wird.

Eine oder mehrere Hydroxylgruppen sind das kennzeichnende Merkmal von Stoffen, die der Chemiker unter der Bezeichnung **Alkohole** zusammenfasst.

Funktionelle Gruppen, wie die Hydroxylgruppe, sind strukturelle Besonderheiten, die maßgeblich die Eigenschaften der Stoffe mitbestimmen.

STECKBRIEF: Ethanol C_2H_5OH

Eigenschaften:
farblose, charakteristisch riechende Flüssigkeit, giftig (wirkt zerstörend auf Eiweiße), leicht entzündlich, hygroskopisch, in jedem Verhältnis mit Wasser mischbar, verbrennt mit schwach blauer Flamme

Dichte: 0,785 g · cm^{-3} (25 °C)
Schmelztemperatur: −114,1 °C
Siedetemperatur: 78,3 °C

Struktur:
Kugelstabmodell

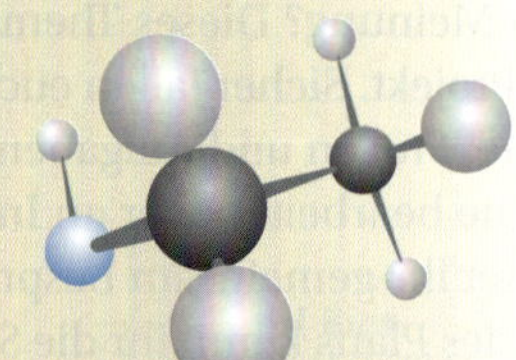

Kalottenmodell

Strukturformel mit Hydroxylgruppe

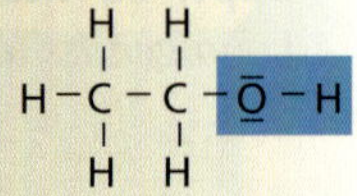

vereinfachte Strukturformel $CH_3 - CH_2OH$

Alkohole sind Sauerstoffabkömmlinge der Kohlenwasserstoffe (außer Aromaten), die im Molekül eine oder mehrere Hydroxylgruppen aufweisen.

Aufgaben

1. Prüfe eine Ethanollösung und eine verdünnte Natriumhydroxidlösung mit Unitest. Erkläre die Beobachtungen.
S

2. Erläutere am Beispiel des Ethanols den Zusammenhang zwischen Eigenschaften und Verwendung eines Stoffes.

Thema

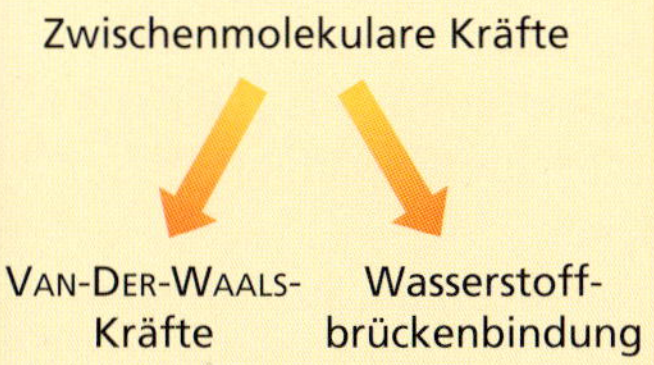

1 Unterteilung der zwischenmolekularen Kräfte

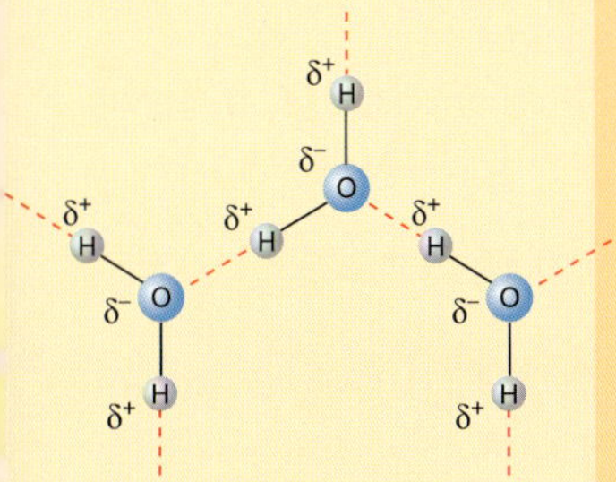

2 Wassermoleküle mit Wasserstoffbrückenbindungen

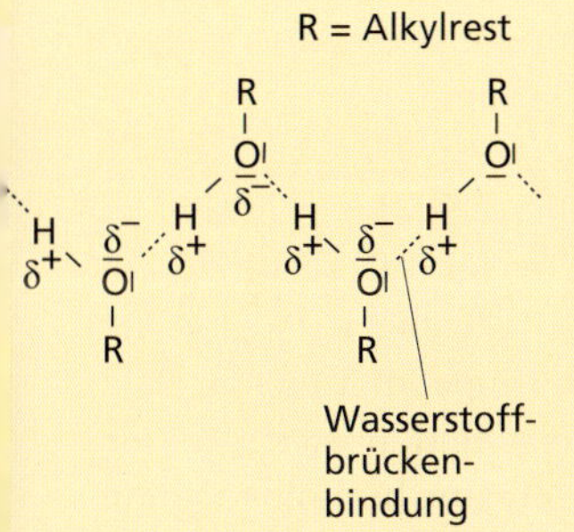

3 Alkoholmoleküle mit Wasserstoffbrückenbindungen

Recherchiere, z. B. unter www.schuelerlexikon.de, welchen Einfluss „Wasserstoffbrückenbindungen" auf die Eigenschaften der Alkohole haben.

Wasserstoffbrückenbindungen und andere zwischenmolekulare Kräfte

Die Eigenschaften aller Stoffe werden durch ihren chemischen Bau bestimmt. Dazu gehört in erster Linie die Struktur der Moleküle oder des Gitters, in dem Feststoffe kristallisieren. Bei Molekülverbindungen – also Verbindungen wie Wasser, Kohlenwasserstoffe und Alkohole usw. – spielen darüber hinaus noch die **zwischenmolekularen Wechselwirkungen** eine wichtige Rolle. Diese unterteilt man in **VAN-DER-WAALS-Kräfte** und **Wasserstoffbrückenbindungen** (Abb. 1).

Wasserstoffbrückenbindungen

Wasserstoffbrückenbindungen entstehen zwischen Molekülen, in denen Wasserstoffatome an besonders stark elektronegative Atome (z. B. Fluor, Sauerstoff oder Stickstoff) gebunden sind.
Die Atombindungen zwischen stark elektronegativen Atomen und Wasserstoffatomen sind stark polarisiert, da z. B. das Fluor- oder das Sauerstoffatom das bindende Elektronenpaar besonders stark anziehen. An den Wasserstoffatomen herrscht dadurch Elektronenmangel, sodass die Wasserstoffatome partiell positiv geladen sind und mit den freien Elektronenpaaren von anderen, elektronegativeren Atomen in Wechselwirkung treten (s. Abb. 2).
Die Wasserstoffbrückenbindungen sind zwar schwächer als Atombindungen, beeinflussen aber die Eigenschaften des Stoffes gravierend. So wäre **Wasser** mit einer molaren Masse von 18 g/mol nicht flüssig, wenn nicht viele Wassermoleküle untereinander durch Wasserstoffbrückenbindungen verknüpft wären.
Auch **Alkohole** weisen deutlich höhere Siedepunkte als die vergleichbaren Alkane auf. Ursache ist hier ebenfalls die Ausbildung von Wasserstoffbrückenbindungen zwischen den Alkoholmolekülen (s. Abb. 3).

... und mehr

Informiere dich auch unter: *Eigenschaften und Verwendung von Ethanol, Anomalie des Wassers*

STECKBRIEF: Methanol CH_3OH

Eigenschaften:
farblose, leicht bewegliche Flüssigkeit, giftig, leicht entzündlich, in jedem Verhältnis mit Wasser und schlecht mit unpolaren Lösemitteln mischbar, verbrennt mit bläulicher Flamme
Dichte: 0,79 g · cm^{-3}
Schmelztemperatur: –97,7 °C
Siedetemperatur: 64,5 °C

Struktur:
Kugelstabmodell

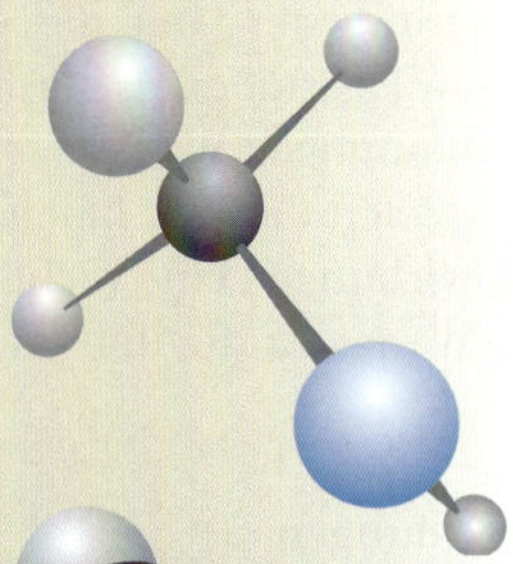

Kalottenmodell

Strukturformel

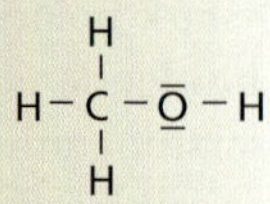

vereinfachte Strukturformel CH_3-OH

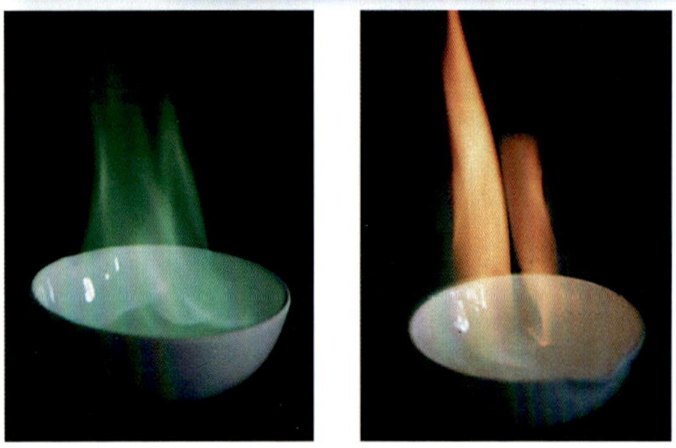

1 Methanol (links) kann mithilfe von Borax (Natriumtetraborat) von Ethanol (rechts) unterschieden werden. Dazu werden die Proben mit Borax und einigen Tropfen Schwefelsäure versetzt und entzündet.

Verwandte des Ethanols

Vom Methanol und anderen Alkanolen

Im Zusammenhang mit selbst gebrannten alkoholischen Getränken kommt es immer wieder zu tödlichen Unfällen. Als unerwünschtes Nebenprodukt ist das giftige **Methanol (CH_3OH)** entstanden. Nur 5 ml können zur Erblindung führen und 20 ml tödlich wirken.
Trotz seiner Giftigkeit hat Methanol große Bedeutung als Grundchemikalie, u. a. als Ausgangsstoff für die Herstellung von Kunststoffen. Methanol ist darüber hinaus ein gutes Lösemittel und wird als Kraftstoffbeimengung für Verbrennungsmotoren benutzt. Außerdem wird es als Brennstoff in Brennstoffzellen verwendet.
Großtechnisch wird Methanol aus Kohlenstoffmonooxid und Wasserstoff synthetisiert.

$$CO + 2\ H_2 \longrightarrow CH_3OH$$

Die Stoffe **Propanol (C_3H_7OH)** und **Butanol (C_4H_9OH)** sind nicht ganz so bekannt wie Methanol und Ethanol. Trotzdem besitzen sie in der Technik Bedeutung, da es sich um wichtige Lösemittel handelt. Sie entstehen ebenfalls bei Gärungsprozessen. In alkoholischen Getränken sind sie jedoch nicht erwünscht, da es sich um Bestandteile des Fuselöls handelt.

Diese ähnlich gebauten Stoffe gehören zur Gruppe der **Alkanole.** Sie sind Derivate (Sauerstoffabkömmlinge) der jeweiligen Alkane und besitzen eine Hydroxylgruppe im Molekül. Nachfolgende Glieder unterscheiden sich um eine - CH_2-Gruppe und bilden eine homologe Reihe.
Die chemischen Eigenschaften der Alkanole ähneln sich aufgrund der gleichen strukturellen Merkmale. Entscheidend ist die Hydroxylgruppe. Typisch für diese Stoffgruppe sind z. B. Oxidationen zu organischen Säuren (Alkansäuren).
Die Hydroxylgruppe in den Molekülen hat auch großen Einfluss auf die physikalischen Eigenschaften der Alkanole, sie ist die Ursache für die bessere Wasserlöslichkeit dieser Verbindungen im Vergleich zu den Alkanen.

Allerdings sinkt die Löslichkeit in Wasser innerhalb der homologen Reihe ab Butanol mit zunehmender Kettenlänge, da der Einfluss des unpolaren Alkylrestes zunimmt.
Innerhalb der homologen Reihe steigen die Schmelz- und Siedetemperaturen an. Bei den Alkanolen liegen die Siedetemperaturen jedoch deutlich höher als bei Alkanen mit vergleichbarer Anzahl an Kohlenstoffatomen.
Diese Erscheinung ist auf die Ausbildung von Wasserstoffbrückenbindungen (s. S. 143) zwischen den Alkanolmolekülen infolge der Hydroxylgruppen zurückzuführen.

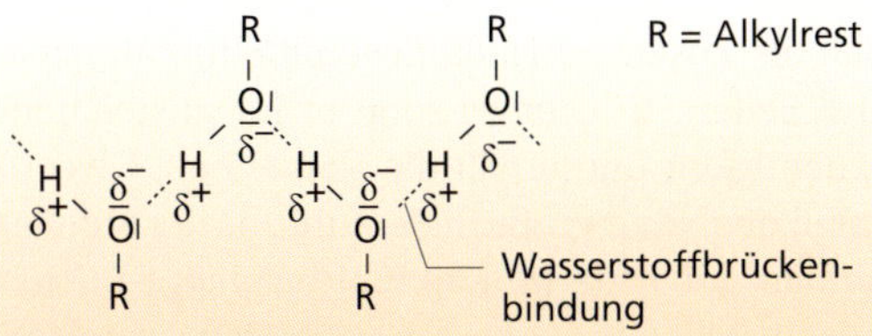

Alkanole ($C_nH_{2n+1}OH$) sind Derivate der Alkane, die eine Hydroxylgruppe in den Molekülen aufweisen. Nachfolgende Glieder unterscheiden sich um eine $-CH_2$-Gruppe und bilden eine homologe Reihe.

Kalottenmodell	Formel	Siedetemperatur in °C
	CH_3OH	Methanol 64,5
	C_2H_5OH	Ethanol 78,3
	C_3H_7OH	Propan-1-ol 97,2
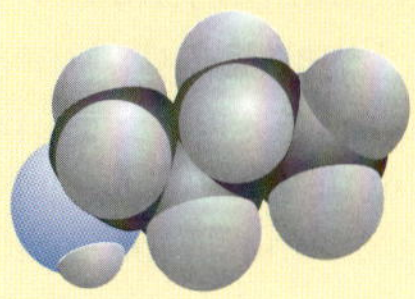	C_4H_9OH	Butan-1-ol 117,7

S Experiment

Prüfe es selbst

Experiment 1

Aufgabe:
Überprüfe die Löslichkeit von Ethanol, Propanol, Butanol und Pentanol in Wasser und Heptan.
Führe Protokoll. Stelle einen Zusammenhang zwischen den Ergebnissen des Experimentes und dem Bau der jeweiligen Moleküle her.

Experiment 2

Aufgabe:
Überprüfe die Reaktion von Propanol mit Lithium.

Vorbereitung:
Geräte: Gasentwickler, Pinzette, Pipette, pneumatische Wanne, Reagenzglas mit Stopfen

Durchführung:
1. Versetze Lithium mit Propanol und fange das entstehende Gas auf.
2. Führe die Knallgasprobe durch.
3. Überprüfe die Lösung im Gasentwickler mit Universalindikator.

Beobachtung und Auswertung:
1. Notiere die Beobachtungen und stelle die entsprechenden Reaktionsgleichungen auf.
2. Vermute, wie die Reaktion mit Methanol bzw. Heptanol verlaufen würde. Begründe deine Vermutung.

Was Frostschutz und Süße mit Alkohol zu tun haben

Alkohole, die nur eine Hydroxylgruppe im Molekül besitzen, nennt man **einwertige Alkohole.** Hier sind die Alkanole einzuordnen. Neben den einwertigen Alkoholen gibt es auch entsprechende Verbindungen, die zwei oder mehrere Hydroxylgruppen tragen **(mehrwertige Alkohole).** Wichtige Vertreter der mehrwertigen Alkohole sind Glycol (Ethan-1,2-diol) und Glycerol (Propan-1,2,3-triol; Glycerin).

An der Zahlwortsilbe „di" im Namen **Ethan-1,2-diol** erkennt man, dass dieser Stoff zwei Hydroxylgruppen im Molekül enthält (s. Abb. 1). Ethan-1,2-diol (Glycol) ist eine ölige, giftige Flüssigkeit. Sie besitzt eine relativ hohe Siedetemperatur von 197,8 °C und eine Schmelztemperatur von –15,6 °C.
Außerdem kann man diesen Stoff in jedem Verhältnis mit Wasser mischen. Ethan-1,2-diol dient als Frostschutzmittel sowie als Ausgangsstoff für die Kunststoffherstellung. Nichts destotrotz gerät dieser Stoff immer wieder durch unerlaubten Einsatz bei der Herstellung alkoholischer Getränke in die Schlagzeilen.

Propan-1,2,3-triol ist im Handel unter dem Namen Glycerol oder Glycerin bekannt und gehört ebenfalls zu den Alkoholen. Die Moleküle enthalten drei Kohlenstoffatome. Im Gegensatz zum Propanol sind aber jeweils drei Hydroxylgruppen im Molekül vorhanden. An jedem der Kohlenstoffatome befindet sich eine funktionelle Gruppe (s. Abb. 2).
Glycerol besitzt aufgrund der Hydroxylgruppen einen süßlichen Geschmack (griech.: glycos = süß). Der Stoff hat eine zähflüssige Konsistenz. Seine Siedetemperatur beträgt 290 °C, die Schmelztemperatur liegt bei ca. –17,9 °C.
Aufgrund seiner Zähflüssigkeit (Viskosität) wird Propan-1,2,3-triol in der Technik oft als Gleitmittel eingesetzt. Da dieser Stoff in jedem Verhältnis mit Wasser mischbar und hygroskopisch ist, eignet er sich als Zusatz zu Hautpflegemitteln, Zahnpasta und Seifen. In Cremes sorgt er für ausreichend Feuchtigkeit und erhält die Konsistenz. Glycerol hat in der Natur große Bedeutung, da der Stoff am Aufbau der Fette (s. Kap. 8.2) beteiligt ist. Nicht zuletzt stellt Glycerol einen wichtigen Grundstoff in der Sprengstoffindustrie (Ausgangsstoff für die Produktion von Nitroglycerin) dar.

Den süßen Geschmack der Polyalkohole nutzt man beim Xylit (CH_2OH – $(CHOH)_3$ – CH_2OH, Xylitol) aus. Xylit (E 967) setzt man als Zuckerersatzstoff Lebensmitteln zu. Allerdings wird von einem Verzehr von über 50 g pro Tag abgeraten. Sorbit (CH_2OH – $(CHOH)_4$ – CH_2OH, Sorbitol) wird besonders von Diabetikern als Zuckeraustauschstoff genutzt (E 420).

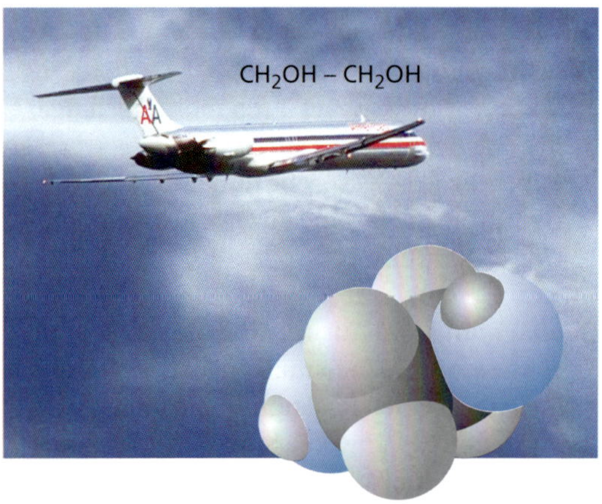

1 Bei einigen Flugzeugen werden die Tragflächen mithilfe von Ethan-1,2-diol eisfrei gehalten.

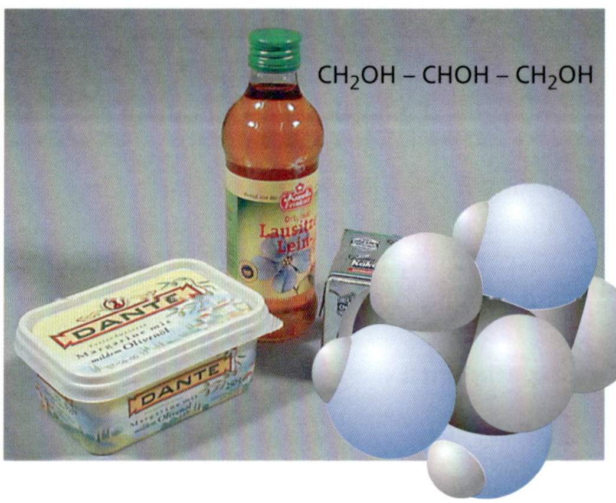

2 Durch seinen Bau bedingt ist Propan-1,2,3-triol ein wichtiger Ausgangsstoff der Fette.

Chemie im Kontext

Freie Fahrt oder „Restalkohol"?

Die Teilnahme am Straßenverkehr unter Alkoholeinfluss führt immer wieder zu Unfällen mit tragischen Folgen. Daher ist es wichtig, vor Antritt der Fahrt keinen Alkohol zu sich zu nehmen bzw. so lange zu warten, bis der Alkohol wieder abgebaut ist.
Allerdings wird der „Restalkohol" häufig unterschätzt. Bei einer Alkoholkontrolle kann das unangenehme Folgen für den Betroffenen haben.
Eine Frau (65 kg) und ein Mann (78 kg) haben beide drei Schoppen (600 ml) Weißwein (10,5 Vol. %) getrunken.
Berechne, wie hoch ihr Blutalkoholgehalt jeweils ist und wann sie wieder fahrtüchtig sind.

Der jeweilige Blutalkoholgehalt lässt sich mithilfe der unten stehenden Formel berechnen. Man kann allerdings zur Berechnung auch das interaktive Rechenbeispiel unter www.tafelwerk.de zum Suchwort Blutalkoholgehalt nutzen.

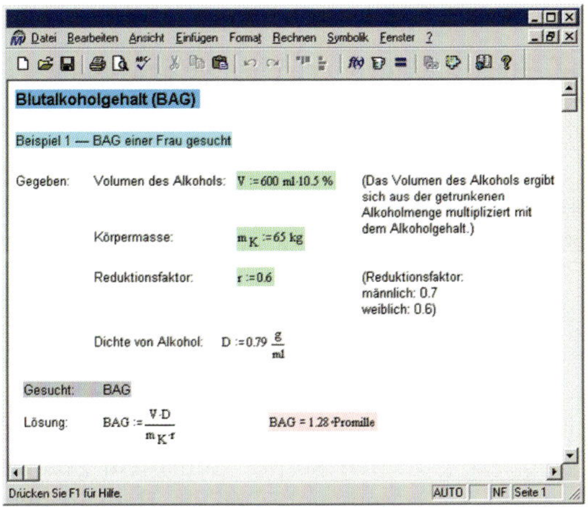

Man erhält für die Frau einen Blutalkoholgehalt von 1,28 Promille.

Für den Mann ergibt sich bei der Berechnung trotz gleicher Alkoholmenge ein niedrigerer Blutalkoholgehalt von 0,91 Promille.

Der Blutalkoholgehalt des Mannes ist aufgrund der höheren Körpermasse niedriger. Zudem wird in der Leber von Frauen weniger des alkoholabbauenden Enzyms (ADH) produziert als in der Leber von Männern. Dies wird mit dem Reduktionsfaktor in der Berechnungsformel berücksichtigt. Trotzdem stellen die berechneten Werte nur Richtwerte dar, denn der Abbau erfolgt individuell unterschiedlich. Auch die körperliche Konstitution spielt eine Rolle und ob der Magen leer oder gefüllt ist.
Als Richtwert wird oft angegeben, dass pro Stunde 0,1 ‰ abgebaut werden. Legt man diesen Wert zugrunde, hat der Mann nach etwas mehr als vier Stunden die 0,5-‰-Grenze unterschritten. Er kann davon ausgehen, dass sein Körper nach ca. 9 Stunden den Alkohol völlig abgebaut hat.
Der Blutalkoholgehalt der Frau wird schätzungsweise erst nach 7,8 Stunden die 0,5-‰-Grenze unterschreiten und erst nach 12,8 Stunden wird der Alkohol vollständig abgebaut sein.

Berechnung des Blutalkoholgehalts

$$BAG = \frac{m_{Alkohol}}{m_K \cdot r} = \frac{V_{Alkohol} \cdot D}{m_K \cdot r}$$

BAG	Blutalkoholgehalt in ‰ (pro mille)
r	Reduktionsfaktor männl. 0,7; weibl. 0,6
D	Dichte von Alkohol (0,79 g · mol^{-1})
$m_{Alkohol}$	aufgenommene Alkoholmenge in g
$V_{Alkohol}$	Volumen des Alkohols

gewusst · gekonnt

1. Erweitere dein Glossar:

Glossar

Alkanole
funktionelle Gruppe
Hydroxylgruppe
Alkohole
alkoholische Gärung

2. Sieh dich in eurem Haushalt um. Finde heraus, welche Präparate und Lebensmittel Ethanol enthalten. Notiere, welche Funktion der Stoff in diesen Gemischen erfüllt.

3. Informiere dich über die Wein- und Bierherstellung. Beschreibe die Verfahren. Nutze u. a. www.schuelerlexikon.de.

4. Stelle dar, welche Wirkung Ethanol auf unseren Körper hat. Gehe dabei unter Nutzung geeigneter Medien auch auf Faktoren ein, von denen der Blutalkoholgehalt abhängt.

5. Oft ist zu lesen, dass Frauen weniger Alkohol (Ethanol) vertragen als Männer. Diskutiere, ob diese Aussage korrekt ist. Informiere dich dazu auch über den Abbau von Ethanol im menschlichen Körper.

6. Wer mit einem Blutalkoholwert von über 0,5 Promille Auto fährt und ertappt wird, verliert seinen Führerschein. Werte.

7. Bei der alkoholischen Gärung entsteht Ethanol. Nutzt man diesen Stoffwechselprozess, um alkoholische Getränke herzustellen, erreicht man maximal einen Ethanolgehalt von 15 %. Erkläre dieses Phänomen.

8. Das im Handel erhältliche Ethanol ist maximal 96%ig. Warum kann man kein 100%iges Ethanol erwerben? Erkläre.

9. Um Unfälle zu vermeiden, sollen Weinkeller während der Gärphase erst nach ausreichender Lüftung und nicht allein betreten werden. Kommt es doch zu einem Unfall, darf der Retter nur mit einem Atemschutzgerät zum Opfer vordringen. Begründe.

10. Erläutere, warum Ethanol als Droge bezeichnet wird. Informiere dich z. B. unter www.schuelerlexikon.de über Drogen.

11. Erkläre folgende Beobachtung:

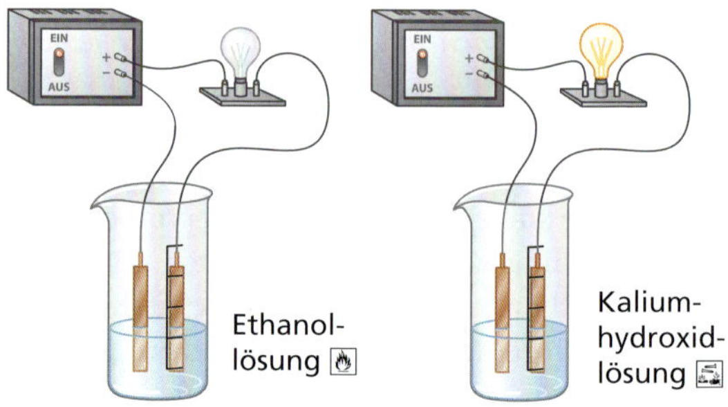

12. Trage Informationen über die Bedeutung des Ethanols in der Geschichte und in der Gegenwart zusammen.

13. Beim Umgang mit Methanol müssen besondere Sicherheitsbestimmungen beachtet werden, denn der Stoff ist sehr giftig.

Er kann nicht nur über das Verdauungssystem aufgenommen werden. Dämpfe dieses Stoffes gelangen mit der Atmung in unseren Körper. Außerdem gelangt Methanol über die Haut in den Körper. Erkläre, warum diese Aufnahme möglich ist.

14. Konstruiere mithilfe des Molekülbaukastens die Moleküle eines Alkohols mit drei Kohlenstoffatomen und einer Hydroxylgruppe bzw. mit zwei und drei Hydroxylgruppen.

15. Benenne nachfolgenden Alkohol unter Nutzung der Nomenklaturregeln.

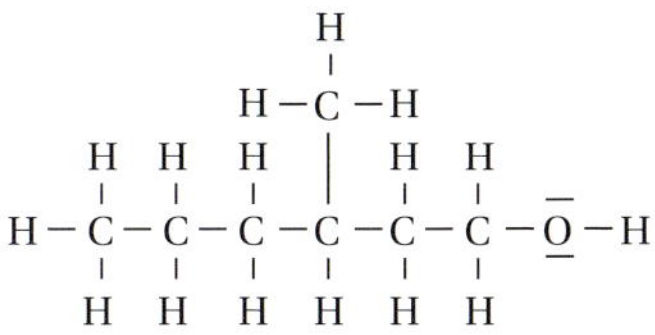

16. Zeichne die Strukturformeln der isomeren Pentanole auf ein Blatt.
Versuche, die Verbindungen zu benennen. Wie viele sind es ?

17. Wie viel Liter Kohlenstoffdioxid werden gebildet, wenn 15 g Glucose vollständig vergoren werden?

18. S Glycerol (Propan-1,2,3-triol) muss immer in einem geschlossenen Gefäß aufbewahrt werden. Überprüfe experimentell, warum diese Aufbewahrungsart sinnvoll ist. Wäge dazu 2 g Glycerol auf einem Uhrglasschälchen aus. Lasse dieses Schälchen 30 Minuten offen stehen und wäge dann erneut. Erkläre deine Beobachtung. Leite Nutzungsmöglichkeiten dieses Stoffes ab.

19. Erkläre die unterschiedlichen physikalischen Eigenschaften von Ethanol und Ethandiol. Gehe dabei besonders auf die Siedetemperaturen ein.

Eigenschaften	Ethanol	Ethan-1,2-diol
Schmelztemperatur	– 114,1 °C	– 15,6 °C
Siedetemperatur	78,3 °C	197,8 °C
Dichte (bei 25 °C)	0,785 g · cm^{-3}	1,109 g · cm^{-3}
Struktur	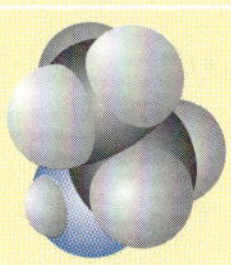	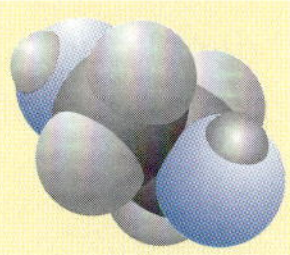

20. L Alkohole reagieren mit Natrium. Gleiche Mengen wasserfreies Methanol, Propanol und Butanol werden mit jeweils der gleichen Masse Natrium zur Reaktion gebracht. Die Zeitdauer bis zur Beendigung der Reaktion wird gemessen (s. Skizze). Interpretiere die Grafik. Leite eine Schlussfolgerung aus den Versuchsergebnissen ab.

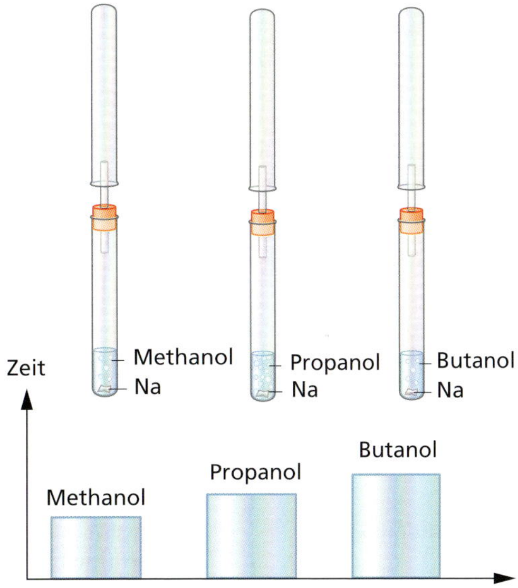

21. Fertige z. B. mithilfe eines geeigneten Kalkulationsprogramms eine grafische Darstellung an, aus welcher der Zusammenhang zwischen den Siedetemperaturen der Alkane bzw. der Alkanole und der Anzahl der Kohlenstoffatome in ihrem Molekül deutlich wird. Entnimm die notwendigen Werte entsprechenden Tabellen. Nutze die Verbindungen mit ein bis fünf Kohlenstoff-atomen.

22. S Mische in einer Vertiefung der Tüpfelplatte zehn Tropfen Ethanol q mit einem Tropfen Wasser, in der nächsten zehn Tropfen Ethanol mit zwei Tropfen Wasser, in der dritten zehn Tropfen Ethanol mit drei Tropfen Wasser usw.
Versuche, die Gemische zu entzünden. (Vorsicht, Schutzbrille!)
Ab welchem Mischungsverhältnis wird die Ethanol-Wasser-Mischung unbrennbar?

Alkohole

Alkohole sind organische Verbindungen, die eine oder mehrere Hydroxylgruppen im Molekül aufweisen. Bei der Hydroxylgruppe handelt es sich um eine funktionelle Gruppe, die wesentlich die Eigenschaften der Stoffe mitbestimmt.

Alkohole

einwertige Alkohole
(nur eine Hydroxylgruppe)

Alkanole
Beispiel: Ethanol
$(CH_3 - CH_2 - OH)$

mehrwertige Alkohole
(mehrere Hydroxylgruppen)
Beispiel: Propan-1,2,3-triol
$(CH_2OH - CHOH - CH_2OH)$

Alkanole

Alkanole lassen sich aus Alkanen herleiten. Sie besitzen eine Hydroxylgruppe im Molekül. Die allgemeine Summenformel der Alkanole lautet $C_nH_{2n+1}OH$. Alkanole mit einer endständigen Hydroxylgruppe bilden eine homologe Reihe. Nachfolgende Glieder unterscheiden sich durch eine $-CH_2$-Gruppe. Mit zunehmender Kettenlänge ändern sich die physikalischen Eigenschaften. Aufgrund der Hydroxylgruppe weisen die Alkanole ähnliche chemische Eigenschaften auf.

Kalottenmodell	Vereinfachte Strukturformel	Löslichkeit in Wasser	Typische chemische Reaktion
Ethanol 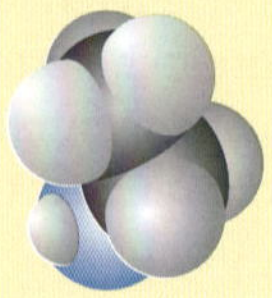	$CH_3 - CH_2 - OH$	in jedem Verhältnis mit Wasser mischbar	– Oxidation z. B. zur Essigsäure – Verbrennung zu Kohlenstoffdioxid und Wasser
Butanol 	$CH_3 - CH_2 - CH_2 - CH_2 - OH$	schlechte Löslichkeit in Wasser (Schlierenbildung)	– Oxidation z. B. zur Buttersäure – Verbrennung zu Kohlenstoffdioxid und Wasser

Alkoholische Gärung

Die alkoholische Gärung dient bestimmten Hefen in der Natur zur Gewinnung nutzbarer Energie. Der Mensch setzt diesen Prozess u. a. zur Herstellung von Ethanol ein.

$$C_6H_{12}O_6 \xrightarrow{\text{Enzyme der Hefen}} 2\ C_2H_5OH + 2\ CO_2$$

Kohlenhydrate – Energielieferanten und Baustoffe von Lebensformen

5

Kartoffeln und Getreideprodukte als Grundnahrungsmittel

Getreideprodukte aus Weizen, Roggen, Hafer und Mais gehören zu unseren Grundnahrungsmitteln. Seit der ersten Hälfte des 18. Jh. zählt auch die Kartoffel dazu. Heute verzehren wir häufig Kartoffeln bzw. Kartoffelprodukte. Alle diese Produkte enthalten Stärke.
Warum ist Stärke für den Menschen so wichtig?

Die Stütze der Bäume

Der Baum besteht zu einem großen Teil aus Kohlenhydraten. Holz enthält 40 bis 60 % Cellulose. Cellulose bildet die Gerüstsubstanz des Baumstamms und ist in allen Pflanzen enthalten. Zusammen mit anderen Substanzen wird dadurch die Festigkeit z. B. von Bäumen erreicht.
Wie ist die Cellulose gebaut?

Luxusartikel Zucker

Reiner Zucker war lange eine kostbare Süßigkeit, die aus Zuckerrohr gewonnen wurde und importiert werden musste. Erst im 18. Jh. entdeckte man, dass auch eine einheimische Pflanze, eine Rübensorte, genutzt werden kann.
Was ist eigentlich Zucker?
Wie erfolgt die Bildung von Zucker?

Kohlenhydrate und ihre Bedeutung

Für die menschliche Ernährung spielen die Kohlenhydrate eine große Rolle. Etwa 14 000 kg Kohlenhydrate nimmt ein Mensch durchschnittlich in 70 Lebensjahren zu sich.
Kohlenhydrate bestehen aus den Elementen Kohlenstoff, Wasserstoff und Sauerstoff. Die Elemente Wasserstoff und Sauerstoff sind oft im Verhältnis 2 : 1 vorhanden. Die allgemeine Summenformel für ihre Zusammensetzung lautet $C_x(H_2O)_y$.
Die Vielzahl der verschiedenen Kohlenhydrate lässt sich **nach** ihrer **Molekülgröße** in Gruppen einteilen: in **Einfachzucker** (Monosaccharide), **Zweifachzucker** (Disaccharide) und **Vielfachzucker** (Polysaccharide). Zweifachzucker und Mehrfachzucker können durch Hydrolyse (Spaltung durch Reaktion mit Wasser) zu Einfachzuckern reagieren.
Als Nährstoffe sind für uns besonders Traubenzucker (Glucose), Fruchtzucker (Fructose), Malzzucker (Maltose), Rohr- bzw. Rübenzucker (Saccharose) und Stärke wichtig. Sie sind die **Energielieferanten** für unsere Lebensprozesse.

Ein Teil der Kohlenhydrate wird in körpereigene Stärke (Glykogen) umgewandelt und als **Energiereserve** in der Leber und der Muskulatur gespeichert.
Nimmt man mehr Kohlenhydrate zu sich, als der Körper benötigt, werden sie in Fett umgewandelt und gespeichert. Das kann zu Übergewicht führen.

Kohlenhydrate dienen unserem Körper als Energielieferanten. Körpereigene Stärke (Glykogen) bildet eine Energiereserve.

Aufgaben

1. Notiere je zwei Einfach-, Zweifach- und Vielfachzucker. Nutze auch Seite 104.
2. Erkläre, warum Radsportler vor einer langen und anstrengenden Etappe meist größere Mengen Nudeln zu sich nehmen.

S Experiment

Prüfe es selbst

Aufgabe:
Prüfe, ob Traubenzucker als „Brennstoff" unseres Körpers dienen kann. Verbrenne dazu Traubenzucker in Anwesenheit von Asche.

Vorbereitung:
Notiere notwendige Geräte und Chemikalien.

Durchführung:
Vermische 5 g Traubenzucker mit etwas Zigarettenasche und entzünde die Mischung in einem feuerfesten Gefäß mit der Brennerflamme.

Beobachtung und Auswertung:
Schlussfolgere aus deinen Beobachtungen, ob es sich um eine endotherme oder exotherme Reaktion handelt. Beantworte die Aufgabenstellung. Erläutere, welche Unterschiede zwischen der Verbrennung von Zucker im Experiment und der biologischen Oxidation im Organismus bestehen.

Glucose (Traubenzucker)

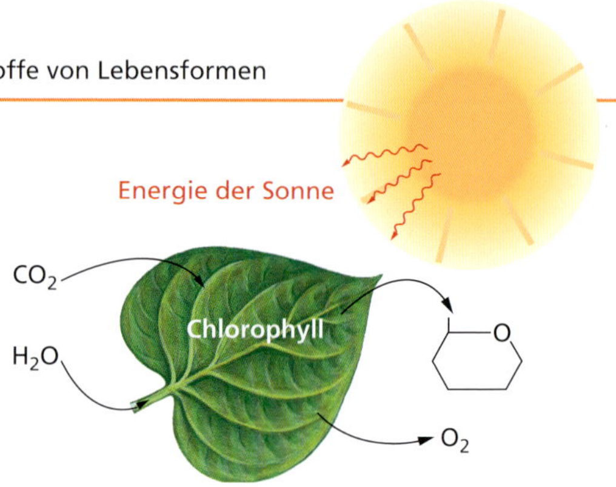

Einfachzucker (Monosaccharide) sind die einfachsten Vertreter der Kohlenhydrate. Zu ihnen gehören u. a. die **Glucose** und die **Fructose.**
Im Ablauf von Stoffwechselprozessen bei Pflanzen, Tieren und Menschen hat der Traubenzucker - die Glucose - eine zentrale Bedeutung.

STECKBRIEF: Glucose $C_6H_{12}O_6$

Eigenschaften:
fest, farblos, kristallin, sehr gut in Wasser löslich, süß schmeckend
Dichte: 1,54 g · cm^{-3}
Schmelztemperatur: 200 °C
Siedetemperatur: 164 °C

Struktur:
Kettenform | Ringform (α-D-Glucose)

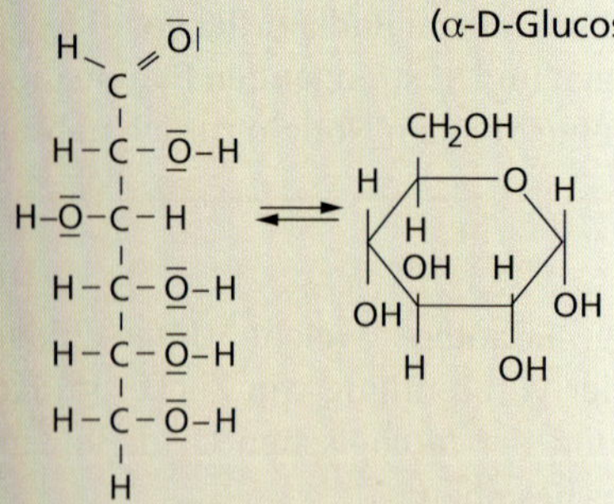

S Nachweis:

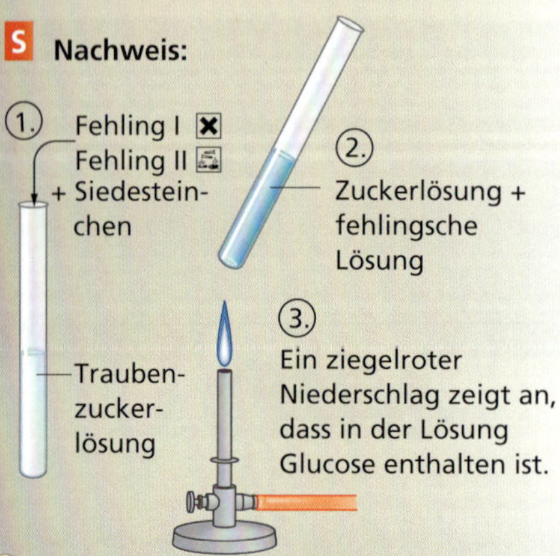

Glucose ($C_6H_{12}O_6$) wird im Rahmen der **Fotosynthese** in den grünen Blättern gebildet. Sie entsteht unter dem Einfluss von Sonnenlicht aus Kohlenstoffdioxid und Wasser.
Mensch und Tier nehmen Glucose mit der Nahrung auf. Zudem stellt die Glucose bei Stoff- und Energieumwandlungen oft ein Zwischenprodukt dar.
Vom menschlichen Blut kann Glucose gut aufgenommen und zu jeder Zelle transportiert werden. Es enthält etwa 0,08 bis 0,1 % Glucose (s. Abb. 1). Dieser Blutzuckergehalt ist lebensnotwendig, denn Glucose dient bei der Atmung (biologische Oxidation) als Ausgangsstoff. In den Körperzellen wird Glucose unter Sauerstoffverbrauch und Freisetzung von Energie zu Kohlenstoffdioxid und Wasser abgebaut.
Wird zu viel Glucose aufgenommen, wandelt der Körper diese in Stärke, dann in Fette um. Bei Diabetikern (Diabetes = Zuckerkrankheit) ist der Umwandlungsprozess gestört. Sie müssen daher eine besondere Diät einhalten.

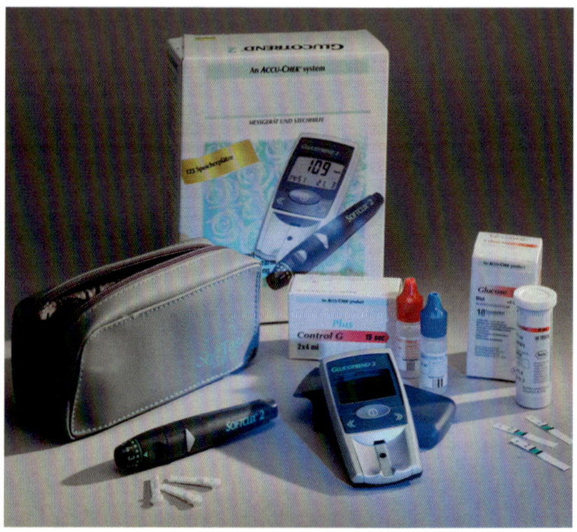

1 Gerät zur Bestimmung des Blutzuckergehalts

Energiekonzept: Biochemische Reaktionen

Der Energieinhalt der an biochemischen Reaktionen beteiligten Stoffe ändert sich durch Energieaustausch mit der Umgebung. Dabei nehmen Organismen Energie aus der Umwelt auf (z. B. grüne Pflanzen in Form von Lichtenergie bzw. heterotrophe Organismen in Form chemischer Energie der Stoffe) und geben Energie an die Umwelt ab (z. B. Wärme, chemische Energie der Stoffe).

1. Organische Stoffe (z. B. Fette, Eiweiße, Kohlenhydrate wie Traubenzucker und Stärke) beinhalten eine hohe chemische Energie.

2. Damit organische Stoffe abgebaut oder aufgebaut werden können, müssen sie durch Energiezufuhr in den aktivierten Zustand überführt werden. Enzyme wirken als Biokatalysatoren. Sie setzen die Aktivierungsenergie herab.

3. Auch bei biochemischen Reaktionen sind Stoffumwandlungen stets mit Energieumwandlungen verbunden.

4. Der Aufbau körpereigener energiereicher Stoffe verläuft prinzipiell endotherm. Beim Abbau organischer energiereicher Stoffe wird Energie freigesetzt, von der ein Teil nutzbare Energie ist. Der Abbau der Stoffe verläuft prinzipiell exotherm.

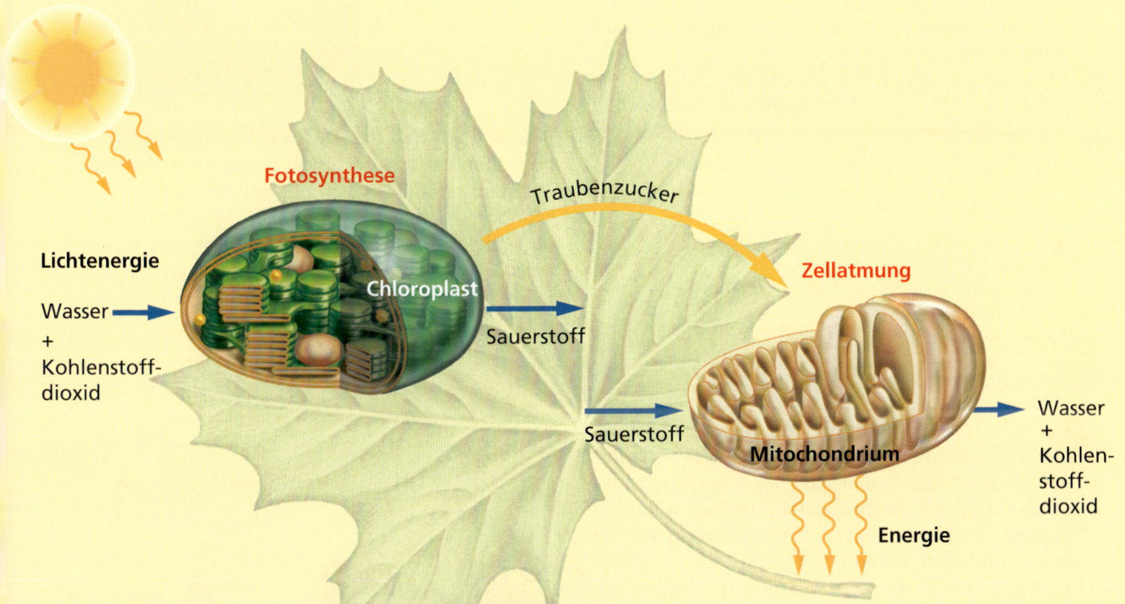

Kohlenstoffdioxid + Wasser + Energie $\underset{\text{Zellatmung}}{\overset{\text{Fotosynthese}}{\rightleftharpoons}}$ Traubenzucker + Sauerstoff

Vergleiche die Stoff- und Energieumwandlung in den Pflanzen mit der Stoff- und Energieumwandlung im menschlichen Organismus.

Mosaik

Monosaccharide

Fructose ($C_6H_{12}O_6$)

Fructose (Fruchtzucker) kommt in Früchten (z. B. in Äpfeln, Pflaumen) und in Honig vor.
Dieser Zucker hat eine höhere Süßkraft als Glucose.
Außerdem wird der menschliche Blutzuckerspiegel durch Fructose nur unwesentlich beeinflusst. Daher ist Fructose für Diabetiker als Zuckeraustauschstoff geeignet.

Fructose weist die gleiche Summenformel wie Glucose auf, jedoch unterscheiden sich die Isomere in der Struktur ihrer Moleküle. Das Grundgerüst der Fructosemoleküle bilden Fünferringe aus vier Kohlenstoffatomen und einem Sauerstoffatom. Die Kettenform besitzt eine **Ketogruppe** im Molekül.

Kettenform mit Ketogruppe   Ringform (α-D-Fructose)

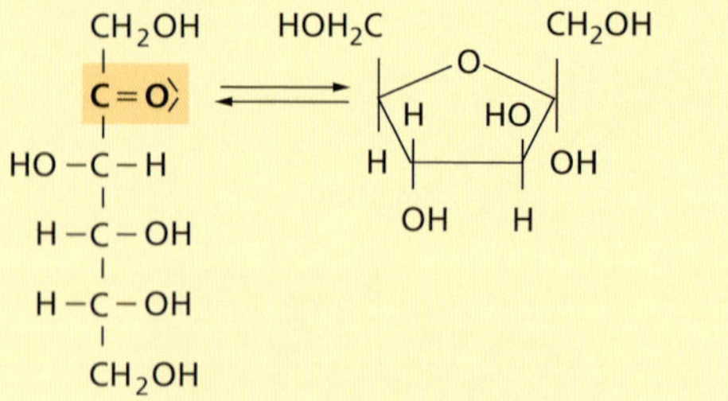

Auch Fructose bildet mit fehlingscher Lösung, ähnlich wie Glucose, einen ziegelroten Niederschlag. Fructose wird in der alkalischen Lösung z. T. in Glucose umgewandelt, sodass Aldehydgruppen vorhanden sind und reduzierend auf die Kupfer(II)-Ionen wirken (s. S. 203). So ist dieser Nachweis von Monosacchariden nicht eindeutig.

Eine Unterscheidung von Glucose und Fructose ist durch die Seliwanow-Reaktion möglich. Dazu wird die Lösung mit konzentrierter Salzsäure versetzt und mit Resorcin [1,2-Dihydroxybenzen, $C_6H_4(OH)_2$] erhitzt.
Der Nachweis ist erbracht, wenn sich eine rotbraune Färbung zeigt.

Galactose ($C_6H_{12}O_6$)

Galactose spielt als Zwischenprodukt bei Stoffwechselprozessen eine Rolle. Außerdem stellt Galactose einen Grundbaustein des Disaccharids Lactose (Milchzucker) dar. In der Muttermilch ist neben der Lactose jedoch auch Galactose enthalten.
In der Struktur ähnelt Galactose der Glucose. Es liegt ebenfalls Isomerie vor.

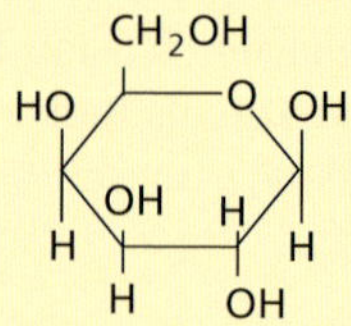

β-D-Galactose

Ribose ($C_5H_{10}O_5$) und Desoxyribose ($C_5H_{10}O_4$)

Im Gegensatz zu den bisher genannten Monosacchariden handelt es sich bei der Ribose um einen Monosaccharid mit nur fünf Kohlenstoffatomen im Molekül. Desoxyribose ist ähnlich strukturiert, weist jedoch ein Sauerstoffatom weniger auf. Beide Moleküle sind Bausteine der Nucleinsäuren (DNS und RNS).

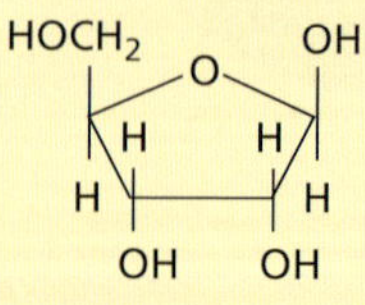

D-Ribose

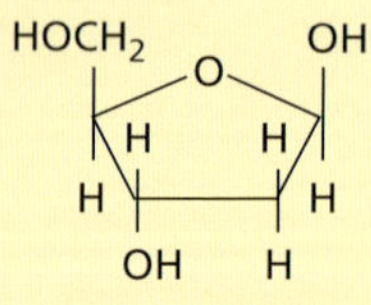

2-Desoxy-D-Ribose

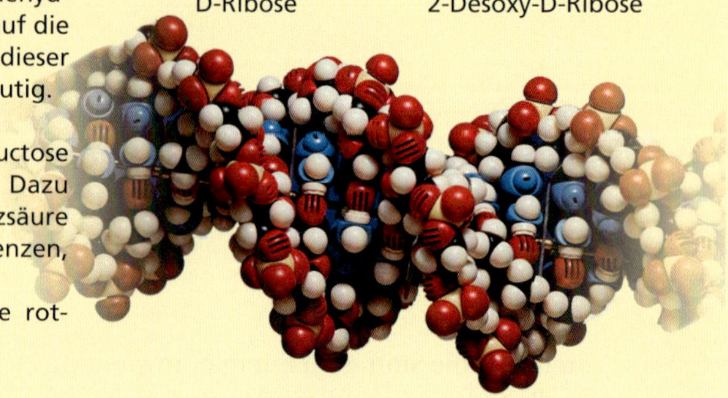

Disaccharide

Saccharose

Die in den grünen Blättern produzierte Glucose wird häufig sofort umgewandelt. Ein Reaktionsprodukt dieser Umwandlung ist die Saccharose. Saccharosemoleküle entstehen, wenn ein Molekül der Glucose und ein Molekül der Fructose miteinander unter Wasserabspaltung reagieren.
Saccharose ist etwas süßer als Glucose, aber weniger süß als Fructose. Sie ist aus unserem heutigen Leben nicht mehr wegzudenken und wird daher auch als Haushaltszucker bezeichnet. Sie wird vielfältig eingesetzt, nicht nur zum Süßen von Speisen und Getränken, sondern auch zur Herstellung von Kuchen und Gebäck, Schokolade und Bonbons. Sogar im Ketchup ist Saccharose enthalten.
Für unsere Gesundheit ist ein zu hoher Verbrauch eher schädlich. So wandeln Bakterien den Zucker im Mund zu Säuren um, die den Zahnschmelz angreifen und Karies auslösen.

STECKBRIEF: Saccharose $C_{12}H_{22}O_{11}$

Eigenschaften:
farblose, süß schmeckende Kristalle, leicht löslich in Wasser, wirkt nicht reduzierend auf fehlingsche Lösung
Dichte: 1,588 g · cm^{-3}
Schmelztemperatur: 185 °C zersetzlich

Struktur:

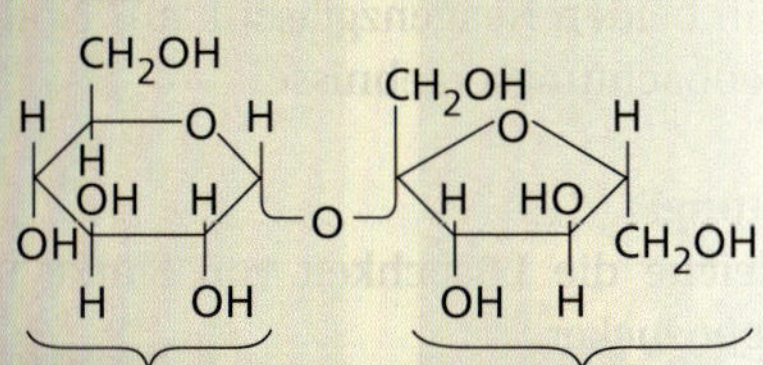

α-Glucoserest β-Fructoserest

Glucose- und Fructoserest sind über eine Sauerstoffbrücke (glycosidische Bindung) verknüpft.

Die Nutzung von Haushaltszucker war nicht immer selbstverständlich. Reiner Zucker wurde ursprünglich aus dem Zuckerrohr gewonnen und war sehr teuer.
Erst 1747 entdeckte der Apotheker und Chemiker ANDREAS SIGISMUND MARGGRAF (1709–1782) die Saccharose in der weißen Runkelrübe. Durch Züchtung wurde seitdem der Anteil an Saccharose in der Rübe erhöht (Zuckerrübe). Außerdem entwickelte man geeignete Verfahren, um den Zucker zu extrahieren. Heute wird die Zuckerrübe auf vielen Ackerflächen angebaut und im Herbst in Zuckerfabriken großtechnisch verarbeitet (s. auch S. 161).

Maltose

Maltose (Malzzucker) ist ein Disaccharid. In der Natur ist Maltose in keimendem Getreide zu finden. Sie ist Bestandteil von Nährböden für Bakterienkulturen und wird als Süßungsmittel verwendet. Maltose dient bei der Herstellung von Bier als Ausgangsstoff. Maltosemoleküle bilden sich, wenn je zwei Glucosemoleküle unter Wasserabspaltung miteinander reagieren.

Aufgabe

Stelle die Strukturen von Saccharose und Maltose mithilfe von Symbolen dar und vergleiche sie.

Kohlenhydrate – Energielieferanten und Baustoffe

Kohenhydrate sind aus den Elementen Kohlenstoff, Wasserstoff und Sauerstoff aufgebaut. Es handelt sich um Molekülsubstanzen. Für viele lautet die allgemeine Summenformel $C_x(H_2O)_y$. Einige Kohlenhydrate haben im menschlichen Stoffwechsel große Bedeutung.

Monosaccharide
(Einfachzucker)

Glucose (Traubenzucker)

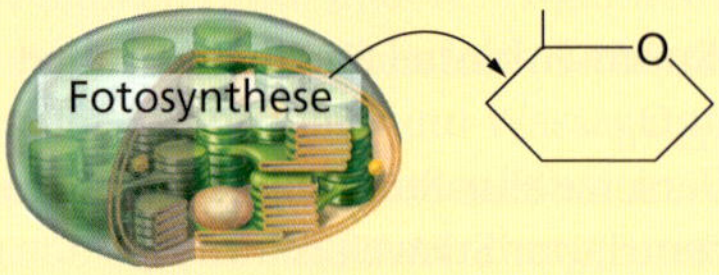

- Energielieferant

Fructose (Fruchtzucker)

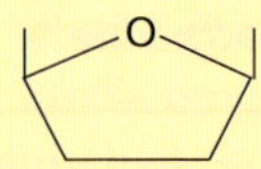

- Zwischenprodukt im Stoffwechsel

Disaccharide
(Zweifachzucker)

Saccharose (Haushaltszucker)

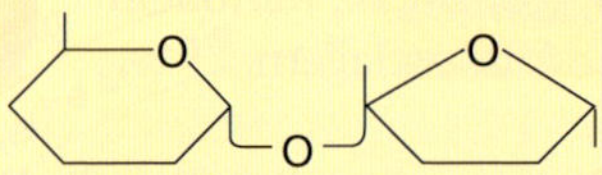

- Süßungsmittel für viele Lebensmittel/ Energielieferant

Maltose (Malzzucker)

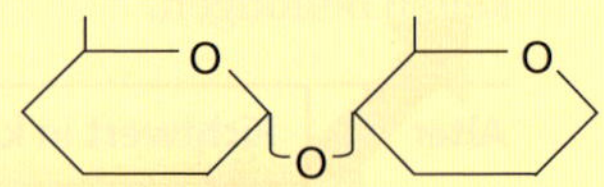

- Zwischenprodukt beim Abbau von Stärke

Polysaccharide
(Vielfachzucker)

Stärke

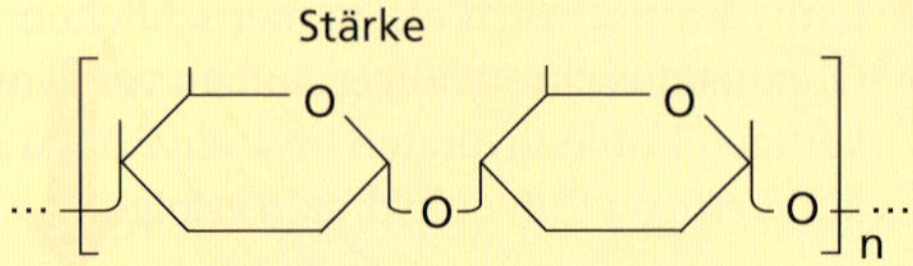

- Energiespeicher

Cellulose

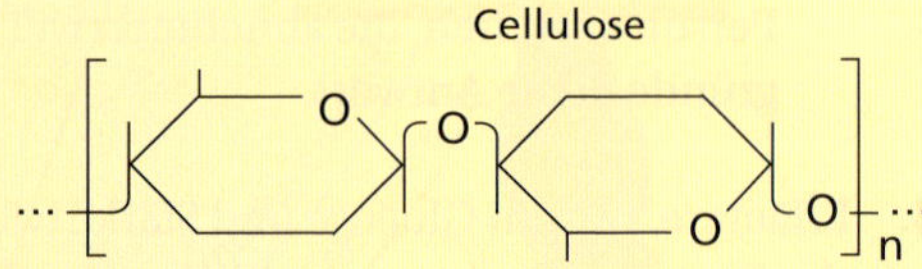

- Ballaststoff

6

Alkansäuren – richtige Säuren

Säure zum Abwehren

Kommt man mit Ameisen in Berührung, geben sie ein Gift ab, das stechend riecht und ätzend wirkt. Es ist sehr wirksam und ruft auch auf unserer Haut Reaktionen hervor.
Um welchen Stoff handelt es sich? Welcher Bestandteil des Giftes hat diese ätzende Wirkung?

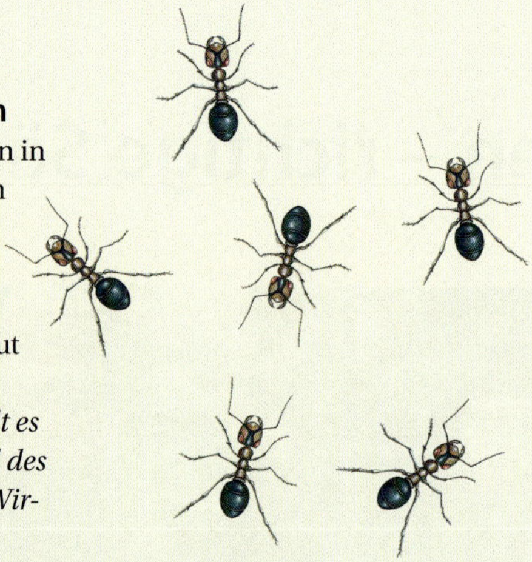

Eine anrüchige Säure

Turnschuhe, die häufig gebraucht und selten gelüftet werden, verströmen einen charakteristischen Geruch. Er entsteht u. a. durch einen Stoff, der bei der Zersetzung von abgestorbenen Hautzellen und Talg durch Bakterien gebildet wird. Der Stoff heißt Butansäure bzw. Buttersäure.
Wie ist Butansäure aufgebaut?

Aus Wein kann Essig werden

In Supermärkten und Verkaufsstellen findet man verschiedene Würzmittel mit der Aufschrift „Weinessig“. Wein bildet tatsächlich das Ausgangsmaterial für Essig.
Wodurch werden die Veränderungen bewirkt?
Welche Beziehungen bestehen zwischen Wein und Essig?

Ethansäure – eine Alkansäure

Ethansäure als chemische Verbindung

STECKBRIEF: Ethansäure (CH_3COOH)

Eigenschaften:
wasserfreie Ethansäure ist eine farblose, brennbare, stechend riechende Flüssigkeit, wirkt auf Augen, Haut und Schleimhäute stark ätzend, erstarrt bei 16,7 °C zu eisartigen Kristallen („Eisessig"), wässrige Lösungen (Essig) färben Indikatoren charakteristisch und bilden Salze mit unedlen Metallen, Metalloxiden und Hydroxiden

Dichte: $1{,}044\ g \cdot cm^{-3}$
Schmelztemperatur: 16,7 °C
Siedetemperatur: 117,9 °C

Struktur:

Kugelstabmodell

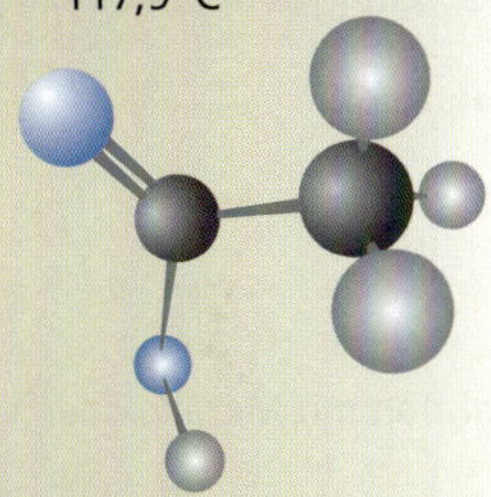

Kalottenmodell

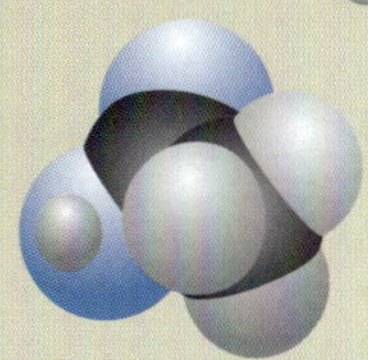

Strukturformel mit Carboxylgruppe

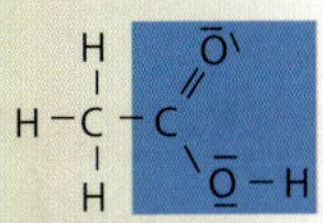

verkürzte Strukturformel $CH_3 - COOH$

Bei der Herstellung von Wein muss der Weinballon mit einem Gärröhrchen verschlossen werden, damit kein Luftzutritt möglich ist. Ansonsten passiert es leicht, dass der Wein sauer wird. Bei der sauer schmeckenden Verbindung handelt es sich um Ethansäure **(Essigsäure – CH_3COOH).**
Im Weinballon würde unter Sauerstoffeinfluss eine biochemische Reaktion ablaufen. Sie dient zur Freisetzung der Energie, die die Essigsäurebakterien zum Leben benötigen. Es handelt sich um einen zweischrittigen Prozess. Zuerst wird Ethanol zu Ethanal oxidiert und dann in einer zweiten Reaktion zu Ethansäure umgewandelt. Der Prozess lässt sich durch eine zusammenfassende Reaktionsgleichung beschreiben:

$$CH_3CH_2OH + O_2 \longrightarrow CH_3COOH + H_2O$$

Bei diesem **biotechnologischen Prozess** entsteht sogenannter Gärungsessig. (Eigentlich ist die Bezeichnung falsch, da es sich bei diesem biochemischen Stoffwechselprozess nicht um eine Gärung handelt.)
Großtechnisch wird Ethansäure in der chemischen Industrie durch unterschiedliche chemische Reaktionen hergestellt.

Oxidation von Ethanal:
$$2\ CH_3CHO + O_2 \longrightarrow 2\ CH_3COOH$$

Katalytische Reaktion von Methanol mit Kohlenstoffmonooxid (Monsato-Prozess):
$$CH_3OH + CO \longrightarrow CH_3COOH$$

Ethansäurelösungen sind heute in jedem Haushalt zu finden. Sei es, dass sie als Würzmittel für Salate verwendet werden oder als Konservierungsmittel, z. B. für saure Heringe, eine Rolle spielen.

Ethansäure besteht aus Molekülen. Es handelt sich um einen Sauerstoffabkömmling (Derivat) des Ethans. Im Molekül fällt eine funktionelle Gruppe auf. Darauf weist auch die Bezeichnung **„-säure"** hin. Diese funktionelle Gruppe wird als **Carboxylgruppe (Carboxygruppe, –COOH)** bezeichnet. Sie beeinflusst entscheidend die chemischen Eigenschaften des Stoffes und ist kennzeichnend für **Carbonsäuren.**

Die Ethansäure ist eine Carbonsäure. Carbonsäuren sind organische Stoffe, die im Molekül mindestens eine Carboxylgruppe enthalten.

Auch wenn es sich bei der Ethansäure um eine organische Verbindung handelt, zeigt sie alle Eigenschaften einer Säure.
Wasserfreie Ethansäure (Eisessig) leitet den elektrischen Strom nicht und färbt Unitest nicht rot. Lässt man Eisessig mit Wasser reagieren, zeigen sich die typischen Reaktionen einer sauren Lösung. Die frei beweglichen Wasserstoff-Ionen färben Unitestlösung rot.

$$CH_3-COOH \longrightarrow CH_3-COO^- + H^+$$

Acetat-Ion (Ethanat-Ion)

Typisch für Säuren sind Salzbildungsreaktionen. Auch die Ethansäure bildet Salze. Ihre Salze heißen **Acetate** (s. Tab.). Wie alle Säurelösungen zersetzt auch die Ethansäurelösung Carbonate. Dies nutzt man aus, wenn man Essig einsetzt, um Kalk von Armaturen zu beseitigen.
Außerdem ist die **Esterbildung** (s. Kap. 8.1) kennzeichnend. Ursache für alle diese Eigenschaften ist die Carboxylgruppe.

Die Carboxylgruppe bestimmt die Eigenschaften der Ethansäure entscheidend.

Salzbildungsreaktionen der Ethansäure

Reaktion	Reaktionsgleichung für ein Beispiel
Reaktion mit unedlen Metallen	$2\,CH_3COO^- + 2\,H^+ + Zn \longrightarrow 2\,CH_3COO^- + Zn^{2+} + H_2\uparrow$ Ethansäurelösung + Zink ⟶ Zinkacetatlösung + Wasserstoff
Reaktion mit Metalloxiden	$2\,CH_3COO^- + 2\,H^+ + MgO \longrightarrow 2\,CH_3COO^- + Mg^{2+} + H_2O$ Ethansäurelösung + Magnesiumoxid ⟶ Magnesiumacetatlösung + Wasser
Reaktion mit basischen Lösungen (Neutralisationsreaktion)	$CH_3COO^- + H^+ + Na^+ + OH^- \longrightarrow CH_3COO^- + Na^+ + H_2O$ Ethansäurelösung + Natriumhydroxidlösung ⟶ Natriumacetatlösung + Wasser

S Experiment

Prüfe es selbst

Aufgabe:
Weise experimentell nach, dass Ethansäure die typischen Eigenschaften von Säuren aufweist.

Vorbereitung:
Fordere *Geräte* und *Chemikalien* beim Lehrer an. Informiere dich über die Gefahrstoffe.

Durchführung:
a) Teste eine Essigsäurelösung (5%ig) mit einem pH-Meter oder mit Unitestpapier.
b) Versetze die Testlösung mit Unitestlösung. Gib dann tropfenweise Natriumhydroxidlösung hinzu.
c) Versetze jeweils einen Magnesiumspan und ein Zinkstückchen mit Essigsäure (5%ig). Wenn sich ein Gas bildet, fange es auf und führe die Knallgasprobe durch.
d) Tropfe jeweils die Essigsäurelösung (5%ig) auf ein Marmorstückchen (Calciumcarbonat) und auf eine Probe Natron. Weise das entstehende Gas mit Calciumhydroxidlösung nach.

Beobachtung und Auswertung:
Stelle deine Beobachtungen in einer Tabelle zusammen.
Leite eine Schlussfolgerung hinsichtlich der Aufgabenstellung ab. Belege deine Ansicht mit der jeweiligen Wortgleichung.

Mosaik

Vom Wein zum Essig

Essig (Ethansäurelösung unterschiedlicher Konzentration) ist schon seit 5000 v. Chr. bekannt.
Essig war damals wie heute ein wichtiges Konservierungsmittel und Gewürz. In alten Schriften wird der Stoff als Erfrischungsgetränk auf Reisen, auf der Jagd, auf Eroberungszügen und bei der Arbeit erwähnt.
HIPPOKRATES (um 460 v. Chr.) beschrieb die Anwendung des Essigs als innerliches und äußerliches Heilmittel. Über viele Jahrhunderte benutzte man die Säure als Desinfektionsmittel. So wurden zum Beispiel die Pestmasken während der todbringenden Epidemien in Essig getränkt.

Schon im Altertum ließ man Wein in nur teilweise gefüllten Ziegenschläuchen oder Tonkrügen so lange an warmer Luft stehen, bis der Inhalt sauer schmeckte. Spezielle Bakterien, die Essigsäurebakterien, vermehren sich in den offenen Gefäßen und wandeln das Ethanol im Wein in den begehrten sauren Stoff um.
Ende des 14. Jahrhunderts stand die Zunft des Essigsiedens in voller Blüte. In Essigstuben, welche sich an den Südseiten der Häuser befanden, wurde das kostbare Nass hergestellt. Die Wände dieser Stuben bestanden aus Gips, denn nur dieser Baustoff konnte den aggressiven Essigdämpfen längere Zeit standhalten.

Heute werden verschiedene biotechnologische Verfahren zur Essigherstellung eingesetzt. Bei dem modernsten Verfahren befindet sich die alkoholische Flüssigkeit in einem Tank. Der nötige Sauerstoff wird in die Flüssigkeit geblasen. Dadurch werden die Essigsäurebakterien in der Schwebe gehalten (s. Abb. 1).

In neuen Anlagen ist so eine Tagesproduktion von bis zu 30 000 Litern möglich.

Essigsäure entsteht im biotechnologischen Prozess aus Ethanol unter Einwirkung von Essigsäurebakterien und Sauerstoffzufuhr.

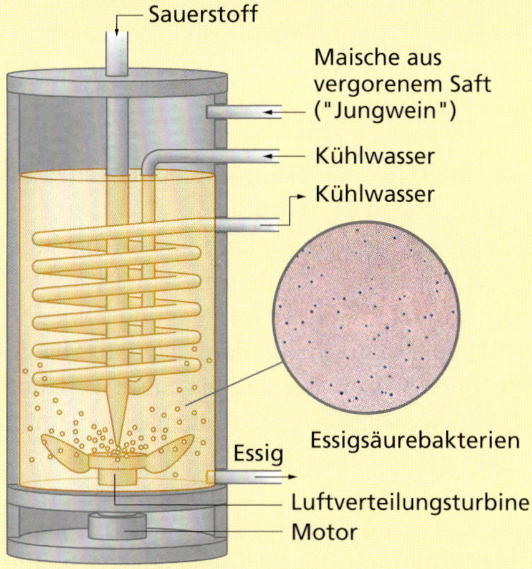

1 Herstellung von Essig in modernen Reaktionsgefäßen (Acetatoren)

Ausgewählte Essigsorten

Weinessig	aus Rot- und Weißwein hergestellt
Branntweinessig (Tafelessig, Speiseessig)	aus Branntwein hergestellt, den man aus Zuckerrüben, Getreide und Kartoffeln durch alkoholische Gärung und anschließende Destillation gewinnt, Massenanteil der Ethansäure 6 %
Kräuteressig	Weinessig oder Branntweinessig mit dem Zusatz von Kräutern oder deren Auszügen
Obstessig	wird überwiegend aus Apfelmost gewonnen, Massenanteil der Ethansäure 5 %
Aceto Balsamico di Modena	Essig aus Traubenmost, reift und lagert traditionell in alten Holzfässern in Modena (Italien)

Homologe der Ethansäure

Die in der Tabelle aufgeführten Stoffe sind durch gleiche Strukturmerkmale gekennzeichnet. Alle diese Substanzen besitzen eine Carboxylgruppe im Molekül. Deshalb sind sie den Monocarbonsäuren, und da sie sich von Alkanen ableiten, den Alkansäuren zuzuordnen.

Aufeinanderfolgende Alkansäuren unterscheiden sich durch eine $-CH_2-$Gruppe.
Ihre chemischen Eigenschaften ähneln sich aufgrund ihrer gleichen Strukturmerkmale. So zeigen die Lösungen eine saure Reaktion und sind elektrisch leitfähig. Mit unedlen Metallen, Metalloxiden und Hydroxiden werden Salze gebildet. Mit Alkoholen reagieren die Alkansäuren unter Bildung von Estern (s. Kap. 8.1).

Die polare Carboxylgruppe bildet auch die Ursache für bestimmte physikalische Eigenschaften der Alkansäuren. Aufgrund der Polarität der Carboxylgruppe bilden zwei Alkansäuremoleküle über Wasserstoffbrückenbindungen häufig relativ stabile Doppelmoleküle (Dimere).

Die wirkenden Kräfte beeinflussen die Schmelz- und Siedetemperaturen. Im Vergleich zu den Alkanen liegen diese relativ hoch. Methan und Ethansäure sowie einige weitere Alkansäuren sind zwar flüssig, ab der Decansäure liegen die Stoffe aber im festen Aggregatzustand vor.
Die Kettenlänge des Alkylrestes hat auch Einfluss auf die Löslichkeit der Monocarbonsäuren. Bis zur Butansäure überwiegt der Einfluss der polaren Carboxylgruppe. Diese Monocarbonsäuren sind somit sehr gut in Wasser löslich. Mit zunehmender Kettenlänge steigt der Einfluss des unpolaren, wasserabstoßenden Molekülteils. Die Wasserlöslichkeit nimmt stark ab.

Alkansäuren ($C_nH_{2n+1}COOH$) sind Derivate der Alkane mit einer Carboxylgruppe im Molekül. Sie bilden eine homologe Reihe.

Alkansäuren – Verwandte der Ethansäure

Bezeichnung	Formel	Vorkommen/Verwendung
Methansäure (Ameisensäure)	$HCOOH$	im Gift der Ameisen und in Brennnesselblättern enthalten, Konservierungsstoff (E 236)
Ethansäure (Essigsäure)	CH_3COOH	Würzmittel, Konservierungsmittel (E 260), Grundchemikalie
Propansäure (Propionsäure)	C_2H_5COOH	Grundchemikalie, (umstrittenes) Konservierungsmittel (E 280)
Butansäure (Buttersäure)	C_3H_7COOH	entsteht bei Fettalterung und bei bakterieller Zersetzung von Talg und Schweiß
⋮		
Hexadecansäure (Palmitinsäure)	$C_{15}H_{31}COOH$	Fettsäure (s. S. 206), chemisch gebunden in Bienenwachs, zur Herstellung kosmetischer Präparate
Octadecansäure (Stearinsäure)	$C_{17}H_{35}COOH$	Fettsäure (s. S. 206), zur Herstellung kosmetischer Präparate und von Kerzenwachs

Mosaik

Säuren als Lebensmittelzusatzstoffe

Getränken und einigen Nahrungsmitteln werden oft Säuerungsmittel wie Essigsäure, Apfelsäure, Citronensäure u. a. zugesetzt. Dies hat oft nicht nur eine Geschmacksverbesserung zur Folge.

Hefen, Bakterien und Schimmelpilze wandeln durch ihre Stoffwechselprozesse die in den Nahrungsmitteln enthaltenen Nährstoffe um und scheiden giftige Produkte aus. So werden Speisen und Getränke ungenießbar. Soll das Wachstum der Mikroorganismen verlangsamt oder verhindert werden, kommen unterschiedliche **Konservierungsmethoden** infrage (s. Tab.).
Eine Möglichkeit ist das Säuern von Lebensmitteln. Die zugesetzten organischen Säuren haben konservierende Eigenschaften. Ihre saure Wirkung, das heißt der geringe pH-Wert, macht verschiedensten Mikroorganismen das Überleben unmöglich. Oft wirken auch die Salze der Säuren konservierend.

Der Einsatz solcher und anderer Lebensmittelzusatzstoffe ist durch strenge gesetzliche Richtlinien geregelt. Die Art des verwendeten Zusatzstoffes muss stets auf Etiketten ausgewiesen werden. Bei manchen Stoffen genügt der Klassenname (z. B. Emulgatoren). Andere werden durch festgelegte Nummern (sogenannte E-Nummern) oder ihre chemischen Bezeichnungen gekennzeichnet. Auch Konservierungsmittel bzw. Säuerungsmittel sind davon betroffen (E-Nummern 200–299).
Durch Laborversuche wird der ADI-Wert (Acceptable Daily Intake) ermittelt. Er legt die Höchstmenge eines Lebensmittelzusatzstoffes in einem Lebensmittel fest.

Als Konservierungs- bzw. Säuerungsmittel sind z. B. Essigsäure, Milchsäure, Ameisensäure, Benzolsäure und Sorbinsäure in entsprechenden Listen aufgeführt. **Essigsäure und Milchsäure** gelten als unbedenklich. **Benzoesäure** ist nicht ganz so unbedenklich, denn sie steht in Verdacht, Allergien auszulösen. Die überwiegende Anzahl der Konservierungsstoffe wie **Sorbinsäure,** Benzoesäure und **Ameisensäure** wirken in den zugelassenen Konzentrationen vorwiegend gegen Schimmelpilze und Hefen. Bakterien werden nur teilweise gehemmt. Das ist manchmal auch von Vorteil, denn so kann z. B. Sorbinsäure zur Konservierung von Sauergemüse eingesetzt werden, ohne dass die für die Sauerkrautherstellung wichtigen Milchsäurebakterien abgetötet werden.

Konservierungsmethoden

physikalisch	chemisch
Kühlen Gefriertrocknen Tiefgefrieren Pasteurisieren Sterilisieren Einkochen Trocknen	Räuchern Pökeln Zuckern Zusatz von Konservierungsmittel, Antioxidationsmittel Salzen Säuern

Konservierungsmittel/Säuerungsmittel

Name	E-Nummer
Sorbinsäure und ihre Salze	E 200 E 201 – E 203
Benzoesäure und ihre Salze	E 210 E 211 – E 214
Ameisensäure und ihre Salze	E 236 E 237 – E 238
Ethansäure und ihe Salze	E 260 E 261 – E 263
Milchsäure	E 270

Sauer macht lustig – und was noch?

Experiment 1

Aufgabe:
Stelle Essig (verdünnte Essigsäure) aus Wein her.
Vorbereitung:
Geräte und Chemikalien: dickbauchige Flasche, sterilisierter Stofflappen, verdünnter Wein (60 ml Wein mit 60 ml Wasser gemischt)
Durchführung:
a) Fülle die Flasche zur Hälfte mit verdünntem Wein. Überprüfe den pH-Wert.
b) Stelle die offene Flasche fünf Tage auf die Fensterbank.
c) Schließe die Flasche dann mit dem Stofflappen und schüttele sie regelmäßig drei Wochen lang 1 bis 2 mal täglich.
   Teste den pH-Wert nach Abschluss des Experimentes.

Beobachtung und Auswertung:
Vergleiche die pH-Werte der Lösungen. Beschreibe, was passiert ist.

Experiment 2

Aufgabe:
Prüfe eine Honiglösung, Orangensaft, Sauerkrautsaft, Limonade, Joghurt oder Buttermilch und die Lösung einer Vitamin-Brause-Tablette mit verschiedenen Indikatoren.
Vorbereitung:
Geräte, Chemikalien und Lebensmittel: Reagenzgläser, Trichter, verschiedene feste und flüssige Lebensmittel, Indikatoren (z. B. Universalindikator, Phenolphthalein, Methylorange, Lackmuslösung, Rotkohlsaft)
Durchführung:
Gib von den Substanzen jeweils 3 ml in die Reagenzgläser. Versetze die Proben mit den unterschiedlichen Indikatoren.
Beobachtung und Auswertung:
Stelle die Beobachtungen in einer Tabelle zusammen und werte aus. Formuliere eine Aussage zur Indikatorenauswahl.

Experiment 3

Aufgabe:
Halbiere einen Apfel und bestreiche eine Hälfte sofort mit Zitronensaft. Beobachte nach 15 und nach 30 Minuten. Führe Protokoll und werte aus.
Wie lassen sich die Beobachtungen erklären?

Experiment 4

Aufgabe:
Stelle Brausepulver her und versetze es mit Wasser. Weise das entstehende Gas mit Calciumhydroxidlösung nach.
Vorbereitung:
Geräte: Reagenzglasständer, Reagenzglas mit Gasableitungsrohr, Stopfen mit Pipette, Reagenzglas
Chemikalien: feste Citronensäure (z. B. aus der Apotheke), Zucker, Natron, destilliertes Wasser, Calciumhydroxidlösung
Durchführung:
Vermische Citronensäure, Zucker und Natron. (Tipp: Industriell gefertigtes Brausepulver enthält neben den genannten Zutaten oft noch Weinsäure, Farb- und Aromastoffe.)
Gib das Gemisch in das Reaktionsgefäß. Versetze es mit Wasser und leite das entstehende Gas in das Nachweismittel ein.
Beobachtung:
Notiere deine Beobachtungen.
Auswertung:

1. Erkläre die registrierte Beobachtung.
   Stelle die entsprechenden Reaktionsgleichungen auf.
2. Erläutere, warum Brausepulver bei Zugabe von Wasser sprudelt.

Chemie im Kontext

Essig – das natürliche Reinigungsmittel

Sieht man sich die Inhaltsstoffe verschiedener Badreiniger an, bemerkt man, dass viele von ihnen Säuren enthalten. Deshalb wird auch auf der Packungsaufschrift besondere Vorsicht im Umgang mit diesen Reinigungsmitteln angeraten.
Ist es auch möglich, Speiseessig zur Reinigung der Badarmaturen von Kalkbelägen zu verwenden? Begründe deine Ansicht. Nutze dazu auch die chemische Zeichensprache.

Speiseessig enthält Ethansäure, die in Wasser gelöst ist.
Die Ethansäurelösung reagiert mit den Kalkrückständen.
Bei diesen Kalkrückständen handelt es sich hauptsächlich um Carbonate (z. B. Calciumcarbonat). Durch die Reaktion der Ethansäure mit dem Kalk werden die Carbonate zersetzt. Es bilden sich Salze der Ethansäure. Daneben werden kleine Bläschen von Kohlenstoffdioxid sichtbar.

$$2\ CH_3COO^- + 2\ H^+ + CaCO_3 \longrightarrow 2\ CH_3COO^- + Ca^{2+} + H_2O + CO_2\uparrow$$

Die entstehenden Salze sind wasserlöslich und können leicht entfernt werden. Bedingt durch diese Reaktion kann man Essig als Reinigungsmittel einsetzen. Hinzu kommt, dass durch die ätzende Wirkung des Essigs der Gegenstand auch gleichzeitig desinfiziert wird.
Allerdings hat Essig auch Nachteile. So darf nur Speiseessig und keine Essigessenz Verwendung finden, da es ansonsten zu Verätzungen der Schleimhäute kommen kann. Insbesondere beim Erhitzen bilden sich stark reizende Dämpfe. Zudem können Armaturen korrodieren. Eine schonendere Alternative sind Citronensäurelösungen. Sie wird außerdem in Abwasseranlagen leichter abgebaut als die Essigsäure.

Sauerkraut – Essigsäure oder was?

Sauerkraut gibt es in jedem Gemüseladen oder Lebensmittelmarkt zu kaufen.
Man kann es aber auch selbst herstellen. Dazu wird ein Weißkohlkopf gut gewaschen und geputzt, in feine Streifen geschnitten und diese in einem Steinguttopf geschichtet. Jede Schicht muss dabei so fest gestampft werden, bis der Zellsaft austritt. Das Kraut wird mit Salz, Haushaltszucker und einigen Wacholderbeeren gewürzt (pro 1 kg Kohl 13 g Salz, 4 g Zucker). Zum Schluss deckt man den Topf mit einem ausgekochten Geschirrtuch zu und beschwert das Ganze mit einem sterilen Stein oder Brett.
Man lässt das Gefäß vier bis fünf Tage bei etwa 20 °C ruhen und anschließend das Sauerkraut noch weitere zwei Wochen bei ca. 15 °C reifen.
Beschreibe, was im Sauerkrauttopf geschieht.

Die Weißkohlstreifen verändern sich. Das wird am sauren Geschmack des Produkts erkennbar. Irrtümlich wird häufig angenommen, dass eine Essigsäuregärung abläuft. Aber Sauerkraut schmeckt doch etwas milder als ein Essigdressing. Im Topf finden allerdings wirklich Gärprozesse statt. Ausgelöst werden sie durch spezielle Mikroorganismen, durch Milchsäurebakterien. In den Zellen der Kohlblätter ist eine bestimmte Menge an Zucker enthalten. Die überall vorhandenen Milchsäurebakterien wandeln den Zucker in Milchsäure um.
Der saure Geschmack des Lebensmittels resultiert also aus der gebildeten Milchsäure.

$$C_6H_{12}O_6 \longrightarrow 2\ CH_3-CHOH-COOH$$

Die Energiefreisetzung bei diesem Stoffwechselprozess ist jedoch geringer als bei der Atmung, weil das Reaktionsprodukt, die Milchsäure, noch recht energiereich ist.

gewusst · gekonnt

1. Ergänze dein Glossar bzw. wiederhole die Begriffe:

Glossar

Alkansäuren
Carbonsäuren
funktionelle Gruppe
homologe Reihe
Säure

2. Will man das Platzen von Eiern verhindern, gibt man einen Teelöffel Speiseessig ins Kochwasser. Erkläre.

3. In manchen Regionen weist das Wasser eine große Wasserhärte auf. Kaffeemaschinen bekommen schnell Beläge aus Kesselstein.
   a) Was ist Kesselstein? Erkläre.
   b) Behandelt man die Beläge mit verdünnter Essigsäure, verschwinden sie. Gib die chemische Gleichung für die ablaufende Reaktion an.

4. Hausfrauen geben gern etwas Essig ins Fensterputzwasser.
   Erkläre, was der Trick bewirken soll.

5. Warum bewahrt man essigsaure Konserven in Gläsern, nicht in Metallgefäßen auf?

6. Frisches Gemüse hält sich länger, wenn man es in mit Essig getränkte Tücher einschlägt. Erkläre, worin die Wirkung besteht.

7. Formuliere die Reaktionsgleichung für die Herstellung von Essig aus Ethanol.

8. Soll durch alkoholische Gärung Wein hergestellt werden, muss während des Prozesses Luftabschluss gewährleistet sein.
   Begründe die Notwendigkeit.

9. Beschreibe den Bau der funktionellen Gruppe der Carbonsäuren.

10. Die Carboxylgruppe als funktionelle Gruppe der Monocarbonsäuren bestimmt deren chemisches Verhalten.
    Gib für drei mögliche chemische Reaktionen der Essigsäure die Wort- und Reaktionsgleichungen an. Wähle den jeweiligen Reaktionspartner selbst.
    Benenne, soweit möglich, die Reaktionsprodukte.

11. Marmor ist ein beliebter Baustoff. Man sollte jedoch Fensterbretter aus Marmor oder die teuren Marmorfliesen im Bad nicht mit essighaltigen oder anderen säurehaltigen Reinigungsmitteln säubern. Erkläre.

12. Eisessig wird auf Stromleitfähigkeit und auf das Vorhandensein einer sauren Reaktion geprüft. Gib an, welche Beobachtungsergebnisse zu erwarten sind und begründe deine Antwort.

13. Aluminiumacetat ist ein Bestandteil der in Apotheken erhältlichen „essigsauren Tonerde".
    a) Informiere dich darüber, welche Erkrankungen mit essigsaurer Tonerde gelindert werden können.
    b) Stelle eine mögliche Gleichung zur Herstellung von Aluminiumacetat auf.

14. S Überprüfe die Löslichkeit von Essigsäure, Ameisensäure, und Palmitinsäure. Löse dazu je 3 ml der Stoffprobe in 5 ml Wasser bzw. 3 ml Heptan. Notiere deine Beobachtungen und erkläre die Versuchsergebnisse unter Einbeziehung des Molekülbaus der verwendeten Monocarbonsäuren.

15. S Untersuche die Wirkung verschiedener Konservierungsmittel.
Löse dazu je eine Messerspitze Sorbinsäure und Benzoesäure in wenig heißem Wasser. Teile eine Brotscheibe in drei Teile und bestreiche dann zwei von ihnen mit den vorbereiteten Lösungen, das dritte Stück mit Wasser. Lass die jeweiligen Gefäße abgedeckt einige Tage stehen und beobachte nach einigen Tagen. Notiere deine Beobachtungen und erkläre sie.

16. Vergleiche die Siedetemperaturen von Ethan, Ethanol und Ethansäure. Wie lassen sich die unterschiedlichen Werte erklären?

17. Erläutere den Begriff „homologe Reihe“ am Beispiel der Alkansäuren.

18. Grünspan [basisches Kupfer(II)-acetat] ist giftig. Informiere dich darüber, wie Grünspan entsteht. Wo könnte diese Reaktion eine Rolle spielen?

19. Angefeuchtetes Unitestpapier wird auf einen Ameisenhaufen gelegt. Welche Beobachtung erwartest du? Begründe.

20. Natriumformiat (E 237) und Calciumformiat (E 238), Salze der Methansäure, haben hemmende Wirkung auf Mikroorganismen. Deshalb werden sie als Konservierungsmittel eingesetzt. Stelle Reaktionsgleichungen für die Prozesse auf, bei denen sie gebildet werden.

21. Im Labor kann Ethansäure durch katalytische Oxidation aus Ethanal hergestellt werden. Stelle die entsprechende Reaktionsgleichung auf.

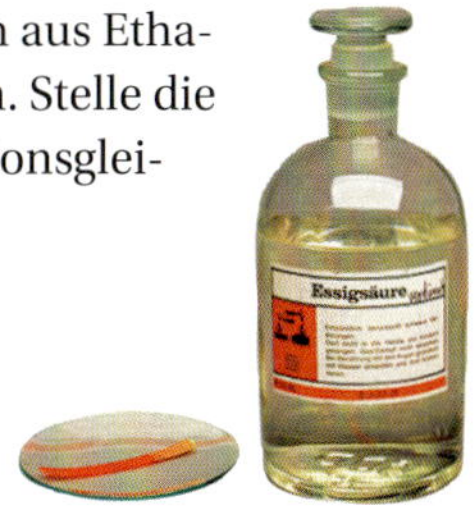

22. Werte das Versuchsergebnis auf der Abbildung (rechts) aus.

23. Untersuche die Lebensmittel in eurem Kühlschrank, indem du die Zutaten auf den Etiketten studierst.
Notiere, welche Carbonsäuren enthalten sind. Gib an, welchen Zweck sie erfüllen.

24. Viele Lebensmittel enthalten den Aufdruck „ohne Konservierungsstoffe“.
Trotzdem ist in der Zutatenliste Citronensäure aufgeführt.
Ist der Aufdruck falsch? Begründe deine Antwort.

25. Informiere dich anhand der Verpackungsangaben, welche Konservierungsstoffe in Cola und Ketchup enthalten.

26. Manchmal findet man in Weinflaschen einen bernsteinfarbenen Bodensatz, sogenannten Weinstein.
Gib an, worum es sich dabei handelt. Informiere dich z. B. auf der Seite 180.

27. Ameisensäure, Milchsäure, Oxalsäure und Citronensäure gehören zu den Carbonsäuren. Informiert euch über ihre Struktur und ihre Bedeutung.
Nutzt dazu die Expertenmethode (s. S. 113).

Carbonsäuren

Carbonsäuren sind organische Stoffe, die im Molekül mindestens eine Carboxylgruppe enthalten. Die Carboxylgruppe ist eine funktionelle Gruppe, die die Eigenschaften der Stoffe wesentlich mitbestimmt.

Alkansäuren

Alkansäuren sind Carbonsäuren, die sich aus den Alkanen herleiten. Sie besitzen eine Carboxylgruppe im Molekül. Die allgemeine Summenformel der Alkansäuren lautet $C_nH_{2n+1}COOH$. Alkansäuren mit einer endständigen Carboxylgruppe bilden eine homologe Reihe.

Funktionelle Gruppe	Methansäure	Ethansäure	Propansäure
Carboxylgruppe 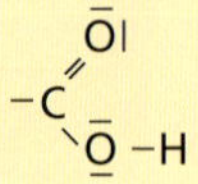	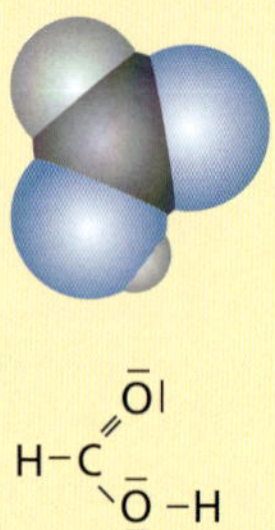		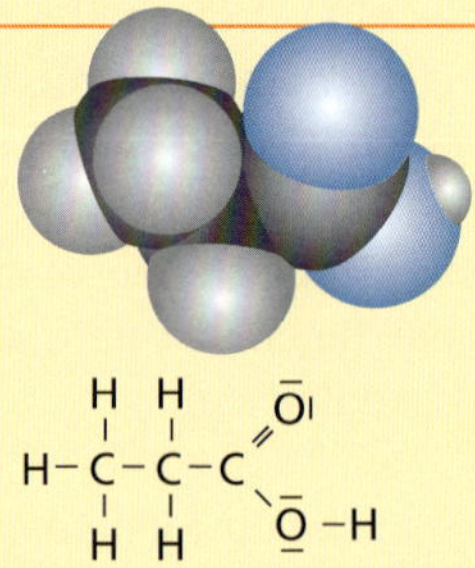

Typische chemische Reaktionen der Alkansäure (Beispiel Ethansäure)

- Saure Reaktion in wässriger Lösung

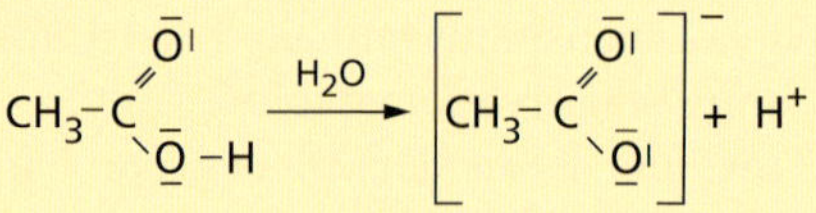

- Salzbildungsreaktion (Beispiel Neutralisationsreaktion)

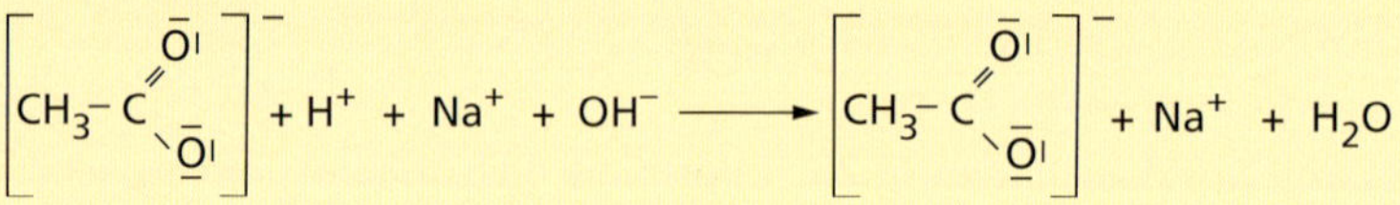

- Zersetzung von Carbonaten

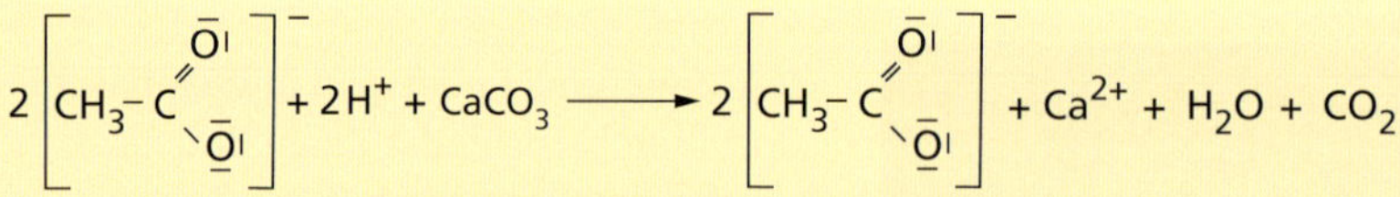

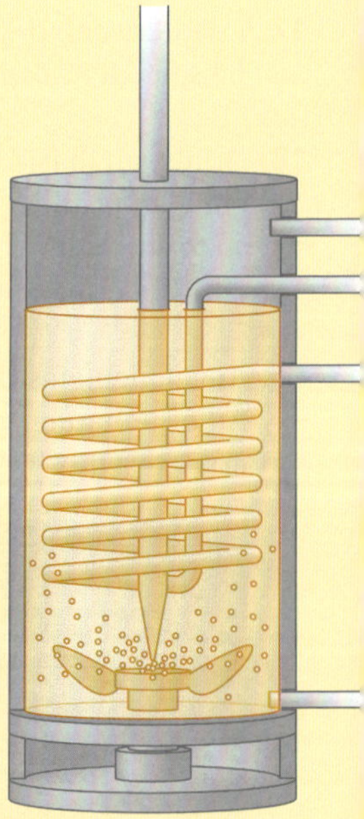

Herstellung der Ethansäure (Essigsäure)

- Biotechnologisch unter Nutzung von Essigsäurebakterien
  $CH_3CH_2OH + O_2 \longrightarrow CH_3COOH + H_2O$

- Großtechnisch, z. B. durch die Reaktion von Methanol mit Kohlenstoffmonooxid
  $CH_3OH + CO \longrightarrow CH_3COOH$

Wahlbereich: Muskelkater und saure Früchte

Neben den Monocarbonsäuren, d. h. organischen Säuren mit einer Carboxylgruppe in den Molekülen (z. B. Ethansäure), gibt es eine Reihe von organischen Säuren, die mehrere Carboxylgruppen und weitere funktionelle Gruppen in den Molekülen aufweisen.

Milchsäure - vom Muskelkater bis zum Quark

Die Milchsäure (2-Hydroxypropansäure) wird durch Abbau von Glucose unter Sauerstoffmangel im Stoffwechsel mehrzelliger Organismen oder von bestimmten Bakterien *(Lactobacillus)* durch Abbau von Milchzucker gebildet.

1. *Leite die Strukturformel für Milchsäure aus dem systematischen Namen ab.*

2. *Gib an, wozu Organismen Energie benötigen. Was meinst du, warum man den Abbau von Glucose zu Milchsäure auch als „Notfallreaktion" bezeichnet?*

3. *Laut langjähriger Meinung soll Milchsäure Ursache für den Muskelkater sein. Die Milchsäure wird in der Muskulatur allerdings nach ca. 20 Minuten abgebaut. Der oft schmerzhafte Muskelkater tritt aber erst nach etwa 34 bis 36 Stunden auf.*
   - a) *Kläre diesen Widerspruch, indem du dich bei deinem Sportlehrer und in der Literatur über die heutigen Erkenntnisse zu den Ursachen des Muskelkaters informierst.*
   - b) *Leite aus deinen Rechercheergebnissen Regeln für ein sinnvolles und effektives Training der Muskulatur ab.*

Den Abbau des Milchzuckers zur Milchsäure durch Bakterien kann man zur Quarkherstellung nutzen.

S Experiment

Aufgabe:
Stelle Quark her. Führe das Experiment zu Hause in der Küche durch.

Vorbereitung:
Geräte und Materialien:
1 Liter Frischmilch (3,5% Fett), 3 flache Schalen, 1 Sieb, 1 sauberes Tuch (z. B. Baumwollhandtuch), 1 großer Topf

Durchführung:
- a) Lass die Milch in einem Gefäß bei etwa 25 °C für zwei bis drei Tage offen stehen, damit sie sauer und dick wird. (Der Prozess kann beschleunigt werden, indem man etwas Dickmilch zugibt.)
- b) Erwärme die Dickmilch für etwa 30 Minuten auf 37 °C, bis sich die festen (der „Bruch") und die flüssigen Bestandteile (Molke) trennen. (Nicht stärker erwärmen, sonst gerät der Quark zum Kochkäse.)
- c) Lege ein feines Sieb mit dem Tuch aus. Filtriere jetzt das Gemisch und fange die Molke auf.
  Nachdem die Molke vollständig abgelaufen ist, binde das Tuch zusammen und beschwere es ca. drei Stunden mit einem Gegenstand. So wird die Quarkmasse fest.

Die Molke enthält wertvolle Vitamine und kann mit Fruchtsaft und etwas Zucker vermengt getrunken werden.
Der Quark hat nun einen Fettgehalt von etwa 24 %. Mit Kräutern oder Früchten verfeinert und abgeschmeckt kann er als vollwertiges Lebensmittel verzehrt werden. Der hohe Calciumgehalt wirkt sich positiv auf die Zahn- und Knochenhärtung aus.

Säuren in Zitronen, Äpfeln und anderen Früchte

Citronensäure kommt zu etwa 5 bis 7 % in Zitronensaft vor, ist aber auch in Äpfeln, Birnen, Himbeeren, Johannisbeeren, Nadelhölzern, Pilzen und Tabakblättern in unterschiedlichen Mengen enthalten.
In Organismen wird sie als Stoffwechselprodukt beim Abbau von Glucose gebildet (Citratzyklus).
Citronensäure (3-Carboxy-3-hydroxypentan-1,5-disäure) ist ein farbloser, wasserlöslicher Feststoff. Ihre Salze nennt man Citrate.

S Experiment 1

Aufgabe:
Untersuche die sauren Eigenschaften der Citronensäure.

Vorbereitung und Durchführung:
Geräte und Materialien: 1 bis 2 Zitronen, Reagenzgläser, Reagenzglasständer, Zitronenpresse, Bechergläser, pH-Papier, Geräte zur Prüfung der elektrischen Leitfähigkeit, Magnesium, Magnesiumoxid, verdünnte Natronlauge

Durchführung:
a) Schneide die Zitronen auf und gewinne den Saft durch Auspressen.
b) Verteile den Saft auf vier Reagenzgläser und ein Becherglas.
c) Belege durch fünf Experimente, dass Zitronensäure wie eine typische Säure reagiert.

Beobachtung und Auswertung:
Erfasse deine Beobachtungen in einer Tabelle. Leite aus dem systematischen Namen die Strukturformel für Citronensäure ab und erläutere die registrierten Beobachtungen.

S Experiment 2

Tipp:
Die folgenden Versuche können sowohl im Labor als auch zu Hause durchgeführt werden. Trotzdem muss auf die Einhaltung der Sicherheitsregeln geachtet werden. Citronensäure ist reizend und darf nicht in offene Wunden und auf Schleimhäute gelangen.

Aufgabe:
Untersuche die Wirkung von Citronensäure im Alltag.

Vorbereitung:
Geräte und Materialien: Zitronensaft, feste Citronensäure, Gips, Wasser, Geschirrspülmittel, 1 Apfel, Messer, Untertassen, Einwegbecher, Rührstab

Durchführung:
a) Kratze vorsichtig etwas Kalk z. B. von der Heizspindel des Wasserkochers ab und versetze ihn mit ein paar Tropfen Zitronensaft.
b) Schneide einen Apfel auf und beträufle die eine Hälfte mit Zitronensaft, die andere nicht. Lass beide Hälften etwa 30 Minuten an der Luft stehen und betrachte sie danach.
c) Gib zu etwa 100 g Gips 5 g Citronensäure und vermische beide Bestandteile in einem großen Einwegbecher. Füge anschließend 60 ml Wasser und einen Tropfen Geschirrspülmittel hinzu.
d) Brühe eine Tasse schwarzen Tee auf und lasse diese etwa 5 bis 6 Minuten ziehen. Entferne den Teebeutel und tropfe anschließend etwas Zitronensaft dazu. Prüfe den Geschmack und die Farbe des Tees.

Beobachtung:
Notiere jeweils die registrierten Beobachtungen.

Auswertung:
Beschreibe die jeweilige Wirkung der Citronensäure. Stelle anhand der Experimente Verwendungsmöglichkeiten von Citronensäure im Haushalt zusammen und diskutiere Vor- und Nachteile des Einsatzes.

Die **Apfelsäure** (Hydroxybutandisäure) kommt natürlich in Äpfeln, Quitten, Weintrauben, Vogelbeeren und Stachelbeeren vor. Im Organismus ist sie Zwischenprodukt im Citratzyklus, d.h. beim Abbau von Glucose zur Gewinnung von Energie.

Die Apfelsäure gewinnt man auf chemischem Weg aus Fumarsäure (E 297) oder aus dem Stoffwechsel von Bakterien und Pilzen.
Als Lebensmittelzusatzstoff (E 296) findet die Apfelsäure aufgrund des hohen Herstellungspreises nur selten Verwendung, gelegentlich setzt man sie als Konservierungsmittel mit antioxidativer Wirkung in Obst- und Gemüsesäften, Konfitüren, bei geschälten Kartoffeln und Ananassaft ein. Häufiger verwendet man jedoch die preisgünstigere Citronensäure.
Die Salze der Apfelsäure werden Malate genannt. Kaliummalat (E 351) und Natriummalat (E 350) sind häufig Zusatzstoffe in Kartoffelchips.

Mehr als 300 Zusatzstoffe in Lebensmitteln bestimmen, welche Farbe Nudeln, Bonbons und Limonaden haben, wie lange sich Wurst hält und warum wir einen angefangenen Beutel Kartoffelchips zu Ende knabbern müssen (s. Tab.). Besonders bei Konservierungsmitteln, Säuerungsmitteln und Antioxidanzien (Oxidationshemmern) handelt es sich oft um Säuren und ihre Salze.

Lebensmittelzusatzstoffe

Art der Stoffe	E-Nr.
Farbstoffe	100– 180
Konservierungsmittel	200– 252
Säuerungsmittel	260– 297
Antioxidanzien	300– 385
Verdickungsmittel	400– 422
Emulgatoren	432– 495
andere Zusatzstoffe	500– 585
Geschmacksverstärker	620– 948
Süßstoffe	950–1518

1. *Informiere dich über die Wirkung von solchen Lebensmittelzusatzstoffen.*
Diskutiere und bewerte ihren Einsatz bei der Herstellung von Lebensmitteln.

Gummibärchen selbst gemacht
Du benötigst folgende Zutaten (z.B. aus einem Reformhaus): Maisstärke, Gelatine, Haushaltszucker, Invertzucker, Apfelsäure, Fruchtaroma, evtl. Lebensmittelfarbe.
1. Trockne Maisstärke.
2. Bereite die Formen vor, indem du die getrocknete Maisstärke auf einem Backblech dick ausstreust und mit einem Gummibärchen Vertiefungen in die Stärke drückst.
3. Verrühre 30 g Gelatine mit 50 ml Wasser und lasse die Mischung 15 min quellen.
4. Löse in der Zeit 80 g Haushaltszucker (Saccharose) in 25 ml Wasser und koche die Lösung so lange, bis die Temperatur der Lösung 115 °C beträgt. Nimm den Topf dann sofort von der Herdplatte.
5. Bringe die Gelatine im Wasserbad (75 °C) zum Schmelzen. Mische nun 100 g Invertzucker und die vorbereitete Zuckerlösung unter und rühre gut um.
6. Aromatisiere deine Mischung, indem du sie portionsweise mit Aroma und Apfelsäure versetzt und jeweils kostest. Um die richtige Mischung zu erhalten, solltest du immer erst fünf Tropfen Aroma und dann nacheinander zwei Portionen Apfelsäure von 0,5 g hinzu geben. (Abschließend kannst du Farbstoff untermischen.)
7. Gieße die fertige Masse an einem Glasstab entlang in die vorbereiteten Formen.

Sauer macht lustig?

Weinsäure (2,3-Dihydroxybutandicarbonsäure) kommt in Weintraubensaft, Weißdorn, Huflattich, Löwenzahn und Rainfarn vor.

1. *Ermittle, wo Weinsäure Verwendung findet.*

2. *Notiere, ausgehend vom systematischen Namen der Weinsäure, die Strukturformel für Weinsäure.*

3. *Weinsäurelösung wird zu Natron gegeben. Welche Beobachtung ist zu erwarten? Überprüfe deine Vermutung experimentell.*

Im Wein ist Weinsäure neben der Apfelsäure für den sauren, „trockenen" Geschmack verantwortlich und je nach Jahrgang mit unterschiedlichem Gehalt zu finden.

4. *Die Apfelsäure überdeckt in sehr trockenen Weinen den Geschmack der Weinsäure. Begründe durch Vergleich der beiden Strukturen von Apfelsäure und Weinsäure den unterschiedlich sauren Geschmack beider Verbindungen.*

Die Salze der Weinsäure nennt man Tartrate. (Kalium-Natriumtartrat, auch als Seignettesalz bekannt, ist ein Bestandteil von Fehling II).

5. *Lässt man Rotwein längere Zeit stehen, bilden sich am Boden feine Kristalle. Vermute, worum es sich dabei handeln könnte.*

Die Oxalsäure (Ethandisäure) ist zu einem hohen Anteil in Rhabarber, Sauerklee und Sauerampfer zu finden. Der Waldsauerklee erhielt seinen Namen sogar nach dieser Säure *(Oxalis acetosella)*. In den Zellen dieser Pflanzen sind Kristalle der unlöslichen Calciumoxalate abgelagert.

6. *Stelle ein Frischpräparat von Blättern des Sauerklees oder Blättern des Rhabarbers her und betrachte die Kristalle unter dem Mikroskop.*

7. *Notiere die Strukturformel von Oxalsäure.*

S Experiment

Aufgabe:
Untersuche Eigenschaften der Oxalsäure.

Vorbereitung und Durchführung:
Geräte und Materialien: Oxalsäurelösung ☒, Calciumchloridlösung ☒, rostiger Eisennagel, Reagenzglas, Brenner

Durchführung:
a) Tropfe zur Säurelösung etwas Calciumchloridlösung.
b) Lege den rostigen Eisennagel in ein Reagenzglas, gib konzentrierte Oxalsäurelösung hinzu und erhitze vorsichtig. Spüle dann den Nagel mit etwas Wasser ab.

Beobachtung und Auswertung:
a) Notiere deine Beobachtungen und erkläre sie mithilfe der Wort- und Reaktionsgleichungen.
b) Erläutere, warum die Aufnahme von stark oxalsäurehaltigen Pflanzenteilen als gesundheitsschädigend gilt. Informiere dich dazu auch über die Wirkung der Säure im Organismus.
c) Leite aus der Beobachtung eine Verwendungsmöglichkeit für Oxalsäure ab.

7 Aminosäuren und Eiweiße – Bausteine des Lebens

Eiweiß ist nicht gleich Eiweiß

Eiweiße sind ein wichtiger Bestandteil unserer Nahrung. Eiweißmangel führt zu körperlichen Schäden.
Die mit den Nahrungsmitteln aufgenommenen Eiweiße sind jedoch nicht gleichwertig.
Warum müssen wir Eiweiße aufnehmen? Wie lässt sich die unterschiedliche Wertigkeit der Eiweiße erklären?

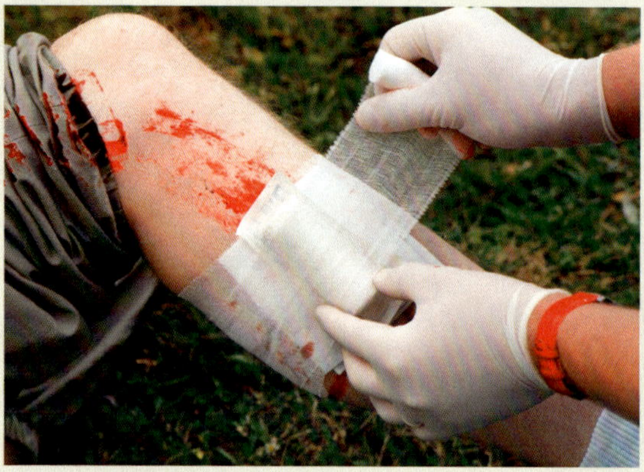

Eiweiße sind Bausteine des Körpers

Eiweiße bilden die Grundsubstanz des Protoplasmas aller Zellen. Unterschiedliche Eiweiße sind u. a. am Aufbau des Muskelgewebes, Bindegewebes und des Gelenkknorpels beteiligt.
Welche gemeinsame chemische Struktur weisen all diese unterschiedlichen Eiweiße auf? Wie lässt sich diese ungeheure Vielfalt erklären?

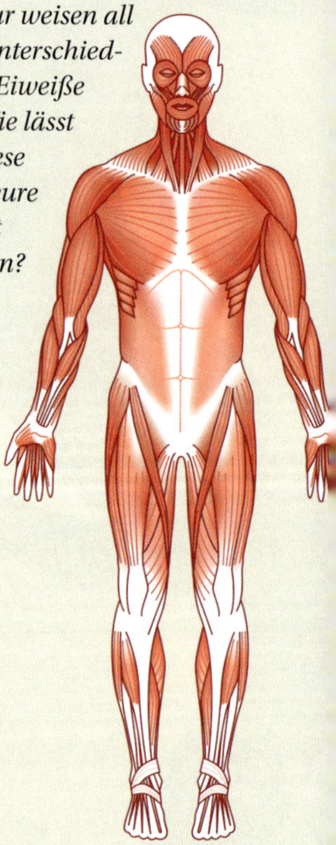

Blut ist ein ganz besonderer Saft

Blut besteht aus Blutplasma und Blutzellen. Sie enthalten unterschiedliche Eiweiße. Kommt es zu hohem Blutverlust, wird das Blut durch Blutkonserven ersetzt. Dabei muss man darauf achten, geeignete Konserven zu verwenden.
Warum ist das so und warum kann es bei einigen Operationen (z. B. Transplantationen) Komplikationen geben?

Moleküle des Lebens

Neben Kohlenstoff, Wasserstoff und Sauerstoff enthalten Eiweiße stets das Element Stickstoff und oft das Element Schwefel. Pflanzen wandeln Glucose und Nährsalz-Ionen in körpereigene Eiweiße um.

Wir müssen Eiweiße aufnehmen. Sie sollten ca. 12 % unserer täglichen Nahrung ausmachen. Aus den aufgenommenen Eiweißen werden die körpereigenen Eiweiße synthetisiert, u. a. Eiweiße des Muskelgewebes (s. Tab o.).
Eiweiße sind am Aufbau von Zellstrukturen und Enzymen beteiligt. Auch einige Hormone (z. B. Insulin) sind Eiweiße. Hormone steuern unseren Stoff- und Energiewechsel.

Einige Gruppen der Eiweiße

Bezeichnung	Funktion/Vorkommen
Kollagene	Hauptbestandteil des Stützgewebes, Gerüstproteine (in Knochen, im Knorpel und Bindegewebe)
Keratine	Bestandteil von Haaren, Wolle, Nägeln, Federn, Horn, Hufen
Globuline	Bestandteil des Blutplasmas, Bedeutung im Immunsystem (Antikörper); Myosin kommt im Muskel vor
Albumine	Ovalbumin (Hauptbestandteil des Eiklars), Albumine in Getreide
Histone	im Zellkern mit Nucleinsäuren verbunden

Aminosäuren

Bei der Verdauung werden die Eiweiße in ihre kleinsten wasserlöslichen Bestandteile zerlegt, in **Aminosäuren.**
Aminosäuren sind einfach gebaute organische Stoffe, die neben der **Carboxylgruppe (–COOH)** noch eine **Aminogruppe (–NH_2)** besitzen.
Bei den meisten natürlich vorkommenden Aminosäuren, die am Aufbau von Eiweißen beteiligt sind, befindet sich die Aminogruppe an dem Kohlenstoffatom, das der Carboxylgruppe benachbart ist. Daher bezeichnet man sie als α-Aminosäuren. Am zentralen Kohlenstoffatom (zweites C-Atom, s. Abb.) dieser Aminosäuren ist ein Rest angelagert.

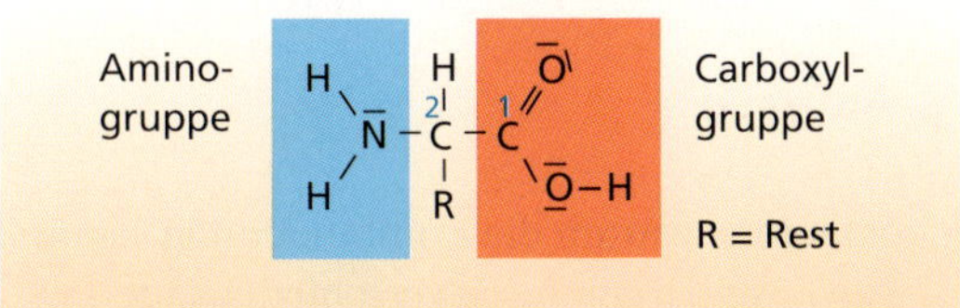

Der Rest kann sehr unterschiedlich gebaut sein (s. Tab. rechts unten) und bestimmt neben den funktionellen Gruppen die Eigenschaften der jeweiligen Aminosäure.
Aminosäuren sind meist in Wasser gut löslich. In vielen organischen Lösemitteln sind sie unlöslich, nur Prolin und Cystein sind im Ethanol löslich. Aminosäuren können sowohl mit Säuren als auch mit Basen unter Abgabe oder Aufnahme eines Wasserstoff-Ions reagieren.

Aminosäuren sind organische Stoffe, die mindestens eine Carboxylgruppe und mindestens eine Aminogruppe im Molekül besitzen.

Aufgabe

Erläutere am Beispiel von Alanin den Aufbau von Aminosäuren.

Ausgewählte Aminosäuren

Rest	Name
–H	Glycin (2-Aminosäure)
$-CH_3$	Alanin (2-Aminopropansäure)
$-CH_2-SH$	Cystein
$-CH_2-CH_2-COOH$	Glutaminsäure
$-H_2C-$⌬$-OH$	Tyrosin

Peptide

Aminosäuren können an ihren funktionellen Gruppen miteinander reagieren. Dabei verbinden sich sowohl gleiche als auch verschiedene Aminosäuren.
Reagieren zwei Aminosäuremoleküle miteinander unter Wasserabspaltung (Kondensationsreaktion), entsteht ein Dipeptid (s. Abb. 1). Die Bindung nennt man **Peptidbindung,** die Gruppierung **Peptidgruppe.** Die Peptidgruppe ist ein besonderes Strukturmerkmal.
Aufgrund der beiden funktionellen Gruppen können sich auch mehr als zwei Aminosäuren verbinden und **Peptide** bilden. So entstehen kettenförmige und ringförmige Strukturen.
Peptide, deren Moleküle aus einer relativ begrenzten Anzahl von Aminosäuren bestehen, spielen in der Natur eine große Rolle. Beispielsweise gehört das Penicillin in diese Gruppe. Dieses Antibiotikum kann Bakterien abtöten. Seine Wirkung wurde 1928 von ALEXANDER FLEMING (1881 bis 1955) entdeckt.
Ein Beispiel für ein tödlich wirkendes Peptid ist das Pilzgift des grünen Knollenblätterpilzes (s. Abb.).

Verbinden sich viele Aminosäuremoleküle unter Wasserabspaltung miteinander, entstehen **Polypeptide.** Diese Makromoleküle stellen die Grundlage der Eiweiße (Proteine) dar. Dabei handelt es sich um räumlich strukturierte Polypeptide mit biologischer Funktion.
In der Natur existieren über 500 Aminosäuren. Jedoch sind nur 22 α-Aminosäuren am Aufbau der menschlichen Eiweiße beteiligt. Diese 22 Aminosäuren bilden die Grundlage für sehr viele Kombinationsmöglichkeiten, aus denen sich die Vielfalt der möglichen Polypeptide ergibt. Verbinden sich beispielsweise je zwei Moleküle Glycin und zwei Moleküle Cystein zu einem Peptid, sind schon sechs Kombinationsmöglichkeiten gegeben, in einem Makromolekül gibt es natürlich ungleich mehr Möglichkeiten.

S Experiment

Prüfe es selbst

Baue mithilfe des Molekülbaukastens die Moleküle von Alanin und Glycin nach. Konstruiere daraus dann ein Dipeptid.

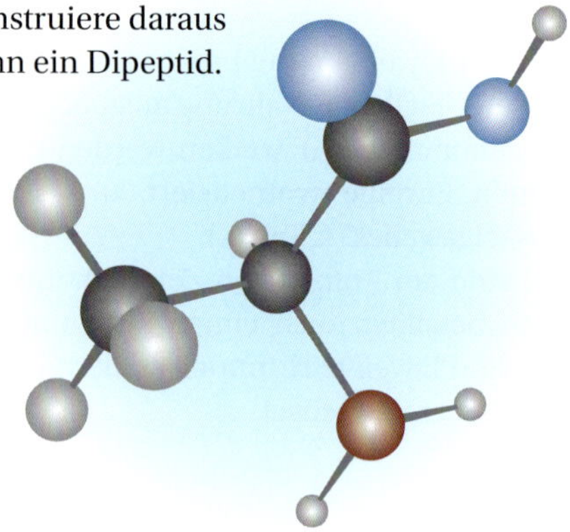

Cystein –	Cystein –	Glycin –	Glycin
Glycin –	Glycin –	Cystein –	Cystein
Glycin –	Cystein –	Cystein –	Glycin
Cystein –	Glycin –	Glycin –	Cystein
Glycin –	Cystein –	Glycin –	Cystein
Cystein –	Glycin –	Cystein –	Glycin

Aufgabe

Erläutere, warum die Kombinationen 1 und 2 bzw. 5 und 6 chemisch verschieden sind.

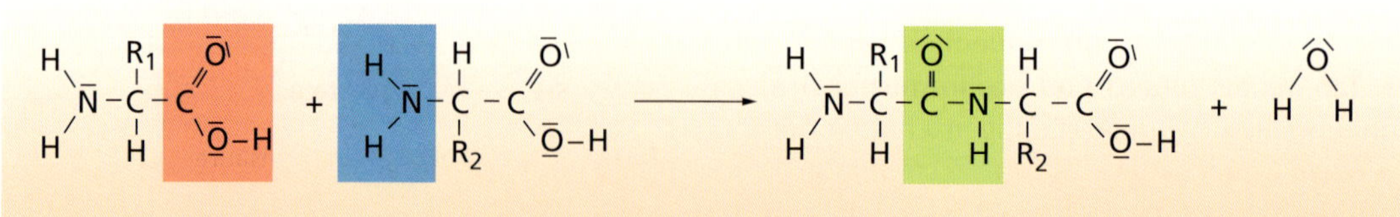

1 Aminosäuren reagieren unter Wasserabspaltung zu Dipeptiden.

Mosaik

Von den Polypeptiden zum Eiweiß

Mehr als 100 000 **Proteine (Eiweiße)** sind im menschlichen Organismus nachgewiesen. Die Vielfalt wird durch ihre Struktur möglich.

Wird von einer durchschnittlichen Länge einer Polypeptidkette von 100 Aminosäuremolekülresten und 22 verschiedenen Aminosäuren ausgegangen, die sich variabel miteinander verknüpfen, entstehen theoretisch 22^{100} verschiedene Polypeptidketten. Die Polypeptidketten unterscheiden sich durch ihre **Primärstruktur.** Diese wird durch die **Art, Anzahl und Reihenfolge ihrer Aminosäuren** (Aminosäuresequenz) bestimmt.

An verschiedenen Stellen des Proteinmoleküls bilden sich Wasserstoffbrückenbindungen zwischen den – CO- und – NH-Gruppen der Peptidgruppen.

Dadurch entsteht die **Sekundärstruktur.** Bei der *Helixstruktur* sind die Polypeptidketten spiralförmig angeordnet. Eine *Faltblattstruktur* bildet sich durch die Zusammenlagerung gestreckter Peptidketten.

Außerdem ordnen sich die Moleküle räumlich. Die **Tertiärstruktur** beschreibt den vollständig räumlichen Aufbau des Proteinmoleküls und wird u. a. durch Disulfidbindungen (Schwefelbrücken) stabilisiert.

In einigen Fällen lagern sich mehrere Untereinheiten zusammen und bilden die **Quartärstruktur,** wie beim Hämoglobin.

Erst in der endgültigen Form erlangt das Eiweiß seine volle Wirksamkeit im Organismus.

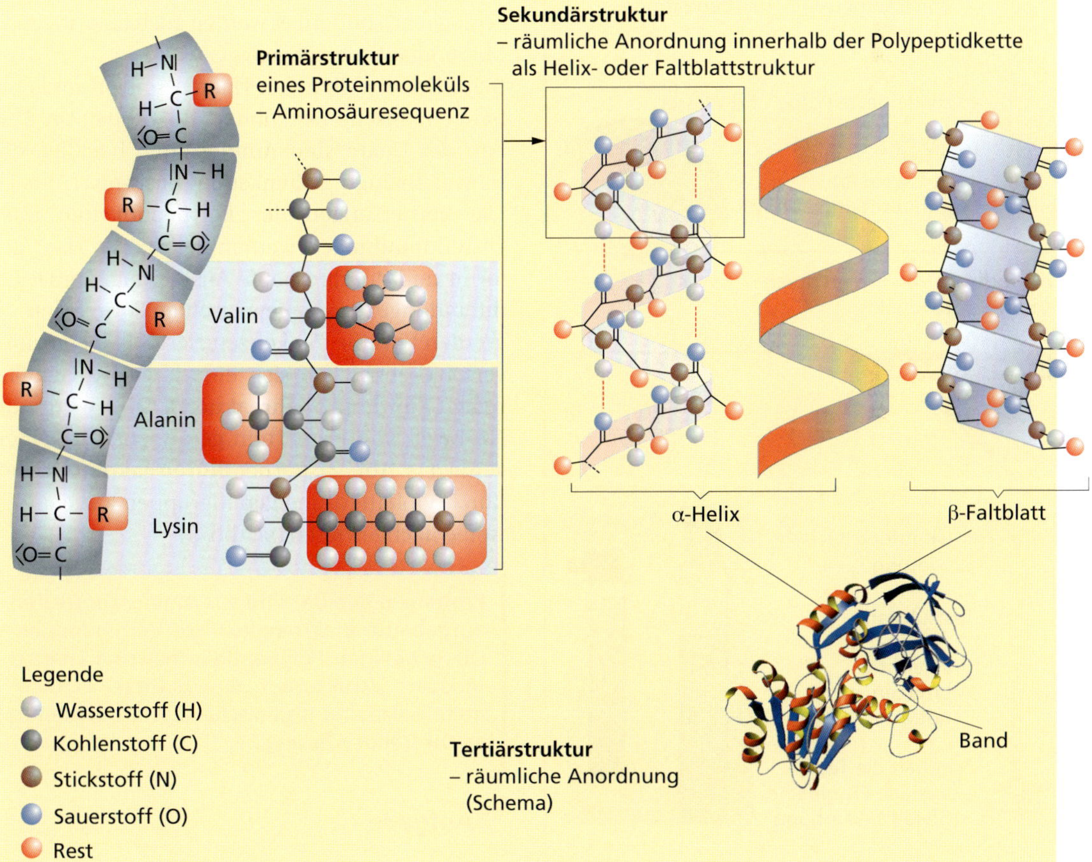

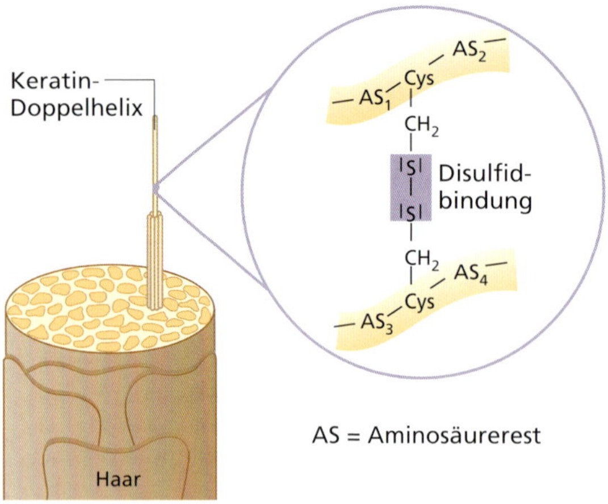

1 Ausschnitt aus der Struktur des Keratins (Schema)

S Experiment

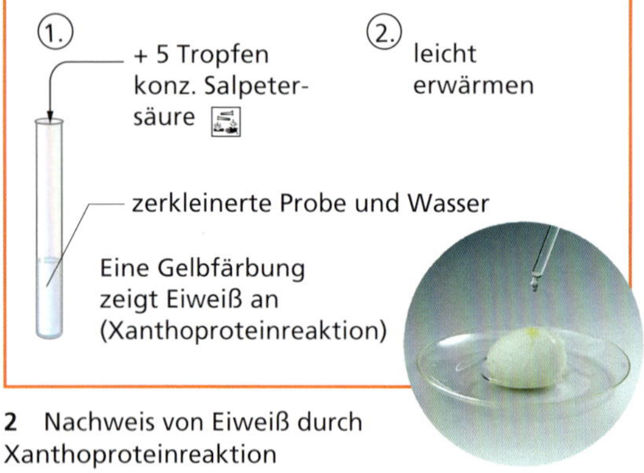

2 Nachweis von Eiweiß durch Xanthoproteinreaktion

S Experiment

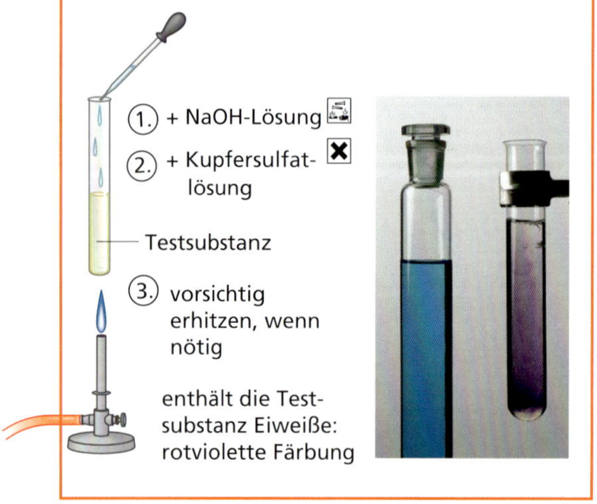

3 Nachweis von Peptidbindungen durch Biuretreaktion

Eigenschaften der Eiweiße

Durch Erhitzen, Bestrahlen, durch Zugabe von Säuren, Schwermetallsalzen oder organischen Lösemitteln (z.B. Ethanol) zu Proteinlösungen werden Proteinstrukturen angegriffen. Den Vorgang bezeichnet man als Denaturierung. Beim Denaturieren werden bestimmte Strukturen der Proteine zerstört (besonders Wasserstoffbrückenbindungen), die räumliche Anordnung der Polypeptidketten zueinander (Sekundär- und Tertiärstruktur) wird verändert. Es handelt sich um einen irreversiblen (nicht umkehrbaren) Prozess. Dieser Vorgang kann beim Eierkochen beobachtet werden. Das Eiweiß gerinnt, es wird denaturiert. Durch die Magensäure werden mit der Nahrung aufgenommene Eiweiße ebenfalls denaturiert. Auf diese Weise wird nicht nur die Eiweißverdauung ermöglicht, sondern es werden auch eindringende Mikroorganismen abgetötet.

Beim Dauerwellen von Haaren spielen umkehrbare chemische Reaktionen eine Rolle: Am Aufbau der Haare sind Aminosäuren beteiligt, die schwefelhaltige Seitenketten besitzen (Abb. 1). Die Vernetzungen der Polypeptidketten über Disulfidbindungen werden gelöst, das Haar geformt und durch erneute Ausbildung von Disulfidbindungen in der gewünschten Form fixiert.

Werden Eiweiße mit konzentrierter Salpetersäure versetzt, entwickelt sich eine intensive Gelbfärbung **(Xanthoproteinreaktion).** Dies wird zum Nachweis von festen und geronnenen Eiweißen genutzt (s. Abb. 2). Bei der **Biuretreaktion** werden durch Violettfärbung Peptidgruppen löslicher Eiweiße nachgewiesen (s. Abb. 3).

Proteine (Eiweiße) sind aus Aminosäureresten aufgebaute makromolekulare Verbindungen. Die jeweiligen Polypeptidketten sind charakteristisch strukturiert. Durch Hitze, Schwermetallsalze und organische Lösemittel kommt es zur Denaturierung.

Aufgabe

Beschreibe die Wirkung von hochprozentigem Alkohol (Ethanol) auf Eiweiße.

Eiweißen auf der Spur

S Experiment 1

Aufgabe:
Weise in Eiklar Eiweiß nach.

I. Vorbereitung:
Chemikalien und Geräte: Petrischale, Reagenzglas, Reagenzglashalter, Brenner, Pipette, gekochtes Ei, Salpetersäure

Durchführung:
Koche ein Ei ca 7 Minuten, lass es abkühlen und entferne die Schale. Zerkleinere etwas Eiweiß. Führe den Nachweis entsprechend der Abbildung 2 auf Seite 186 durch.

II. Vorbereitung:
Geräte und Materialien:
Ei, Natriumhydroxidlösung (3%ig), Kupfersulfatlösung, Natriumchlorid, destilliertes Wasser, Reagenzgläser, Reagenzglashalter, Pipette, Brenner, Bechergläser

Durchführung:
1. Löse 2g Kochsalz in 220g destilliertem Wasser und stelle so isotonische (physiologische) Kochsalzlösung her.
2. Trenne Eiweiß und Eigelb.
3. Vermische vorsichtig 150ml dieser Kochsalzlösung mit einem Eiweiß.
4. Gib je 1ml Eiweißlösung und 1ml Natriumhydroxidlösung in ein Reagenzglas. Versetze das Gemisch mit wenigen Tropfen Kupfersulfatlösung und erwärme es vorsichtig.

Beobachtung und Auswertung:
1. Notiere deine Beobachtungen und leite eine entsprechende Schlussfolgerung ab:
   Konntest du jeweils Eiweiße nachweisen? Begründe deine Entscheidung.
2. Erläutere die Auswirkungen, die das Erhitzen in siedendem Wasser auf das Eiklar hat.

1 Eiweißhaltige Nahrungsmittel

S Experiment 2

Aufgabe:
Weise in verschiedenen Lebensmitteln Eiweiß nach. Wähle dazu eine der beiden Nachweismöglichkeiten aus und fordere notwendige *Geräte* und *Chemikalien* beim Lehrer an. Führe Protokoll.

S Experiment 3

Aufgabe:
Teste die Wirkung verschiedener Chemikalien auf Eiweiße.

Vorbereitung:
Geräte und Materialien: Eiweißlösung (Herstellung siehe Experiment 1), verdünnte Salzsäure, hochprozentiger Ethanol, konzentrierte Bariumchloridlösung, Reagenzgläser, Reagenzglashalter, Pipette, Brenner

Durchführung:
Gib je 1ml Eiweißlösung in ein Reagenzglas und versetze die Lösung tropfenweise mit einer Testlösung.

Beobachtung und Auswertung:
Erfasse deine Beobachtungen in einer Tabelle und leite aus diesen Beobachtungsergebnissen Schlussfolgerungen ab.

Chemie im Kontext

Gekochte Eier

Eier sind beliebte Nahrungsmittel. Sie werden gekocht, gebraten oder als Rührei gegessen, aber auch zur Zubereitung vieler Speisen verwendet. Während des Erhitzens verändert sich das Ei.

a) *Was passiert eigentlich beim Kochen von Eiern? Warum werden Eier hart? Erkläre.*

b) *Erläutere am Beispiel der Proteine des Hühnereies, was man unter „biologischer Wertigkeit" von Eiweißen versteht.*

zu a) Eier enthalten viele Nährstoffe. Neben Fetten, Mineralstoffen und Vitaminen hat ein durchschnittliches Ei ungefähr einen Anteil von 7 g an Proteinen.

Dabei ist der Proteingehalt (Eiweißgehalt) im Eidotter (Eigelb) höher als im Eiklar (Eiweiß). Eiweiße werden unter Einfluss von Hitze denaturiert. Das Eiweiß des Hühnereis gerinnt bei 60 °C.

Die Sekundär-, Tertiär- und Quartärstruktur werden irreversibel zerstört. Dadurch werden die Eiweiße fest.

Die in den Peptidketten verbundenen Aminosäuren werden aber bei diesem Prozess nicht angegriffen und können im Verdauungstrakt freigesetzt werden.

zu b) Die biologische Wertigkeit gibt an, wie viel Gramm körpereigenes Eiweiß aus 100 g des Nahrungseiweißes gebildet werden können. Entscheidend ist der Anteil an essenziellen Aminosäuren. Weil die Eiweiße im Eiklar und Eidotter alle für den Menschen essenziellen Aminosäuren und diese auch im richtigen Verhältnis enthalten, ist die biologische Wertigkeit dieser Eiweiße höher als die der Eiweiße aus Fleisch.

Vorgänge beim Sterilisieren

Besonders in der Medizin und in der Säuglingspflege nutzt man u. a. Hitze, um Geräte keimfrei zu machen.

Erläutere mögliche Verfahren.

Bereits bei 70 °C und einer Einwirkzeit von 30 Minuten überleben die meisten Bakterien nicht. Bei Siedehitze erfolgt die Abtötung fast augenblicklich. Die gewollten Schädigungen bei Bakterien sind irreversibel. Die Bakterien sind nicht mehr in der Lage, sich zu vermehren – auch nicht auf optimalen Nährmedien. Auch Viren sind im Allgemeinen nicht hitzeresistenter als Bakterien.

Die Abtötungszeiten verkürzen sich wesentlich bei feuchter Hitze gegenüber trockener, weil bei der Kondensation des Wasserdampfs auf dem zu sterilisierenden Material Energie abgegeben wird und so Eiweiße zerstört werden. Diese Art der Sterilisation wird im Allgemeinen zum Sterilisieren von Babyflaschen eingesetzt.

Dampf- und Heißluftsterilisationen werden ergänzt durch chemische Verfahren, wobei bestimmte chemische Stoffe die Eiweiße ebenfalls irreversibel verändern.

Die chemischen Sterilisationsverfahren werden in der Regel nur dann angewendet, wenn der Einsatz thermischer Verfahren nicht möglich ist, denn der Umgang mit chemischen Stoffen erfordert bestimmte Sicherheitsmaßnahmen.

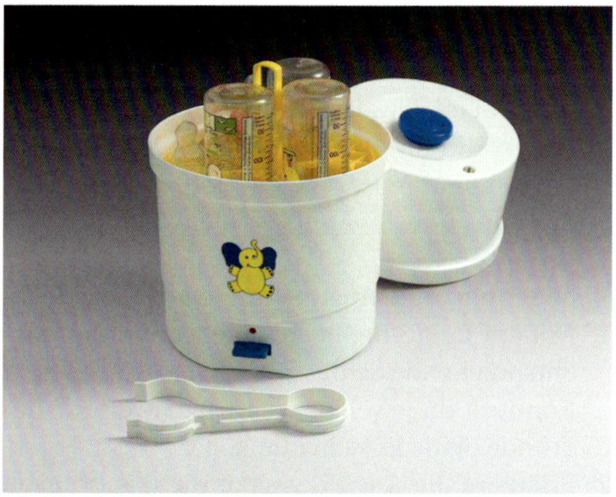

1 Sterilisator für Babyflaschen

gewusst · gekonnt

1. Vervollständige dein Glossar:

Glossar

α-Aminosäuren
Aminosäuresequenz
biologische Wertigkeit
Peptidgruppe
Polypeptid

2. Gib die funktionellen Gruppen von Aminosäuren an und beschreibe die Ausbildung der Peptidbindung.

3. „Konstruiere" ein Peptid aus je zwei Molekülen von vier verschiedenen Aminosäuren. Notiere mindestens drei Verknüpfungsmöglichkeiten.

4. Erläutere, wie Eiweiße aufgebaut sind. Erkläre, wie es möglich ist, dass Stoffe mit ähnlichem Aufbau viele verschiedene Funktionen erfüllen können.

5. Beschreibe, wie bei heterotrophen Organismen körpereigene Eiweiße aufgebaut werden.

6. Erkläre, warum Eiweiße wichtige Bestandteile unserer Nahrung sind. Welche Nahrungsmittel sind für eine gesunde Ernährung geeignet? Begründe die Auswahl. Nutze dazu geeignete Nachschlagewerke oder das Internet.

7. Blutflecken auf Kleidungsstücken sollten möglichst schnell und mit kaltem Wasser ausgespült werden. Begründe.

8. Hohes Fieber ist für den Menschen gefährlich. Welche Erklärung kann man für diese Tatsache finden?

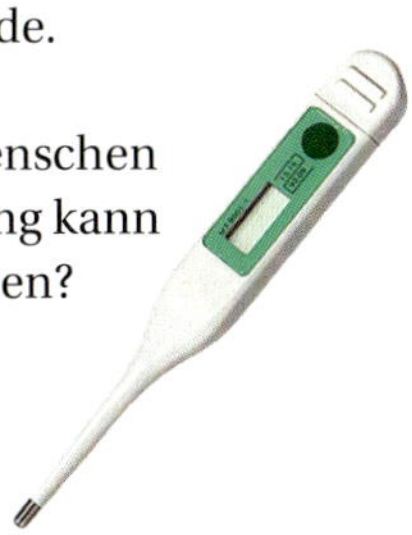

9. Für die Entfernung alter Blutflecken benötigt man meistens spezielle Fleckenentferner. Welche Stoffe bewirken die Auflösung der Flecken?

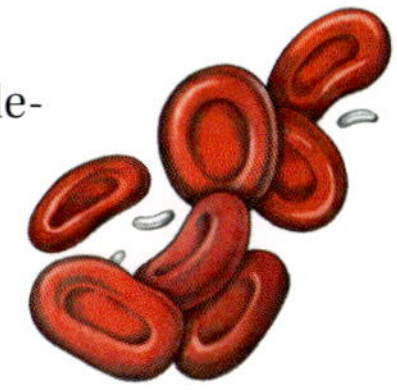

10. Wenn man Kartoffeln kocht, bildet sich
S manchmal ein weißlicher Schaum.
   a) Stelle eine begründete Vermutung auf, woraus dieser Schaum bestehen könnte.
   b) Beschreibe eine Möglichkeit, diese Vermutung experimentell zu bestätigen und führe den Versuch durch.

11. Überprüfe Lebensmittelproben (z. B. Kartof-
S feln, Mehl, Bohnen). Ermittle, ob sie Eiweiß enthalten. Protokolliere.

12. Der Lehrer versetzt eine Eiweißlösung mit
L Salzsäure.
   a) Erkläre deine Beobachtung.
   b) Die Magensäure unterstützt den Verdauungsprozess. Außerdem werden mit der Nahrung aufgenommene Krankheitskeime abgetötet. Erläutere das Prinzip, auf dem diese Schutzfunktion beruht.

13. a) Informiere dich, warum bei Bluttransfusionen darauf geachtet werden muss, die Blutkonserve mit der richtigen Blutgruppe auszuwählen.
   b) Erläutere, worauf die Abstoßungsreaktionen bei Transplantationen beruhen.

14. Begründe, warum Schlankheitsdiäten, die auf einseitiger Ernährung beruhen, für den Menschen gefährlich werden können.

Aminosäuren und Eiweiße – Bausteine des Lebens

Aminosäuren

Aminosäuren sind organische Stoffe, die in ihren Molekülen neben der Carboxylgruppe $-COOH$ eine Aminogruppe $-NH_2$ besitzen.

Proteinogene Aminosäuren (α-Aminosäure):

allgemeine Struktur:

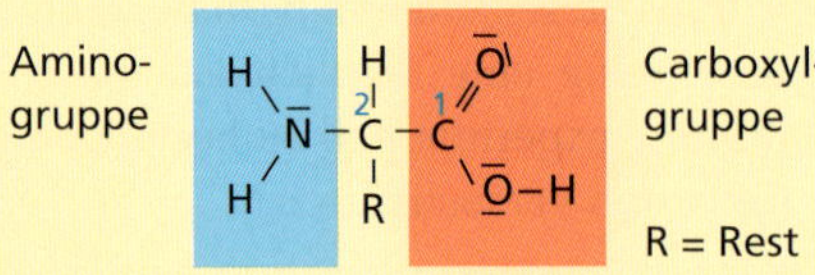

Beispiel: Alanin

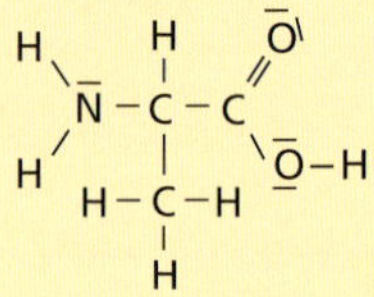

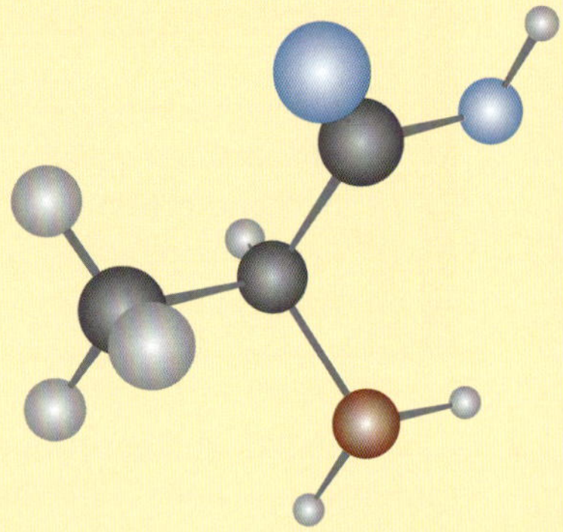

Eiweiße

Proteine (Eiweiße) sind makromolekulare Stoffe, die aus vielen Aminosäureresten bestehen. Diese sind über Peptidbindungen verknüpft.

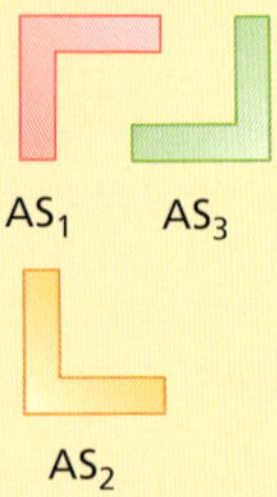

Polypeptid

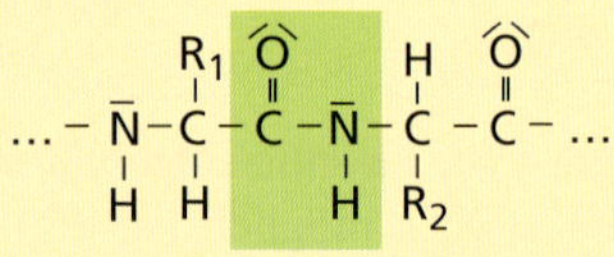

Peptidbindung

Die Polypeptidketten sind in besonderer Form räumlich strukturiert. Erst in dieser Form erlangen Eiweiße die volle biologische Wirksamkeit.

Grundbausteine	Bedeutung	Vorkommen	Nachweis
Aminosäurereste	Gerüstsubstanz, Enzyme, Hormone, Antikörper der Immunabwehr	Käse, Ei, Milch, Fleisch, Sojabohnen u. a. Hülsenfrüchte	Xanthoproteinreaktion – Gelbfärbung (Eiweißnachweis) Biuretreaktion – Violettfärbung (Nachweis der Peptidgruppe)

8 Ester – Fette – Seifen

8.1 Ester

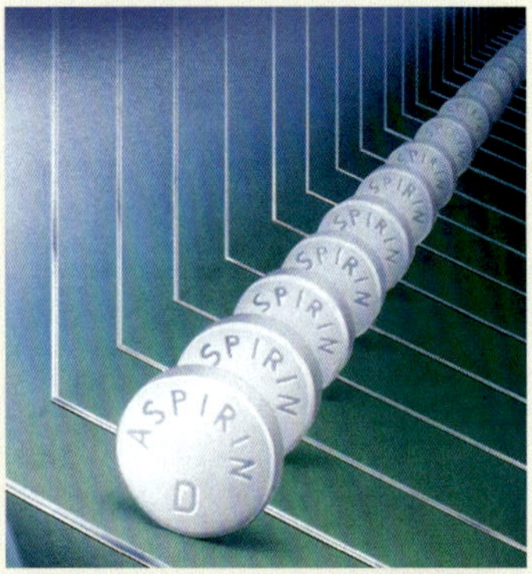

Ein hilfreiches Mittel
Schmerzlindernde Medikamente hat sicher jeder schon einmal eingenommen. Viele enthalten als wirksame Substanz Acetylsalicylsäure (ASS).
Durch welche Reaktion kann der schmerzlindernde Inhaltsstoff hergestellt werden?

Geschmackvolle Naschereien
Um einen möglichst natürlichen und aromatischen Geschmack zu erzeugen, wird meist eine große Anzahl verschiedener Aromastoffe eingesetzt.
Mit welchen chemischen Methoden lassen sich Aromastoffe synthetisch herstellen?

Aromen von Früchten
Für Verbraucher kommt es auf den Geschmack der Früchte an. Verantwortlich für den typischen Geschmack der verschiedenen Obstsorten sind natürliche Aromastoffe. Viele Aromastoffe gehören zur Gruppe der Ester.
Um was für Stoffe handelt es sich bei den Estern?

Wozu braucht man Ester?

Wir sind uns dessen zwar nicht bewusst, aber **Ester** begegnen uns im täglichen Leben ständig. Die Palette ihrer Einsatzmöglichkeiten ist sehr vielfältig (s. Abb. 1).
Viele Duft- und Aromastoffe gehören zu dieser Stoffklasse. Einige kommen beispielsweise in Früchten natürlich vor, andere stellt man künstlich her und setzt sie z. B. Nahrungsmitteln zu. Ethansäureethylester findet Verwendung als Lösemittel und riecht klebstoffartig.
Einige Bestandteile moderner Waschmittel gehören ebenfalls in die Gruppe der Ester.
In der Natur sind die Ester langkettiger Carbonsäuren und langkettiger Alkohole von Bedeutung, die als Wachse bezeichnet werden und den Verdunstungsschutz auf Pflanzenblättern, -nadeln und Früchten bilden.
Besonders wichtig und bekannt sind Ester des Glycerols – sie bilden die Fette.
Bedeutsam sind auch recht kompliziert gebaute Ester der Phosphorsäure: ATP und ADP sind im Organismus für den Energiestoffwechsel unverzichtbar. In Form von ATP wird die in den Zellen benötigte Energie bereitgestellt.

Einige Fruchtester

Ester	Geruch
Ethansäure-2-butylester	Apfel
Ethansäure-2-methyl-1-propylester	Banane
Ethansäurepentylester	Banane
Ethansäure-2-hexylester	Erdbeere
Ethansäure-3-methyl-1-butylester	Birne, Apfel
Propionsäurebutylester	Rum
Propionsäure-2-methyl-1-propylester	Rum
Butansäuremethylester	Ananas
Butansäureethylester	Pfirsich
Butansäure-3-methyl-1-butylester	Birne, Aprikose
Benzoesäureethylester	Pfefferminz
Salycylsäuremethylester	Kaugummi

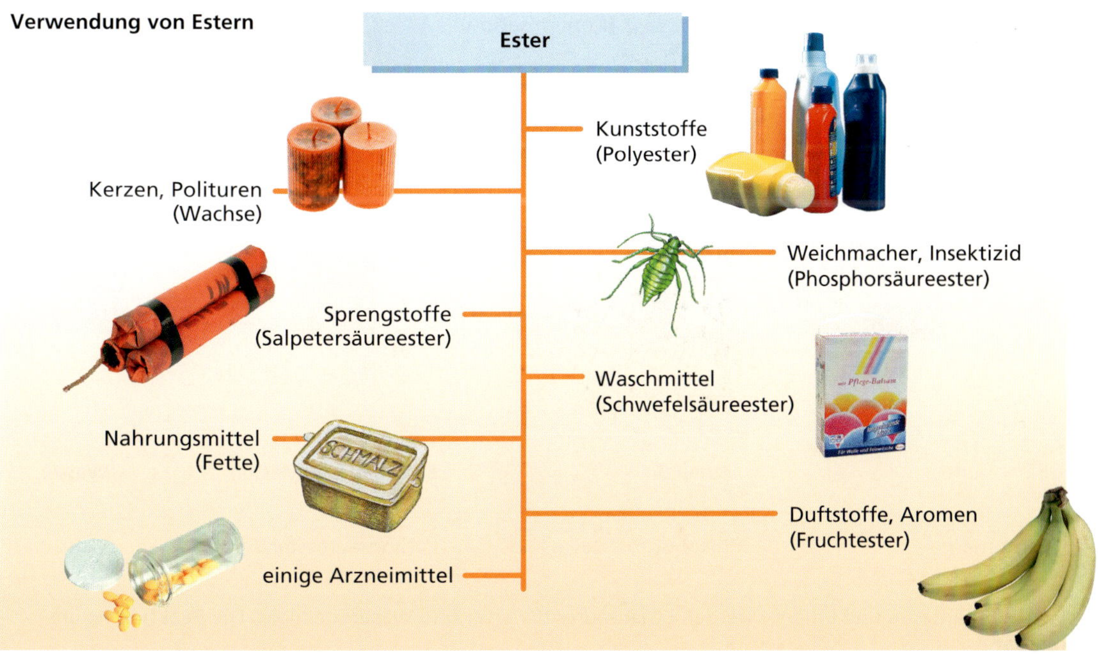

Bildung und Spaltung von Estern

Ester gehören zu einer großen, vielfältigen Stoffklasse. Trotz der Vielfalt weisen die Stoffe eine Gemeinsamkeit auf. Sie gehen aus speziellen Reaktionen von Säuren mit Alkoholen hervor.

Carbonsäureester bilden eine Gruppe von Estern, die entstehen, wenn Carbonsäuren mit Alkoholen reagieren. Wie bei allen anderen Estern, sind auch diese Stoffe durch eine besondere funktionelle Gruppe gekennzeichnet, durch die **Estergruppe.** Die allgemeine Formel der Carbonsäureester lautet R_1COOR_2.

Die entscheidende strukturelle Voraussetzung für Reaktionen von Carbonsäuren mit Alkoholen bilden die **Carboxylgruppe,** z. B. der Alkansäuren, und die **Hydroxylgruppe** der Alkohole. Bei dem chemischen Prozess werden aus den funktionellen Gruppen der Carbonsäuren und der Alkohole Atome und Atomgruppen abgespalten und lagern sich zu Wassermolekülen zusammen.

Zwischen den Molekülresten der Carbonsäure und des Alkohols bildet sich die Estergruppe heraus (Abb. 1).

Diese chemische Reaktion nennt man **Veresterung.**

$$\text{Säure} + \text{Alkohol} \longrightarrow \text{Ester} + \text{Wasser}$$

Es handelt sich um eine **Substitutionsreaktion.** Diese besondere Form, bei der zwei Moleküle unter Austritt eines kleinen Moleküls zu einem größeren zusammentreten, nennt man **Kondensation.**

Der Name der sich bildenden Ester wird aus dem Namen der Säure, gefolgt vom Alkylrest des Alkohols und der Bezeichnung **-ester** gebildet.

Ester entstehen durch Reaktion von Säuren mit Alkoholen. Die Veresterung ist eine spezielle Form der Substitution, die man Kondensation nennt.

Aufgabe

Erläutere folgenden Satz: Die Veresterung ist eine Sonderform der Kondensation.

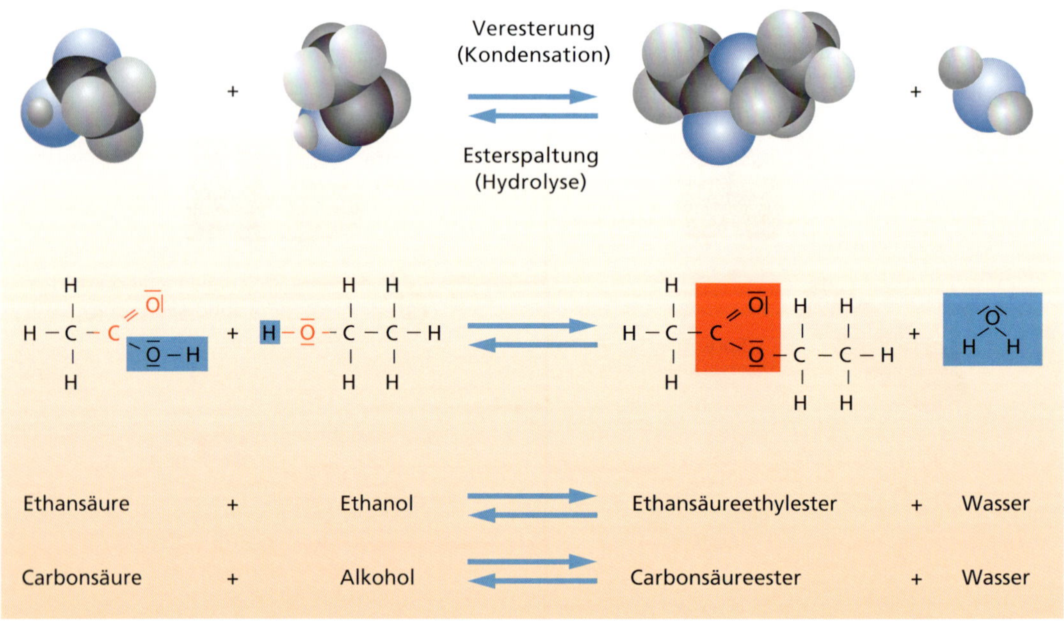

1 Aus Ethansäure und Ethanol werden Ethansäureethylester und Wasser gebildet. Die Reaktion ist umkehrbar.

Auch bei den Estern bestimmt die Struktur die Eigenschaften. Die Estergruppe ist zwar schwach polar, aber die Alkylgruppen im Estermolekül sind unpolar. Dadurch lösen sich Ester schlecht in Wasser. Die Löslichkeit nimmt mit zunehmender Kettenlänge der Alkylgruppen ab. Da in den Molekülen der Ester, anders als in den Molekülen der Ausgangsstoffe, keine stark polaren Gruppen vorliegen, können Estermoleküle untereinander keine Wasserstoffbrückenbindungen ausbilden. Zwischen den Molekülen wirken nur schwache zwischenmolekulare Kräfte.
Daraus ergibt sich die hohe Flüchtigkeit insbesondere der Ester der kurzkettigen Alkansäuren und Alkohole. Die Siedetemperatur der Ester ist teilweise sogar niedriger als die des entsprechenden Alkohols, obwohl die Molekülmasse des Esters viel größer ist (s. Tab.).
Unabhängig davon nimmt die Siedetemperatur der Carbonsäureester im Allgemeinen mit steigender Molekülmasse zu.

Unter Einwirkung von Wasser werden Ester wieder in Säure und Alkohol gespalten. Die Reaktion wird **Hydrolyse** genannt und ist die **Umkehrung** der Esterbildung (s. Abb. 1, S. 194). Man betrachtet die Bildung als **Hinreaktion** und die Spaltung als **Rückreaktion** und kennzeichnet dies durch einen Doppelpfeil in der Reaktionsgleichung (s. Abb. 1 S. 194).

$$\text{Säure} + \text{Alkohol} \rightleftharpoons \text{Ester} + \text{Wasser}$$

Lässt man den Ester nicht mit Wasser reagieren, sondern mit Natrium- oder Kaliumhydroxid, bilden sich als Reaktionsprodukte u. a. Seifen (s. Experiment und Kap. 8.3).

Die Esterbildung ist eine umkehrbare Reaktion. Die Esterspaltung ist eine Hydrolyse.

Siedetemperaturen im Vergleich

Stoff	Siedetemperatur
Methanol	4,5 °C
Methansäure	101 °C
Methansäuremethylester	31,5 °C
Ethanol	78,3 °C
Ethansäure	117,9 °C
Ethansäureethylester	77,1 °C
Propan-1-ol	97,2 °C
Propansäure	140,8 °C
Propansäureethylester	99,3 °C
Butan-1-ol	117,7 °C
Butansäure	163,3 °C
Butansäureethylester	120 °C

Aufgabe

Vergleiche die Struktur von Methanol, Methansäure und Methansäuremethylester. Stelle einen Zusammenhang zu den jeweiligen Siedetemperaturen her.

L Experiment

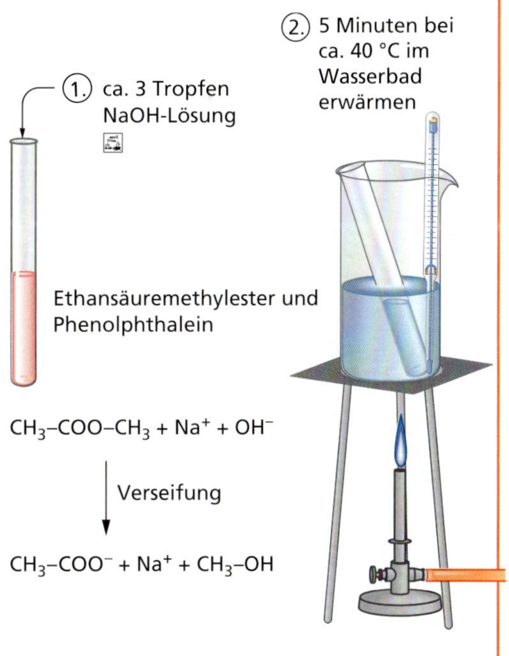

Mosaik

Ester anorganischer Säuren

Nicht nur Carbonsäuren, sondern auch viele anorganische Säuren wie Salpetersäure können mit Alkoholen verestert werden. Die **Ester anorganischer Säuren** begegnen uns im Alltag häufiger, als man denkt.

Weitverbreitet sind **Schwefelsäureester** (Alkylsulfate) als Bestandteile von Reinigungsmitteln. Umweltfreundliche Waschmittel enthalten Ester spezieller Alkohole, die biologisch abbaubar sind. Dadurch wird die Umwelt weniger belastet als durch andere Reinigungsmittel.

Auch im menschlichen Organismus findet man Schwefelsäureester. Sie werden im Stoffwechsel gebildet und z.T. mit dem Harn ausgeschieden. Der Arzneistoff **Heparin,** den man zur Behandlung von Sportverletzungen oder Vorbeugung gegen Thrombosen benötigt, gehört ebenfalls zur Gruppe der Schwefelsäureester.

Dagegen sind die **Ester der Salpetersäure** (organische Nitrate) fast ausschließlich als Sprengstoffe bekannt (s. Abb. unten). Nitroglycerin (Glyceroltrinitrat) ist ein Salpetersäureester des Glycerols. Die ölige Flüssigkeit explodiert bereits, wenn ein Tropfen auf eine harte Unterlage fällt oder wenn sie geringfügig erhitzt wird.

Deswegen saugt man Nitroglycerin mit Kieselgur auf. Das erhaltene Gemisch lässt sich weitaus gefahrloser handhaben und ist unter dem Namen **Dynamit** bekannt. Dynamit wurde vom schwedischen Chemiker ALFRED NOBEL (1833–1896) entdeckt.

Außerordentlich vielfältig sind die **Ester der Phosphorsäure** (organische Phosphate). Einige dieser Ester wie **Adenosintriphosphat (ATP)** oder **Lecithin** sind wichtige Verbindungen in fast allen lebenden Organismen und an vielen biologischen Prozessen beteiligt.

In der Technik dienen Phosphorsäureester z.B. als Putz- und Reinigungsmittel oder als Weichmacher für Kunststoffe (s. S. 237). Auch als flammen- oder korrosionshemmende Grundierung für Lackierungen von Metallen werden diese Ester anorganischer Säuren eingesetzt.

Besonders traurigen Ruhm erreichten extrem giftige Phosphorsäureester, die deutsche Chemiker während des 2. Weltkrieges entwickelten. Eingesetzt wurden diese chemischen Kampfstoffe (z.B. Sarin, Tabun) vom irakischen Diktator SADDAM HUSSEIN sowohl gegen aufständische Kurden als auch im Krieg gegen den benachbarten Iran.

1 Nitroglycerin – ein Ester der Salpetersäure – ist auch heute häufig wichtiger Bestandteil von Sprengstoffen.

Chemie im Kontext

Aspirin®– ein hilfreicher organischer Stoff

Aspirin®ist wohl jedem bekannt. Der enthaltene Wirkstoff - die Acetylsalicylsäure (ASS) wurde 1897 von Felix Hoffmann (1868-1946) als Schmerz- und Rheumamittel synthetisiert.

Lagert man Aspirintabletten zu lange und vor allem feucht, stellt man einen leichten Essiggeruch fest. Erkläre, wie es dazu kommen kann.

In der Acetylsalicylsäure (ASS) ist die Salicylsäure mit Ethansäure verestert. Das ist möglich, weil die Salicylsäure aufgrund ihrer Hydroxylgruppe wie ein Alkohol reagieren kann. Ihre Carboxylgruppe bleibt unverändert.

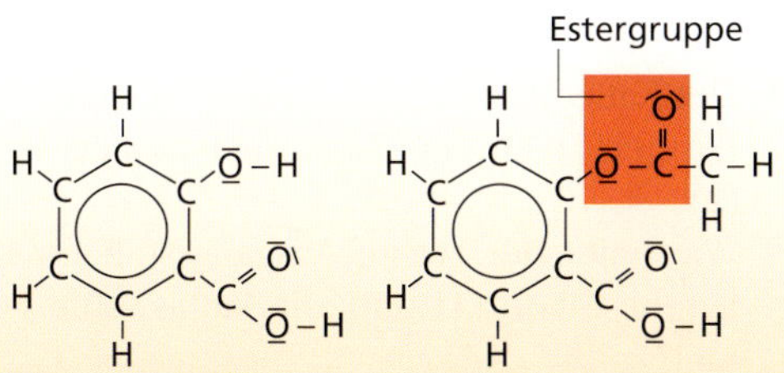

Salicylsäure   Acetylsalicylsäure

Durch die Veresterung ergeben sich viele komplizierte Wirkmechanismen im Körper, auf denen die hohe Wirksamkeit des Medikaments beruht. Man nimmt heute an, dass das Medikament u. a. in hormonelle Steuerungsprozesse eingreift, die bei Verletzungen und Entzündungen ablaufen.

Lagert man Aspirin®-Tabletten falsch, kann Feuchtigkeit auf sie einwirken. Der enthaltene Wirkstoff beginnt, mit dem Wasser zu reagieren. Dabei tritt die Hydrolyse des Esters ein. Es entstehen wieder die Ausgangsstoffe Salicylsäure und Ethansäure. Die Ethansäure können wir am Geruch wahrnehmen.

Öl aus der Sonne – Biodiesel

Unter dem Begriff „nachwachsende Rohstoffe" fasst man land- und forstwirtschaftlich erzeugte Produkte zusammen, die nicht der Ernährung dienen, sondern als Ausgangsstoffe oder zur Erzeugung von Energie verwendet werden.

Welche Bedeutung besitzen pflanzliche Öle als „nachwachsende" Rohstoffe? Stelle Beispiele zusammen.

Rapsöl zählt zu den nachwachsenden Rohstoffen. Es wird aus dem Samen der Rapspflanzen gewonnen und

1. ohne größere Aufbereitung als Hydrauliköl oder Schmierstoff eingesetzt, die biologisch wesentlich besser abbaubar sind als einige Erdölprodukte;
2. mit Methanol verestert, wobei Rapsölmethylester entsteht, den man auch als Biodiesel bezeichnet, da er dem Dieselkraftstoff vergleichbare Eigenschaften besitzt;
3. als Ausgangsstoff für Kunststoffe genutzt, denn Fette mit ungesättigten Fettsäuren können ebenfalls natürliche, in sich vernetzte Makromoleküle bilden.

Der Vorteil der nachwachsenden Rohstoffe liegt vor allem in der meist guten biologischen Abbaubarkeit. Zudem erhöht ihre Nutzung als Energieträger den CO_2-Anteil der Atmosphäre nicht.
Ihre Preise sind jedoch noch nicht in jedem Fall mit den aus fossilen Rohstoffen gebildeten Produkten konkurrenzfähig.

gewusst · gekonnt

1. Wiederhole die Begriffe und vervollständige dein Glossar.

Glossar

Ester
Hydrolyse
Kondensation
Substitutionsreaktion

2. Die Gruppe der Ester ist sehr vielfältig. Führe einige Formelbeispiele an, die diese Aussage belegen. Gib jeweils an, wo der genannte Stoff Verwendung findet bzw. vorkommt.

3. Erläutere die Veresterung an einem selbst gewählten Beispiel.

4. Übertrage die Tabelle und fülle sie aus.

Name der Carbonsäure	Name des Alkanols	Name des Esters
Ethansäure	Propanol	Ethansäure-propylester
Methan-säure		-ethyl-
	Methanol	Propan-
		Butansäure-propyl
Pentansäure		-methyl-

5. In einer Chemiestunde stöhnen die Schüler über den Geruch der Buttersäure, die der Lehrer in einem Erlenmeyerkolben mit einer weiteren Flüssigkeit zusammenbringt. Als Katalysator tropft er Schwefelsäure hinzu. Einige Zeit später riecht es vom Lehrertisch her deutlich nach Ananas. Erkläre diese Beobachtungen. Stelle eine Wortgleichung auf.

6. In einer Chemiearbeit eines Schülers findet sich der Satz: „Der Ester ist das Ergebnis aus der Reaktion funktioneller Gruppen." Erläutere diesen Satz.

7. Wie bei der Neutralisation bildet sich auch bei der Veresterung Wasser. Sind Neutralisation und Veresterung gleichartige chemische Reaktionen? Begründe deine Antwort.

8. ✱ Obwohl die Ausgangsstoffe des Ethansäureethylesters gut wasserlöslich sind, löst sich der Ester kaum in Wasser. Erkläre.

9. Benenne folgende Ester.

a) $CH_3 - CH_2 - COO - CH_2 - CH_3$

b) 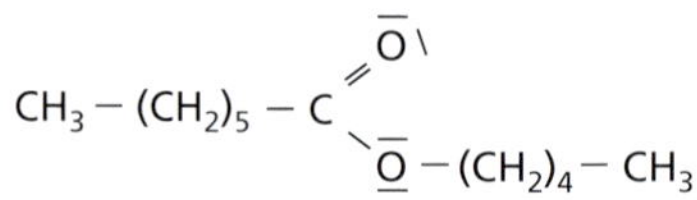

c) $HCOOCH_3$

10. Das Kaugummiaroma, ein Ester, hat die Formel (1). Ein Ausgangsstoff ist Salicylsäure (2). Wie heißt der zweite Ausgangsstoff für die Synthese von (1) und wie lautet seine Formel?

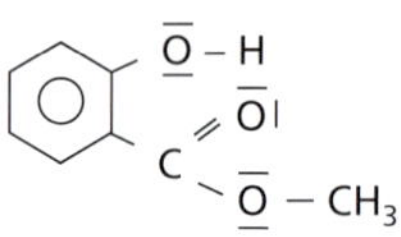

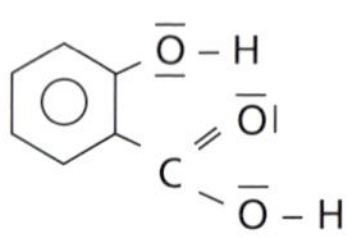

11. Nenne einige Beispiele für Ester, die im täglichen Leben eine Rolle spielen. Setze für die Recherche auch neue Medien ein.

12. Informiere dich im Internet über Ester der Salpetersäure und der Phosphorsäure. Diskutiert in der Gruppe ihren Einsatz.

13. Informiere dich darüber, was man unter natürlichen, naturidentischen und künstlichen Aromastoffen versteht.

Wahlbereich: Duftende Stoffe – Aldehyde und Ester

Düfte und Aromen – ein sinnliches Erlebnis

Unter einem **Aromastoff** (lat.: aroma = Wohlgeruch) versteht man eine Substanz, die angenehme Geruchs- und Geschmackswahrnehmungen hervorruft.

1. *Finde heraus, worin sich Duft- und Aromastoffe unterscheiden, und nimm beide Begriffe in dein Glossar auf.*

Duftstoffe bzw. Aromastoffe sind in vielen Pflanzen enthalten. Manchmal entstehen die Stoffe erst beim Erhitzen aus Vorläufersubstanzen, z. B. beim Kochen und Backen. Einige Duft- und Aromastoffe werden Lebensmitteln, Kosmetika, Haushalts- und Reinigungsprodukten gezielt zugesetzt.

2. *Recherchiere, was man unter natürlichen, naturidentischen und künstlichen Aromastoffen versteht. Erläutere die Begriffe anhand selbst gewählter Beispiele.*

Viele Naturmaterialien geben unter geeigneten Bedingungen Duftstoffe ab. In der Frühzeit der Menschheit wurden derartige Wohlgerüche ausschließlich zu religiösen Zwecken (z. B. Rauchopfer) erzeugt. Später verwendeten Ägypter und Perser duftende Harze und Öle zur Einbalsamierung der Toten.
Die ersten duftenden Salben und Parfüme kreierten die Ägypter um 2 000 v. Christus. Von Babylon aus verbreiteten sich die kosmetischen Düfte unaufhaltsam über die ganze Welt. Trotzdem begann man in Europa erst im 13. Jh., der Kunst der Parfümerie nachzugehen.

3. *Informiere dich über die historische Entwicklung der Duftstoffe von der Frühzeit bis in die Gegenwart. Erstelle einen Zeitstrahl und präsentiere deine Ergebnisse in einem Vortrag.*

S Experiment

Aufgabe:
Erkennt Gewürze, Lebensmittel und Kosmetika am Geruch.

Vorbereitung:
Geräte und Chemikalien: Uhrglas, Tuch, verschiedene Gewürze, verschiedene Obstsorten, Tee, Kaffee, Vanillezucker, verschiedene Kosmetika

Durchführung:
Verbindet jeweils einer Versuchsperson die Augen und veranstaltet einen Geruchswettbewerb.

Beobachtung und Auswertung:
Notiert die Ergebnisse in einer Tabelle. Beschreibt die wahrgenommenen Gerüche. Erstellt eine Präsentation über Materialien aus dem Alltag, die Duft- und Aromastoffe enthalten.

Vom Duftstoff zum Parfüm

Die aus pflanzlichen Rohstoffen gewonnenen, angenehm duftenden Stoffe nennt man auch **etherische Öle.** Dabei handelt es sich um Gemische leicht flüchtiger Verbindungen, die verschiedenen Stoffklassen angehören können. Diese natürlichen Duftstoffe gewinnt man durch verschiedene Verfahren.

Verfahren	Auspressen	Wasserdampfdestillation	Extraktion	Enfleurage
Stoff	Citrusöl	Nelkenöl	Lavendelöl	Rosenöl

1. *Informiere dich über die Verfahren und beschreibe jeweils das Prinzip.*

S Experiment 1

Aufgabe:
Untersuche die Wirkungsdauer von Fenchelöl, Nelkenöl, Pfefferminzöl, Rosenöl, Zimtöl, Zitronenöl und anderen etherischen Ölen.

Durchführung und Auswertung:
a) Entwickle einen Plan für das Experiment und lass ihn vom Lehrer bestätigen.
b) Fordere Geräte und Chemikalien beim Lehrer an und führe den Versuch durch. Notiere deine Beobachtungen.
c) Vermute, warum die einzelnen Duftstoffe unterschiedlich lange wirken.

1 Etherische Öle wie Rosenöl oder Lavendelöl werden aus Pflanzenteilen gewonnen.

S Experiment 2

Aufgabe:
Es soll überprüft werden, ob sich mithilfe der Wasserdampfdestillation aus Fenchelsamen Duftstoffe isolieren lassen.

Vorbereitung:
Geräte: Mörser mit Pistill, Apparatur siehe Skizze
Materialien: Fenchelsamen, Wasser

Durchführung:
Es werden in einem Mörser etwa drei Esslöffel Fenchelsamen zerrieben und dann in einen Kolben gegeben, der zur Hälfte mit Wasser gefüllt ist. In einem zweiten Kolben befinden sich Siedesteinchen und etwa ein Viertel hoch Wasser. Die Kolben werden zur Apparatur (s. Skizze) zusammengesetzt und mit einem Liebigkühler versehen. Beide Kolben werden zur Destillation erhitzt, wobei die Aufschlämmung der Fenchelsamen nur mäßig, das Wasser im anderen Kolben aber kräftig sieden soll. Nach etwa 30 min kann das Produkt auf Aussehen und Geruch überprüft werden.

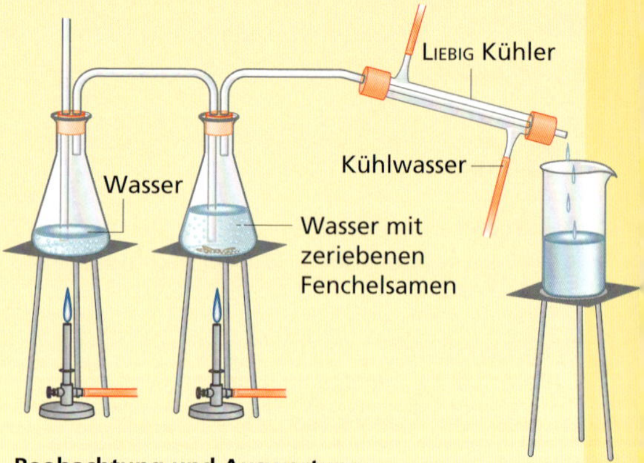

Beobachtung und Auswertung:
Beobachte die Wasseroberfläche im Auffanggefäß. Beschreibe die Eigenschaften des gewonnenen Duftstoffes.

2. *Erkunde, wie man etherische Öle von fetten Ölen mithilfe der Fettfleckprobe unterscheiden kann. Führe das Experiment mit dem Fenchelöl aus Experiment 2, etwas Speiseöl und einem Tropfen Wasser als Vergleichssubstanz durch. Protokolliere und erkläre deine Beobachtungen.*

Duftstoffe können auch künstlich hergestellt werden. Beispielsweise wird der Aromastoff Vanillin u.a. aus Eugenol gewonnen. Dazu wird Eugenol aus Gewürznelken extrahiert und durch Oxidation umgewandelt.

Löst man Duftstoffe in Ethanol, erhält man ein **Parfüm.** Das Wort Parfüm hat seinen Ursprung im Lateinischen (lat.: per fumum = durch Rauch). Parfüm enthält 10 bis 25 % Parfümöle. **Eau de Parfum** hingegen weist nur noch einen Anteil von 8 bis 10 %, **Eau de Toilette** einen Anteil von 5 bis 8 % und **Eau de Cologne** (Kölnischwasser) einen Gehalt von 2 bis 5 % Parfümölen auf.
Zur Herstellung dieser Kosmetika finden etherische Öle aus Pflanzenteilen (z.B. Lavendelblüten, Minzblätter, Orangenschalen) und Extrakte aus tierischen Produkten (z.B. Moschus, Ambra) Verwendung. Mitunter werden sie chemisch verändert (halbsynthetisch). Es werden aber auch künstliche Duftstoffe zugesetzt.

3. *Stelle in einer Tabelle Materialien und die Duftstoffe, die aus ihnen gewonnen werden, zusammen.*

4. *Erkunde, welche Arbeitsschritte ein Parfümeur ausführen muss, um ein neues Parfüm zu entwickeln.*

Zur Einteilung der Geruchsrichtungen hat man **„Duftfamilien"** mit bestimmten „Noten" festgelegt. So gibt es u. a. Citrus-, Lavendel-, blumige, Gewürz-, orientalische, Holz-, Tabak- und Ledernoten. Aus einem Vorrat an entsprechenden Grundstoffen wäre es möglich, sich selbst Parfüms zusammenzustellen.

5. *Erkläre den Begriff „reifen" bei der Parfümherstellung. Stelle Vermutungen an, welche grundsätzlichen Vorgänge dabei eine Rolle spielen und überprüfe sie in geeigneten Medien.*

1 Zur Komposition eines Parfüms bedarf es einer guten Nase, Kreativität und jahrelanger Erfahrung – Dustin Hoffmann als Parfumeur Baldini im Film „Das Parfüm".

Chemie der Duft- und Aromastoffe

Duftstoffe sind leicht flüchtig und gelangen so über die Luft an die Riechzellen. Die Moleküle besitzen einen hydrophoben Teil, sodass sie in unpolaren Stoffen löslich sind.
Zusätzlich muss eine polare Gruppe vorhanden sein, denn durch sie wirken die Duftstoffe auf die Rezeptoren. Diese Komponenten nennt man **osmophore Gruppen** (griech.: osme = Geruch, phora = Tragen). Einige Ester gehören zu den Aromastoffen.

S Experiment 1

Aufgabe:
Stelle ein Fruchtaroma her.

Vorbereitung:
Geräte: Reagenzgläser, Siedesteinchen, Bunsenbrenner, Becherglas, Reagenzglashalter, Pipette, Schutzbrille
Chemikalien: Hexanol, Ethansäure, konzentrierte Schwefelsäure, verdünnte Natronlauge

Durchführung:
Gib in ein Reagenzglas Siedesteinchen und je 3 ml Hexanol und Ethansäure. Tropfe sehr vorsichtig fünf Tropfen konzentrierte Schwefelsäure hinzu (wirkt als Katalysator) und schüttle die Mischung.
Erwärme die Lösung in der leuchtenden Flamme des Bunsenbrenners, sodass sie etwa eine Minute lang siedet. (Vorsicht: Abzug!) Nimm das Reagenzglas aus der Flamme, verschließe es mit einem Stopfen. Gieße die Lösung nach dem Abkühlen in verdünnte Natronlauge.

Beobachtung und Auswertung:
1. Beobachte die Oberfläche der Flüssigkeit. Prüfe den Geruch. Notiere die Beobachtungen.
2. Vergleiche die Eigenschaften des neuen Stoffes mit den Eigenschaften der Ausgangsstoffe. Was kannst du schlussfolgern?

1. *Analysiere die Molekülstruktur eines Fruchtesters, z. B. von Ethansäure-2-butylester und benenne die osmophoren Gruppen.*

Bei Weitem nicht alle wohlriechenden Stoffe gehören zur Gruppe der Ester. Das typische Butteraroma wird von **Ketonen** hervorgerufen (s. Abb. 1). Auch unter **Alkoholen** und **Terpenen,** einer besonderen Gruppe von Kohlenwasserstoffen, findet man eine Reihe von Duftstoffen (s. Abb. 2). Vanillin ist ein **Aldehyd,** das im Molekül noch weitere funktionelle Gruppen enthält.
Verbindungen mit ähnlicher Molekülstruktur können sehr unterschiedlich riechen. So duftet Vanillin intensiv nach Vanille, während das Isomer Isovanillin fast geruchlos ist.

Vanillin (charakteristischer Geruch)

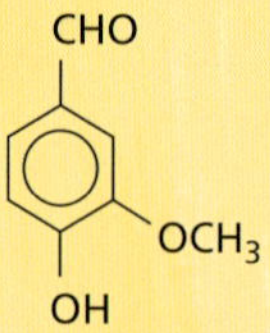

Isovanillin (geruchlos)

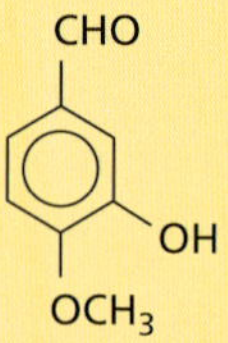

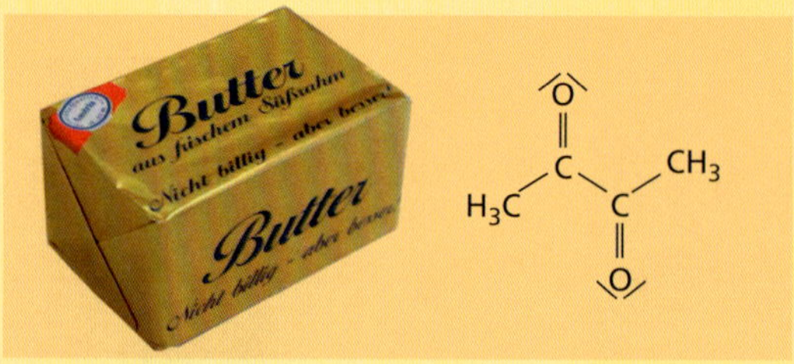

1 Butan-2,3-dion – ein Keton

2 Limonen – ein Terpen

3 Ethansäure-2-butylester – ein Ester

Die Moleküle des Vanillins zeichnen sich in der Struktur durch eine ganz besondere funktionelle Gruppe aus. Dabei handelt es sich um die **Aldehydgruppe (–CHO).**
Stoffe mit einer oder mehreren Aldehydgruppen im Molekül heißen **Aldehyde.** Abgesehen von der funktionellen Gruppe, ist die Struktur des Vanillins recht kompliziert.

Die einfachsten Vertreter der Aldehyde weisen nur eine Aldehydgruppe im Molekül auf und lassen sich von den Alkanen ableiten. Diese Stoffgruppe bezeichnet man als **Alkanale**. Diese Aldehydgruppe ist im Namen durch die **Endung -al** gekennzeichnet.
Der einfachste Vertreter ist Methanal (Formaldehyd - HCHO).
Insbesondere längerkettige Alkanale zeichnen sich oft durch einen besonderen Geruch aus und gehören zu den Duft- und Aromastoffen. So sind beispielsweise im Erdbeeraroma Hexanal und Heptanal enthalten.

1. *Informiere dich über Eigenschaften, Verwendung und Struktur der Moleküle von Methanal. Erarbeite einen Steckbrief.*

2. *Konstruiere die Moleküle von Alkanalen mit einem bis sechs Kohlenstoffatomen unter Nutzung des Molekülbaukastens. Benenne die Stoffe jeweils.*

3. *Taucht man ein warmes, oberflächlich oxidiertes Kupferblech in Ethanol, wird es wieder blank (s. Abb.) und ein stechender Geruch ist wahrnehmbar. Formuliere eine Reaktionsgleichung für diesen Versuch.*

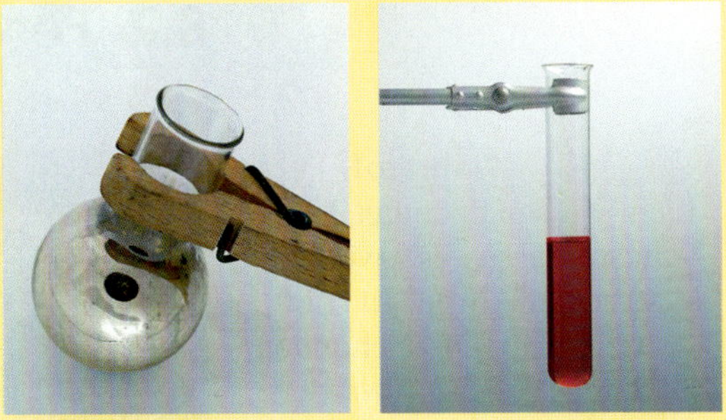

$Ag^+ + e^- \longrightarrow Ag$

$Cu^{2+} + e^- \longrightarrow Cu^+$

1 Nachweis der Aldehydgruppe
a) Tollens-Probe: Silberspiegel entsteht
b) Nachweis mit Schiffs Reagenz: Farbumschlag nach Rot
c + d) Fehling-Probe: ziegelroter Niederschlag

Alkanale wirken aufgrund der Aldehydgruppe in ihren Molekülen reduzierend. Die reduzierende Wirkung ist das Verhalten von Teilchen, in chemischen Reaktionen Elektronen abzugeben, wodurch sich die Struktur des Moleküls verändert. Diese reduzierende Wirkung dient als Nachweis der Aldehydgruppe (s. Abb. 1).

4. *Beschreibe, welche Reaktionen bei der positiven Tollens-Probe und Fehling-Probe ablaufen.*

S Experiment 2

Aufgabe:
Gib fehlingsche Lösung zu einer Glucoselösung und erwärme das Gemisch leicht.
Führe Protokoll.
Erläutere, wie die ziegelrote Färbung zustande kommt. Nutze dazu auch den Steckbrief der Glucose auf der Seite 154.

8.2 Fette

Nährstoff Fett

Richtig essen bedeutet, Nahrungsmittel so auszuwählen, dass dem Körper alle nötigen Stoffe in ausreichender Menge zugeführt werden. Sie stellen eine wichtige Energiereserve dar, denn bei ihrem Abbau wird Energie freigesetzt.

Wie sind Fette aufgebaut?

Pflanzliche und tierische Fette

Fett ist nicht gleich Fett. Von Experten werden besonders pflanzliche Fette bzw. Öle empfohlen. Tierische Fette sollen nur in geringerem Maße verzehrt werden.

Wodurch unterscheiden sich unterschiedliche Fettsorten?

Gesund ernähren, aber wie?

Oft locken besonders Nahrungsmittel, die einen hohen Fettanteil aufweisen. Ein Zuviel an Fett erweist sich jedoch als ungesund und führt häufig zu Gewichtsproblemen, die gesundheitliche Auswirkungen nach sich ziehen können. Das im Übermaß gespeicherte Fett soll abgebaut werden. Zu diesem Zweck gibt es die unterschiedlichsten Diätvorschläge. Nicht immer ist es leicht zu beurteilen, ob sie sinnvoll sind. Dazu benötigt man entsprechende Kenntnisse.

Auf welche Weise werden im Körper Fette auf- und abgebaut?

Fette – wichtige Bestandteile der Nahrung

Bedeutung und Zusammensetzung der Fette

Fette sind für Pflanzen, Tiere und Menschen lebensnotwendig. Pflanzen bilden Fette aus der Glucose und speichern sie z. B. in den Samen (Raps, Sonnenblume). Menschen und Tiere nehmen Fette mit der Nahrung auf. Im Verdauungssystem werden sie durch Hydrolyse (Spaltung durch Wasser) in die Grundbausteine zerlegt. Vom Dünndarm gelangen sie ins Blut. Die Grundbausteine werden zu den Zellen transportiert und dort mithilfe von Enzymen in körpereigene Fette umgewandelt (s. Abb. 1).

Nicht sofort benötigtes Fett wird gespeichert und dient als **Energiereserve.** Beim Abbau von Fetten zu anorganischen Stoffen wird Energie frei. Diese Energie steht den Organismen zur Abwicklung der Lebensprozesse zur Verfügung.

Eine Fettschicht umhüllt die inneren Organe und besitzt eine **Schutzfunktion.** Ein ausgeprägtes Unterhautfettgewebe (Robben) oder der Tran bei Fischen dient der Wärmeisolation. Das Gefieder der Vögel (s. Abb. 2) oder das Fell der Säuger wird durch Einfetten wasserabweisend.

Nicht zuletzt sind einige Vitamine (A, D, E, K) nicht in Wasser löslich, sondern können nur zusammen mit Fett von unserem Körper aufgenommen werden.

Fett ist nicht gleich Fett. Das stellt jeder sofort fest, der sich über gesunde Ernährung informiert.

2 Die Federn werden mithilfe des öligen Sekrets der Bürzeldrüse gefettet.

Diese Tatsache hängt mit dem Bau der Fette zusammen. Es handelt sich um Ester langkettiger Carbonsäuren. Diese Carbonsäuren sind mit Glycerol (Propan-1,2,3-triol, s. S. 324), einem Alkohol mit drei Hydroxylgruppen, verestert. Jede der drei Hydroxylgruppen kann mit einer anderen Carbonsäure reagieren, sodass verschiedene Fette existieren (s. Abb. 1).

Die am Bau der Fette beteiligten Carbonsäuren bezeichnet man als Fettsäuren (s. S. 206).

Einige ungesättigte und mehrfach ungesättigte Fettsäuren kann unser Organismus nicht selbst synthetisieren. Sie sind essenziell und müssen mit der Nahrung aufgenommen werden.

Fette sind Gemische aus unterschiedlichen Glycerolestern, da Glycerol jeweils mit verschiedenen gesättigten und ungesättigten langkettigen Carbonsäuren verestert sein kann.

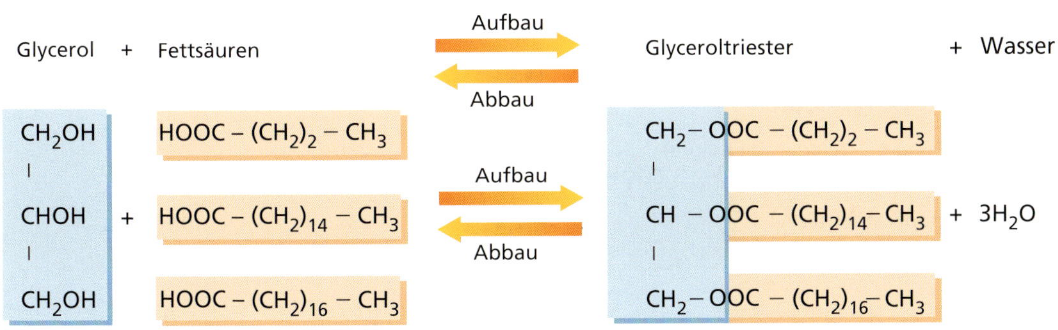

1 Die Molekülreste des Glycerols und der verschiedenen Fettsäuren sind im Glyceroltriestermolekül (Strukturbeispiel) über die Esterbindung verbunden. Im Verdauungssystem wird diese Bindung aufgespalten (Hydrolyse).

Thema

Recherchiere z. B. unter www.schuelerlexikon.de: Fettsäuren

1 Olivenöl enthält chemisch gebundene ungesättigte Fettsäuren.

Fettsäuren sind unverzweigte organische Säuren mit einer Carboxylgruppe, die eine geradzahlige Anzahl an C-Atomen (oft 12 bis 20, Ausnahme Butansäure) aufweisen. Im Alkylrest der gesättigten Fettsäuren existieren zwischen den Kohlenstoffatomen nur Einfachbindungen.
Die ungesättigten Fettsäuren enthalten in der Kohlenstoffkette entweder eine (einfach ungesättigt) oder mehrere Doppelbindungen (mehrfach ungesättigt). Besonders ungesättigte Fettsäuren sind für die Ernährung von Bedeutung, weil der menschliche Körper sie nicht selbst aufbauen kann. Man bezeichnet sie als essenzielle Fettsäuren (unentbehrliche Fettsäuren). Fehlen die Fettsäuren, so treten Mangelerscheinungen beim Menschen auf.

Name der Fettsäure	Summenformel	Schmelztemperatur in °C	Siedetemperatur in °C	Dichte in $g \cdot cm^{-3}$ bei 25 °C
gesättigte Fettsäuren				
Buttersäure (Butansäure)	C_3H_7-COOH $CH_3-(CH_2)_2-COOH$	−5,2	163,3	0,952
Laurinsäure (Dodecansäure)	$C_{11}H_{23}-COOH$ $CH_3-(CH_2)_{10}-COOH$	44	225 (133 mbar)	0,864
Palmitinsäure (Hexadecansäure)	$C_{15}H_{31}-COOH$ $CH_3-(CH_2)_{14}-COOH$	62,2	271,5	0,85 (bei 62 °C)
Stearinsäure (Octadecansäure)	$C_{17}H_{35}-COOH$ $CH_3-(CH_2)_{16}-COOH$	71,5	240	0,940
ungesättigte Fettsäuren				
Ölsäure (Octadeca-9-ensäure) $CH_3-(CH_2)_7-CH=CH-(CH_2)_7-COOH$		13,5	360	0,895
Linolsäure (Leinölsäure – Octadecadiensäure) $CH_3-(CH_2)_4-CH=CH-CH_2-CH=CH-(CH_2)_7-COOH$		−8	230 (21 mbar)	0,902
Linolensäure (Octadecatriensäure) $CH_3-CH_2-(CH=CH-CH_2)_2-CH=CH-(CH_2)_7-COOH$		−12,8	232 (23 mbar)	0,904

... und mehr

Informiere dich auch unter: *Fette, Carbonsäuren*

Eigenschaften von Fetten

Fette sind Stoffgemische, daher kann man keine genauen Schmelz- und Siedetemperaturen angeben. Man unterscheidet fette Öle und feste Fette.
Fette Öle sind bei Zimmertemperatur durch einen hohen Anteil an ungesättigten Fettsäureresten in den Molekülen flüssig (z. B. Olivenöl, Sojaöl). **Feste Fette** sind bei Zimmertemperatur durch einen hohen Anteil an gesättigten Fettsäureresten in den Molekülen fest (z. B. Kokosfett, Milchfett).

Fettmoleküle sind unpolar, da der Anteil der unpolaren langkettigen Alkylreste am Molekül bei weitem höher ist als der Anteil der leicht polaren Esterbindung. Deshalb lösen sich Fette in Benzin und anderen unpolaren Lösemitteln gut, sind jedoch in Wasser nahezu unlöslich. Diese Eigenschaft bezeichnet man als hydrophob (wasserabweisend bzw. wassermeidend).
Werden flüssige Fette mit Wasser gemischt, entstehen Emulsionen, die sich aber nach einiger Zeit entmischen. In der Milch, die ebenfalls Fett und Wasser enthält, wirken u. a. Eiweiße als Emulgatoren und stabilisieren die Emulsion eine Zeit lang. Die Dichten der Fette liegen unter $1\,g \cdot cm^{-3}$. Sie schwimmen auf dem Wasser. Deshalb darf man Fettbrände niemals mit Wasser löschen, denn im heißen Fett verdampft Wasser und mitgerissenes Fett wird noch feiner verteilt. Der Brand würde sich verstärken und ausbreiten.

Fette verändern sich mit der Zeit an der Luft. Lässt man Butter mehrere Tage bei Zimmertemperatur stehen, riecht sie ranzig und wird ungenießbar. Altert ein Fett, laufen verschiedene chemische Prozesse ab. Zuerst werden die Fette unter Einfluss von Wasser in Glycerol und freie Fettsäuren aufgespalten. Es handelt sich um eine **Hydrolyse.** Besonders anfällig sind Fette, die kurzkettige Carbonsäurereste (Butansäurereste) enthalten.

$$\text{Glyceroltriester} + \text{Wasser} \xrightarrow{\text{Hydrolyse}} \text{Glycerol} + \text{Fettsäuren}$$

Im weiteren Prozess werden die freien Fettsäuren durch **Oxidationen** zersetzt. Dabei ist die Oxidationswahrscheinlichkeit umso stärker, je mehr ungesättigte Fettsäuren in einem Öl oder Fett enthalten sind.

Aufgabe

Ernährungswissenschaftler empfehlen vorrangig pflanzliche Fette. Begründe.

S Experiment

Prüfe es selbst

Aufgabe:
Weise nach, dass die Moleküle pflanzlicher Fette Mehrfachbindungen enthalten.

Vorbereitung:
Geräte und Chemikalien: Reagenzglas, Pipette, verschiedene pflanzliche Fette, Bayer-Reagenz ☒, Heptan ☒, ☒, ☒

Durchführung:
Löse jeweils eine Probe in Heptan und tropfe das Nachweismittel hinzu. Eine Entfärbung weist auf Mehrfachbindung in den Molekülen hin.

Beobachtung und Auswertung:
Notiere deine Beobachtungen und leite eine entsprechende Schlussfolgerung ab.

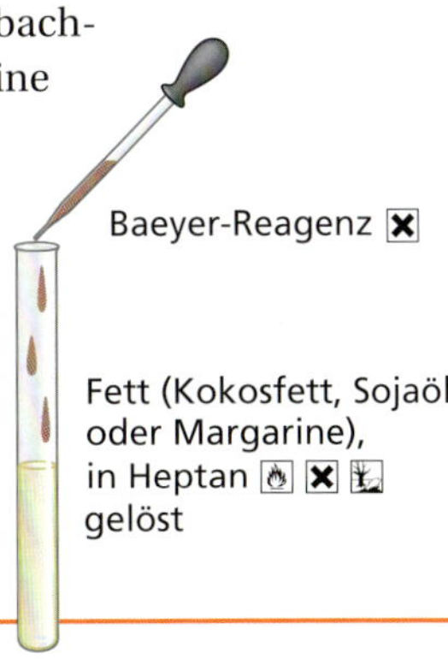

Mosaik

Kosmetik – Chemie in Cremes und Lippenstiften

Creme, Lotion oder Lippenstift – chemisch kein großer Unterschied

Bei kosmetischen Artikeln unterscheidet man pflegende Kosmetik wie Cremes, Körperlotionen, Lichtschutzmittel usw. und dekorative Kosmetik wie Lippenstifte, Lidschatten, Kajalstifte, Make-up u.a.

Das Grundrezept für diese verschiedenen Kosmetika ist prinzipiell gleich: Bei allen handelt es sich um Gemische aus Wasser, Ölen und Wachsen und weiteren Inhaltsstoffen. Ein noch heute sehr bekanntes Gemisch mit diesem Grundrezept wurde 1911 vom Apotheker OSCAR TOPLOWITZ in Hamburg hergestellt. Es bekam den Namen „Nivea".

Chemisch gesehen handelt es sich bei den Kosmetikartikeln um **Emulsionen.** Emulsionen sind Gemische aus einer wässrigen und einer fetthaltigen Komponente. Man unterscheidet zwei verschiedene Emulsionstypen. Die **Wasser-in-Öl-Emulsion** (Wassertröpfchen von Pflegeölen umhüllt) macht die Haut geschmeidig und ist sehr fettend. Die **Öl-in-Wasser-Emulsion** (Öltröpfchen von Wasser umhüllt) zieht schneller ein und bildet keinen Fettfilm auf der Haut.

Werden keine Farbstoffe zugesetzt, sind die beiden Typen bereits an der Farbe erkennbar. Während die Wasser-in-Öl-Emulsionen aufgrund des zugesetzten Fettes oft gelb sind, erscheinen die Öl-in Wasser-Emulsionen oft weiß (Milch, Sahne). Eigentlich sind Öle bzw. andere Fette und Wasser nicht miteinander mischbar (Abb. 1). Emulgatoren lösen das Problem (s. S. 210).

Die Moleküle der Emulgatoren besitzen ein wasserfreundliches und ein wasserabweisendes Ende. Sie halten die Fetttröpfchen in feinster Verteilung, indem sie die Oberflächenspannung des Wassers herabsetzen. Häufig in Kosmetikartikeln verwendete Emulgatoren sind:

- Tegin®: Ester höherer Fettsäuren;
- Lanolin (wasserfreies Wollwachs): natürliches Wachs, das von Schafen gebildet wird, um ihre Wolle wasserfest zu machen (ermöglicht Wasser-in-Öl-Emulsionen);
- Eucerin®: Wollwachsalkohole gemischt mit Vaselin (Erdölprodukt)
- Kakaobutter, aus den Samen des Kakaobaumes gewonnen.

Bei einem Teil der Emulgatoren handelt es sich um **Wachse** (z.B. Wollwachs).

Neben der Funktion als Emulgatoren haben Wachse in den Kosmetikprodukten eine weitere Bedeutung. Sie bilden auf der Haut einen Film, der vor Wasserverlust schützt.

Wachse gehören zur Stoffgruppe der Ester. Fettsäurereste sind mit Resten langkettiger Alkohole verbunden, wobei die Anzahl der C-Atome beider Strukturteile zwischen 20 und 25 liegt.

Wachse sind fest, jedoch bei 20 bis 25 °C knetbar. Oberhalb von 40°C schmelzen sie, ohne sich zu zersetzen.

In der Natur spielen Wachse eine große Rolle (z.B. Bienenwachs als Baumaterial für die Waben) und Wachse, die der Blattoberfläche aufliegen und so vor Verdunstung schützen (z.B. Carnaubawachs).

1 Öl und Wasser entmischen sich nach einiger Zeit und bilden wieder zwei Schichten.

2 Das Bienenwachs wird von Bienen aus den Wachsdrüsen an der Bauseite abgesondert.

Wachse in pflegender Kosmetik

Die Erkenntnis, dass viele Pflanzen sich durch eine Wachsschicht auf ihrer Blattoberseite vor Wasserverlust durch Verdunstung schützen, nutzt man auch in der pflegenden Kosmetik aus.

Man versucht zu verhindern, dass Wasser die Zellen verlässt und die Hautstruktur ihre Elastizität verliert und erschlafft. Das äußert sich nämlich in den unerwünschten „Falten".
Jede Creme enthält also zur Vorbeugung des Wasserverlustes und der Faltenbildung einen gewissen Anteil an Wachs. In der Regel nutzt man Bienenwachs oder das Jojobaöl (ein Wachs aus Samen der Jojobapflanze).

Bienenwachs ist auf Liste der Inhaltsstoffe oft als Cera alba aufgeführt, wenn es sich um die gebleichte Variante handelt, oder als Cera flava, wenn das Wachs nicht gebleicht wurde. Weitere Bezeichnungen sind Cire d'abeille, E 901 oder beeswax.

Dekorative Kosmetik zur Betonung von Lippen und Augen

Bereits zu Zeiten von NOFRETETE (um 1340 v. Chr.) wurde die Haut nicht nur gepflegt, sondern durch verschiedene Schminken verschönt. Eine farbliche Gestaltung der Haut hat verschiedene Funktionen. Die Färbung der Lippen sendet jedoch in allen Kulturen das gleiche Signal aus: „Schau her, ich bin gesund und für die Fortpflanzung besonders geeignet!"
Während die Ägypterinnen Ocker und Farbsäfte mit Schilfrohr auftrugen, griff Queen Elisabeth I. zu einer Mixtur aus Alabaster, Gips und anderen Farbpartikeln, wie z. B. dem Karmin (aus der Cochenille-Schildlaus gewonnen).

Heute bestehen die Lippenstifte zu etwa 70 % aus einer Öl-/Fettphase und zu etwa 25% aus einer Wachsphase. Der Pigmentanteil beträgt immer zwischen 5 bis 10 % der Lippenstiftmasse.
Zur Öl-/Fettphase gehören solche Verbindungen, wie Erdnussöl, Rhizinusöl und synthetische Triglyceride, welche die Aufgabe haben, die Pigmente zu lösen.

1 Auch wenn sich die Schminke und die Schminktechniken unterscheiden, dekorative Kosmetik ist keine Erfindung der Neuzeit.

In der Wachsphase findet man häufig Bienenwachs, Carnaubawachs, Wollwachse und Paraffine. Carnaubawachs erhöht schon mit einem Anteil von 5 % den Schmelzpunkt des Lippenstiftes. Somit kann die Farbe in Form eines „Stiftes" benutzt werden. Das Bienenwachs hält die Konsistenz des Lippenstiftes so geschmeidig, dass er nicht zu hart wird.
Die mineralischen und wasserunlöslichen Farbstoffpigmente sind u. a. Kaolin, Aluminiumhydroxid oder Titandioxid. Ein feuchter Glanz, der modern ist, entsteht durch eine Mischung von Titandioxid und Glimmer.

Schon immer galt es in den verschiedensten Kulturen als „en vouge", die Augen zu betonen. Ob die Form verändert oder einfach nur der Augenumriss vergrößert wurde – sowohl Männer als auch Frauen griffen und greifen zu diesen meist schwarzen Stiften oder Flüssigkeiten.
Da unser Auge besonders empfindlich ist, müssen die Stoffe, die wir in die Nähe dieses wichtigen Sinnesorganes bringen, bedacht ausgewählt sein.
Unterschiedliche Hersteller benutzen verschiedene Zusammensetzungen dieser Inhaltsstoffe, aber alle verwenden Öle, Wachse und außerdem Pflanzenstoffe, die das Auge größer erscheinen lassen.

Chemie im Kontext

Das alltägliche Nahrungsmittel Milch

Milch wird in unterschiedlichen Sorten angeboten, z. B. als Frischmilch oder als H-Milch. Immer ist jedoch ihr Fettgehalt angegeben.
Fette bzw. Öle sind eigentlich nicht in Wasser löslich. Trotzdem sieht Milch beim bloßen Betrachten wie eine Lösung aus.
Wie kann dieser Widerspruch geklärt werden?

Die Öle sind wasserunlöslich, was man leicht an dem Aufschwimmen von Fettaugen auf Brühe erkennen kann. Bei höherer Temperatur und durch starkes Rühren bilden Wasser und Öle Emulsionen. Öl bildet in Wasser winzige Tropfen. Normalerweise entmischen sich Öl und Wasser relativ schnell wieder und beide Phasen werden sichtbar.

Milch stellt eine solche Emulsion dar. Streng genommen handelt es sich um eine Öl-in-Wasser-Emulsion. Das bedeutet, einzige Öltröpfchen sind vom Wasser umhüllt. Im Fall der Milch wird das Entmischen von natürlichen Emulgatoren verhindert. Bei den Emulgatoren handelt es sich um Eiweiße, die einen polaren (wasserfreundlichen) und unpolaren (wasserabweisenden) Molekülteil aufweisen. Die unpolaren Enden ragen in die Fetttröpfchen hinein, die polaren Enden sind zur wässrigen Phase ausgerichtet. Dadurch wird die Emulsion eine Zeit lang stabilisiert und erscheint homogen.

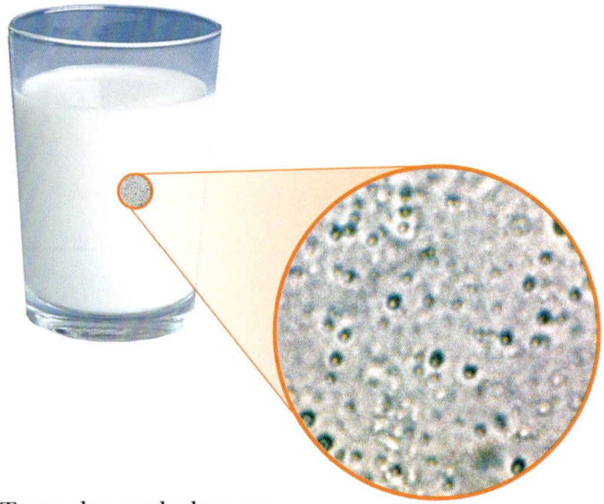

Trotz der enthaltenen natürlichen Emulgatoren rahmt Milch nach einigem Stehen auf und man kann den Rahm an der Oberfläche abschöpfen, da Fette eine geringere Dichte als Wasser haben. Um das Aufrahmen zu verhindern, wird die Milch homogenisiert, d.h. durch starkes Rühren werden die Fetttröpfchen besonders fein verteilt.

Milchsorten		
Bezeichnung	**Fettgehalt**	**Anmerkung**
Rohmilch	3,5–5,0 %	unbehandelte Milch; darf nur vom Hof des Erzeugers verkauft werden
Vorzugsmilch	3,5–4,0 %	wie Rohmilch, aber verpackt im Handel erhältlich
Landmilch	mindestens 3,8 %	mit naturbelassenem Fettgehalt, muss wärmebehandelt werden
Vollmilch	mindestens 3,5 %	muss wärmebehandelt sein
Trinkmilch fettarme Milch	1,5–1,8 %	muss wärmebehandelt sein
Magermilch entrahmte Milch	maximal 0,3 %	muss wärmebehandelt sein

Vom Öl zum streichfähigen Fett

Heute werden viele Margarinesorten verkauft. Margarine wurde ehemals im Auftrag von NAPOLEON III. entwickelt, der zur Versorgung seiner Truppen ein Streichfett wünschte, das im Gegensatz zur Butter billiger wäre, trotzdem wohlschmeckend und nahrhaft. Damals wurden Milch, Wasser und Rindertalg mit Lab (ein Enzym) zusammengemischt. Heute bilden pflanzliche Öle die Basis für die Margarineproduktion.
Die Öle erhält man aus verschiedenen Samen und Früchten (z. B. Sonnenblumenkerne, Rapssamen). Ölhaltige Samen werden gut zerkleinert. Unter Druck wird aus ihnen das Öl ausgepresst. Der noch ölhaltige Rückstand ist ein nährstoff- und energiereiches Futtermittel.
Beim Extrahieren wird über die zerkleinerten Ölfrüchte ein organisches Lösemittel gesprüht. Durch Destillation wird das Öl anschließend vom Lösemittel getrennt.
In der Folge wird durch Raffination das Öl von Pflanzenresten und anderen unerwünschten Stoffen befreit und mit weiteren Zutaten zu Margarine verarbeitet. Durch die Addition von Wasserstoff an die Doppelbindungen der ungesättigten Fettsäuren werden Öle „gehärtet“, also in feste Fette umgewandelt.

Zutaten für Margarine

Bestandteile	Beispiele
Öl bzw. Fett	Sonnenblumenöl, Sojaöl, Rapsöl, Palmöl, Kokosfett (z. T. gehärtet)
Emulgatoren	Lecithin
Milch	Sauermilch, Dickmilch, Buttermilch
Speisesäuren	Citronensäure, Milchsäure
Aromen	meist natürliche Aromen
Vitamine	Vitamin A, D und E
Farbstoffe	ß-Carotin
Wasser, Salz	

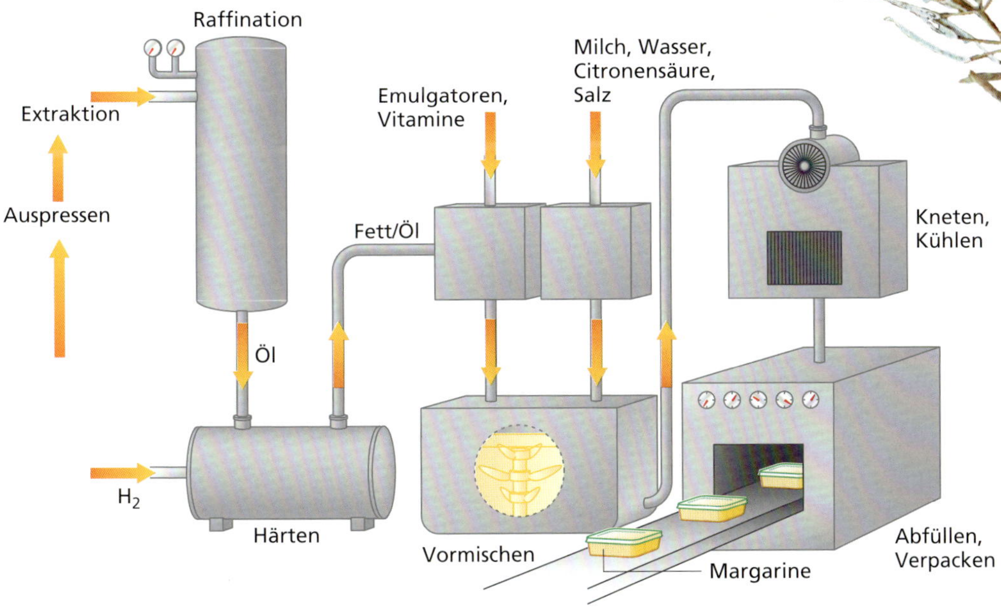

gewusst · gekonnt

1. Ergänze dein Glossar:

Glossar

Emulgatoren
Fette
– feste Fette
– fette Öle
Fetthärtung
Fettsäuren
Hydrolyse der Fette

2. Nenne verschiedene Fette und ermittle jeweils ihre Eigenschaften und ihre Verwendung. Welche Ursachen kannst du für die unterschiedlichen Eigenschaften aufführen?

3. Fettflecke in Kleidungsstücken kann man nicht mit Wasser entfernen. Begründe diese Aussage.

4. Kokosfett und Leinöl sind pflanzliche Fette. Welche chemische Zusammensetzung vermutest du jeweils? Begründe deine Antwort.

5. Hersteller fetter Öle werben vielfach mit dem Begriff „ungesättigte Fettsäuren" oder „mehrfach ungesättigte Fettsäuren". Erläutere die beiden Begriffe und die Bedeutung dieser Substanzen für die menschliche Ernährung.

6. Wieso können für Fette keine konkreten Schmelz- bzw. Siedetemperaturen angegeben werden, sondern nur Schmelz- und Siedebereiche? Erkläre.

7. Schreibe die Strukturformel eines Glycerolesters auf und erläutere, warum es chemisch richtig ist, von den Fetten (Mehrzahl) zu sprechen.

8. Erläutere, wodurch sich Mineralöle und fette Öle in ihrer chemischen Zusammensetzung unterscheiden.

9. Erläutere den Abbau der Fette durch Hydrolyse an einem Beispiel.

10. (*) Flüssige Fette (Öle), die reich an ungesättigten Fettsäuren sind, können durch Fetthärtung in feste Fette umgewandelt werden. Vermute, welche chemische Reaktion stattfindet.
Stelle eine mögliche Reaktionsgleichung auf.

11. Warum können Fette mit Ethanol aus Textilgewebe entfernt werden? Erkläre.

12. (S) Ob z. B. eine Frucht Fett enthält, kann mit der Fettfleckprobe bestimmt werden. Beschreibe diese Nachweismethode für Fette und erprobe sie.
Nenne Früchte, die Fett enthalten.

13. In Brand geratenes Fett (z. B. Frittierfett) darf niemals mit Wasser gelöscht werden. Erkläre, warum diese Regel bei der Brandbekämpfung unbedingt beachtet werden muss.

14. Interpretiere folgende Grafik. Leite eine begründete Schlussfolgerung für die Ernährung ab.

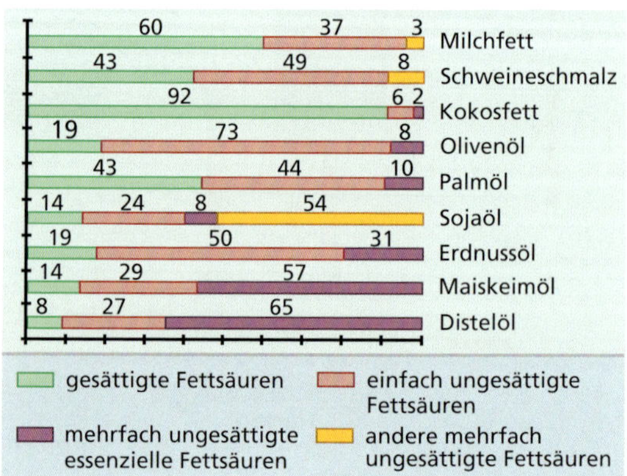

Wahlbereich: Nahrungsmittelinhaltsstoffe – Biokost und Fast Food

Zusammensetzung unserer Lebensmittel

Natürliche Bestandteile unserer Nahrung sind **Nährstoffe** (Fette, Kohlenhydrate, Eiweiße), Ergänzungsstoffe und Wasser. Zu den **Ergänzungsstoffen** gehören Vitamine, Mineralstoffe und Ballaststoffe.
Neuerdings kann man zunehmend „Functional Food" in den Läden finden. Das sind Lebensmittel, die mit zusätzlichen Inhaltsstoffen angereichert wurden. Dabei kann es sich z. B. um Vitamine oder Mineralstoffe handeln. Dies soll einen positiven Effekt auf die Gesundheit haben.

Solche Zusätze sind nicht mit den **Lebensmittelzusatzstoffen** zu verwechseln. Zu ihnen gehören u. a. Farbstoffe, Konservierungsmittel und Geschmacksverstärker (s. Tab.). Diese Stoffe müssen auf dem Etikett entweder mit ihrem Namen oder mit der E-Nummer deklariert werden.
Farbstoffe werden Lebensmitteln hinzugefügt, um sie optisch attraktiv zu machen und die Signalwirkung zu erhöhen. Auffallende Farben leuchten uns von Bonbons, Lutschern, Zuckerwatte, Kuchendekorationen usw. entgegen. Oftmals werden natürliche Farbstoffe (z. B. Betanin, der rote Farbstoff der Roten Bete, oder Curcumin, der gelbe Farbstoff des Currys) eingesetzt. Daneben gibt es aber eine Reihe synthetischer Farbstoffe. In diesem Zusammenhang werden pseudoallergische Reaktionen diskutiert.
Konservierungsmittel verlangsamen oder verhindern den Verderb durch Bakterien, Hefen und Schimmelpilze.
Damit waren und sind sie wichtig für die Erhaltung und Frische von Nahrungsmitteln. Gefährliche Krankheiten wie Botulismus werden seit jeher mit Konservierungsmitteln verhindert.
Durch bessere Transportwege, bessere Verpackungs- und Konservierungsmethoden ist der Einsatz von Konservierungsmitteln jedoch nicht immer erforderlich.
Konservierungsmittel müssen mit der Gattungsbezeichnung, dem Namen und der E-Nummer deklariert werden.

Lebensmittelzusatzstoffe

Art der Stoffe	E-Nr.
Farbstoffe	100– 180
Konservierungsmittel	200– 252
Säuerungsmittel	260– 297
Antioxidanzien	300– 385
Verdickungsmittel	400– 422
Emulgatoren	432– 495
andere Zusatzstoffe	500– 585
Geschmacksverstärker	620– 948
Süßstoffe	950–1518

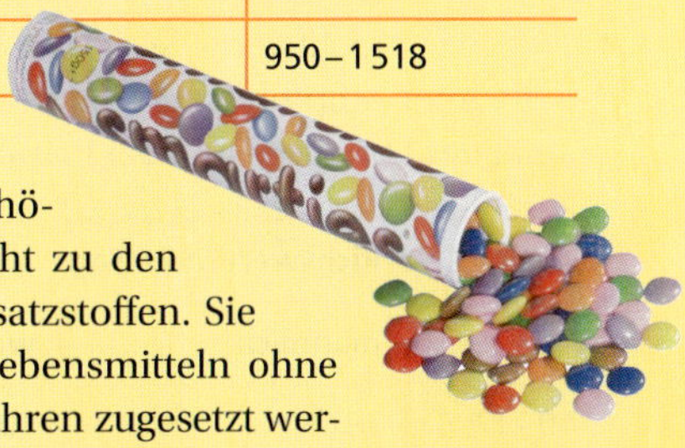

Aromastoffe gehören bei uns nicht zu den Lebensmittelzusatzstoffen. Sie dürfen daher Lebensmitteln ohne Zulassungsverfahren zugesetzt werden. Aus der Zutatenliste auf dem Etikett muss allerdings ihre Verwendung ersichtlich sein. Es genügt aber die Angabe „Aroma". Diese Aromen können ganz unterschiedlicher Herkunft sein.

1. *Notiere die unterschiedlichen Bestandteile unserer Nahrung. Finde zu jeder Stoffgruppe mindestens ein Beispiel.*

2. *Diskutiert den Nutzen von „Functional Food".*

Nahrung und Energie

Der Mensch nimmt energiereiche Nahrungsmittel auf und wandelt die Inhaltsstoffe in körpereigene Stoffe um. Beim Abbau wird lebensnotwendige Energie freigesetzt.
Der Energiebedarf von Menschen ist sehr unterschiedlich und kann zwischen etwa 8 000 kJ (8 MJ) und 25 000 kJ (25 MJ) pro Tag liegen. Er hängt nicht nur vom Körpergewicht und vom Alter ab, sondern wird vor allem von der körperlichen Aktivität und der Art der Tätigkeit bestimmt. So benötigen z. B. Hochleistungssportler oder Personen, die körperlich schwer arbeiten, wesentlich mehr Energie als Personen, die vorwiegend am Schreibtisch sitzen.
Folgende Richtwerte werden in Abhängigkeit vom Alter empfohlen. Mit zunehmendem Alter sinkt der Energiebedarf bei Erwachsenen.

Alter	**Richtwert in kJ/Tag**	
	männlich	**weiblich**
10–12	9650	9250
13–14	11 350	10 500
15–18	12 600	10 100
19–35	10 900	9250

1. *Auf Verpackungen von Lebensmitteln sind häufig „Nährwertangaben pro 100 g“ angegeben. Der Brennwert von Nahrungsmitteln (Energiegehalt) entspricht der Energie, die bei der Verbrennung freigesetzt wird.*

   Für den Brennwert (= Energiegehalt) gilt:
   1 g Eiweiß: 17 kJ
   1 g Kohlenhydrate 18 kJ
   1 g Fett 39 kJ

   a) *Stelle in einer Übersicht für verschiedene Lebensmittel die Nährwertangaben pro 100 g zusammen. Notiere auch jeweils den Gehalt an Eiweiß, Kohlenhydraten und Fett.*
   b) *Berechne jeweils den Energiegehalt aus den Angaben für Eiweiß, Kohlenhydraten und Fett. Nutze die obigen Angaben.*

2. *Ermittle, wie hoch der Energiegehalt der Nahrungsmittel ist, die du innerhalb von 24 Stunden zu dir nimmst.*
   Vergleiche mit den in der Tabelle angegebenen Richtwerten. Was stellst du fest?

3. *Einige Schüler und Schülerinnen nehmen mit den Nahrungsmitteln mehr Energie zu sich, als sie für die Aufrechterhaltung der Lebensfunktionen und der von ihnen durchgeführten Tätigkeiten benötigen.*
   a) *Erläutere, was mit dieser überschüssigen Energie geschieht.*
   b) *Wie müsste die Energiebilanz bei einer Person aussehen, die abnehmen will? Begründe deine Antwort.*
   c) *Birgit (50 kg) und Klaus (70 kg) wandern mit ihrer Klasse vier Stunden am See entlang. Wie viel Energie benötigen die beiden jeweils? Nutze für die Berechnung die Tabelle:*

Sportart	**Energiebedarf in kJ/(h · kg)**
leichte Gymnastik	12,6
9 km Laufen	35,5
4,5 km Wandern	13,2
3 km Schwimmen	44,8
Handballspielen	80,1
43 km Radfahren	65,7

Natürliche Nahrungsmittel contra Fast Food?

Bio ist in aller Munde. Immer mehr Verbraucher entscheiden sich für Bioprodukte und der Markt wächst stetig. Als Bioprodukte bezeichnet man im Allgemeinen natürlich produzierte Lebensmittel. Das bedeutet, dass der Einsatz von Düngemitteln und Futtermitteln bzw. Hilfsmitteln wie Desinfektionsmittel streng geregelt ist, ebenso die Art der Tierhaltung (z. B. Anzahl der Tiere). Daher ist davon auszugehen, dass Lebensmittel aus dem biologischen Anbau weniger schadstoffbelastet sind als herkömmlich produzierte Lebensmittel. Seit 1991 ist durch ein EU-Gesetz vorgeschrieben, welche Produkte als Bioprodukte bezeichnet werden dürfen.
Eine Orientierung für den Verbraucher stellt das 2002 vom Verbraucherschutzministerium beschlossene Bio-Siegel dar (s. Abb.), das von allen Produzenten genutzt werden kann. Daneben führt fast jede Lebensmittelkette auch einigen Marken von Bioprodukten (z. B. Füllhorn, Biowertkost usw.).

1. a) *Ermittle die Preise für vergleichbare Lebensmittel aus herkömmlicher Produktion, von Bioprodukten, die in einem Supermarkt verkauft werden, und von Produkten aus einem Biokostladen und vergleiche sie. Sind die Preisunterschiede aus deiner Sicht gerechtfertigt?*

   b) *Tragt in der Gruppe Argumente zusammen, die für und gegen die Verwendung von Bioprodukten sprechen. Stellt die unterschiedlichen Positionen in einem Rollenspiel dar.*

Wörtlich übersetzt bedeutet „Fast Food" „schnelles Essen". In den letzten Jahren hat Fast Food viele Freunde gefunden. Neben den bekannten Hamburgern, Pommes, Dönern und Bratwürsten gibt es auch belegte Brötchen, Suppen, diverse Salate, Sushi u. a. sind also alle Speisen, die sich für ein Essen auf die Schnelle eignen. Damit ist auch ein Apfel, ein Pausenbrot oder ein Glas Buttermilch gemeint.

2. *Setze dich mit der Überschrift dieser Seite auseinander. Stellen Biokost und Fast Food wirklich Gegensätze dar?*

3. *Ein Menü wie auf der Abbildung dargestellt gehört zu den beliebten Snacks. Ist dieses „schnelle Mittagessen" als Mahlzeit geeignet?*

4. *Erarbeitet eine vollwertige „schnelle Mahlzeit" als Alternative. Wie könnte ein entsprechendes Menü aussehen? Diskutiert in der Gruppe verschiedene Möglichkeiten.*

Lebensmittel im Test

Lebensmittel enthalten neben Mineralstoffen und Wasser natürlich hauptsächlich Naturstoffe wie Fette, Kohlenhydrate und Eiweiße in unterschiedlichen Mengen.

S Experiment 1

Aufgabe:
Teste Fleischwurst, Salat und eine Avocado auf Glucose, Stärke, Eiweiße und Fette.

Vorbereitung:
Notiere notwendige *Geräte* und *Chemikalien* und fordere sie beim Lehrer an.

Durchführung:
Bereite die Lebensmittelproben vor, indem du die Wurst und die Avocado zerkleinerst und den Salat in einem Mörser mit Seesand zerreibst.

a) Teste auf Glucose.

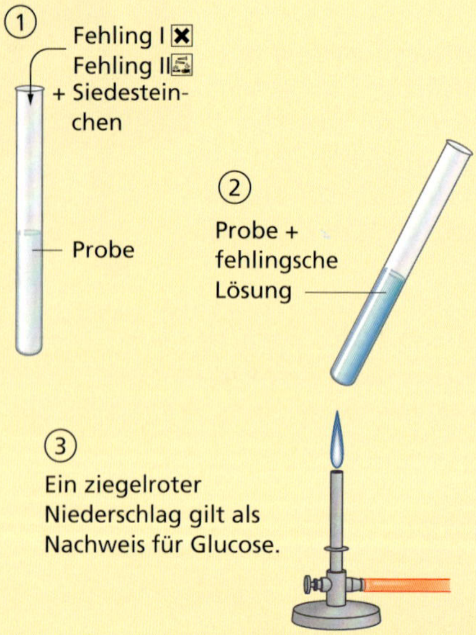

b) Teste auf Stärke. Tropfe dazu Iod-Kaliumiodidlösung auf die Proben.

c) Teste auf Eiweiß.

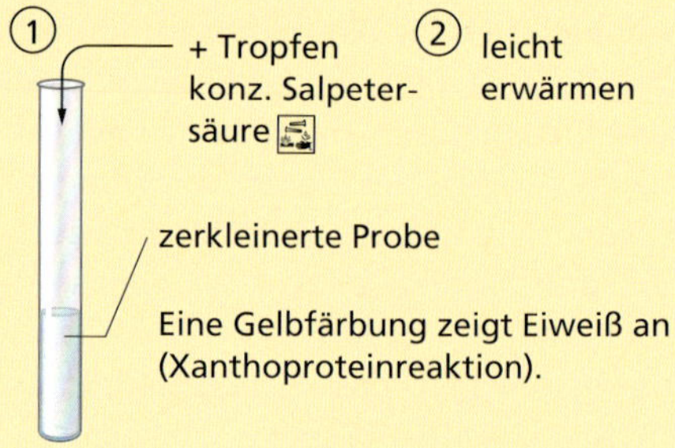

d) Teste auf Fett. Drücke die Proben auf ein Filterpapier (Fettfleckprobe).

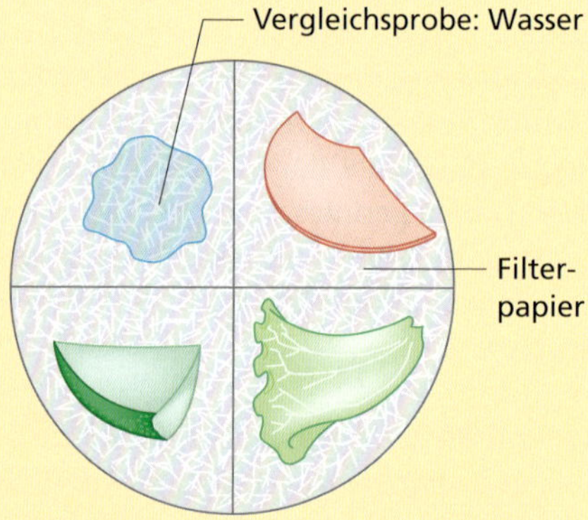

Beobachtung:
Notiere deine Beobachtungen in einer Tabelle (s. u.).

Auswertung:
1. Leite aus deinen Beobachtungen für jedes Lebensmittel Schlussfolgerungen hinsichtlich der nachgewiesenen Inhaltsstoffe ab.
2. Welche Inhaltsstoffe können vermutlich noch nachgewiesen werden?

Probe	Fehlingsche Lösung	Iod-Kalium-iodidlösung	Konzentrierte Salpetersäure	Fettfleckprobe
Fleischwurst				
Salat				
Avocado				

S Experiment 2

In einigen Lebensmitteln wurde im Experiment 1 Fett nachgewiesen.
Fett ist jedoch nicht gleich Fett. In den Molekülen sind ganz unterschiedliche Fettsäuren – gesättigte und ungesättigte – chemisch gebunden.

Aufgabe:
Ermittle bei den fetthaltigen Lebensmitteln aus Experiment 1, ob in den Molekülen der Fette die Reste ungesättigter Fettsäuren enthalten sind. Weise dazu die Doppelbindungen nach.

Vorbereitung:
Geräte, Chemikalien und *Materialien:* Reagenzglas, Stopfen, Pipette, Baeyer-Reagenz, Heptan, fetthaltige Lebensmittel laut Aufgabenstellung

Durchführung:
Gib jeweils zur zerkleinerten Probe Heptan, schüttle die Mischung und tropfe das Nachweismittel hinzu.

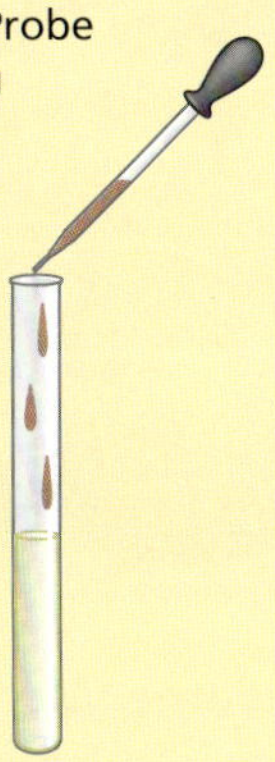

Beobachtung und Auswertung:
1. Notiere deine Beobachtungen und leite eine Schlussfolgerung entsprechend der Aufgabenstellung ab.
2. Bewerte die Nahrungsmittel unter dem Aspekt der gesunden Ernährung.

S Experiment 3

Aufgabe:
Extrahiere aus Haselnüssen Fett.

Vorbereitung:
Geräte: Mörser, Pistill, Bechergläser, Heizplatte, Thermometer, Trichter, Filterpapier, Reagenzglas, Stopfen
Chemikalien bzw. Lebensmittel: Heptan, Wasser, klein gehackte Haselnüsse

Durchführung:
a) Gib die Haselnüsse und Heptan in einen Mörser und verreibe sie mit dem Pistill. Gib die Mischung in ein Reagenzglas, verschließe es und stelle es 15 Minuten in ein Wasserbad (50 °C).
b) Dekantiere die Mischung. Lass das Filtrat eindunsten (Achtung Abzug!). Weise das Fett mit der Fettfleckprobe nach.

Beobachtung und Auswertung:
Fertige ein Protokoll an. Könnte man das Fett auch mit destilliertem Wasser extrahieren? Begründe deine Antwort.

S Experiment 4

Aufgabe:
Stelle zu Hause aus 100 g Kokosfett, 50 g Pflanzenöl, 15 g Vollmilch, 15 g Wasser, 1 Eigelb und Salz Margarine her.
Das Kokosfett wird bei geringer Wärmezufuhr geschmolzen und danach unter Nutzung eines Rührgeräts mit dem Pflanzenöl vermischt, bis Zimmertemperatur erreicht ist. Die Mischung wird in ein kaltes Wasserbad mit Eiswürfeln gestellt. Unter Rühren fügt man die übrigen Zutaten hinzu und schlägt die Masse steif.
Vergleiche mit handelsüblichen Produkten.

8.3 Waschmittel

Stoffe mit Geschichte

Schon im Altertum kannten die Ägypter die Möglichkeit, Seifen herzustellen, die sie zur Reinigung von Wäsche nutzten.
Was sind Seifen?
Wie wirkt eine Seife?

Fett und Soda ergibt Seife?

Im Mittelalter blühte das Handwerk der Seifensiederei. Ein Gemisch aus tierischem Fett, Pottasche und Soda wurde in großen Holzbottichen erhitzt.
Welche chemischen Reaktionen laufen beim Seifensieden ab?

Moderne Waschmittel

Ab dem 19. Jahrhundert wurde Seife industriell hergestellt. Ein Jahrhundert später setzte die synthetische Herstellung von Waschmitteln ein.
Worin besteht der Unterschied zwischen einer Seife und einem Waschmittel?
Wirkt ein Waschmittel wie eine Seife?

Seifen

Nicht ein Stoff, sondern eine Stoffgruppe

Wenn man verschmutzte Hände reinigt, greift man zu einem Stück Seife oder nutzt die Flüssigseife aus dem Seifenspender. Handelt es sich aber bei Mitteln für die Körperhygiene wirklich immer um „Seife“? Die *eine* Seife gibt es chemisch gar nicht. Seifen bilden eine Stoffgruppe.

Die Grundlage für die Herstellung von Seifen bilden Fette. Verwendung finden z. B. Rindertalg, Schweineschmalz, Hammeltalg (feste Fette) oder Sonnenblumenöl, Kokosöl und Rapsöl (flüssige Fette bzw. fette Öle).
Die Fette stellen Gemische verschiedener Fettsäureester des Glycerols dar. Diese Ester werden mit Alkalilaugen oder mit Alkalisalzen zur Reaktion gebracht. Die freigesetzten Fettsäuren reagieren mit Alkalilaugen oder mit Alkalisalzen. Es entstehen Seifen und Glycerol (s. Abb. 1).

Seifen sind Natrium- oder Kaliumsalze von Fettsäuren (Monocarbonsäuren) mittlerer und höherer Kettenlänge.

Seifen sind gut wasserlöslich. Wässrige Seifenlösungen reagieren alkalisch. Das kann man mit einer Indikatorlösung überprüfen. Für die Waschwirkung ist der hohe pH-Wert aber eigentlich nicht erforderlich.
Die Waschwirkung wird besonders durch Wechselwirkungen mit Wassermolekülen hervorgerufen: Anziehungskräfte zwischen den Molekülen des Wassers bedingen den Zusammenhalt der Flüssigkeit. Infolgedessen ist Wasser bestrebt, eine möglichst kleine Oberfläche einzunehmen. Dadurch kommt es zur Oberflächenspannung des Wassers. Diese „gespannte“ Grenzfläche zwischen Wasser und Luft wird von vielen Organismen als Lebensraum genutzt (s. Abb. 2).
Die Oberflächenspannung wird durch die Teilchen der Seifenlösung herabgesetzt.

2 Der Wasserläufer lebt und jagt auf der Wasseroberfläche.

Aufgaben

1. Stelle Seifen her, indem du nach den Anleitungen auf der Seite 226 arbeitest.
2. Notiere die Summenformel von drei Seifen.
3. Demonstriere die Oberflächenspannung des Wassers. Lege dazu Papierstückchen, eine Nadel, ein Stück Aluminiumfolie u. a. auf die Wasseroberfläche.

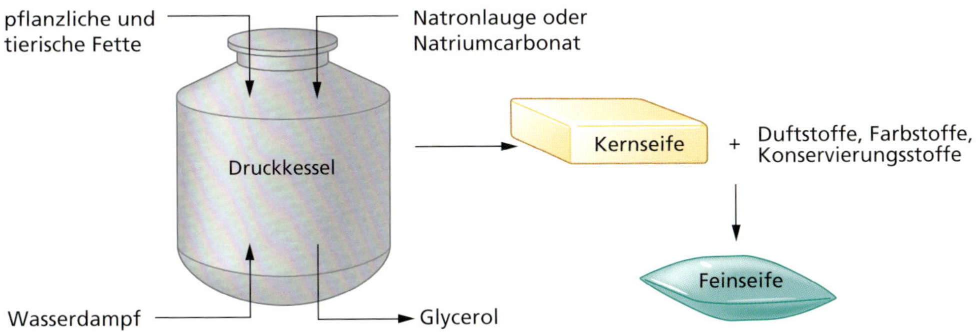

1 Die technische Herstellung von Seife (schematisch)

Waschwirkung von Seifen

Seifen setzen die Oberflächenspannung des Wassers herab. Erst dadurch können Haut oder Textilien benetzt werden. Diese Wirkung der Seifenlösung erfolgt aufgrund des besonderen Baus der Teilchen. In wässriger Lösung liegen Seifen-Anionen und Alkali-Ionen vor:

$$C_{17}H_{35}-COOK \longrightarrow C_{17}H_{35}-COO^{-} + K^{+}$$

Seife — Seifen-Anion

Ein **Seifen-Anion** besteht aus einem **Rest der Fettsäure** und einem **Carboxylat-Ion** ($R-COO^-$). Beide Enden verhalten sich gegenüber Wasser unterschiedlich.

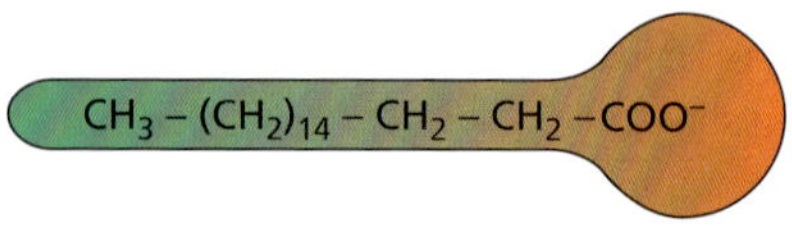

Die Seifen-Anionen lagern sich an der Wasseroberfläche an und durchstoßen mit ihrem wasserabweisenden Ende diese Grenzfläche. Dadurch werden die Kräfte zwischen den Wassermolekülen herabgesetzt – die Oberflächenspannung nimmt ab (Grenzflächenaktivität) (Abb. 2).

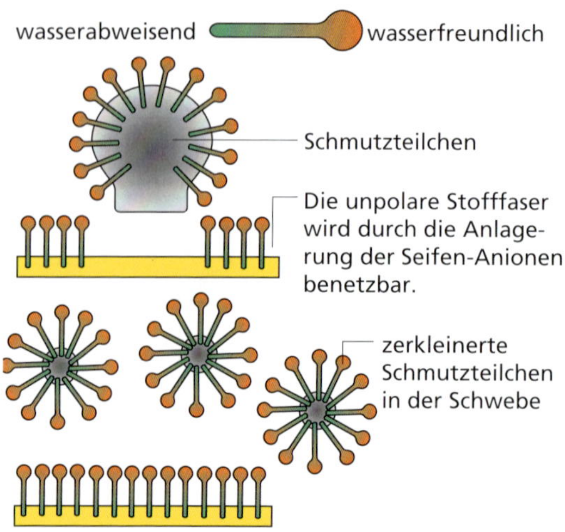

1 Seifen-Anionen lösen Schmutzteilchen von der Faser, sodass sie nun fortgespült werden können.

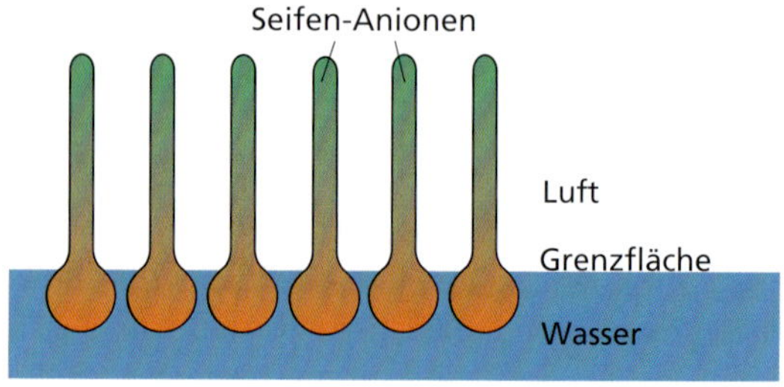

2 Seifen-Anionen wirken an Grenzflächen.

Außerdem dringen die wasserabstoßenden Enden der Seifen-Anionen in die Schmutzteilchen ein. An der Oberfläche der Schmutzteilchen entstehen gleiche Ladungen, die sich abstoßen. Die Teilchen werden so in der Schwebe gehalten und während des Spülvorganges entfernt (Waschaktivität) (s. Abb. 1).

Seifen zeigen nicht immer befriedigende Waschergebnisse. Naturfasern wie Wolle und Seide werden durch Seifenlösung geschädigt, denn Seifenlösungen reagieren alkalisch.

Außerdem wird der Reinigungseffekt von der Wasserhärte beeinflusst. Bei hartem Wasser reagieren die im Wasser gelösten Calcium- und Magnesium-Ionen mit den Seifen-Anionen und bilden Kalkseifen, die ausfallen. Somit entfaltet sich die Reinigungswirkung der Seife erst, wenn mehr Seifenlösung vorhanden ist, als für die Bildung der Kalkseifen verloren geht (s. Abb. 3).

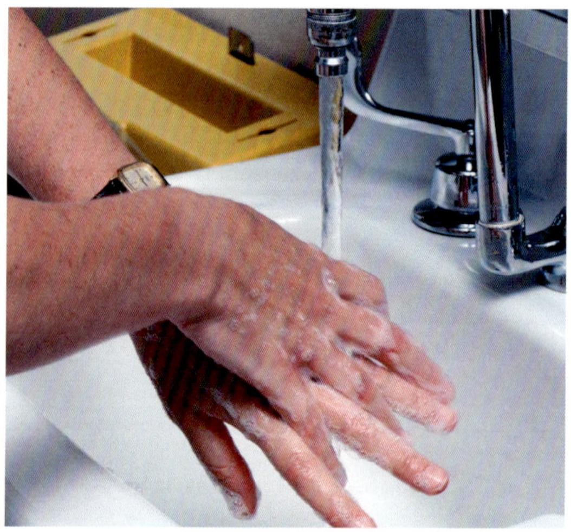

3 In Abhängigkeit von der Wasserhärte benötigt man unterschiedliche Mengen Seife.

Moderne Waschmittel

Die Nachteile der Seifen haben dazu geführt, dass man Waschmittel ständig verbessert.

Auf Waschmittelpackungen werden als waschaktive Substanzen **Tenside** aufgeführt. Tenside sind organische Stoffe, die sehr unterschiedlichen Stoffgruppen angehören. Da alle Tenside einen unpolaren (wasserabweisenden) und einen polaren (wasserfreundlichen) Teil im Molekül aufweisen, sind sie grenzflächen- und waschaktive Substanzen. Auch die Seifen selbst gehören dazu (anionische Tenside).Die Wirkungsweise der Seifen gilt prinzipiell auch für die anderen waschaktiven Substanzen (Tenside).

Aufgrund anderer Strukturen weisen einige Tenside besondere Vorteile auf. Sie gehen keine Reaktionen mit Magnesium- und Calcium-Ionen ein und reagieren neutral. Daher sind sie den Seifen in dieser Hinsicht überlegen.

Häufig werden die Seifen in kosmetischen Produkten durch andere Tenside ersetzt. Als besonders hautschonend gelten seifenfreie Shampoos und Duschbäder.

Moderne Waschmittel enthalten neben Tensiden eine Reihe anderer Stoffe, die die eigentliche Waschwirkung des Waschmittels vervollkommnen, beispielsweise Stoffe, die die Bildung von Kalkseifen vermindern. Dazu gehören Zeolithe (s. Abb. 2, S. 222).

1 Bei Waschmitteln nach dem Baukastenprinzip werden einige Inhaltsstoffe getrennt verkauft.

Damit Flecken aus den Textilien herausgewaschen werden, enthalten Waschmittel oft Enzyme, die den Abbau von Stärke, Eiweißen und Fetten katalysieren, und Bleichmittel, die Farbflecken (z. B. von Rotwein und Kaffee) entfernen.

Als Weißtöner fungieren aromatische Verbindungen. Durch sie wird ultraviolette Strahlung absorbiert und im sichtbaren Bereich als Licht abgegeben. Die Wäsche erscheint strahlender.

Je nach Inhaltsstoffen werden Vollwaschmittel, Feinwaschmittel, Spezialwaschmittel und Waschmittel nach dem Baukastenprinzip (s. Abb. 1) unterschieden.

Damit wird es dem Verbraucher möglich zu entscheiden, welche Inhaltsstoffe er für unbedingt notwendig hält und einsetzen möchte. Außerdem kann jeder auf die richtige Dosierung der eingesetzten Waschmittelmenge entsprechend der Empfehlung des Herstellers achten (s. Tab.).

Dosieranleitung auf einer Waschmittelverpackung

Wasserhärte	Verbrauch an Waschmittel normal bis stark verschmutzt
weich	110 ml
mittel	120 ml
hart	130 ml
sehr hart	140 ml

Aufgaben

1. Erläutere, was Tenside sind. Warum gehören Seifen zu den Tensiden?

2. Sowohl Seifen als auch moderne Waschmittel nutzt man zur Reinigung. Gib an, worin der Unterschied zwischen Seifen und Waschmitteln besteht.

3. Welche Vor- und Nachteile siehst du beim Einsatz von Waschmitteln nach dem Baukastenprinzip?

Waschmittel und Umwelt

Die Zeiten der Schaumberge auf Gewässern (s. Abb. 1) in Deutschland sind vorbei. Waschmittelrückstände waren dafür verantwortlich. Abwässer aus Haushalten und Industrie wurden z. T. direkt in die Gewässer geleitet. Die im Wasser befindlichen Mikroorganismen konnten die Tenside nicht vollständig abbauen – die Wasserqualität verschlechterte sich. Organismen wurden geschädigt bzw. verschwanden ganz aus diesen Gewässern.
Deshalb müssen Abwässer, die Tenside enthalten, eine Kläranlage passieren. Im Rahmen der biologischen Reinigungsstufe werden die waschaktiven Substanzen durch Mikroorganismen abgebaut. Voraussetzung ist eine gute Belüftung der Belebtbecken.
Nicht nur Tenside haben eine negative Wirkung auf die Umwelt. Früher wurden den Waschmitteln Phosphate beigefügt, um den Gehalt an Calcium-Ionen im Wasser zu vermindern. Dieser erhöhte Phosphateintrag führte zu einem Sauerstoffmangel in den Gewässern. Aus diesem Grunde enthalten heute die meisten Waschmittel keine Phosphate mehr. Ihre Funktion wird von anderen Stoffen erfüllt, z. B. durch Zeolithe (Abb. 2).
Gesetzliche Regelungen, wie das Waschmittelgesetz über Mengenbestimmung und Vorkehrungen zur weiteren Verbesserung der Umweltqualität von Wasch- und Reinigungsmitteln (gültig seit

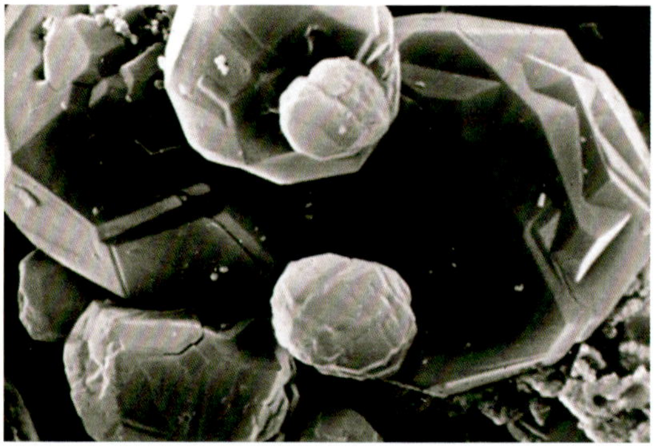

2 Die Mikroskopdarstellung eines Zeoliths verdeutlicht, dass sich im Inneren Hohlräume befinden, in die Calcium-Ionen eingelagert werden können.

1975), garantieren, dass von der Industrie nur solche Waschmittel produziert werden können, die die Umwelt so wenig wie möglich belasten.
1980 wurde die Phosphathöchstmengenverordnung und 1987 das Wasch- und Reinigungsmittelgesetz verabschiedet. Seit 1989 gibt es eine EG-Empfehlung zur Kennzeichnung von Wasch- und Reinigungsmitteln.
Durch die Wahl des Waschmittels und die korrekte Dosierung kann so jeder einen Beitrag zur Verminderung der Abwasserbelastung leisten.

Aufgaben

Ermittle wesentliche Inhalte der Verordnungen und Gesetze.

1 Schaumbildung im abwasserbelasteten Fluss – solche Bilder gibt es heute in Deutschland nicht mehr.

3 Natürliches Gewässer mit sehr guter Wasserqualität (oligotroph)

Chemie im Kontext

Seifenfreie Körperreinigungsmittel – ein Widerspruch?

Bei vielen Mitteln, die der persönlichen Hygiene dienen, sind Inhaltsstoffe angegeben. Häufig wird darauf verwiesen, dass diese Körperreinigungsmittel seifenfrei sind.

Haben diese Mittel überhaupt reinigende Wirkung? Ergibt sich für den Nutzer ein positiver Effekt, wenn das Präparat keine Seife enthält?

Die Körperreinigungsmittel enthalten auf jeden Fall Tenside, aber eben keine Seifen.
Grenzflächen- und waschaktiv sind jedoch auch die Tenside, die zu anderen Stoffgruppen zuzuordnen sind. Bedingt durch diese Inhaltsstoffe haben die Mittel auch eine reinigende Wirkung. Mit ihrem hydrophoben (wasserabweisenden) Molekülende dringen die Tensidteilchen in Schmutzteilchen ein. Das wasserfreundliche Ende weist zu den Wasserteilchen. So werden Schmutzteilchen abgelöst und können fortgespült werden.
Für die Körperreinigungsmittel verwendet man Tenside, die keine Reaktion mit Calcium-Ionen eingehen und daher keine Kalkseifen bilden.
Außerdem zeigen die Lösungen dieser Stoffe im Gegensatz zu Seifen auch keine alkalische Reaktion. Das ist ein großer Vorteil, denn unsere Hautoberfläche ist leicht sauer. Die alkalischen Seifenlösungen reagieren mit den Säuren der Hautoberfläche. Beim Waschen mit Seifen wird der Säureschutzmantel zerstört.
Das passiert nicht in dem Maße, wenn andere Tenside zum Einsatz kommen.

Ränder in der Badewanne

Ein ausgiebiges Wannenbad steigert das Wohlbefinden.
Wäscht man sich dabei jedoch mit herkömmlicher Seife, stellt man bald schmutzige Ränder am Badewannenrand fest. So reinigungsbedürftig hatte man sich gar nicht eingeschätzt.
Wie kommen diese Ränder zustande? Erkläre.

Das Badewasser weist eine bestimmte Wasserhärte auf. Diese resultiert u. a. aus Calciumcarbonat und -sulfat. Es befinden sich also Calcium-Ionen im Wasser.
Diese Ionen reagieren mit den Seifen-Anionen der Seife zu Kalkseife. Kalkseifen sind im Wasser schwer löslich. Eine Beispielgleichung soll diesen Vorgang verdeutlichen:

$$2\,C_{17}H_{35}-COO^- + Ca^{2+} \longrightarrow (C_{17}H_{35}-COO)_2Ca$$

Hinzu kommt, dass der Körperschweiß eine saure Reaktion zeigt. Er enthält Wasserstoff-Ionen (H^+). Diese Ionen reagieren mit den Seifen-Anionen im Badewasser zu schwer löslichen Fettsäuren.

$$C_{17}H_{35}-COO^- + H^+ \longrightarrow C_{17}H_{35}-COOH$$

Kalkseifen und Fettsäuren (neben anderen Stoffen) bilden den Rand an der Badewanne. Er bedeutet also nicht unbedingt, dass man besonders schmutzig war.

gewusst · gekonnt

1. Vervollständige dein Glossar. Ergänze dazu die Begriffserklärungen bzw. Definitionen für folgende Begriffe:

Glossar

Grenzflächenaktivität
Seifen
Tenside
Waschaktivität
Waschmittel

2. Zähle Eigenschaften der Seifen auf und erläutere in diesem Zusammenhang, wie die Waschwirkung der Seifen zustande kommt.

3. Gib an, auf welche Weise jeder bei der Verwendung von Waschmitteln die Umweltbelastung einschränken kann.

4. Auf einer Seifenverpackung ist der Hinweis „pH-neutral" zu finden. Welche Schlussfolgerungen hinsichtlich der Inhaltsstoffe kannst du ableiten?

5. Die Mückenpuppen in der Abbildung unten nutzen die Oberflächenspannung des Wassers.
   a) Was würde passieren, wenn man dem Wasser Seifenlösung zusetzen würde? Formuliere eine Vermutung und begründe sie.

   b) Informiere dich darüber, welche weiteren Organismen die Oberflächenspannung des Wassers nutzen. Zähle einige Beispiele auf.

6. Erläutere, warum Phosphate in Waschmitteln durch andere Stoffe ersetzt werden.

7. Auf Waschmittelverpackungen ist häufig eine Dosieranleitung zu finden. Ist diese Anleitung sinnvoll?
Begründe deine Antwort.

8. a) Vervollständige die nachfolgende Wortgleichung und leite eine mögliche Reaktionsgleichung ab.

   Calcium-Ionen + Seifen-Anionen ⟶ ...

   b) Warum ist es für eine optimale Reinigung der Wäsche notwendig, die Wasserhärte am Ort zu ermitteln?

9. Ermittle die Inhaltsstoffe von Wasch- und Reinigungsmitteln, die ihr zu Hause nutzt.

10. Speiseöl und Wasser bilden Schichten. Warum löst sich diese Schichtung bei Zugabe von Seifenlösung auf? Erkläre.

11. S Fülle ein Glas mit Wasser voll. Lässt du jetzt vorsichtig noch weiteres Wasser hinzutropfen, wird sich die Wasseroberfläche über den Glasrand hinaus nach oben wölben.
Wie ist diese Erscheinung zu erklären?

Wahlbereich: Waschmittel – die fleißigen Helfer

Mit Wasser und Seife ...

Auftrag:
Informiere dich z. B. im Internet über die Geschichte des Waschens. Sammle auch Informationen über die Nutzung von waschaktiven Substanzen, die nicht zu den Seifen gehören (s. Abb. 2).

Seife ist nur als Seifenlösung wirksam. Zum Waschen benötigt man Wasser. Wasser aber befindet sich in einem Kreislauf. Auch unser Waschwasser ist Teil dieses Kreislaufs.

Auftrag:
Zeichne das Schema des natürlichen Wasserkreislaufs. Notiere, welche Veränderungen sich infolge der Nutzung des Wassers durch den Menschen ergeben.
Ermittle in diesem Zusammenhang den durchschnittlichen Wasserverbrauch in Deutschland.

Seifen entfalten ihre Waschwirkung, indem sie die Oberflächenspannung des Wassers herabsetzen. Die Oberflächenspannung ist auch die Ursache dafür, dass sich Wassertropfen bilden (s. Abb. 1) und dass Wasser von der Haut und anderen Oberflächen abperlt.

1 Ein Wassertropfen wäre im Weltraum kugelförmig. Wirkt die Schwerkraft, erreicht er diese Form nicht.

2 Das Seifenkraut enthält im Wurzelstock Stoffe, die sich im Wasser schaumig, seifenartig lösen.

Auftrag:
Erläutere den Begriff „Oberflächenspannung" des Wassers. Erkläre, wie die Oberflächenspannung des Wassers zustande kommt.

Auftrag:
Durch den Bau der Seifen-Anionen (s. S. 220) wird die Oberflächenspannung des Wassers herabgesetzt.
Fertige Modelle an, mit denen du die Wirkung dieser Ionen demonstrieren kannst.

3 Die Oberflächenspannung kannst du mit einem Modell des Wasserläufers aus Aluminiumfolie testen.

Herstellung von Seife

Die breite Palette der Seifen erhält man dadurch, dass die harten **Kernseifen** (Natriumsalze der Fettsäuren) und die weichen **Schmierseifen** (Kaliumsalze der Fettsäuren) aus verschiedenen Fetten und durch Zusatz unterschiedlichster Stoffe gefertigt werden. Der Ausdruck „Seifensiederei“ aus der Blütezeit der Seifenherstellung verweist auf den relativ langen Kochvorgang bei der Herstellung der Seife (Abb. 1).

S Experiment 1: Herstellung einer Schmierseife

Vorbereitung:
Geräte: Bechergläser, elektrische Heizplatte, Rührstab, Messzylinder, Pipetten, Schutzbrille
Chemikalien: Speisefett (z. B. Margarine), destilliertes Wasser, Kaliumhydroxid, Ethanol (95%ig)

Durchführung:
Schutzbrille! Achtung Spritzgefahr! Ätzgefahr!
Zur Herstellung der Schmierseife werden 10 g Speisefett bis zum Schmelzen erhitzt und mit 20 ml Ethanol und 20 Plätzchen Kaliumhydroxid versetzt. Diese Mischung erhitzt man 15 min unter ständigem Rühren in einem siedenden Wasserbad.
Die Seifenbildung ist beendet, wenn ein Tropfen des Reaktionsgemisches in destilliertem Wasser keine Trübung mehr hervorruft. Tritt eine Trübung ein, muss weiter erhitzt werden.

1 Seifensieden

Nicht jedes Fett ist für die Herstellung von Seife gleich gut geeignet.
Fette, die bereits freie Fettsäuren enthalten, lassen sich als Ausgangsstoffe besonders gut verwenden (s. S. 207). Freie Fettsäuren bilden sich, wenn man Fette eine Zeit ungekühlt aufbewahrt.

S Experiment 2: Herstellung von Kernseife

Vorbereitung:
Geräte: Bechergläser, Rührstab, Messzylinder, elektrische Heizplatte, Pipetten, Schutzbrille
Chemikalien: Speisefett (z. B. Margarine), destilliertes Wasser, Natronlauge, Kochsalzlösung (gesättigt), Duftöl, Farbstoffe

Durchführung:
(Spritzgefahr! Ätzgefahr! Schutzbrille!)
10 g Speisefett werden mit 10 ml destilliertem Wasser versetzt und vorsichtig in einem Becherglas bis zur Schmelze erhitzt. 15 ml Natronlauge (etwa 25%ig) werden zugetropft.

Das Reaktionsgemisch muss 30 min kochen. Dabei wird es mit einem Glasstab vorsichtig gerührt. Das verdampfende Wasser wird tropfenweise ersetzt. Um den Siedeprozess nicht zu unterbrechen, wird das destillierte Wasser dafür vorher erhitzt.
Erscheint das Reaktionsgemisch fast klar, kann der Kochvorgang abgebrochen werden.

Soll die Seife vom Seifenleim (enthält Glycerol) abgetrennt werden, muss sie „aussalzen“. Dazu werden 30 ml einer gesättigten Kochsalzlösung zu dem Stoffgemisch gegeben und vorsichtig erhitzt. Die Seife scheidet sich auf der Flüssigkeitsoberfläche ab. Nachdem sie abgekühlt ist, kann sie abgeschöpft und mit destilliertem Wasser abgespült werden. In einem sauberen Tuch wird die Seife kräftig geknetet.

Dabei können Duftöle und (oder) Farbstoffe eingearbeitet werden. Die Formgebung erfolgt mit entsprechenden Gefäßen.

Untersuchung von Waschmitteln

Lange Zeit waren Seifen die Mittel für die persönliche Hygiene und zum Waschen der Wäsche. Mit der Zeit stiegen die Ansprüche an die Reinigungsmittel. Durch Zusätze konnte die Wirkung verbessert werden.
Ende des 19. Jahrhunderts verkaufte man die ersten kombinierten Waschmittel. Seit dieser Zeit wurden die unterschiedlichsten Waschmittel entwickelt.

Frage:
Wiederhole, worin der Unterschied zwischen einer Seife und einem Waschmittel besteht?

Tenside (z. B. Seifen) sind waschaktive Substanzen. Aufgrund der negativen Ladung des polaren Molekülteils in Seifenanionen werden sie den anionischen Tensiden zugeordnet. Aber auch anders gebaute Tenside werden Waschmitteln zugesetzt (s. Abb. 1)

Moderne Waschmittel enthalten	
Tenside	lösen Schmutz ab
Gerüstsubstanzen	enthärten das Wasser
Bleichmittel	beseitigen Flecken, töten Bakterien ab
Hilfsstoffe	verschiedene Wirkungen

Hilfsstoffe können u. a. sein:	
Enzyme	bauen fett-, eiweiß- und kohlenhydrathaltigen Schmutz ab
optische Aufheller	verhindern das Vergrauen der Wäsche
schmutzbindende Stoffe	verhindern das Absetzen des Schmutzes
Parfümöle	geben angenehmen Duft
Füllstoffe	bewirken Rieselfähigkeit
Korrosionsschutzstoffe	schützen das Metall der Waschmaschine

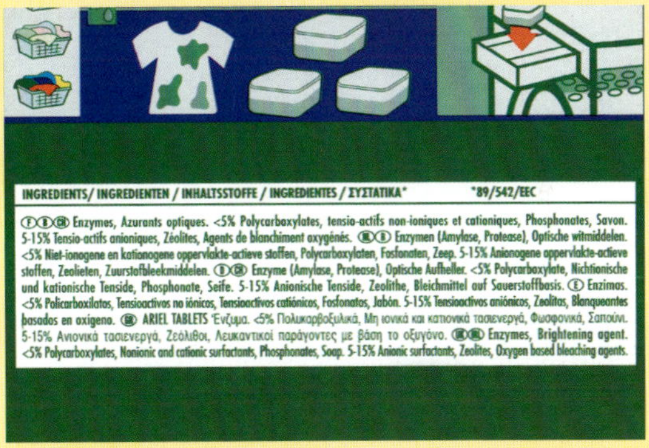

1 Die Inhaltsstoffe der Wasch- und Reinigungsmittel sind auf der Verpackung angegeben.

Tenside, natürliche oder künstlich hergestellte Stoffe, sind grenzflächenaktiv, weil sie die Spannungen, die an der Grenzfläche zwischen Wasser und Luft auftreten, herabsetzen.

Auftrag:
Informiere dich über die unterschiedlichen Gruppen von Tensiden.
Notiere Inhaltsstoffe verschiedener Flüssigseifen, Waschmittel, Spülmittel, Reiniger und Desinfektionsmittel.
Fertige eine Übersicht über die Einsatzmöglichkeiten und die jeweilige Funktion der Tenside an.

Obwohl alle **Tenside** grenzflächenaktive Stoffe sind, weisen sie neben den ähnlichen auch unterschiedliche Eigenschaften auf. Aus diesen **Eigenschaften** ergeben sich ihre Einsatzmöglichkeiten.
Die Eigenschaften lassen sich durch einfache Versuche ermitteln.

S Experiment 1: Tenside und Calcium-Ionen

Aufgabe:
Stelle Lösungen von Seifen (z. B. Kernseife) und Waschmitteln (auch Weichspüler) her. Gib diese Lösungen je einmal zu destilliertem Wasser, hartem Leitungswasser und zu einer Calciumchloridlösung ($CaCl_2$) ☒.
Fertige ein Protokoll an und erkläre die Beobachtungen.

Auftrag:
Erkläre den Begriff „Micellen". Nutze dazu das Internet. Fertige Applikationen an und erläutere mit ihnen die Micellenbildung.

S Experiment 2: Schmutztragevermögen

Aufgabe:
Überprüfe, ob Tenside einen Einfluss auf das Absinken von Schmutzteilchen in Lösungen haben. Stelle dazu Lösungen von Seifen und Waschmitteln her.
Gib zu diesen Lösungen und zu destilliertem Wasser je eine Spatelspitze Aktivkohlepulver und rühre die Mischungen gut um. Miss die Zeit, die bis zum Absetzen der Feststoffteilchen vergeht.
Werte die Ergebnisse aus.

Frage:
Welche Bedeutung haben die in den Experimenten festgestellten Eigenschaften der Tenside für den Waschprozess?

Moderne Waschmittel enthalten nicht nur Tenside (s. Tab., S. 227). In einigen sind Weißtöner enthalten. Sie absorbieren ultraviolette Strahlung und strahlen es als sichtbares Licht wieder ab. Wäsche wirkt dadurch weißer.

S Experiment 3: Weißtöner

Teste unterschiedliche Wasch- und Reinigungsmittel und stelle fest, ob Weißtöner enthalten sind.
Stelle dazu die entsprechenden Waschmittellösungen her und strahle diese Lösungen mit einer UV-Lampe an. (Schütze deine Augen!)
Nutze als Vergleichslösung eine Kernseifenlösung.

Viele Flecken in der Wäsche entstehen durch Farbstoffe in Lebensmitteln (z.B. in Säften), in Wein oder durch Tee und Kaffee (s. Abb. 1). Solche Verunreinigungen werden durch Oxidationsprozesse beseitigt („gebleicht"). Früher nutzte man häufig die Sonnenbleiche, d.h. die Wäsche wurde starker Sonneneinstrahlung ausgesetzt.

Auch die sogenannte Chlorbleiche durch chemische Zusatzstoffe kam zum Einsatz. Heute enthalten Vollwaschmittel häufig andere Bleichmittel, die im Allgemeinen Sauerstoff freisetzen (Sauerstoffbleiche).

Auftrag:
Entwickle ein Experiment, mit dem du verschiedene Wasch- und Reinigungsmittel auf das Vorhandensein von Bleichmitteln testen kannst. Ermittle mithilfe von geeigneten Medien, welche Stoffe eine bleichende Wirkung aufweisen.

In vielen Waschmitteln sind Enzyme enthalten. Sie katalysieren u.a. den Abbau von Eiweißen. Dadurch werden einige Flecken (z.B. Blutflecken) während des Waschprozesses besser entfernt.

S Experiment 4: Enzyme

Teste unterschiedliche Wasch- und Reinigungsmittel auf das Vorhandensein von Enzymen.
Dazu benötigst du mit Eiweiß verunreinigte Wollfäden. Tauche deshalb Wollfäden in Eiweiß und halte sie in kochendes Wasser.
Erhitze dann je einen verunreinigten Wollfaden in destilliertem Wasser, in Seifenlösung und in Lösungen der unterschiedlichen Wasch- und Reinigungsmittel. Vergleiche die Waschergebnisse nach ca. 10 min. Notiere deine Beobachtungen und werte das Experiment aus.

1 Rotweinflecken werden durch Bleichmittel oxidiert und so entfernt.

Waschmittel – (k)eine ganz saubere Sache

Waschmittel sind im Abwasser enthalten. Ungereinigt können sie auf die Umwelt schädigend wirken. Besonders die Grenzflächenaktivität der Tenside hat in der Natur große Auswirkungen.
In vielen Gartenbüchern wird beispielsweise eine Seifenlösung (5 – 20 g Seife in 1 l Wasser gelöst) als Schädlingsbekämpfungsmittel empfohlen. Besprüht man Blattläuse mit diesem Gemisch, sterben sie ab (s. Abb. 2).

Aufgabe:
Erkläre, warum man Seifenlösungen zur Bekämpfung von Blattläusen einsetzen kann. Welche Folgen hätte es, wenn Waschmittellösungen ungeklärt in die Gewässer gelangen?

Phosphathaltige Stoffe haben ebenfalls starke Auswirkungen auf das ökologische Gleichgewicht in den Gewässern. Sie wurden genutzt, um den Kalkgehalt im Waschwasser herabzusetzen. Der Phosphateintrag in die Gewässer führte zu einer Verschlechterung der Wasserqualität. Daraufhin wurde beschlossen, diese Inhaltsstoffe durch andere zu ersetzen.

Auftrag:
Informiere dich über den Zusammenhang zwischen Phosphateintrag in Gewässer und Wasserqualität.

2 Blattläuse können mit Seifenlösung bekämpft werden.

Mithilfe entsprechender Testlösungen (z. B. aus dem Umweltkoffer) kann man das Wasser verschiedener Gewässer untersuchen.
Dabei sind die jeweiligen Versuchsanweisungen zu beachten.

S Experiment: Phosphattest

Entnimm Gewässerproben an unterschiedlichen Untersuchungsstandorten. Überprüfe, ob in diesen Wasserproben Phosphat-Ionen enthalten sind. Bewerte das Ergebnis.

Auftrag:
Erkundige dich bei den Berliner Verkehrsbetrieben, ob die Phosphatbelastung der Abwässer in Berlin ein Problem ist.

Ester – Fette – Seifen

Ester

Ester entstehen bei der Reaktion von Säuren mit Alkoholen. Dabei wird Wasser abgespalten. Die Molekülreste der Ausgangsstoffe sind im Ester über die Esterbindung miteinander verbunden.

Beispiel:

Ethansäure	+	Ethanol	Veresterung ⇄ Hydrolyse	Ethansäureethylester	+	Wasser

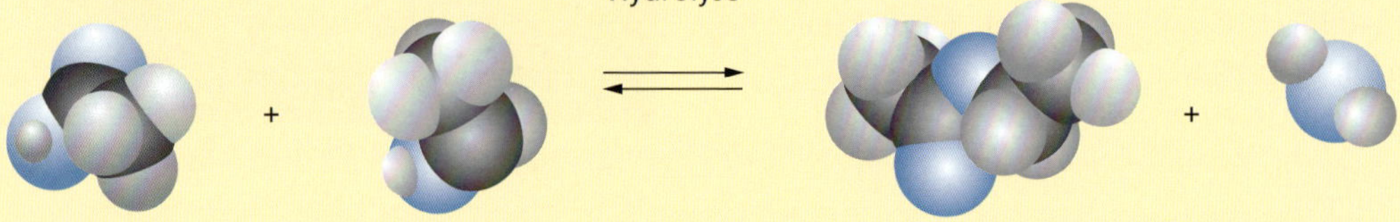

CH_3-COOH	+	CH_3-CH_2OH	⇄	$CH_3-COO-CH_2-CH_3$	+	H_2O
Säure	+	Alkohol	⇄	Ester	+	Wasser

Fette

Fette sind Gemische aus unterschiedlichen **Glyceroltriestern,** wobei Glycerol (ein Alkohol mit drei Hydroxylgruppen) jeweils mit verschiedenen ungesättigten und gesättigten Carbonsäuren verestert sein kann. Man unterscheidet feste Fette und fette Öle.

Grundbausteine	Bedeutung	Vorkommen	Nachweis
Glycerolreste und Fettsäurereste	Energiereserve, Wärmeisolation	feste Fette wie Butter, Schmalz; fette Öle wie Olivenöl	Fettfleckprobe

Im Körper erfolgt der Aufbau von Fetten (Veresterung) und der Abbau von Fetten (Hydrolyse) unter Einfluss von Enzymen.

Seifen

Seifen sind Natrium- und Kaliumsalze von Fettsäuren (Monocarbonsäuren) mittlerer und höherer Kettenlänge.

In wässriger Lösung liegen Seifen in Seifen-Anionen und Alkalimetall-Ionen vor. Für die Grenzflächenaktivität und die Waschwirkung von Seifen ist der Bau der Seifen-Anionen entscheidend.

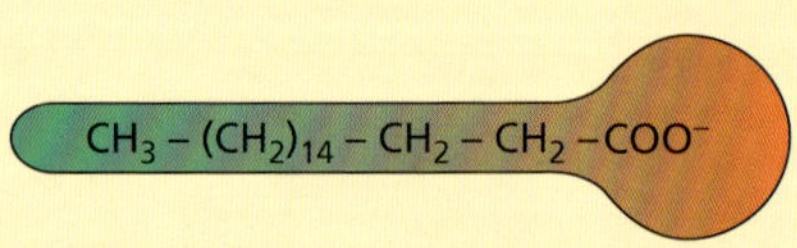

Alkylrest: wasserabweisend (hydrophob) — Carboxylat-Ion: wasserfreundlich (hydrophil)

Moderne Waschmittel enthalten neben Tensiden (u. a. Seifen) weitere Substanzen, die das Waschergebnis verbessern.

9 Kunststoffe – Moleküle ohne Ende

Kunststoffe im Alltag, in der Freizeit und in der Medizin

Kunststoffe werden heute für einige Bereiche gezielt entwickelt und entsprechend verwendet.
Solche Kunststoffe werden in der Medizin eingesetzt (Kontaktlinsen, s. Abb.), sind aber auch für die Ausübung vieler Sportarten unentbehrlich.
Wie können Kunststoffe hergestellt werden?

Kunstfasern – gezielt eingesetzt

Chemiefasern können Stoffe für „brenzlige Situationen“ sein. Eine Synthesefaser aus Melaminharz wird u. a. zu Schutzanzügen verarbeitet, die Feuerwehrmännern das Überleben in einem Flammeninferno ermöglicht.
Welche Stoffe gehören noch zu den Kunststoffen und wo finden sie Verwendung?

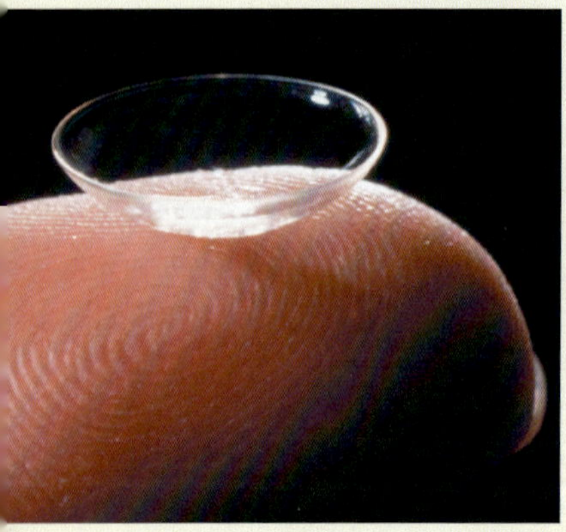

Kunststoffe und Kunststoffabfälle

Kunststoffe sind aus keinem Haushalt wegzudenken. Durch ihre Eigenschaften werden sie häufig als Verpackungsmaterial verwendet. Wie groß die Abfallmenge dadurch wird, fällt auf, wenn man bewusst darauf achtet, wie viele Kunststoffabfälle sich im Haushalt innerhalb einer Woche ansammeln.
Wie kann man Kunststoffabfälle umweltgerecht entsorgen?

Kunststoffe – mehr als nur Ersatz

Herkömmliche Werkstoffe sind Holz, Stahl, Lehm, Ton, Glas, Leder, pflanzliche und tierische Fasern. Diese Werkstoffe standen und stehen nicht immer in ausreichendem Maße zur Verfügung. Zudem ermöglichen ihre Eigenschaften nur begrenzte Einsatzmöglichkeiten. Kunststoffe stellen weitverbreitete Alternativen dar.

Im Jahr 1907 gelang dem Chemiker LEO HENDRIK BAKELAND (1863 – 1944) erstmalig die Herstellung eines vollsynthetischen Kunststoffproduktes. Heute wird die Palette immer vielfältiger. Viele technische Neuerungen sind ohne die Materialien gar nicht möglich. Auch im Alltag spielen Kunststoffe heute eine große Rolle.

Zu den Kunststoffen gehören Plaste (Thermo- und Duroplaste), Chemiefasern, Elaste, synthetische Lacke und Klebstoffe. Sie bestehen aus Makromolekülen (Riesenmolekülen), die vollsynthetisch oder durch Abwandlung von Naturstoffen hergestellt werden.

Kunststoffe bestehen aus Makromolekülen. Durch die Wahl der Bausteine und der Reaktionsbedingungen können Kunststoffe gezielt synthetisiert werden.

Thermo- und Duroplaste – wichtige Kunststoffe

Man unterscheidet Thermoplaste und Duroplaste nach ihrem Verhalten beim Erhitzen. Ansonsten sind diese Kunststoffe weitgehend beständig gegenüber Witterungseinflüssen und Chemikalien wie Säuren und Laugen. Die meisten Plaste leiten weder den elektrischen Strom noch Wärme. Aufgrund ihrer Eigenschaften finden Plaste vielfältig Anwendung (s. Tab. unten).

Nicht immer können diese Kunststoffe zum Einsatz kommen, z. B. weisen Plaste eine relativ geringe Härte, z. T. geringe Temperaturbeständigkeit und oft leichte Entzündbarkeit sowie Brennbarkeit auf. Von organischen Lösemitteln können einige Plastsorten angegriffen werden.

Thermoplaste und Duroplaste unterscheiden sich durch das Verhalten beim Erhitzen. Thermoplaste werden weich, Duroplaste zersetzen sich.

Aufgabe

Stelle Vor- und Nachteile von Holz und Kunststoffen gegenüber.

Eigenschaften und Verwendung von Plasten

Plaste	Eigenschaften	Verwendung
Polyvinylchlorid (weich)	gummiartig, geringe Leitfähigkeit	Fußbodenbeläge, Bauteile, Rohre
Polyethen (Polyethylen)	beständig gegenüber Säuren, Laugen und vielen Lösemitteln	Behälter für Chemikalien und Lebensmittel
Polystyrol (Polystyren)	aufschäumbar, geringe Wärmeleitfähigkeit, geruchlos, geschmackfrei, physiologisch unbedenklich	Schaumstoffe zur Wärmedämmung (Styropor), Verpackungen für Lebensmittel
Phenoplast	korrosionsbeständig, druckfest	Karosserieteile, Zahnräder
Aminoplast	gute Festigkeit, geruchlos, gut anfärbbar	Formteile für den Maschinenbau u. a. m.
Polyamid	stoßfest, alterungsbeständig, verformbar	Vakuumverpackung, Lager, Zahnräder
Polyurethan	Porenstruktur, verschiedene Elastizitäten und Härtegrade sind möglich	Isolation von Gebäuden, Dämmstoff für Kühlschränke

Durch Polymerisation zum Kunststoff

Ethenmoleküle können nicht nur mit Wasserstoff-, Brom- und anderen Molekülen reagieren. Unter dem Einfluss eines Katalysators werden die Doppelbindungen aufgespalten und viele Ethenmoleküle (Monomere) reagieren miteinander zu langen Ketten, den Makromolekülen (Polymere). Diesen Sonderfall der Addition nennt man Polymerisation.

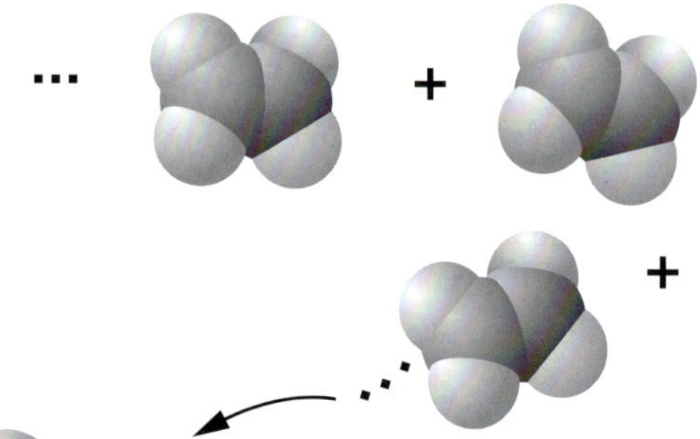

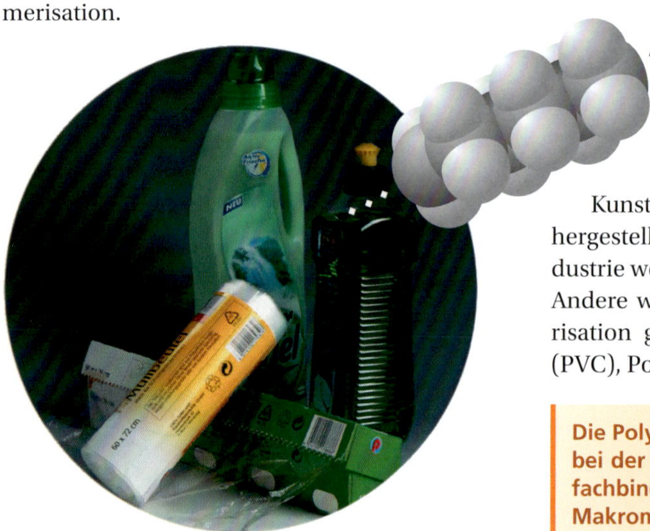

Polyethen, auch Polyethylen genannt ist einer unserer wichtigsten Kunststoffe. Er wird durch Polymerisation hergestellt. Viele Dinge des Haushalts und der Industrie werden aus ihm gefertigt.
Andere wichtige Kunststoffe, die durch Polymerisation gebildet werden, sind Polyvinylchlorid (PVC), Polyacrylnitril (PAN) und Polystyrol (PS).

Die Polymerisation ist eine <u>Additionsreaktion</u>, bei der viele gleichartige Moleküle mit Mehrfachbindungen unter deren Aufspaltung zu Makromolekülen reagieren.

$$CH_2 = CH_2 + CH_2 = CH_2 + \ldots + CH_2 = CH_2 \xrightarrow{\text{Katalysator}} \ldots - CH_2 - CH_2 - CH_2 - CH_2 - CH_2 - CH_2 - \ldots$$

$$n\ CH_2 = CH_2 \xrightarrow{\text{Katalysator}} \text{+} CH_2 - CH_2 \text{+}_n$$

Ethen (Ethylen) → Polyethylen (Polyethylen)
Monomer → Polymer

Ist z. B. n = 1000, sind 1000 Moleküle des Ausgangsstoffes zu einem Molekül des Reaktionsprodukts zusammengetreten.

Monomer		Polymer	
Name	**Formel**	**Name**	**Verwendung**
Ethen	$CH_2 = CH_2$	Polyethylen, PE	Wannen, Eimer, Folien, Mülltonnen, Rohre
Propen	$CH_2 = CH - CH_3$	Polypropylen, PP	Rohre, Dichtungen, Batteriekästen, Fahrzeugteile
Monochlorethen, Vinylchlorid, VC	$CH_2 = CH - Cl$	Polyvinylchlorid, PVC	Rohre, Bodenbeläge, Schläuche, Schallplatten, Kunstleder
Buta-1,3-dien	$CH_2 = CH - CH = CH_2$	Polybutadien, BUNA	Synthesekautschuk, Bereifung

Thermoplaste

Die **Thermoplaste** erweichen beim Erwärmen und gehen in einen plastischen Zustand über. Die Ursache für das Erweichen und die plastische Verformbarkeit liegt in der Struktur der Makromoleküle. Die kettenförmigen Makromoleküle, die das Polymer aufbauen, sind linear angeordnet und nur wenig verzweigt oder räumlich verknüpft (s. Abb. 1). Der Zusammenhalt erfolgt vor allem über schwache zwischenmolekulare Kräfte. Bei Wärmeeinwirkung werden diese überwunden und die Moleküle können verschoben und gestreckt werden. Dabei nimmt die Festigkeit ab und eine Verformung wird möglich. Beim Abkühlen behalten sie die angenommene Form, die zwischenmolekularen Kräfte wirken wieder.
Aufgrund der leichten Formbarkeit bei erhöhter Temperatur lassen sich Thermoplaste zu unterschiedlichen Bauteilen verarbeiten.
Thermoplaste können neben den gemeinsamen Eigenschaften in Abhängigkeit von den jeweiligen Monomeren sehr unterschiedliche Eigenschaften aufweisen (s. Steckbriefe).

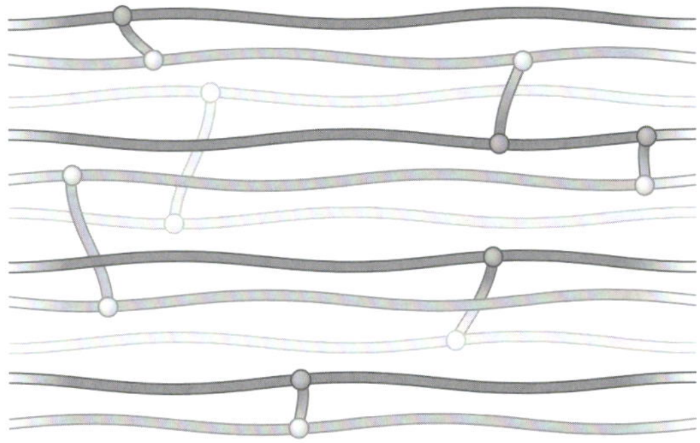

1 Räumliche Verknüpfung im Thermoplast

Wichtige Thermoplaste

Name, Kürzel	Monomermoleküle Name, Formel	
Polystyren PS (Polystyrol)	Styren (Styrol)	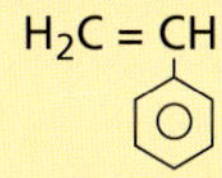
Polypropylen PP (Polypropen)	Propylen (Propen)	$H_2C = CH$ – CH_3
Polyvinylchlorid PVC	Vinylchlorid (Monochlorethen)	$H_2C = CH$ – Cl
Polyethylen PE (Polyethen)	Ethylen (Ethen)	$H_2C = CH_2$
Polytetrafluorethylen PTFE (Teflon®)	Tetrafluorethen	$F_2C = CF_2$

Aufgabe

Erläutere die chemische Reaktion zur Bildung von Polyethylen und Polyvinylchlorid. Nenne weitere Plaste, die durch Polymerisation hergestellt werden.

STECKBRIEF: Polyethen (Polyethylen)

Eigenschaften: brennbar; tropft beim Verbrennen; beständig gegenüber Säuren, Laugen, vielen Lösemitteln; Niederdruckpolyethylen (HD-PE) ist härter und hat eine größere Dichte als Hochdruckpolyethylen (LD-PE)

Verwendung:
HD-PE: Getränkekästen, Druckrohre
LD-PE: Folien, Haushaltswaren

STECKBRIEF: Polyvinylchlorid

Eigenschaften: schwer entflammbar; zersetzt sich ab 200 °C, wobei u. a. HCl entsteht; beständig gegenüber Säuren, Laugen, Benzin

Verwendung:
PVC hart: Bauteile, Dachrinnen
PVC weich: Fußbodenbeläge

Duroplaste

Zu den Duroplasten (Duromere) gehören Phenoplaste, Aminoplaste und bestimmte Polyester.

Phenoplaste: Herstellung von Karosserieteilen, Beschlägen, Gehäusen, Hartfaserplattenbeschichtungen

Polyester: Herstellung von Schichtstoffen, Gießharzen, Träger von Disketten

Duroplaste sind Kunststoffe mit großer Festigkeit und Wärmebeständigkeit. Sie sind hart, spröde und lassen sich nicht plastisch verformen. Diese Eigenschaften resultieren wie bei den Thermoplasten aus dem Bau der Makromoleküle.
Die Makromoleküle der Duroplaste sind in alle Richtungen räumlich durch chemische Bindungen verknüpft. Beim Erwärmen kann die Vernetzung nicht entwirrt, sondern nur zerstört werden. Duroplaste zersetzen sich.
Durch die Vernetzung wird die Beweglichkeit der Ketten so stark behindert, dass die entstandenen Kunststoffe bei der Herstellung sofort in die angestrebte Form gebracht werden müssen.
Duroplaste entstehen meist nicht durch Polymerisation, sondern durch andere Reaktionsarten. Voraussetzung sind Ausgangsstoffe mit mehreren funktionellen Gruppen in den Molekülen.

Wichtige Duroplaste

Name	Kürzel	Ausgangsstoffe
Phenoplaste	Bsp. PF	Phenol, Methanal
Aminoplaste	Bsp. UE, MF	Harnstoff, Methanal
Polyester (einige)	Bsp. UP	Maleinsäureanhydrid, Styrol, Ethylenglycol
Polyurethane	Bsp. PUR	Diol, Diisocyanat

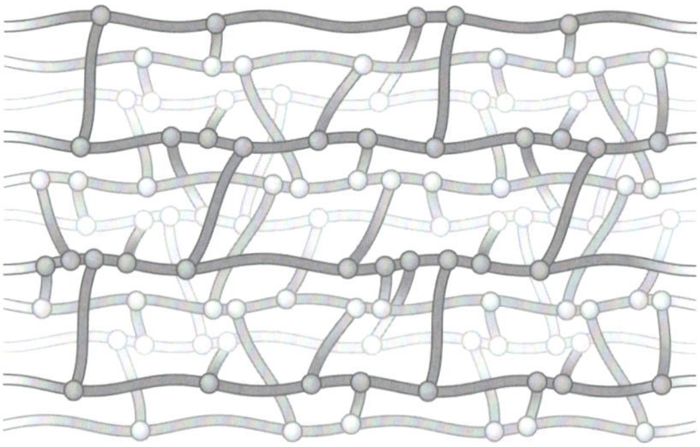

1 Räumliche Verknüpfung im Duroplast

Aufgabe

Vergleiche die Verknüpfung der Makromoleküle bei Thermo- und Duroplasten.

S Experiment

Probiere es selbst

Aufgabe:
Prüfe die Hitzebeständigkeit verschiedener Duro- und Thermoplaste experimentell. (Achtung! Abzug!) Notiere *Geräte* und *Chemikalien.*

Durchführung:

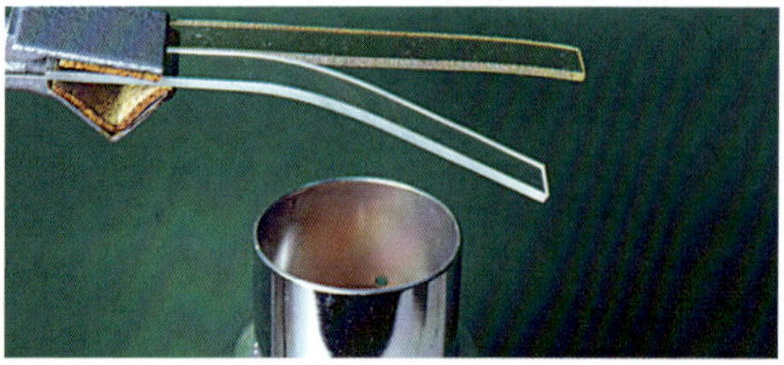

Beobachtung und Auswertung:
Übertrage die Tabelle in dein Heft und fülle sie aus.

Kunststoff	Thermoplast	Duroplast (Duromer)
Eigenschaften		
Beispiele		

Thema

Recherchiere, z. B. unter www.schuelerlexikon.de: „Weichmacher" und andere „Zusatzstoffe" in Kunststoffen

1 Durch Weichmacher erreichen Kunststoffe die gewünschte Flexibilität.

2 Ohne Stabilisatoren würden Kunststoffe nach kurzer Zeit vergilben und spröde werden.

Zahlreiche Polymere besitzen als reine Stoffe oft nicht optimale Werkstoffeigenschaften. So ist z. B. reines PVC hart, spröde, farblos und relativ empfindlich gegenüber UV-Strahlung und Wärmeeinwirkung. Die notwendige Elastizität und Beständigkeit gegenüber äußeren Einflüssen erreicht man nur durch **Zusatzstoffe** (Hilfsstoffe, Additive), die im Verlauf des Herstellungsprozesses zugesetzt werden.
Die Funktionen dieser Zusatzstoffe sind vielfältig (s. Tab.) und hängen auch von der Art des Polymers und den gewünschten Einsatzgebieten ab. Etwa 60 % aller Additive sind **Weichmacher,** die hauptsächlich für die PVC-Produktion benötigt werden.
Die chemische und thermische Beständigkeit der Polymere muss durch geeignete **Stabilisatoren** verbessert werden.

Additive	Funktion	Beispiele
Stabilisatoren	Verlängerung der Lebensdauer durch Schutz vor Umwelteinflüssen	– Antioxidantien – Wärmestabilisatoren – Lichtschutzmittel
Weichmacher	Optimierung von Flexibilität, Elastizität und Härte	– Carbonsäureester – Phosphorsäureester – Alkohole, Ketone
Farbmittel	Erhöhung der optischen Attraktivität	– Pigmente – organische Farbstoffe
Füllstoffe	Verbesserung mechanischer Eigenschaften und Kostensenkung	– Gesteinsmehl – Ruß, Grafit – Synthesefasern – Naturfasern

Allerdings ist der Zusatz von Weichmachern nicht unproblematisch. Werden weichmacherhaltige Kunststoffe als Verpackung für Lebensmittel verwendet, lösen sich Weichmacher im Fett und gelangen so in den Körper.

... und mehr

Informiere dich auch unter: Anwendungen von Kunststoffen, Polyvinylchlorid, Silicone, Weichmacher

Elastomere

Kautschuk wurde von den Menschen schon sehr lange genutzt. Von den Mayas weiß man, dass sie Plätze besaßen, auf denen Ballspiele mit religiösem Hintergrund abgehalten wurden. Bei dem Ball, mit dem gespielt wurde, handelte es sich um eine Kautschukkugel.
Kautschuk gehört zu den **Elastomeren (Elasten).** Elastomere sind organische Polymere mit gummielastischen Eigenschaften bei Raumtemperaturen.
Es gibt Natur- und Synthesekautschuk. Die Grundbausteine von Naturkautschuk sind Isoprenmoleküle. Hunderte bis tausende Isoprenmoleküle sind in langen Ketten miteinander verknüpft.
Die Gewinnung von Naturkautschuk erfolgt durch Anzapfen der Kautschukbäume (Hevea). Aus der Zapfstelle fließt die Kautschukmilch (Latex), die etwa 33 % Kautschuksubstanz enthält.
Synthetisch wurde Kautschuk erstmalig 1909 hergestellt. Auch hierfür nutzte man zuerst Isopren als Ausgangsstoff.

Seit 1925 dient Buta-1,3-dien als Ausgangsstoff für diese Elaste.

Isopren

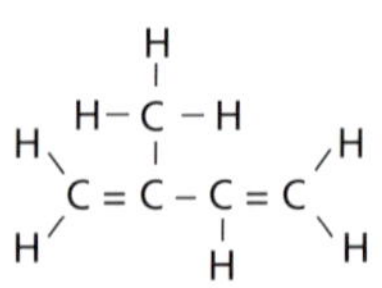

Buta-1,3-dien

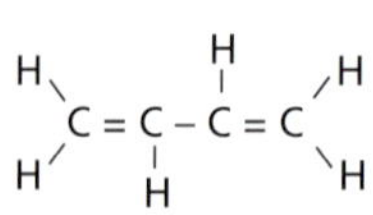

1 Durch das Vulkanisieren entsteht Gummi. Er weist eine hohe Haltbarkeit auf und wird für Reifen genutzt.

Rohkautschuk verliert seine Elastizität an der Luft sehr schnell. In der Kälte wird er brüchig. Schwefel und andere Zusätze verbessern die Eigenschaften wesentlich. Rohkautschuk wird deshalb vulkanisiert und so zu Gummi verarbeitet (s. Abb. 1).
Je nach Menge und Art der Zusatzstoffe erhält man Hart- oder Weichgummi. Entsprechend der geplanten Verwendung können so die Eigenschaften des Gummis bei der Produktion gezielt gesteuert werden.
Die Makromoleküle der Elaste sind weitmaschig vernetzt (s. Abb. 2). Im ungedehnten Zustand nehmen die Makromoleküle eine Knäuelgestalt an. Durch die Einwirkung von Zugkraft werden sie gestreckt. Bei Raumtemperatur können sie mindestens auf das Zweifache ihrer Länge gedehnt werden. Nach Aufhebung der Krafteinwirkung nehmen sie aufgrund der ursprünglichen Vernetzung wieder ihren ehemaligen Zustand an. Elaste lassen sich nicht thermisch umformen.

Elastomere sind Kunststoffe, die elastisch verformbar sind, da ihre Makromoleküle weitmaschig vernetzt sind.

Aufgaben

1. Warum sind Elaste elastisch verformbar?
2. Sieh dich bei dir zu Hause um. Wo kommen Kautschuk oder Gummi zum Einsatz?

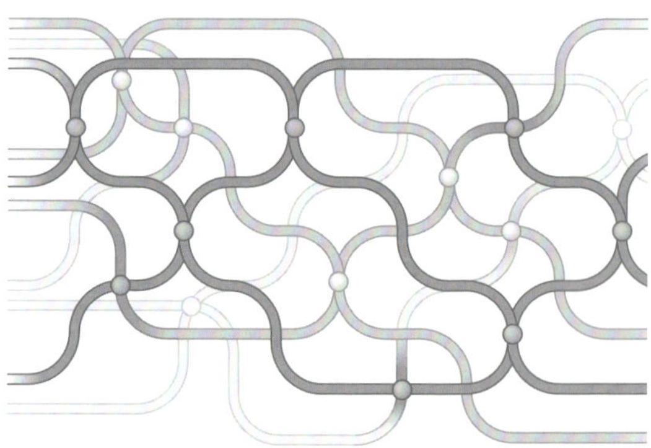

2 Räumliche Verknüpfung im Elastomer; durch die weitmaschige Vernetzung ist eine elastische Verformung möglich.

Kunststoffe im Test

S Experiment 1

Alle organischen Stoffe enthalten das Element Kohlenstoff, die meisten auch das Element Wasserstoff.

Aufgabe:
Untersuche experimentell die elementare Zusammensetzung von Polyethylen.

Vorbereitung:
a) Gib die notwendigen *Geräte* und *Chemikalien* an.
b) Erkläre, welche Bedeutung weißes Kupfer(II)-sulfat und die Calciumhydroxidlösung für dieses Experiment haben. Nutze dazu die Durchführungsskizze.
c) Informiere dich über die Gefahrstoffe. Welche R- und S-Regeln sind zu beachten?

Durchführung:

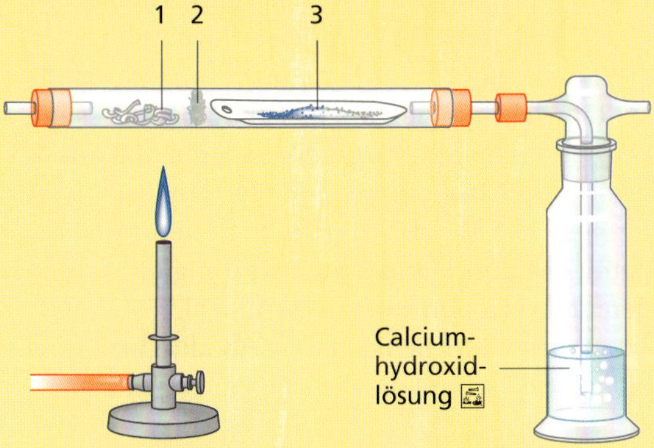

Hinweis:
Vorsichtig erwärmen!

1 Polyethylen
2 Glaswolle
3 entwässertes Kupfer(II)-sulfat

Beobachtung und Auswertung:
Notiere deine Beobachtungen. Leite daraus ab, aus welchen Elementen Polyethylen besteht. Ermittle aus geeigneten Quellen die Summenformel der Verbindung.
Entwickle die Reaktionsgleichungen für die beobachteten Reaktionen.

S Experiment 2

Aufgabe:
Untersuche die Eigenschaften von Polyethylen im Vergleich zu Glas, Kupfer und Aluminium.

Vorbereitung:
Geräte: Reagenzgläser, Tiegelzange, feuerfeste Unterlage, Brenner, Tiegel, Pipette, Gummihammer, Schutzbrille, Uhr, Geräteanordnung zur Leitfähigkeitsprüfung
Chemikalien: Kupferblech, Aluminiumfolie, Glasstückchen, Polyethylenstreifen, Kupferdraht, Aluminiumdraht, Glasstab, verdünnte Salzsäure

Durchführung:
a) Wähle gleich große Stoffproben (etwa 1 cm^2). Gib sie in ein mit Wasser gefülltes Becherglas.
b) Überprüfe ihr Verhalten bei plötzlicher Krafteinwirkung durch Schläge mit dem Gummihammer. (Schutzbrille!)
c) Teste die Beständigkeit gegen Säure, indem du zu jeder Stoffprobe etwas verdünnte Salzsäure gibst.
d) Überprüfe das Verhalten der Stoffe unter dem Einfluss von offenem Feuer. Halte dazu mit der Tiegelzange jeweils eine Stoffprobe etwa 30 Sekunden lang in die Flamme eines Brenners. Achtung! Feuerfeste Unterlage! Abzug!
e) Prüfe die elektrische Leitfähigkeit der Stoffe.

Beobachtung und Auswertung:
Stelle deine Beobachtungen in einer Tabelle zusammen. Für welchen Verwendungszweck würdest du Polyethylen aufgrund seiner Eigenschaften empfehlen bzw. nicht empfehlen?

S Experiment 3

PVC-Schnitzel werden im Reagenzglas auf über 200 °C erhitzt. (Vorsicht: Abzug!)
In die Reagenzglasöffnung wird ein angefeuchteter Uniteststreifen gehalten.
Protokolliere beim Experiment.
Ermittle aus geeigneten Quellen die Summenformel von Polyvinylchlorid. Erkläre deine Beobachtungen anhand einer Reaktionsgleichung.

Kunststoffe – Werkstoffe ohne Nachteile?

Kunststoffe stellen für viele Gelegenheiten die idealen Werkstoffe dar. Sie sind sehr haltbar, denn sie sind meist beständig gegen Licht, Sauerstoff und Wasser und werden selten von Mikroorganismen angegriffen. Dieser Vorteil erweist sich nach Gebrauch als Nachteil, denn die wenigsten Kunststoffe sind biologisch abbaubar. Daher ergeben sich riesige Müllmengen. Jährlich fallen in Deutschland über 4 Mio. Tonnen Kunststoffabfälle (davon ca. 1,5 Mio. Tonnen Verpackungen) an. Diese Abfälle können nicht alle auf Deponien gelagert werden.
Die Voraussetzung dafür, dass eine Beseitigung des Kunststoffmülls erfolgen kann, ist konsequente Mülltrennung.

Einen Teil der Kunststoffabfälle führt man der **energetischen Verwertung** zu. Bei der Verbrennung der organischen Polymere wird Energie frei, die u. a. als Heizwärme nutzbar ist. Allerdings entstehen bei der **Müllverbrennung** auch viele Giftstoffe wie Dioxine, halogenierte Kohlenwasserstoffe und saure Gase.
Diese Umweltgifte müssen durch leistungsfähige Filteranlagen aus den Verbrennungsabgasen entfernt werden. Die Filterrückstände werden anschließend deponiert.

Effektiver und umweltfreundlicher ist die **rohstoffliche Verwertung** der Kunststoffabfälle. Dabei werden durch chemische Prozesse die Monomere oder andere niedrigmolekulare Bestandteile der Polymere zurückgewonnen. So kann man durch Umsetzung von Plastabfällen mit Wasserstoff Benzin, Dieselöl oder Synthesegas produzieren (s. Abb. 2).

2 Im Hochofenprozess erzeugt man aus geeigneten Altkunststoffen Synthesegas und Wärme, um Eisenoxid zu Roheisen zu reduzieren.

Abfälle von Thermoplasten können auch **werkstofflich wiederverwertet** werden. Voraussetzung dafür ist die ordnungsgemäße Trennung der Abfälle. Danach können die gereinigten und zerkleinerten Kunststoffe geschmolzen und in neue Formen gebracht werden. Auf diese Weise entstehen Klappboxen und Komposter für den Haushalt, Parkbänke, Klettergerüste, Rohre und Dämmmaterialien. Mit der Zeit kann es dabei aber zum Qualitätsverlust kommen (Downcycling).
Die Forschung geht außerdem dahin, Kunststoffe zu entwickeln, die **biologisch abbaubar** sind. Dazu muss realisiert werden, dass die Makromoleküle durch bestimmte Bedingungen (z. B. unter Einfluss von UV-Licht) in kurze Ketten zerfallen, damit diese für Mikroorganismen angreifbar werden und verrotten können (s. Abb. 1).
Trotz dieser Möglichkeiten ist Abfallreduzierung billiger und schont die Umwelt am effektivsten.

Aufgabe

Diskutiere Vor- und Nachteile der stofflichen Wiederverwertung.

1 Mittlerweile ist es gelungen, Kunststoffe zu entwickeln, die biologisch abbaubar sind. (d = Tag)

Chemie im Kontext

S Plaste unterscheiden, aber wie?

Plastwerkstoffe wurden nicht umsonst zu einer Gruppe zusammengefasst.
Sie haben viele ähnliche Eigenschaften.
Gerade die Thermoplastsorten sind nicht auf den ersten Blick erkennbar. Manchmal möchte man aber wissen, um welchen Plast es sich handelt, wenn man einen Gegenstand für einen bestimmten Zweck einsetzen will.
Wie kann man die verschiedenen Plastsorten experimentell unterscheiden?

Bei der Verwendung von Plasten für Gebrauchsgegenstände sind die Plastsorten gekennzeichnet. Sieht man sich Behältnisse aus Plast an, wird man häufig die entsprechende Abkürzung finden, z. B. für Polystyren (Polystyrol) – PS, Polyvinylchlorid – PVC, Polyethen – PE.
Falls aber ein Kennzeichen nicht auffindbar ist, kann man sich experimentell behelfen.

Vorüberlegungen:
Häufig finden Polyethylen, Polystyren und Polyvinylchlorid Verwendung. Sie zeigen viele gemeinsame Eigenschaften. Damit man sie sicher voneinander unterscheiden kann, muss man für die Experimente geeignete unterschiedliche Eigenschaften auswählen.
Polyethylen, Polystyren und Polyvinylchlorid unterscheiden sich besonders durch ihr Verhalten beim Erhitzen und Verbrennen. Da Polyvinylchlorid dabei giftige Dämpfe entwickelt, müssen die Experimente **unter dem Abzug** durchgeführt werden.

Geräte: 3 Reagenzgläser, Reagenzglashalter, Tiegelzange, feuerfester Tiegel, Brenner
Chemikalien: Unitestpapier,
Plaststreifen aus:
a) Polyvinylchlorid
b) Polyethylen
c) Polystyrol

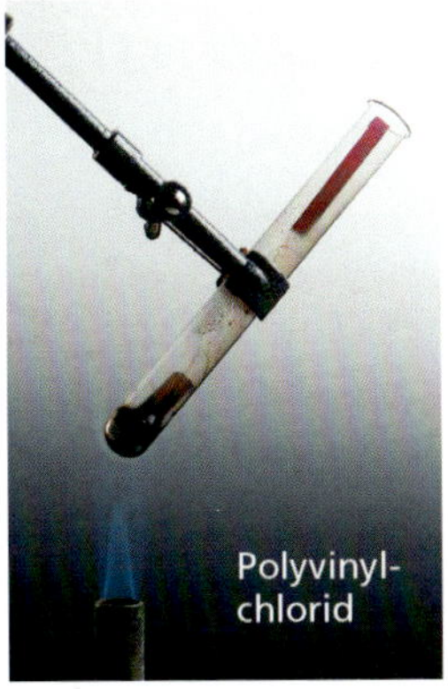
Polyvinylchlorid

PVC ist ab 150 °C plastisch verformbar, beginnt sich aber schon ab 200 °C zu zersetzen. Dabei bildet sich Chlorwasserstoff. Das Gas reagiert mit Wasser zur Salzsäure. Ein angefeuchteter Streifen Unitestpapier würde sich rot färben. PVC kann auch durch die Beilsteinprobe identifiziert werden (Abzug!). Bei der Erwärmung von Polystyren und Polyethylen werden keine Gase frei, das Unitestpapier färbt sich nicht.
Diese beiden Plastsorten kann man durch ihr Verhalten beim Verbrennen unterscheiden.
Polyethylen verbrennt bei ausreichender Sauerstoffzufuhr mit wenig rußender, leuchtend blauer Flamme. Charakteristisch ist, dass das Material anfängt zu tropfen (Vorsicht!). Polystyren verbrennt mit rußender Flamme (s. Abb.).

Polyethylen

Polystyrol

gewusst · gekonnt

1. Erweitere dein Glossar.

Glossar

Downcycling
Duroplast (Durometer)
Elastomer (Elast)
Kunststoffe
Polymerisation
Recycling
Thermoplast
Vulkanisieren

2. Erkläre, warum es nicht möglich ist, für einen konkreten polymeren Stoff die molare Masse anzugeben.

3. Erläutere anhand eines selbst gewählten Beispiels den Zusammenhang zwischen Struktur und Eigenschaften bei makromolekularen Stoffen.

4. Stelle dir vor, du hättest die Aufgabe, einen neuen Kunststoff zu entwickeln, der als Verpackung dienen könnte.
Welche Eigenschaften würdest du anstreben? Begründe deine Auswahl.

5. Erläutere, warum Elastomere nach Beenden einer Krafteinwirkung ihren ursprünglichen Zustand wieder einnehmen, also elastisch verformbar sind.

6. Thermoplaste sind mehrfach plastisch verformbar, Duroplaste dagegen nicht.
Erläutere, wie diese unterschiedlichen Eigenschaften zustande kommen.

7. Auf Mülltonnen ist meist der Warnhinweis „Keine heiße Asche einfüllen!“ angebracht. Warum sollte man diesen Hinweis unbedingt beachten?

8. L PVC wird stark (Abzug!) erhitzt und ein Streifen angefeuchtetes Indikatorpapier über die Reagenzglasöffnung gehalten. Notiere deine Beobachtung und leite Schlussfolgerungen ab.

9. Polyethylen, ein häufig verwendeter Thermoplast, wird u. a. durch Müllverbrennung beseitigt.
Welche Reaktionsprodukte entstehen bei der Verbrennung von Polyethylen? Stelle die Reaktionsgleichung auf.

10. Gib fünf Kunststoffe an, nenne Eigenschaften und leite Verwendungsmöglichkeiten ab.

11. Erläutere die Polymerisation an einem selbst gewählten Beispiel.

12. ✱ Ein Joghurtbecher aus Polystyrol wird im Herd erhitzt. Dazu wird er mit der Öffnung nach unten auf eine Aluminiumfolie gestellt und gleichmäßig mit Ober- und Unterhitze auf 160 °C erwärmt.
Welche Ursache für das Beobachtungsergebnis vermutest du?

13. ✱ Gummi ist dehnbar und nimmt seine ursprüngliche Form wieder an. Folie aus Polyethylen kann ebenfalls etwas gedehnt werden. Diese Dehnung zieht sich nicht wieder zusammen. Zeige die Ursachen auf.

14. Erläutere Möglichkeiten des Kunststoffrecyclings.

15. Warum ist es leichter, sortenreine als gemischte Kunststoffabfälle zu recyceln?

16. Schätze den Anteil von Kunststoffabfällen in eurem Haushaltsmüll ab.
Welchen Beitrag kann jeder leisten, die Müllberge zu verringern?

17. Bewerte die Beseitigung von Kunststoffabfällen durch Müllverbrennung.

18. Aus Kautschuk wird durch Vulkanisieren Gummi hergestellt.
Erkläre, was bei diesem Prozess passiert und warum diese Verfahrensweise notwendig ist.

19. Überprüfe, wo in eurem Haushalt Kunststoffe eingesetzt werden.
Versuche, anhand der Kennzeichnung festzustellen, um welche Kunststoffe es sich jeweils handelt.

20. Plaste, Elaste und Chemiefasern bestehen aus Makromolekülen, die künstlich hergestellt werden. Informiere dich über natürliche makromolekulare Stoffe. Nenne Beispiele und vergleiche Struktur und Synthese natürlicher und künstlicher makromolekularer Stoffe.

21. Die Produktion von Kunststoffen schafft Werkstoffe nach Maß, aber auch eine Masse Probleme.
Interpretiere diese Aussage.

22. Erarbeite einen Kurzvortrag über Polyvinylchlorid.
Gehe dabei auf Eigenschaften und Verwendung, Herstellung und mögliche Umwelt- und Gesundheitsgefährdungen durch diesen Stoff ein.

23. Weich-PVC darf nicht zur Aufbewahrung von Lebensmitteln genutzt werden. Begründe.

24. Verbundstoffe sind Werkstoffe, die mindestens aus zwei Komponenten bestehen. Oft ist eine der Komponenten ein Kunststoff.
a) Ermittle Verpackungen, die aus solchen Verbundstoffen bestehen. Notiere, welche positiven Eigenschaften der einzelnen Materialien genutzt werden.
b) Stelle in einem Überblick unterschiedliche Einsatzmöglichkeiten von Verbundstoffen dar.

25. Werte nachfolgende Abbildung aus.

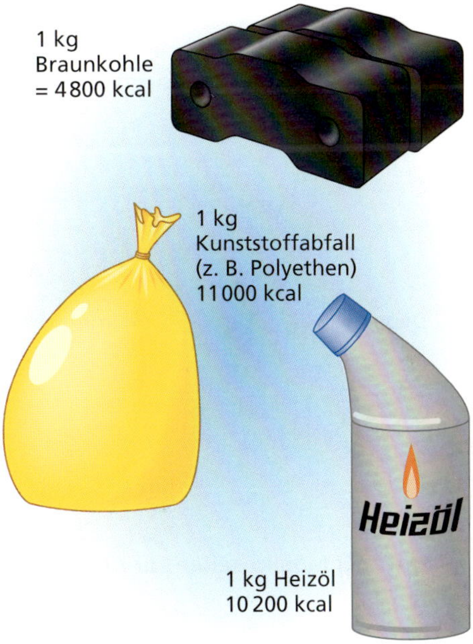

Kunststoffe

Zu den Kunststoffen gehören Thermo- und Duroplaste, Elaste, Chemiefasern, synthetische Lacke und Klebstoffe. Es handelt sich um synthetische makromolekulare Stoffe.

	Thermoplaste	**Duroplaste**	**Elaste**
Bau	Die Makromoleküle sind linear angeordnet oder gering verzweigt. 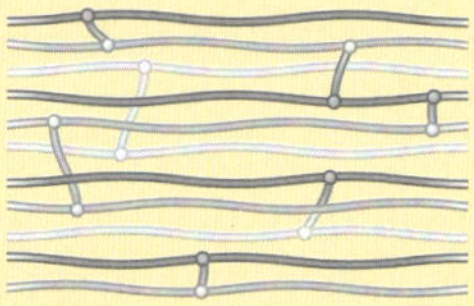	Die Makromoleküle sind engmaschig vernetzt. 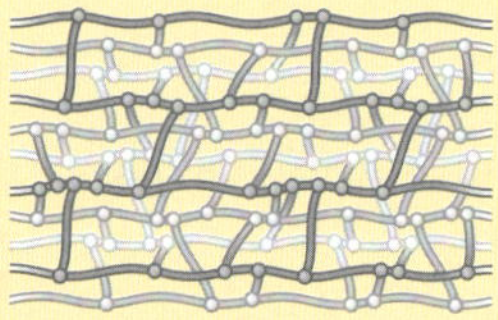	Die Makromoleküle sind weitmaschig vernetzt. 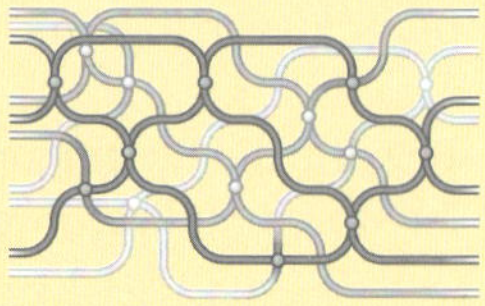
Eigenschaften	Erweichen bei Erwärmung, plastische Verformung möglich	Zersetzen sich bei Erwärmung, plastische Verformung nicht möglich	elastische Verformung bei Krafteinwirkung, plastische Verformung nicht möglich
Beispiele	Polyvinylchlorid – PVC, Polyethylen – PE 	Phenoplaste, Polyester 	Natur-, Synthesekautschuk 

Kunststoffe entstehen u. a. durch:

Polymerisation
Die Polymerisation ist eine Reaktionsart, bei der sich viele Monomere zu einem Polymer verbinden. Dabei werden die Mehrfachbindungen zwischen Kohlenstoffatomen der Monomere aufgespalten.

Abfallbeseitigung

- Deponie
- energetische Verwertung (Müllverbrennung)
- Recycling
  - rohstoffliche Wiederverwertung
  - werkstoffliche Wiederverwertung

Trotz der Möglichkeiten zur Abfallbeseitigung ist Abfallreduzierung billiger und schont die Umwelt.

10

Ziel erreicht?

Ziel erreicht?

Aufgabenkomplex 1

1. Chemische Reaktion

Folgendes Experiment wird demonstriert: In zwei Reagenzgläsern befinden sich Proben ein und derselben farblosen Lösung. Der Inhalt des Reagenzglases A wird mit Unitestindikator, der Inhalt des Reagenzglases B mit Silbernitratlösung versetzt.

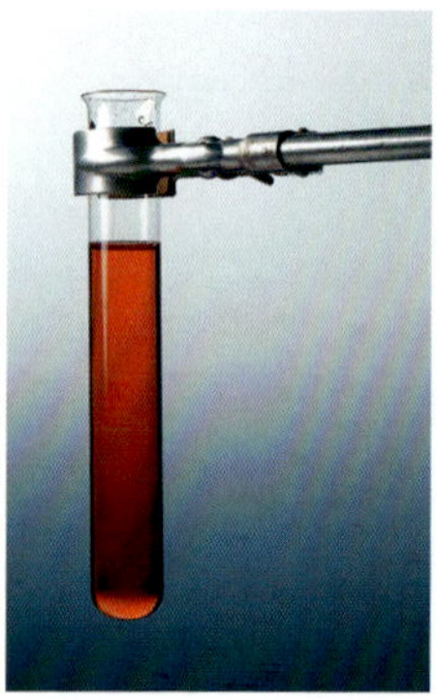

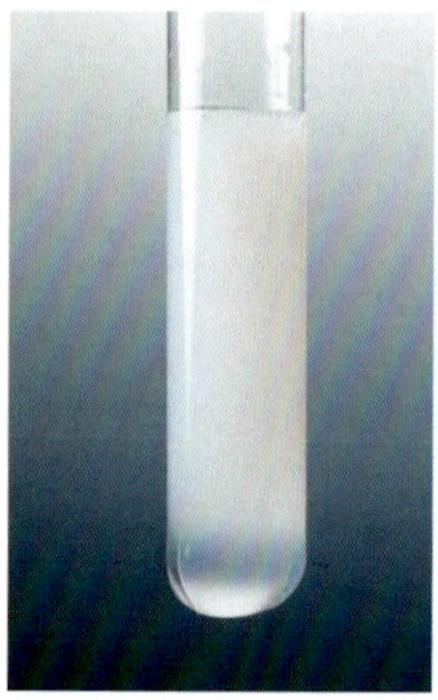

1.1 Notiere die Beobachtungen.
1.2 Benenne die nachgewiesenen Ionen.
1.3 Bestimme für den gelösten Stoff Namen und Formel.
1.4 Gib für den Nachweis mit Silbernitrat die chemische Gleichung in Ionenschreibweise an.

2. Atombau – Periodensystem der Elemente

2.1 Begründe die Stellung des Elements Barium im Periodensystem der Elemente.

2.2 Leite zwei Eigenschaften der Elementsubstanz Barium aus der Stellung von Barium im Periodensystem der Elemente ab.

2.3 Vergleiche das Bariumatom mit dem Barium-Ion, indem du zwei Gemeinsamkeiten und zwei Unterschiede nennst.

3. Organische Chemie

Organische Stoffe sind durch bestimmte Strukturmerkmale gekennzeichnet.

A

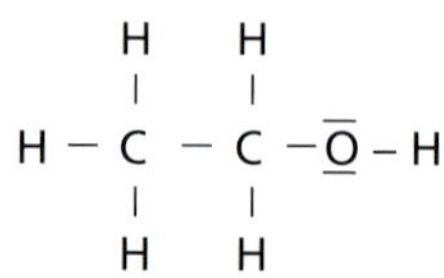

B

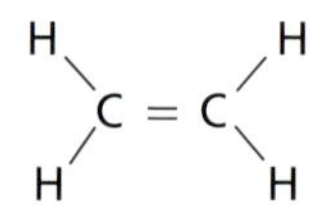

C

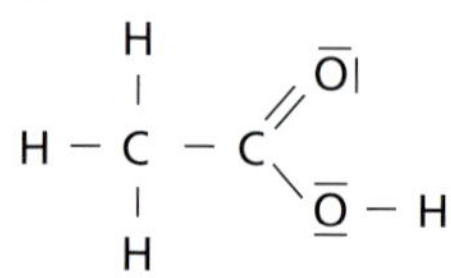

D

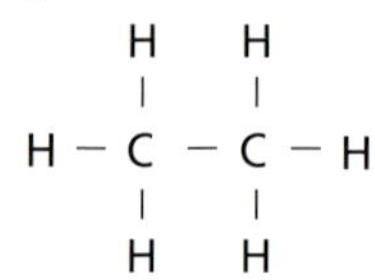

3.1 Übertrage die angegebenen Strukturformeln in dein Heft. Markiere an diesen Strukturformeln jeweils das charakteristische Strukturmerkmal.

3.2 Erstelle zu den mit A; B; C und D angegebenen Strukturformeln eine Tabelle mit den jeweiligen Namen des Stoffes, der Stoffgruppe und der Bezeichnung des markierten charakteristischen Strukturmerkmals.

3.3 Entwickle die Reaktionsgleichung für die vollständige Verbrennung des Stoffes A.

3.4 Formuliere die Reaktionsgleichung für die Reaktion des Stoffes C mit Wasser. Benenne ein Ion, das bei dieser Reaktion entsteht.

3.5 Formuliere die Reaktionsgleichung für die Hydrierung des Stoffes B.

4. Calcium und seine Verbindungen

4.1 Der Stoff Calcium ist ein Metall.

a) Benenne die in Metallkristallen vorliegende Bindungsart und erläutere diese.

b) Nenne vier charakteristische Eigenschaften von Metallen und leite daraus jeweils eine Verwendungsmöglichkeit ab.

4.2 Calcium kommt in der Natur in vielen Verbindungen vor, z. B. in Calciumoxid, Calciumhydroxid, Calciumcarbonat, Calciumsulfat und Calciumchlorid.

a) Ordne die Verbindungen Calciumoxid, Calciumhydroxid und Calciumcarbonat jeweils einer Stoffgruppe zu. Begründe jede Zuordnung.

b) Gib zwei Möglichkeiten an, wie Calciumcarbonat in der Natur vorkommt.

4.3 a) Führe folgendes Experiment vor: Versetze Calciumoxid mit Wasser. Filtriere die entstandene Lösung. Überprüfe danach das Filtrat mit Unitestlösung.

b) Notiere deine Beobachtungen.

c) Notiere das Reaktionsprodukt und die chemische Gleichung für die Reaktion von Calciumoxid mit Wasser.

d) Das Reaktionsprodukt liegt in Wasser gelöst vor. Stelle für den Löseprozess die Reaktionsgleichung auf.

5. Organische Verbindungen

5.1 Kohlenwasserstoffe sind Energieträger.

a) Entwickle die Reaktionsgleichung für die Verbrennung von Methan.

b) Verbrennungen verlaufen exotherm. Erläutere, was man darunter versteht.

c) Nenne natürliche Vorkommen von Methan.

d) Gib die Strukturformel des Methanmoleküls an und beschreibe dessen Bau.

5.2 a) Führe folgendes Experiment vor: Gib in ein bereitgestelltes Gefäß ca. 5 ml Bariumhydroxidlösung. Entzünde in einem Verbrennungslöffel eine kleine Portion eines flüssigen Kohlenwasserstoffs und halte diesen in das Gefäß mit der Bariumhydroxidlösung. **(Vorsicht!)**

b) Notiere die Beobachtungen und begründe diese.

5.3 Erdöl ist ein Stoffgemisch, das u. a. verschiedene Kohlenwasserstoffe enthält.

a) Nenne eine Möglichkeit zur Trennung dieses Stoffgemischs. Gib an, welche Stoffeigenschaft der Kohlenwasserstoffe dabei ausgenutzt wird.

b) Benenne zwei Produkte, die bei der Trennung entstehen und gib deren Verwendung an.

c) Erörtere die Risiken beim Transport des Erdöls.

5.4 Alkohol ist Genussmittel und Gift zugleich.

a) Erläutere Folgen des Alkoholgenusses für den menschlichen Organismus, indem du auf eine dauerhafte und eine zeitweilige Auswirkung eingehst.

b) Beurteile anhand des Diagramms die Absicht eines Autofahrers, nach einer Feier am nächsten Morgen um 6.00 Uhr mit seinem PKW zur Arbeit fahren zu wollen.
Begründe deine Aussage.

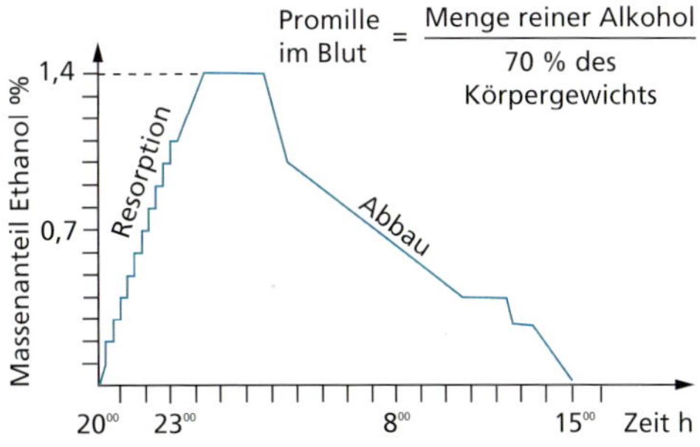

Aufgabenkomplex 2

1. **Chemische Reaktion**
Der Lehrer demonstriert folgendes Experiment: Schwefel wird verbrannt. Das Reaktionsprodukt wird in Wasser gelöst, welches mit Unitestindikator versetzt ist.

1.1 Notiere die Beobachtungen.
1.2 Entwickle die Reaktionsgleichungen für beide Reaktionen.
1.3 Benenne beide Reaktionsprodukte und ordne diese den entsprechenden Stoffgruppen zu. Begründe die Zuordnung für einen dieser Stoffe.
1.4 Erläutere, welche Auswirkungen die Reaktionen von Nichtmetalloxiden mit Wasser in der Atmosphäre haben.

2. **Atombau – Periodensystem der Elemente**
2.1 Stelle den Zusammenhang zwischen dem Bau des Schwefelatoms und der Stellung des Elements Schwefel im Periodensystem der Elemente dar.

2.2 Schließe von der Stellung des Elementes Schwefel im Periodensystem auf zwei Eigenschaften der Elementsubstanz.

2.3 Vergleiche das Schwefelatom mit dem Sulfid-Ion.

3. **Organische Chemie**
3.1 Übertrage die Tabelle in deinen Hefter und vervollständige sie.

	Ethan	Ethen
Strukturformel		
Art der chemischen Bindung im Molekül		
kennzeichnendes Strukturmerkmal		
bevorzugte Reaktionsart		
Strukturformel für ein Reaktionsprodukt mit Brom		
Name eines Reaktionsproduktes mit Brom		

3.2 Der Stoff mit der Summenformel C_2H_5OH ist Bestandteil von Brennspiritus. Nenne Reaktionsprodukte, die bei der vollständigen Verbrennung entstehen.
Beschreibe die Energieumwandlung bei dieser Verbrennung.
Gib an, wie man solche Reaktionen aus energetischer Sicht bezeichnet.

4. Salze

4.1 a) Beschreibe den Bau des Natriumchloridkristalls.
Benenne und definiere die in diesem Kristall vorliegende Bindungsart.

b) Entwickle für den Löseprozess dieses Salzes in Wasser die Reaktionsgleichung. Begründe die elektrische Leitfähigkeit einer Kochsalzlösung.

c) Gib natürliche Vorkommen von Natriumchlorid an und erläutere eine Gewinnungsmöglichkeit.

4.2 Experiment: Du erhältst in nummerierten Bechergläsern drei Salze als Feststoffe: Natriumchlorid, Magnesiumsulfat und Kaliumnitrat.
Finde durch geeignete Nachweise heraus, in welchem Becherglas Natriumchlorid bzw. Magnesiumsulfat vorliegen.

a) Plane dein Vorgehen und fordere Geräte und Chemikalien schriftlich an.

b) Führe das Experiment durch und notiere deine Beobachtungen.

c) Entwickle für einen dieser Nachweise die Reaktionsgleichung. Benenne die Reaktionsart und definiere diese.

d) Formuliere dein Ergebnis.

4.3 a) Nenne drei Reaktionspartner, die jeweils durch Reaktion mit Schwefelsäure Kaliumsulfat bilden.

b) Entwickle für zwei dieser Reaktionen die Reaktionsgleichungen.

4.4 a) Im Laufe der Benutzung bilden sich in einem Wasserkocher Ablagerungen. Nenne einen möglichen Stoff, aus dem die Ablagerungen bestehen. Gib ein Beispiel für eine umweltschonende Beseitigung dieser Ablagerungen an.

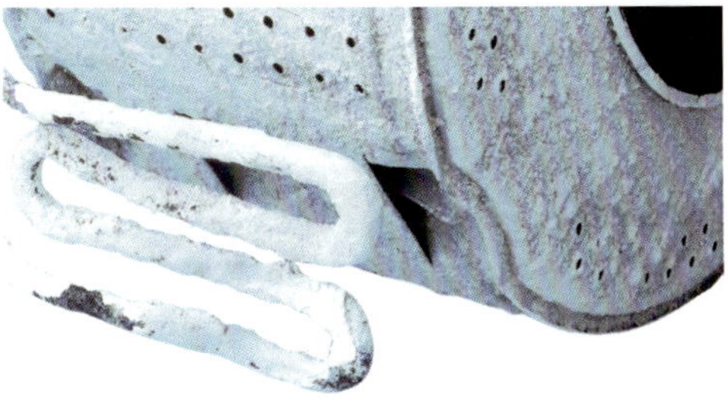

b) Zur Steigerung der Erträge werden in der Landwirtschaft verschiedene Düngemittel eingesetzt. Nur wasserlösliche Salze eignen sich als schnell wirkende Mineraldünger. Lege eine Tabelle an.

5. Organische Verbindungen

5.1 a) Bestimme den Namen folgender organischer Verbindungen und ordne sie jeweils einer Stoffgruppe zu. Benenne das wesentliche Strukturmerkmal jedes Stoffes. Stelle die Ergebnisse in einer Tabelle dar.

I.	$CH_3 - CH_2 - CH_3$
II.	$CH_2 = CH - CH_2 - CH_3$
III.	$CH_3 - CH_2 - CH_2 - OH$
IV.	$CH \equiv C - CH_2 - CH_2 - CH_3$
V.	$CH_3 - CH_2 - COOH$
VI.	$CH_3 - CH_2 - OH$

b) Stelle am Beispiel der Alkane den Zusammenhang zwischen dem Bau der Stoffe und ihren Eigenschaften dar.

5.2 Experiment: Unterscheide Kaliumhydroxidlösung und Ethanollösung.

a) Plane dein Vorgehen und fordere Geräte und Chemikalien schriftlich an.

b) Führe das Experiment durch und notiere deine Beobachtungen.

c) Begründe deine Beobachtungen mit dem Bau der Stoffe.

d) Stelle für Ethanol an zwei Beispielen den Zusammenhang zwischen Eigenschaft und Verwendung dar.

5.3 Alkansäuren reagieren mit verschiedenen Stoffen.

a) Nenne mindestens zwei Stoffgruppen, mit denen Essigsäurelösung reagieren kann. Entwickle für die Reaktion der Ameisensäure mit je einem Vertreter dieser Stoffgruppe jeweils die Wort- und Reaktionsgleichung.

b) Entwickle die Strukturformeln für zwei weitere Alkansäuren und benenne sie.

Aufgabenkomplex 3

1. Wesen **chemischer Reaktionen**
Es werden folgende Experimente demonstriert: Ein Magnesiumspan wird verbrannt. Zum Verbrennungsprodukt wird Wasser gegeben, welches vorher mit Unitestlösung versetzt wurde.

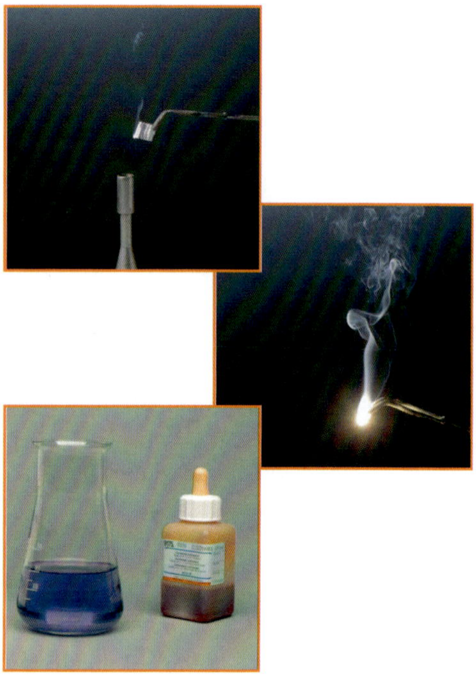

1.1 Notiere alle Beobachtungen.

1.2 Entwickle die Reaktionsgleichung
a) für die Verbrennung von Magnesium,
b) für die Reaktion des Verbrennungsproduktes mit Wasser.

1.3 Nenne den Namen des Stoffes, der durch die Reaktion von Magnesium-oxid mit Wasser entsteht. Ordne diesen Stoff einer Stoffklasse zu und begründe deine Zuordnung.

1.4 Nenne zwei Merkmale chemischer Reaktionen. Gehe dabei von deinen Beobachtungen aus.

2. **Chemische Bindungen, Periodensystem der Elemente und Atombau**
2.1 Nenne für folgende Stoffe die jeweilige Bindungsart: Magnesium, Sauerstoff, Magnesiumchlorid.

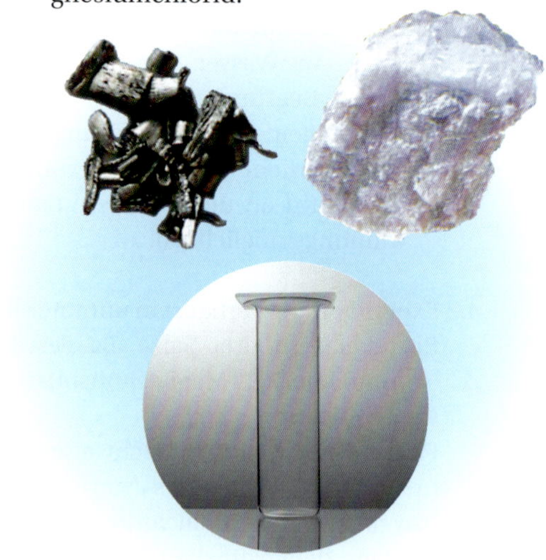

2.2 Schließe aus der Bindungsart auf die Art der am Bau dieser Stoffe beteiligten Teilchen. Gib zu jeder Teilchenart ein charakteristisches Merkmal an.

2.3 Begründe die Stellung von Chlor im Periodensystem der Elemente mit dem Aufbau eines Chloratoms.

2.4 Leite aus der Stellung von Chlor im Periodensystem zwei Eigenschaften für die Elementsubstanz Chlor ab.

3. **Organische Chemie**
3.1 Entwickle für die folgenden Stoffe die ausführlichen Strukturformeln und kennzeichne jeweils das typische Strukturmerkmal farbig: Ethan, Ethen, Ethin, Ethanol, Ethansäure.

3.2 Nenne drei für die organische Chemie typische Reaktionsarten.
Definiere eine Reaktionsart deiner Wahl und entwickle für diese eine Reaktionsgleichung.

4. Luft und Wasser – lebensnotwendige Stoffe

4.1 Luft

a) Begründe die Tatsache, dass Luft ein Stoffgemisch ist.

b) Vergleiche fünf Eigenschaften der Hauptbestandteile der Luft.

c) Durch Verbrennungsprozesse wird der Luft ein lebensnotwendiger Bestandteil entzogen.
Nenne einen biochemischen Prozess, der bewirkt, dass der Anteil dieses Stoffes in der Luft trotzdem annähernd konstant bleibt.
Entwickle die Reaktionsgleichung für die Verbrennung von Kohlenstoff. Gib an, wozu Verbrennungen vorrangig durchgeführt werden.

d) Experiment: Weise nach, dass die Ausatemluft Kohlenstoffdioxid enthält.
- Fordere dazu benötigte Geräte und Nachweismittel schriftlich an.
- Führe das Experiment zum Nachweis von Kohlenstoffdioxid in der Ausatemluft durch.
- Notiere deine Beobachtungen.
- Gib für die abgelaufene chemische Reaktion die Reaktionsgleichung an und benenne die Reaktionsart.

4.2 Wasser

a) Nenne vier Eigenschaften und vier Verwendungszwecke von Wasser.

b) Aus welcher Teilchenart ist Wasser aufgebaut? Zeichne das Modell für ein Wasserteilchen.

c) Erläutere den Zusammenhang zwischen Bau und Eigenschaften am Beispiel des Wassers.

d) Folgende Stoffe bilden im Wasser Ionen: Calciumhydroxid, Natriumnitrat, Schwefelsäure. Gib die jeweilige Reaktionsgleichung an.

Ordne einen dieser Stoffe einer Stoffklasse zu und begründe die Zuordnung mithilfe der Teilchen.

Name des Stoffes	ausführliche Strukturformel des Moleküls	wesentliches Strukturmerkmal	Stoffklasse
Propan			
	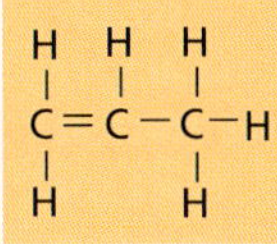		
Propanol			

5.2 a) Der Halogenkohlenwasserstoff Monochlorethan kann durch Substitution oder durch Addition gebildet werden. Entwickle jeweils die Wortgleichung und die Reaktionsgleichung unter Nutzung der Strukturformeln.

b) Schildere, welche Auswirkungen insbesondere FCKW auf unsere Umwelt haben. Gib an, wie jeder dazu beitragen kann, diese Prozesse zu stoppen.

5.3 Experiment: Überprüfe, ob Vergaserkraftstoff Verbindungen enthält, in deren Molekülen Mehrfachbindungen vorliegen.
- Fordere das Nachweismittel an.
- Führe das Experiment durch.
- Notiere deine Beobachtungen.
- Werte die Beobachtungen aus und ziehe Schlussfolgerungen daraus.

5.4 a) Essigsäure ist eine wichtige organische Verbindung. Ordne diesen Stoff einer Stoffklasse zu und begründe die Zuordnung.

b) Essigsäure wird biotechnologisch aus Ethanol hergestellt. Gib Ausgangsstoffe, Reaktionsprodukte und Reaktionsbedingungen an und formuliere die chemische Gleichung.

Gefahrstoffhinweise für einige Chemikalien				
	Kennbuchstaben	R-Sätze	S-Sätze	E-Sätze
Kaliumhydroxidlösung 5 % ≤ ω < 25 %	C	R 35		
Kaliumhydroxidlösung (2 % ≤ ω < 5 %)	C	R 34	S (1/2), S 26, S 36/37/39, S 45	
Kaliumnitrat	O	R 8	S 16, S 41	E 1
Kaliumpermanganat	O, Xn, N	R 8, R 22, R 50/53	S (2), S 60, S 61	E 1, E 6
Kupfer(II)-chlorid (wasserfrei) (Xn: ω ≥ 25 %)	Xn, N	R 22, R 36/38, R 50/53	S 22, S 26, S 61	E 11
Kupfer(II)-sulfat	Xn, N	R 22, R 36/38, R 50/53	S (2), S 22, S 60, S 61	E 11
Lithium	F, C	R 14/15, R 34	S (1/2), S 8, S 43, S 45	E 1, E 15
Magnesium, Späne (phlegmatisiert)	F	R 11, R 15	S 2, S 7/8, S 43	E 3
Mangandioxid (Braunstein)	Xn	R 20, R 22	S (2), S 25	E 3
Methan	F+	R 12	S (2), S 9, S 16, S 33	E 7
Methansäure (Ameisensäure, ω ≥ 90 %)	C	R 35	S (1/2), S 23, S 26, S 45	E 1, E 10
Methansäure (10 % ≤ ω ≤ 90 %)	C	R 34	S (1/2), S 23, S 26, S 45	E 1, E 10
Methansäure (2 % ≤ ω ≤ 10 %)	Xi	R 34	S (1/2), S 23, S 26, S 45	E 1, E 10
Natrium	F; C	R 14, R 15, R 34	S (1/2), S 5, S 5, S 8, S 43, S 45	E 6, E 12, E 16
Natriumhydroxid, wasserfrei (Ätznatron)	C	R 35	S (1/2), S 26, S 37/39, S 45	E 2
Natriumhydroxid-Lösung ω ≥ 5 % (Natronlauge)	C	R 35	S (1/2), S 26, S 37/39, S 45	E 2
2 % ≤ ω ≤ 5 %	C	R 34	S (1/2), S 26, S 37/39, S 45	E 1
Natriumtetraborat, wasserfrei (Borax)			S 24/25	E 1
Natronkalk	C	R 35	S 26, S 36/37/39, S 45	E 2
ortho-Phosphorsäure (ω ≥ 25 %)	C	R 34	S (1/2), S 26, S 45	E 2
ortho-Phosphorsäure (10 % ≤ ω ≥ 25 %)	Xi	R 36/38	S 25	E 1
Petroleumbenzin (Siedebereich 40–60 °C)	F, Xn	R 11, R 52, R 53, R 65	S 9, S 16	E 10, E 12
Petroleumbenzin (Siedebereich 60–80 °C)	F, Xn, N	R 11, R 38, R 40/20, R 51/53, R 62, R 65, R 67	S 16, S 23.2, S 24, S 33, S 61, S 62	E 10, E 12
Petroleumbenzin (Siedebereich 100–140 °C)	F, Xn, N	R 11, R 38, R 51/53, R 65, R 67	S 9, S 16, S 23.2, S 24, S 33, S 61, S 62	E 10, E 12
Propan	F+	R 12	S (2), S 9, S 16	E 7
Salicylsäure	Xn	R 22, R 37/38, R 41	S 26, S 39	E 2, E 10
Salpetersäure (rauchend, ω ≥ 70 %)	O, C	R 8, R 35	S (1/2), S 23, S 26, S 36, S 45	E 2
Salpetersäure (20 % ≤ ω < 70 %)	C	R 35	S (1/2), S 23, S 26, S 27	E 2
Salpetersäure (5 % ≤ ω < 20 %)	C	R 34	S (1/2), S 23, S 26, S 27	
Salzsäure (ω ≥ 25 %)	C	R 34, R 37	S (1/2), S 26, S 45	E 2
Salzsäure (10 % ≤ ω < 25 %)	Xi	R 36/37/38	S (2), S 28	E 2
Schwefeldioxid	T	R 23, 34	S (1/2), S 9, S 26, S 36/37/39, S 45	E 7
Schwefelsäure (ω ≥ 15 %)	C	R 35	S (1/2), S 26, S 30, S 45	E 2
Schwefelsäure (5 % ≤ ω < 15 %)	Xi	R 36/38	S (2), S 26	E 2
Silbernitrat	C, N	R 34, R 50/53	S (1/2), S 26, S 45, S 60, S 61	E 12, E 13, E 14
(5 % ≤ ω < 10 %)	Xi	R 34, R 50/53	S (1/2), S 26, S 45,	E 12, E 13, E 14
Wasserstoff	F+	R 12	S (2), S 9, S 16, S 33	E 7
Zink-Pulver phlegmatisiert		R 10, R 15	S (2), S 7/8, S 43	E 3
Zink-Pulver nicht stabilisiert	F	R 15, R 17	S (2), S 7/8, S 43	E 3
Zinkchlorid (Xi: 5 % ≤ ω < 10 %)	C, N	R 34, R 50/53	S (1/2), S 7/8, S 28, S 45, S 60, S 61	E 1

Gefahrstoffhinweise

Gefahrstoffsymbole

T
giftig
giftige Stoffe (T, T+)
krebserzeugende Stoffe (T, Xn)

Erhebliche Gesundheitsschäden durch Einatmen, Verschlucken oder Aufnahme durch die Haut. Keine Schülerexperimente.

Xn
gesundheitsschädlich
gesundheitsschädliche Stoffe (Xn, Xi)

Gesundheitsschäden durch Einatmen, Verschlucken oder Aufnahme durch die Haut.

Xi
reizend
reizende Stoffe (Xn, Xi)

Reizwirkung auf die Haut, die Atmungsorgane und die Augen.

E
explosionsgefährlich
explosionsgefährliche Stoffe

Explosion unter bestimmten Bedingungen möglich. Keine Schülerexperimente.

C
ätzend
ätzende Stoffe

Hautgewebe und Geräte werden nach Kontakt zerstört.

F
entzündlich
leicht- u. hochentzündliche Stoffe (F bzw F+)

Entzünden sich selbst, an heißen Gegenständen mit Wasser entstehen leichtentzündliche Gase.

0
brandfördernd
brandfördernde Stoffe

Andere brennbare Stoffe werden entzündet, ausgebrochene Brände gefördert.

N
umweltgefährlich
umweltgefährliche Stoffe

Sind sehr giftig, giftig oder schädlich für Wasserorganismen, Pflanzen, Tiere und Bodenorganismen; schädliche Wirkung auf die Umwelt.

Gefahrenhinweise (R-Sätze)

R-Sätze weisen auf besondere Gefahren hin.

R 1 In trockenem Zustand explosionsgefährlich.
R 2 Durch Schlag, Reibung, Feuer oder andere Zündquellen explosionsgefährlich.
R 3 Durch Schlag, Reibung, Feuer oder andere Zündquellen besonders explosionsgefährlich.
R 4 Bildet hochempfindliche explosionsgefährliche Metallverbindungen.
R 5 Beim Erwärmen explosionsfähig.
R 6 Mit und ohne Luft explosionsfähig.
R 7 Kann Brand verursachen.
R 8 Feuergefahr bei Berührung mit brennbaren Stoffen.
R 9 Explosionsgefahr bei Mischung mit brennbaren Stoffen.
R 10 Entzündlich.
R 11 Leicht entzündlich.
R 12 Hoch entzündlich.
R 14 Reagiert heftig mit Wasser.
R 15 Reagiert mit Wasser unter Bildung leicht entzündlicher Gase.
R 16 Explosionsgefährlich in Mischung mit brandfördernden Stoffen.
R 17 Selbstentzündlich an der Luft
R 18 Bei Gebrauch Bildung explosionsfähiger/leicht entzündlicher Dampf-Luftgemische möglich.
R 19 Kann explosionsfähige Peroxide bilden.
R 20 Gesundheitsschädlich beim Einatmen.
R 21 Gesundheitsschädlich bei Berührung mit der Haut.
R 22 Gesundheitsschädlich beim Verschlucken.
R 23 Giftig beim Einatmen.
R 24 Giftig bei Berührung mit der Haut.
R 25 Giftig beim Verschlucken.
R 26 Sehr giftig beim Einatmen.
R 27 Sehr giftig bei Berührung mit der Haut.
R 28 Sehr giftig beim Verschlucken.
R 29 Entwickelt bei Berührung mit Wasser giftige Gase.
R 30 Kann bei Gebrauch leicht entzündlich werden.
R 31 Entwickelt bei Berührung mit Säure giftige Gase.
R 32 Entwickelt bei Berührung mit Säure sehr giftige Gase.
R 33 Gefahr kumulativer Wirkungen.
R 34 Verursacht Verätzungen.
R 35 Verursacht schwere Verätzungen.
R 36 Reizt die Augen.
R 37 Reizt die Atmungsorgane.
R 38 Reizt die Haut.
R 39 Ernste Gefahr irreversiblen Schadens.
R 40 Irreversibler Schaden möglich.
R 41 Gefahr ernster Augenschäden.
R 42 Sensibilisierung durch Einatmen möglich.
R 43 Sensibilisierung durch Hautkontakt möglich.
R 44 Explosionsgefahr bei Erhitzen unter Einschluss.
R 45 Kann Krebs erzeugen.
R 46 Kann vererbbare Schäden verursachen.
R 48 Gefahr ernster Gesundheitsschäden bei längerer Exposition.
R 49 Kann Krebs erzeugen beim Einatmen.
R 50 Sehr giftig für Wasserorganismen.
R 51 Giftig für Wasserorganismen.
R 52 Schädlich für Wasserorganismen.
R 53 Kann in Gewässern längerfristig schädliche Wirkungen haben.
R 54 Giftig für Pflanzen.
R 55 Giftig für Tiere.
R 56 Giftig für Bodenorganismen.
R 57 Giftig für Bienen.
R 58 Kann längerfristig schädliche Wirkungen auf die Umwelt haben.
R 59 Gefährlich für die Ozonschicht.
R 60 Kann die Fortpflanzungsfähigkeit beeinträchtigen.
R 61 Kann das Kind im Mutterleib schädigen.
R 62 Kann möglicherweise die Fortpflanzungsfähigkeit beeinträchtigen.
R 63 Kann das Kind im Mutterleib möglicherweise schädigen.
R 64 Kann Säuglinge über die Muttermilch schädigen.

Sicherheitsratschläge (S-Sätze)

S-Sätze geben Ratschläge für den sachgemäßen Umgang mit gefährlichen Stoffen.

S 1 Unter Verschluss aufbewahren.
S 2 Darf nicht in die Hände von Kindern gelangen.
S 3 Kühl aufbewahren.
S 4 Von Wohnplätzen fernhalten.
S 5 Unter ... aufbewahren (geeignete Flüssigkeit vom Hersteller anzugeben).
S 6 Unter ... aufbewahren (inertes Gas vom Hersteller anzugeben).
S 7 Behälter dicht geschlossen halten.
S 8 Behälter trocken halten.
S 9 Behälter an einem gut gelüfteten Ort aufbewahren.
S 12 Behälter nicht gasdicht verschließen.
S 13 Von Nahrungsmitteln, Getränken und Futtermitteln fernhalten.
S 14 Von ... fernhalten (inkompatible Substanzen vom Hersteller anzugeben).
S 15 Vor Hitze schützen.
S 16 Von Zündquellen fernhalten – Nicht rauchen.
S 17 Von brennbaren Stoffen fernhalten.
S 18 Behälter mit Vorsicht öffnen und handhaben.
S 20 Bei der Arbeit nicht essen und trinken.
S 21 Bei der Arbeit nicht rauchen.
S 22 Staub nicht einatmen.
S 23 Gas/Rauch/Dampf/Aerosol nicht einatmen (geeignete Bezeichnung vom Hersteller anzugeben).
S 24 Berührung mit der Haut vermeiden.
S 25 Berührung mit den Augen vermeiden.
S 26 Bei Berührung mit den Augen gründlich mit Wasser abspülen und Arzt konsultieren.
S 27 Beschmutzte, getränkte Kleidung sofort ausziehen.
S 28 Bei Berührung mit der Haut sofort abwaschen mit viel ... (vom Hersteller anzugeben).
S 29 Nicht in die Kanalisation gelangen lassen.
S 30 Niemals Wasser hinzugießen.
S 33 Maßnahmen gegen elektrostatische Aufladungen treffen.
S 34 Schlag und Reibung vermeiden.
S 35 Abfälle und Behälter müssen in gesicherter Weise beseitigt werden.
S 36 Bei der Arbeit geeignete Schutzkleidung tragen.
S 37 Geeignete Schutzhandschuhe tragen.
S 38 Bei unzureichender Belüftung Atemschutzgerät anlegen.
S 39 Schutzbrille/Gesichtsschutz tragen.
S 40 Fußboden und verunreinigte Gegenstände mit ... reinigen (vom Hersteller anzugeben).
S 41 Explosions- und Brandgase nicht einatmen.
S 42 Beim Räuchern/Versprühen geeignetes Atemschutzgerät anlegen (geeignete Bezeichnung vom Hersteller anzugeben).
S 43 Zum Löschen ... (vom Hersteller anzugeben) verwenden (wenn Wasser die Gefahr erhöht, anfügen: Kein Wasser verwenden).
S 44 Bei Unfall oder Unwohlsein sofort Arzt zuziehen (wenn möglich, dieses Etikett vorzeigen).
S 46 Bei Verschlucken sofort ärztlichen Rat einholen und Verpackung oder Etikett vorzeigen.
S 47 Nicht bei Temperaturen über ... °C aufbewahren (vom Hersteller anzugeben).
S 48 Feucht halten mit ... (geeignetes Mittel vom Hersteller anzugeben).
S 49 Nur im Originalbehälter aufbewahren.
S 50 Nicht mischen mit ... (vom Hersteller anzugeben).
S 51 Nur in gut gelüfteten Behältern verwenden.
S 52 Nicht großflächig für Wohn- und Aufenthaltsräume zu verwenden.
S 53 Expositionen vermeiden. Vor Gebrauch besondere Anweisung einholen.
S 56 Diesen Stoff und seinen Behälter der Problemabfallentsorgung zuführen.
S 57 Zur Vermeidung einer Kontamination der Umwelt geeigneten Behälter verwenden.
S 59 Information zur Wiederverwendung/ Wiederverwertung beim Hersteller/Lieferanten erfragen.
S 60 Dieser Stoff und sein Behälter sind als gefährlicher Abfall zu entsorgen.
S 61 Freisetzung in die Umwelt vermeiden. Besondere Anweisungen einholen/Sicherheitsdatenblatt zu Rate ziehen.
S 62 Bei Verschlucken kein Erbrechen herbeiführen. Sofort ärztlichen Rat einholen und Verpackung oder dieses Etikett vorzeigen.

Entsorgungsratschläge (E-Sätze)

E-Sätze geben Ratschläge für die sachgemäße Entsorgung von Chemikalien und gefährlichen Stoffen.

E 1 Verdünnen, in den Ausguss geben (WGK 0 bzw. 1).
E 2 Neutralisieren, in den Ausguss geben.
E 3 In den Hausmüll geben, gegebenenfalls in PE-Beutel (Stäube).
E 4 Als Sulfid fällen.
E 5 Mit Calcium-Ionen fällen, dann E 1 oder E 3.
E 6 Nicht in den Hausmüll geben.
E 7 Im Abzug entsorgen; wenn möglich verbrennen.
E 8 Der Sondermüllbeseitigung zuführen (Adresse zu erfragen bei der Kreis- oder Stadtverwaltung). Abfallschlüssel beachten.
E 9 Unter größter Vorsicht in kleinsten Portionen reagieren lassen (z. B. offen im Freien verbrennen).
E 10 In gekennzeichneten Glasbehältern sammeln:
1. „Organische Abfälle – halogenhaltig"
2. „Organische Abfälle – halogenfrei" dann E8.
E 11 Als Hydroxid fällen (pH 8), den Niederschlag zu E8.
E 12 Nicht in die Kanalisation gelangen lassen (S-Satz S 29).
E 13 Aus der Lösung mit unedlerem Metall (z. B. Eisen) als Metall abscheiden (E 14, E 3).
E 14 Recycling-geeignet (Redestillation oder einem Recyclingunternehmen zuführen).
E 15 Mit Wasser vorsichtig umsetzen, evtl. frei werdende Gase verbrennen oder absorbieren oder stark verdünnt ableiten.
E 16 Entsprechend den Ratschlägen in Anlage 5.1 der „Richtlinien zur Sicherheit im naturwissenschaftlichen Unterricht" beseitigen.

Periodensystem der Elemente

H[1)] : Gas
Br[1)] : Flüssigkeit
Mg[1)] : Feststoff
(rosa) : Nichtmetall
(grün) : Halbmetall
(blau) : Metall
* : Alle Isotope dieses Elements sind radioaktiv.

Protonenzahl (Ordnungszahl): 5 — Atommasse in u ($u = 1{,}66 \cdot 10^{-27}$ kg): 10,81 — Elektronegativität: 2,0 — Elementsymbol: B — Elementname: Bor

Periode	Hauptgruppe I	Hauptgruppe II	Nebengruppe III	Nebengruppe IV	Nebengruppe V	Nebengruppe VI	Nebengruppe VII	Nebengruppe VIII	Nebengruppe VIII	Nebengruppe VIII	Nebengruppe I	Nebengruppe II	Hauptgruppe III	Hauptgruppe IV	Hauptgruppe V	Hauptgruppe VI	Hauptgruppe VII	Hauptgruppe VIII
1	1 H 1,008 2,1 Wasserstoff																	2 He 4,00 Helium
2	3 Li 6,94 1,0 Lithium	4 Be 9,01 1,5 Beryllium											5 B 10,81 2,0 Bor	6 C 12,01 2,5 Kohlenstoff	7 N 14,007 3,0 Stickstoff	8 O 15,999 3,5 Sauerstoff	9 F 18,998 4,0 Fluor	10 Ne 20,18 Neon
3	11 Na 22,99 0,9 Natrium	12 Mg 24,31 1,2 Magnesium											13 Al 26,98 1,5 Aluminium	14 Si 28,09 1,8 Silicium	15 P 30,97 2,1 Phosphor	16 S 32,06 2,5 Schwefel	17 Cl 35,45 3,0 Chlor	18 Ar 39,95 Argon
4	19 K 39,10 0,8 Kalium	20 Ca 40,08 1,0 Calcium	21 Sc 44,96 1,3 Scandium	22 Ti 47,90 1,5 Titanium	23 V 50,94 1,6 Vanadium	24 Cr 51,996 1,6 Chromium	25 Mn 54,94 1,5 Mangan	26 Fe 55,85 1,8 Eisen	27 Co 58,93 1,8 Cobalt	28 Ni 58,70 1,8 Nickel	29 Cu 63,55 1,9 Kupfer	30 Zn 65,38 1,6 Zink	31 Ga 69,72 1,6 Gallium	32 Ge 72,59 1,8 Germanium	33 As 74,92 2,0 Arsen	34 Se 78,96 2,4 Selen	35 Br 79,90 2,8 Brom	36 Kr 83,80 Krypton
5	37 Rb 85,47 0,8 Rubidium	38 Sr 87,62 1,0 Strontium	39 Y 88,91 1,3 Yttrium	40 Zr 91,22 1,4 Zirconium	41 Nb 92,91 1,6 Niobium	42 Mo 95,94 1,8 Molybdän	43 Tc* [97] 1,9 Technetium	44 Ru 101,07 2,2 Ruthenium	45 Rh 102,91 2,2 Rhodium	46 Pd 106,4 2,2 Palladium	47 Ag 107,87 1,9 Silber	48 Cd 112,41 1,7 Cadmium	49 In 114,82 1,7 Indium	50 Sn 118,69 1,8 Zinn	51 Sb 121,75 1,9 Antimon	52 Te 127,60 2,1 Tellur	53 I 126,90 2,5 Iod	54 Xe 131,30 Xenon
6	55 Cs 132,91 0,7 Caesium	56 Ba 137,33 0,9 Barium	57–71 Lanthanoide	72 Hf 178,49 1,3 Hafnium	73 Ta 180,95 1,5 Tantal	74 W 183,85 1,7 Wolfram	75 Re 186,21 1,9 Rhenium	76 Os 190,2 2,2 Osmium	77 Ir 192,22 2,2 Iridium	78 Pt 195,09 2,2 Platin	79 Au 196,97 2,4 Gold	80 Hg 200,59 1,9 Quecksilber	81 Tl 204,37 1,8 Thallium	82 Pb 207,2 1,8 Blei	83 Bi 208,98 1,9 Bismut	84 Po* [209] 2,0 Polonium	85 At* [210] 2,2 Astat	86 Rn* [222] Radon
7	87 Fr* [223] 0,7 Francium	88 Ra* [226] 0,9 Radium	89–103 Actinoide	104 Rf* [261] Rutherfordium	105 Db* [262] Dubnium	106 Sg* [262] Seaborgium	107 Bh* [262] Bohrium	108 Hs* [262] Hassium	109 Mt* [266] Meitnerium	110 Ds* [281] Darmstadtium	111 Rg* [280] Roentgenium							

Lanthanoide	57 La 138,91 1,1 Lanthan	58 Ce 140,12 1,1 Cerium	59 Pr 140,91 1,1 Praseodymium	60 Nd 144,24 1,1 Neodymium	61 Pm* [145] 1,1 Promethium	62 Sm 150,35 1,2 Samarium	63 Eu 151,96 1,2 Europium	64 Gd 157,25 1,2 Gadolinium	65 Tb 158,92 1,2 Terbium	66 Dy 162,50 1,2 Dysprosium	67 Ho 164,93 1,2 Holmium	68 Er 167,26 1,2 Erbium	69 Tm 168,93 1,2 Thulium	70 Yb 173,04 1,2 Ytterbium	71 Lu 174,97 1,2 Lutetium
Actinoide	89 Ac* [227] 1,1 Actinium	90 Th* 232,04 1,3 Thorium	91 Pa* 231,04 1,5 Protactinium	92 U* 238,03 1,4 Uranium	93 Np* 237,05 1,3 Neptunium	94 Pu* [244] 1,3 Plutonium	95 Am* [243] 1,3 Americium	96 Cm* [247] 1,3 Curium	97 Bk* [247] 1,3 Berkelium	98 Cf* [251] 1,3 Californium	99 Es* [254] 1,3 Einsteinium	100 Fm* [257] 1,3 Fermium	101 Md* [258] 1,3 Mendelevium	102 No* [259] 1,3 Nobelium	103 Lr* [260] 1,3 Lawrencium

[ ] Die umklammerten Werte für die Atommasse geben die Massenzahl des Isotops mit der größten Halbwertszeit an.

1) Aggregatzustand bei 25 °C (298 K) und 101,3 kPa

Register

Bildquellenverzeichnis

akg-images: 92/2, 218/2, 226/1; BackArts: 29/2, 62/2, 129/1, 153/1, 193/8, 213/1; BASF, Ludwigshafen: 83/1, 218/3, 225/1; Bayer AG: 192/2, 197/2, 240/1; Berliner Wasserbetriebe: 46/1, 229/3; Andreas Biedermann, Berlin: 223/1, 243/2; Bibliographisches Institut & F. A. Brockhaus, Mannheim: 100/2; Dr. Konrad Billwitz, Hude:78/2; Botanische Bilddatenbank (www.unibas.ch/botimage): 111/3; Thomas Brandt, Bexbach: 184/1; Dr. S. Brezmann, Hamburg: 81/1; Jens Bussen: Nachsatz; CNH Deutschland GmbH: 111/2; Corel Photos Inc. 18 /1, 71/2-3, 73/1, 129/1,209/1, 212/1, 217/1, 232/2; Cornelsen Experimenta: 19/1, 59/1b, 189/1; Bernd Dapprich, Amstetten: 211/2; Degussa AG, Frankfurt am Main: 14/2d; Deutsche Gesellschaft für Kunststoff-Recycling mbH: 193/5, 232/3, 240/2; DLR, Deutsches Zentrum für Luft- und Raumfahrt e.V.: 108/1, 122/1; Dornier-Medienholding: 222/1,224/1; DRK: 182/2; DUDEN PAETEC GmbH: 37/2, 39/3, 61/1, 68/1–2, 82/1, 91/1, 100/1, 103/2, 138/1, 139/1, 146/2, 150/1, 166/1, 172/1, 188/2, 202/1, 221/1; Düngekalk-Hauptgemeinschaft: 46/3; D. Ernst, Berlin: 144/1, 203/1; Heinrich Frings GmbH & Co KG: 166/2; Dr. Tilo Geisel: 69/1, 222/3; Getty Images: 215/1; Th. Goldschmidt AG Essen: 57/2; Dietmar Gust, Berlin: 126/1; Anja Hartmann, Braunschweig: 160/2; Naturfotografie Frank Hecker: 219/2, 225/2; Henkel-Werksarchiv: 222/2; Frank Horn, Rostock: 40/2a–2c; H-TEC Wasserstoff-Energie:135/2; HVBG/TBG: 69/3; IMA, Hannover:159/3–4; Friedrich Jantzen, Bad Arolsen: 11/2, 13/2, 23/1, 32/2, 45/1–3, 236/2; Kali und Salz GmbH; Kassel: 55/1; Jochen Klähn Grube Samson St. Andreasberg: 127/1; Dr. G. Liesenberg: 52/3, 74/1, 138/2, 156/1, 160/1, 202/2; Werkfoto Lurgi: 25/1; H. Mahler, Fotograf, Berlin: 7/1, 8/1–2, 9/2, 11/1, 13/1a–1d, 14/2a, 16/1, 18/2a–2b, 20/1, 22/1, 23/2, 28/1a–b, 32/3, 34/1, 37/1, 41/1, 42/1, 49/1, 50/1–2, 53/2, 55/2–3, 57/1, 59/1a, 62/1, 65/1, 69/2, 76/2, 77/3, 78/1, 85/2a–c, 86/1, 89/2, 90/1–2, 91/1–3, 91/3, 93/ 1–3, 94/ 1–2, 96/2, 121/1, 125/1a–b, 152/1u. 3, 153/2, 157/1, 158/1–2, 163/2, 164/5, 169/1, 171/2, 173/1–2,173/2, 174/1, 178/2, 179/1,180/1, 182/1, 186/1–2; 187/1, 189/3, 190/1, 203/3–5, 204/2, 208/1, 210/1–2a, 217/2, 225/3, 228/1, 230/1, 234/1, 241/1–2–3, 242/1, 243/1, 245/1, 246/1–2–3, 247/1, 248/1, 250/1–2–4; mauritius images/Phototake: 51/1; mauritius images/Reinhard: 134/1; mauritius images/Nonstock: 181/1; mauritius images/Botanica: 191/1; mauritius images/ Berg: 215/2; Prof. Dr. Lothar Meyer: 226/2, 242/2; Museum für Naturkunde, Berlin: 54/1; Z. Neuls, Berlin: 138/3, 205/1; ÖAMTC: 67/2; OKAPIA /Naturbild/W. Steinmetz: 8/3; picture-alliance/OKAPIA KG, 71/1, 75/1, 217/3; picture-alliance/dpa/dpaweb: 95/1; picture-alliance/dpa: 123/1, 132/1, 135/1, 147/1, 196/1, 209/2, 229/1; picture-alliance/KPA/Theissen: 159/2; Picture-alliance/Okapia/Hans Reinhard: 165/1, 199/2; picture-alliance/akg-images: 199/1; picture-alliance/KPA: 201/2; panthermedia/A. Antl: 151/1; J. Pettkus, Zepernick: 43/1–3; H-U. Pews, Berlin: 171/1; Photo Disc Inc.: 231/1, 52/2, 75/2, 89/1, 98/1, 102/1c, 137/1, 146/1, 156/2, 156/3, 164/4, 178/1, 192/1 u.3, 200/1, 202/3, 204/1, 206/1, 218/1, 220/3, 223/2, 232/1, 237/1, Photosphere: 102/ 1a, 107/4–5; PHYWE SYSTEME GmbH & Co. KG, Götttingen: 20/3, 35/2, 39/1, 41/2, 52/1, 64/1-2, 65/1, 80/2, 97/2, 112/1, 109/2; Dr. Bernd Raum, Neuenhagen: 72/1, 79/1, 175/1; Reckitt Benckiser Deutschland: 73/2, 249/1; Roche Deutschland Holding GmbH: 154/1; C. Ruppin, Berlin: 79/3; Armin Schmidt, Berlin: 46/2; W. Schuchardt Göttingen: 10/1, 14/2b, 32/1, 33/1, 36/1, 84/1, 117/1, 203/2, 250/3, Schünemann, Neubrandenburg: 197/2; Thomas Seilnacht, Tuttlingen: 63/2; Seppelfricke: 118/2; Siemens AG/ München: 77/1, 109/2, 188/1; Silvestris Fotoservice GmbH, Kastl: 20/2, 40/2; Steinkopf Verlag: 82/2–3; V. Stengel/Greenpeace: 22/2; StockFood/ Klaus Arras: 213/2; Tetra Pak GmbH & Co.: 177/1; Horst Theuerkauf, Gotha: 169/2, 188/2, 208/2, 210/2b; Thüringer Waldquell GmbH: 76/1, 72/3; Tierbildarchiv Angermayer, Holzkirchen: 76/3, 229/2; Thüringer Landesanstalt für Umwelt (TLUW): 39/2; Viktor Wehser, Burg Stargard: 49/2; B. Wöhlbrandt, Schönlage: 75/3, 96/3; Prof. Dr. E. Zabel, Güstrow: 29/1–3, 159/1

Was bedeutet eigentlich ...

Experimentiere

Untersuche ein Phänomen der Natur unter ausgewählten, kontrollierten und veränderbaren Bedingungen und werte die Beobachtungsergebnisse aus. Dabei müssen sich die Bedingungen wiederholen lassen.

Sage voraus

Formuliere auf der Grundlage von Fakten, Erkenntnissen, Gesetzen und Modellen eine Aussage über ein wahrscheinlich auftretendes Ereignis, einen Zustand oder eine Entwicklung. Berücksichtige dabei die konkreten Bedingungen.

Beobachte

Ermittle mithilfe von Sinnesorganen oder Hilfsmitteln (z. B. Mikroskop) Eigenschaften und Merkmale, Beziehungen und Abfolgen von Objekten oder Prozessen.

Interpretiere

Finde grundlegende Zusammenhänge, um Aussagen, Beobachtungsergebnissen, Messwerten oder grafischen Darstellungen eine auf die Natur oder Gesellschaft bezogene inhaltliche Bedeutung zu geben. Lege diese Zusammenhänge sprachlich geordnet dar.

Vergleiche

Stelle gemeinsame und unterschiedliche Merkmale von zwei oder mehreren Vergleichsobjekten dar. Wähle die Merkmale nach dem beabsichtigten Zweck des Vergleichs aus und leite eine entsprechende Schlussfolgerung aus den Ergebnissen ab.